周期表

10	11	12	13	14	15	16	17	18	族/周期
								4.003 $_2$He ヘリウム $1s^2$ 24.59	1
			10.81 $_5$B ホウ素 $[He]2s^2p^1$ 8.30 2.0	12.01 $_6$C 炭素 $[He]2s^2p^2$ 11.26 2.5	14.01 $_7$N 窒素 $[He]2s^2p^3$ 14.53 3.0	16.00 $_8$O 酸素 $[He]2s^2p^4$ 13.62 3.5	19.00 $_9$F フッ素 $[He]2s^2p^5$ 17.42 4.0	20.18 $_{10}$Ne ネオン $[He]2s^2p^6$ 21.56	2
			26.98 $_{13}$Al アルミニウム $[Ne]3s^2p^1$ 5.99 1.5	28.09 $_{14}$Si ケイ素 $[Ne]3s^2p^2$ 8.15 1.8	30.97 $_{15}$P リン $[Ne]3s^2p^3$ 10.49 2.1	32.07 $_{16}$S 硫黄 $[Ne]3s^2p^4$ 10.36 2.5	35.45 $_{17}$Cl 塩素 $[Ne]3s^2p^5$ 12.97 3.0	39.95 $_{18}$Ar アルゴン $[Ne]3s^2p^6$ 15.76	3
58.69 $_{28}$Ni ニッケル $[Ar]3d^84s^2$ 7.64 1.8	63.55 $_{29}$Cu 銅 $[Ar]3d^{10}4s^1$ 7.73 1.9	65.38 $_{30}$Zn 亜鉛 $[Ar]3d^{10}4s^2$ 9.39 1.6	69.72 $_{31}$Ga ガリウム $[Ar]3d^{10}4s^2p^1$ 6.00 1.6	72.63 $_{32}$Ge ゲルマニウム $[Ar]3d^{10}4s^2p^2$ 7.90 1.8	74.92 $_{33}$As ヒ素 $[Ar]3d^{10}4s^2p^3$ 9.81 2.0	78.97 $_{34}$Se セレン $[Ar]3d^{10}4s^2p^4$ 9.75 2.4	79.90 $_{35}$Br 臭素 $[Ar]3d^{10}4s^2p^5$ 11.81 2.8	83.80 $_{36}$Kr クリプトン $[Ar]3d^{10}4s^2p^6$ 14.00 3.0	4
106.4 $_{46}$Pd パラジウム $[Kr]4d^{10}$ 8.34 2.2	107.9 $_{47}$Ag 銀 $[Kr]4d^{10}5s^1$ 7.58 1.9	112.4 $_{48}$Cd カドミウム $[Kr]4d^{10}5s^2$ 8.99 1.7	114.8 $_{49}$In インジウム $[Kr]4d^{10}5s^2p^1$ 5.79 1.7	118.7 $_{50}$Sn スズ $[Kr]4d^{10}5s^2p^2$ 7.34 1.8	121.8 $_{51}$Sb アンチモン $[Kr]4d^{10}5s^2p^3$ 8.64 1.9	127.6 $_{52}$Te テルル $[Kr]4d^{10}5s^2p^4$ 9.01 2.1	126.9 $_{53}$I ヨウ素 $[Kr]4d^{10}5s^2p^5$ 10.45 2.5	131.3 $_{54}$Xe キセノン $[Kr]4d^{10}5s^2p^6$ 12.13 2.7	5
195.1 $_{78}$Pt 白金 $[Xe]4f^{14}5d^96s^1$ 8.61 2.2	197.0 $_{79}$Au 金 $[Xe]4f^{14}5d^{10}6s^1$ 9.23 2.4	200.6 $_{80}$Hg 水銀 $[Xe]4f^{14}5d^{10}6s^2$ 10.44 1.9	204.4 $_{81}$Tl タリウム $[Xe]4f^{14}5d^{10}6s^2p^1$ 6.11 1.8	207.2 $_{82}$Pb 鉛 $[Xe]4f^{14}5d^{10}6s^2p^2$ 7.42 1.8	209.0 $_{83}$Bi ビスマス $[Xe]4f^{14}5d^{10}6s^2p^3$ 7.29 1.9	(210) $_{84}$Po ポロニウム $[Xe]4f^{14}5d^{10}6s^2p^4$ 8.42 2.0	(210) $_{85}$At アスタチン $[Xe]4f^{14}5d^{10}6s^2p^5$ 9.5 2.2	(222) $_{86}$Rn ラドン $[Xe]4f^{14}5d^{10}6s^2p^6$ 10.75	6
(281) $_{110}$Ds ダームスタチウム $[Rn]5f^{14}6d^97s^1$	(280) $_{111}$Rg レントゲニウム $[Rn]5f^{14}6d^{10}7s^1$	(285) $_{112}$Cn コペルニシウム $[Rn]5f^{14}6d^{10}7s^2$	(278) $_{113}$Nh ニホニウム $[Rn]5f^{14}6d^{10}7s^2p^1$	(289) $_{114}$Fl フレロビウム $[Rn]5f^{14}6d^{10}7s^2p^2$	(259) $_{115}$Mc モスコビウム $[Rn]5f^{14}6d^{10}7s^2p^3$	(293) $_{116}$Lv リバモリウム $[Rn]5f^{14}6d^{10}7s^2p^4$	(293) $_{117}$Ts テネシン $[Rn]5f^{14}6d^{10}7s^2p^5$	(294) $_{118}$Og オガネソン $[Rn]5f^{14}6d^{10}7s^2p^6$	7

| 152.0 $_{63}$Eu ユウロピウム $[Xe]4f^76s^2$ 5.67 1.2 | 157.3 $_{64}$Gd ガドリニウム $[Xe]4f^75d^16s^2$ 6.15 1.2 | 158.9 $_{65}$Tb テルビウム $[Xe]4f^96s^2$ 5.86 1.2 | 162.5 $_{66}$Dy ジスプロシウム $[Xe]4f^{10}6s^2$ 5.94 1.2 | 164.9 $_{67}$Ho ホルミウム $[Xe]4f^{11}6s^2$ 6.02 1.2 | 167.3 $_{68}$Er エルビウム $[Xe]4f^{12}6s^2$ 6.11 1.2 | 168.9 $_{69}$Tm ツリウム $[Xe]4f^{13}6s^2$ 6.18 1.2 | 173.0 $_{70}$Yb イッテルビウム $[Xe]4f^{14}6s^2$ 6.25 1.1 | 175.0 $_{71}$Lu ルテチウム $[Xe]4f^{14}5d^16s^2$ 5.43 1.2 | ランタノイド |
| (243) $_{95}$Am アメリシウム $[Rn]5f^77s^2$ 6.0 1.3 | (247) $_{96}$Cm キュリウム $[Rn]5f^76d^17s^2$ 6.09 1.3 | (247) $_{97}$Bk バークリウム $[Rn]5f^97s^2$ 6.30 1.3 | (252) $_{98}$Cf カリホルニウム $[Rn]5f^{10}7s^2$ 6.30 1.3 | (252) $_{99}$Es アインスタイニウム $[Rn]5f^{11}7s^2$ 6.52 1.3 | (257) $_{100}$Fm フェルミウム $[Rn]5f^{12}7s^2$ 6.64 1.3 | (258) $_{101}$Md メンデレビウム $[Rn]5f^{13}7s^2$ 6.74 1.3 | (259) $_{102}$No ノーベリウム $[Rn]5f^{14}7s^2$ 6.84 1.3 | (262) $_{103}$Lr ローレンシウム $[Rn]5f^{14}6d^17s^2$ | アクチノイド |

富岡秀雄
立木次郎
赤羽良一
長谷川英悦
平井克幸
共著

有機化学の基本

電子のやりとりから反応を理解する

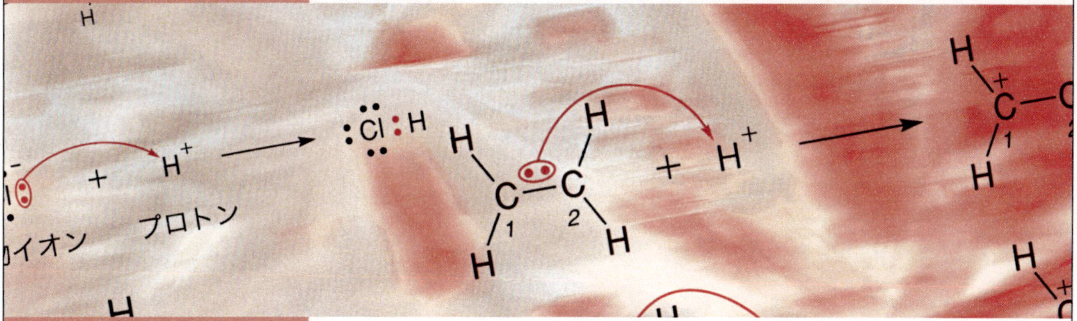

Introduction to
Organic Chemistry

化学同人

まえがき

「有機化学は，亀の甲のかたちをした分子がたくさんでてきて，複雑な反応式，覚えなければならないことがいっぱいあって苦手！」というみなさんが多いようです．でも実は，有機化学は基本的な事柄をきちんと理解しておけば，とても簡単で，面白いのです．

多くの教科書は，有機化合物の結合と構造から始まり，最初にでてくる化合物はアルカンです．アルカンは反応性の乏しい化合物ですので，ここでは命名法や構造などの説明に時間が費やされます．残念なことに，この段階で興味を失ってしまうみなさんが多いようです．反応の面白さを味わう前に…．

本書はこのような現状を打開するために，これまでにはない切り口から書いた，初心者向けの有機化学の教科書です．有機化合物はなぜそのような反応をするのか，を理解することに重点をおいた本です．

そのために前半（第1章から第9章まで）では，反応を理解するために必要な三つの基本事項をじっくりと学びます．多くの教科書では，これらの事柄はいろいろな章に分かれて書かれていますが，本書では最初にくくりだして詳しく解説し，しっかりと身につくようにしてあります．

まず，電子の動きを学びます．有機化学反応は電子の〝やりとり〟を伴って起こります．どこの電子が，どう動いたかは，紙に書いて確かめることができます．算数でいう検算のようなこの作業を，正しく行うだけで，複雑に見える有機化学反応の起こる経路を理解できます．反応で動く電子は，1個の結合で最大2個ですので，とても簡単です．ただ，正しく動かすためのルールがあるので，それをしっかりマスターしておきましょう．

次は，なぜ反応を起こすのか，を理解することです．結合に含まれる2個の電子は，2個の原子の間に均等に配分されているのではなく，偏っている（分極している）場合があります．また，電子は原子の間にとどまっているのではなく，分散（非局在化）することもあります．このような分極と非局在化が，反応を起こす原動力になっています．どのように分極し，非局在化しているのかは，分子を構成する原子の並び方で決まります．ですから，化合物の構造を見たら，＜結合のどの部分が，どのように分極し，非局在化しているか＞をわかるようにしておくことが大切です．

さらに，ここまで学んだことを活かして，酸と塩基の強さと構造の関係，そして反応を起こす求核剤と求電子剤について学びます．有機化学は一般則の少ない学問と思われがちですが，ここで学ぶことは，有機化学反応を系統だてて理解するうえで必ず役に立つはずです．

後半（第10章から第16章まで）では，有機化学反応を反応の様式別に学びますが，前半部をしっかりマスターしておけば，容易に理解できると思います．もし，よくわからないと感じたなら，すぐ前半部を読み返してください．

本書では大切な事項を確実に理解できるようにするために，事項ごとに例題と設問を設けてあります．例題の解答例を参考にしながら設問を解いて，ぜひ理解を深めてください．ま

た，本文の余白には，初学者が難解と思われる用語やワンポイント解説を，また〝こう考えるとわかりやすい″というアドバイス的な補足も加えてあります．このように，本書は高校で有機化学を学んでこなかった学生にも十分理解できるように配慮しました．

　読み終わったら，〝有機化学は基本的な事柄を理解しておけば，とても簡単で，面白い″という冒頭の言葉を納得していただけると思います．なお，本書の前半部は，ひと通り有機化学を学んだが，反応の理解が十分でないと感じているみなさんにとっても有用なものになると思います．

　最後に，本書の出版に関してたいへんお世話になった化学同人編集部長平　祐幸氏，ならびに編集部の山田宏二，坂井雅人の両氏に心からお礼申し上げます．

2013 年 10 月

著者を代表して　富岡　秀雄

目 次

第1章　有機化合物の結合と構造式　　有機分子の表し方　　1

- 1.1　有機化合物の表し方 …………………… 1
- 1.2　オクテット則 …………………………… 2
  - 1.2.1　炭素と水素の結合 ………………… 2
  - 1.2.2　非共有電子対 ……………………… 4
- 1.3　形式電荷をもつ化合物 ………………… 7
  - 1.3.1　形式電荷の求め方 ………………… 8
- 1.4　複雑な化合物の表し方 ………………… 11
- [章末問題] …………………………………… 13
- Box ❶　アルカンの呼び方　*3*
- Box ❷　アルケンおよびアルキンの呼び方　*5*
- 補講 ❶　有機化合物の命名法について　*13*

第2章　結合の開裂・生成と電子の動き　　巻矢印の正しい使い方　　15

- 2.1　結合の開裂と電子の動き ……………… 15
  - 2.1.1　単結合の場合 ……………………… 15
  - 2.1.2　二重結合の場合 …………………… 17
- 2.2　新しい結合の生成と電子の動き ……… 18
  - 2.2.1　カチオンとアニオンの結合 ……… 18
  - 2.2.2　非共有電子対とカチオンの結合 … 20
  - 2.2.3　二重結合を含む反応 ……………… 21
  - 2.2.4　単結合に含まれる原子上での反応 … 24
- 2.3　巻矢印でよくある間違い ……………… 25
  - 2.3.1　（1）に関する間違い ……………… 25
  - 2.3.2　（2）に関する間違い ……………… 26
  - 2.3.3　（3）に関する間違い ……………… 26
- [章末問題] …………………………………… 28

第3章　電子の偏りと結合の分極　　電気陰性度が引き起こす効果　　29

- 3.1　電気陰性度とは何か …………………… 29
- 3.2　電気陰性度から見た単結合の性質 …… 30
- 3.3　官能基の電気陰性度 …………………… 31
- 3.4　誘起効果 ………………………………… 32
- [章末問題] …………………………………… 33
- Box ❸　代表的な官能基　*32*
- Memo　覚えておきたい有機化学の記号・略語・文字　*34*

第4章　電子の非局在化と共鳴効果　　共鳴構造とその安定性　　35

- 4.1　電子の非局在化と共鳴 ………………… 35
- 4.2　共鳴概念の重要さ ……………………… 36
- 4.3　共鳴構造の正しい書き方 ……………… 36
  - 4.3.1　正電荷をもつ化合物の場合 ……… 38
  - 4.3.2　負電荷をもつ化合物の場合 ……… 39
  - 4.3.3　非共有電子対をもつ化合物の場合 … 40
  - 4.3.4　正電荷中心との相互作用 ………… 41
- 4.4　共鳴構造の安定性を決める要因 ……… 41
- 4.5　置換基の共鳴効果 ……………………… 44
- [章末問題] …………………………………… 46

第5章 酸と塩基の基本的な考え方　電子の動きから理解する　47

5.1　ブレンステッド-ローリーの酸と塩基 ……… 47
 5.1.1　ブレンステッド-ローリーの酸 ……… 47
 5.1.2　各有機化合物の酸性度 ……… 50
 5.1.3　ブレンステッド-ローリーの塩基 ……… 54

5.2　ルイスの酸と塩基 ……… 60
[章末問題] ……… 61
補講 ②　おもな無機酸および有機化合物の pK_a *62*

第6章 有機反応の求核剤と求電子剤　電子の受け取りやすさ，与えやすさ　63

6.1　求核剤の特徴 ……… 63
 6.1.1　求核剤としての強さ——求核性と塩基性 ……… 64
 6.1.2　求核的に作用する有機化合物 ……… 67

6.2　求電子剤の特徴 ……… 68
 6.2.1　求電子的に作用する有機化合物 ……… 68
 6.2.2　求電子性の強さを決める要因 ……… 70
[章末問題] ……… 71

第7章 電子の空間的な広がりと結合　結合を軌道から考える　73

7.1　軌道とは何か ……… 73
 7.1.1　σ軌道 ……… 73
 7.1.2　π軌道 ……… 74

7.2　軌道の混成，三つのタイプ ……… 75
 7.2.1　sp^3 混成 ……… 76
 7.2.2　sp^2 混成 ……… 77
 7.2.3　sp 混成 ……… 79
[章末問題] ……… 82
Box ❹　メタンの立体構造を示す表記法　*77*

第8章 有機化合物の立体構造　三次元で理解する分子の構造　83

8.1　構造異性体 ……… 83
8.2　立体配座異性体 ……… 84
8.3　立体配置異性体 ……… 86
 8.3.1　エナンチオマー ……… 86
 8.3.2　ジアステレオマー ……… 88
[章末問題] ……… 94
Box ❺　ニューマン投影図とブタンの立体配座

異性体　*86*
Box ❻　命名法では置換基の位置を最小の数字で示す　*89*
Box ❼　E と Z を用いる異性体の表し方　*91*
Box ❽　環状アルカンの呼び名とシクロヘキサンの異性体　*92*

第9章 有機反応の基本的理解　反応の起こるしくみ　95

9.1　有機化学反応の分類 ……… 95
 9.1.1　結合の開裂と生成の様式による分類 ……… 95
 9.1.2　反応様式による分類 ……… 97
9.2　有機化学反応とエネルギー ……… 100
 9.2.1　一段階反応と二段階反応 ……… 101
 9.2.2　反応速度と律速段階 ……… 102
[章末問題] ……… 104

第10章 求核置換反応　電気陰性な原子が結合した炭素の反応性　105

10.1 2分子求核置換反応……………………105
 10.1.1 反応の立体化学——立体配置の反転
  ………………………………………105
 10.1.2 アルキル置換基の効果……………108
 10.1.3 求核剤の効果………………………110
 10.1.4 脱離基の効果………………………111
10.2 1分子求核置換反応……………………113
 10.2.1 反応の立体化学……………………114
 10.2.2 アルキル置換基の効果……………115
 10.2.3 求核剤と脱離基の効果……………116
［章末問題］……………………………………117
Box ❾　カルボカチオンの級数と安定性　115
補講 ❸　酸化反応と還元反応　118

第11章 脱離反応　π結合が生成する反応　119

11.1 2分子脱離反応…………………………119
 11.1.1 反応の立体化学——立体配置の保持
  ………………………………………120
 11.1.2 脱離反応の位置選択性……………121
11.2 1分子脱離反応…………………………123
 11.2.1 反応の立体化学……………………124
 11.2.2 脱離反応の位置選択性……………124
 11.2.3 アルコールの脱水反応……………125
［章末問題］……………………………………126
Box ❿　アルケンの安定性　122

第12章 求電子付加反応　π結合の切断とσ結合の生成　127

12.1 ハロゲン化水素の付加反応……………127
12.2 ハロゲンの付加反応……………………130
12.3 水の付加反応……………………………133
12.4 ヒドロホウ素化反応……………………136
［章末問題］……………………………………140
Box ⓫　水素分子もシン付加をする　138

第13章 求核付加反応　カルボニル基がもたらす多様な反応　141

13.1 求核付加反応……………………………141
 13.1.1 シアン化物イオンの付加…………142
 13.1.2 グリニャール試薬の付加…………142
 13.1.3 金属水素化物による還元…………144
13.2 酸触媒による求核付加反応……………146
 13.2.1 アルコールの付加…………………146
 13.2.2 アミンの付加………………………148
13.3 α水素を含む反応………………………150
 13.3.1 アルドール反応……………………151
［章末問題］……………………………………153

第14章 付加-脱離による求核置換反応　カルボニル基のもう一つの重要な反応　155

14.1 求核アシル置換反応……………………156
 14.1.1 水, アルコール, アミンとの反応…158
 14.1.2 グリニャール試薬との反応………161
 14.1.3 金属水素化物との反応……………163
14.2 α水素を含む反応………………………164
 14.2.1 クライゼン縮合反応………………165
［章末問題］……………………………………167
補講 ❹　球棒分子模型で見る有機分子の形　168

第15章 付加-脱離による求電子置換反応　芳香族化合物の反応性と配向性　169

- 15.1 ベンゼンの性質……………………169
- 15.2 芳香族求電子置換反応の求電子剤………170
  - 15.2.1 ハロゲン化(塩素化と臭素化)………171
  - 15.2.2 ニトロ化……………………171
  - 15.2.3 アルキル化…………………171
  - 15.2.4 アシル化……………………173
- 15.3 置換ベンゼンの反応性と配向性……………174
  - 15.3.1 反応性——活性化基と不活性化基…174
  - 15.3.2 配向性——オルト, パラ配向とメタ配向……………………175
  - 15.3.3 配向性を利用した合成戦略………180
- [章末問題]……………………………182

第16章 ラジカル反応　イオンを生じない反応　183

- 16.1 ラジカルの構造と安定性………………184
- 16.2 ラジカル連鎖反応………………186
  - 16.2.1 ラジカル置換反応………………187
  - 16.2.2 二重結合へのラジカル付加反応……190
- [章末問題]……………………………193

索引　194

第1章

有機化合物の結合と構造式 有機分子の表し方

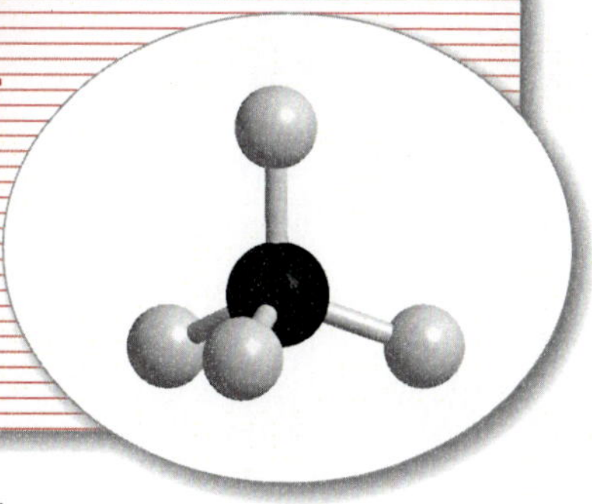

有機化合物(有機分子)とは炭素(C)を骨格にもつ化合物のことである．炭素のほかに，たいてい水素(H)が含まれる．窒素(N)，酸素(O)，ハロゲン(F, Cl, Br, I)なども含まれる場合があるが，その種類は比較的少ない．

炭素は**共有結合**によって，炭素どうしで次つぎに結合したり，窒素，酸素，ハロゲンなどとも結合し，鎖状や環状の分子をかたちづくる．共有結合は安定で，**単結合**だけでなく，**二重結合**や**三重結合**もある．このため，有機化合物の種類は非常に多い．この章では，共有結合がどのように形成されるかを学ぶが，その前に有機化合物の表し方について説明する．

1.1　有機化合物の表し方

有機化合物の実際の形を示す場合，小さい分子では比較的簡単であるが，大きくなると複雑になる．そのため，有機化合物を表すのに，いくつかの簡略化した表記法が用いられている．これらの表記法にはそれぞれ約束事がある．それぞれの表記法にはどのような特色があるかを見ていこう．

分子式は分子の組成のみを示す方法である．分子式から，**官能基**(第3章参照)と呼ばれる原子団を抜きだして示す方法を**示性式**という．たとえば，エタノールの分子式は C_2H_6O であるが，示性式では官能基である**ヒドロキシ**(OH)基を抜きだして，C_2H_5OH と示す．示性式は，その分子にどのような官能基が含まれているかを素早く知るためにはたいへん便利な表記法である．

エタノール　　C_2H_6O 　　C_2H_5OH
　　　　　　　分子式　　　示性式

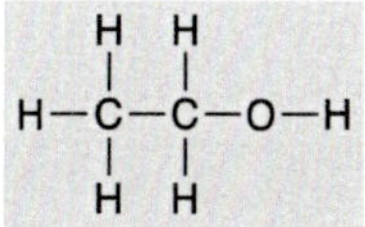

エタノールのケクレ構造式

反応の起こる経路を詳しく知るためには，分子式に含まれる各原子が，どのような順序で結合しているかを示す**構造式**が重要である．構造式にも

用語解説
最外殻

電子の存在する電子殻で原子核から最も離れているものを最外殻という．最外殻にある電子は最もエネルギーが高く，原子の化学反応性を決定する．

いくつかある．たとえば，すべての結合を線（−）でむすぶ**ケクレ構造式**がある．エタノールをケクレ構造式で示すと，前ページのように表される．

結合を示す1本の線を，**共有結合**という．原子が共有結合をつくる場合，いくつかの規則がある．その一つに，「結合の形成に関与するのは**最外殻**[†]にある電子である」というものがある．この電子を**価電子**という．価電子を1個しかもたない原子XとYを例に考えてみよう．XとYは，それぞれ1個の価電子をだし合って分子X−Yを形成する．

1個の電子を一つの点（・）で表すと，ケクレ構造式で示した1本の線は2個の点（：）で表すことができる．「1個の電子を1個の点で表し，1本の結合を2個の点で示す」表記法を，**ルイス構造式**という．

$$\underset{\text{最外殻の電子（価電子）は1個}}{\text{X・}} + \text{・Y} \longrightarrow \underset{\text{ルイス構造式}}{\text{X:Y}} = \underset{\text{ケクレ構造式}}{\text{X—Y}} = \underset{\text{分子式}}{\text{XY}}$$
（2個の電子が存在する）

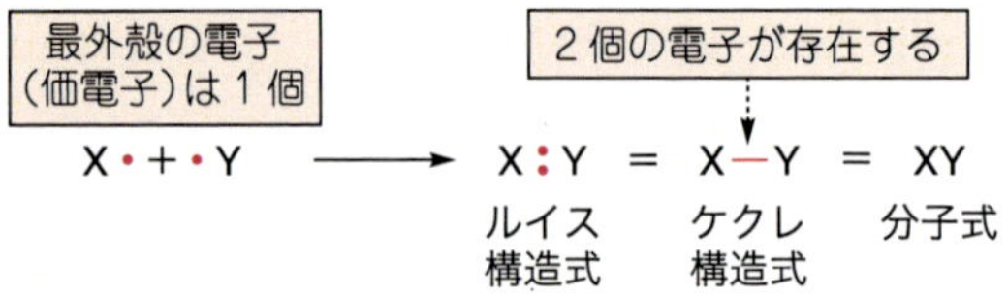

エタノールをルイス構造式で示すと，下のように表される．

$$\begin{array}{c} \text{H} \quad \text{H} \\ \text{H:C:C:O:H} \\ \text{H} \quad \text{H} \end{array}$$

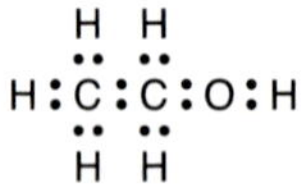

エタノールのルイス構造式
(非共有電子対は省略．例題1.2参照)

1.2 オクテット則

原子が共有結合をつくる場合のもう一つの規則は，「最外殻に含まれる電子の数が，その殻に収容できる最大数に到達すると，安定な分子が生成する」というものである．有機化合物の中心原子である炭素を含む第二周期の元素では，この最大数は8である．したがって，この規則を**オクテット則**（八電子則）と呼ぶ．

1.2.1 炭素と水素の結合

有機化合物の中心原子である**炭素**は，4個の価電子をもつ（4価という）．したがって，他の原子から4個の電子を受け取るとオクテット則を満足し，安定な分子となる．有機化合物のなかで炭素とともに主要な構成原子は**水素**である（図1.1）．水素は第一周期の原子で，その殻には電子は2個しか収容できないので，最大数は2である．そして，価電子を1個しかもたない（1価という）．

いま炭素と水素との間の結合を考える．炭素は4個の水素（1価）と結合し，メタン（CH_4）を生成する．ケクレ構造式では，メタンの炭素から4本の結合の線がでているが，それぞれの1本の線には2個の電子が含まれる．

☞ one point
原子と元素の違い

分子を構成する基本的な粒子を原子といい，原子番号で分類される原子の種類を元素という．

$$\overset{..}{\text{・C・}} \qquad \text{H・}$$

図1.1 炭素と水素の価電子

·C· + 4H· ⟶ H:C:H = H:C:H = H–C–H = CH₄ メタン

炭素のまわりに 8 個の電子がある / 4 本の結合がある

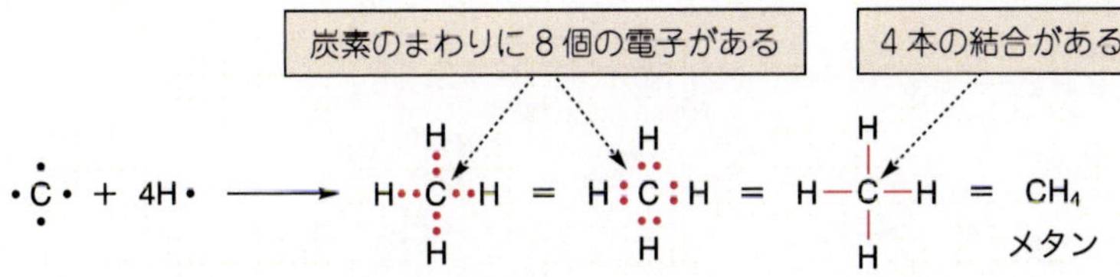

次に炭素と炭素を結合させてみよう．2 個の炭素が互いに 1 個ずつ電子をだし合って共有すると，炭素と炭素の間に 1 本の結合が形成される．これを**単結合**という．各炭素に結合していない電子は 3 個あるので，合計 6 個の電子が残る．それぞれの炭素が 3 個の水素と電子を共有すると，オクテット則が満足され，**エタン**が生成する．

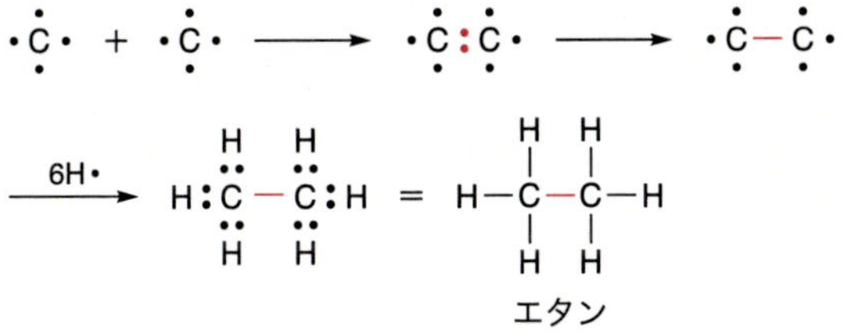

·C· + ·C· ⟶ ·C:C· ⟶ ·C–C·

⟶ 6H· ⟶ H:C–C:H = H–C–C–H エタン

例題 1.1 示性式 CH₃CH₂CH₃ で示されるプロパンをルイス構造式で示しなさい．

【解答】 まず，炭素と水素の価電子数を考慮してケクレ構造式で表し，次に 1 本の線を 2 個の電子で置き換えると，ルイス構造式となる．

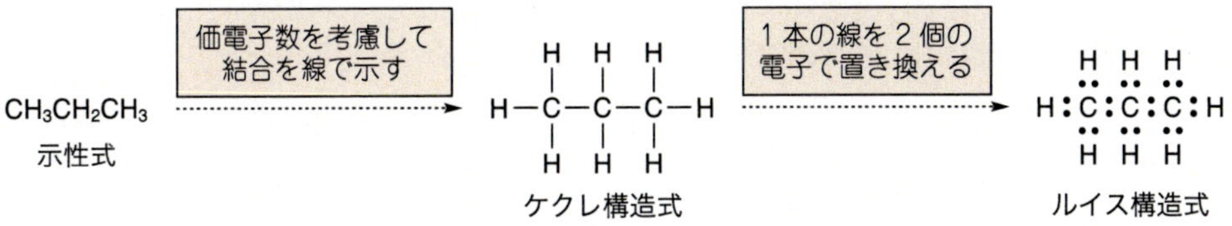

CH₃CH₂CH₃ (示性式) → [価電子数を考慮して結合を線で示す] → H–C–C–C–H (ケクレ構造式) → [1 本の線を 2 個の電子で置き換える] → H:C:C:C:H (ルイス構造式)

Box❶　アルカンの呼び方

炭素と水素だけからできている化合物を**炭化水素**という．単結合からなる鎖状の炭化水素は**アルカン**（alkane）と呼ばれ，一般式 C_nH_{2n+2}（n は炭素の数）で表せる．最も小さなアルカンはメタンで，それ以外のアルカンはメタンから炭素を 1 個ずつ延長して，炭素の価電子数に合う数の水素をつけ加えれば，その分子式を書くことができる．炭素数 10 個までのアルカンの名称は覚えておこう．

分子式	名称	分子式	名称
CH_4	メタン（methane）	C_6H_{14}	ヘキサン（hexane）
C_2H_6	エタン（ethane）	C_7H_{16}	ヘプタン（heptane）
C_3H_8	プロパン（propane）	C_8H_{18}	オクタン（octane）
C_4H_{10}	ブタン（butane）	C_9H_{20}	ノナン（nonane）
C_5H_{12}	ペンタン（pentane）	$C_{10}H_{22}$	デカン（decane）

設問 1.1 次の化合物をルイス構造式で示しなさい.

(a) $(CH_3)_3CH$

(b) $H_2C\underset{}{\overset{H_2C}{-}}CH_2$ (シクロプロパン, 三員環)

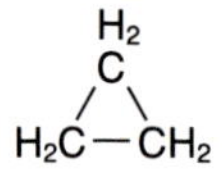

2個の炭素が，それぞれ2個ずつ電子をだし合って，炭素と炭素の間に2本の共有結合を形成することも可能である．この場合，2個の炭素の間には2本の線(結合)を引いて表す．これを**二重結合**という．1本の線には2個ずつ電子が存在するので，炭素と炭素の間には合計4個の電子が存在する．各炭素には結合していない電子が2個，合計で4個残っている．それぞれが4個の水素と電子を共有すると，オクテット則が満足され，**エテン**(エチレン)となる．

| 電子を2個ずつだし合って共有結合をつくる | | 4個の電子が含まれている |

$\cdot\ddot{C}\cdot + \cdot\ddot{C}\cdot \longrightarrow \cdot\ddot{C}::\ddot{C}\cdot \longrightarrow \cdot\ddot{C}=\ddot{C}\cdot \xrightarrow{4H\cdot} H:\ddot{C}=\ddot{C}:H = H-\underset{H}{\overset{H}{C}}=\underset{H}{\overset{H}{C}}-H$
エテン(エチレン)

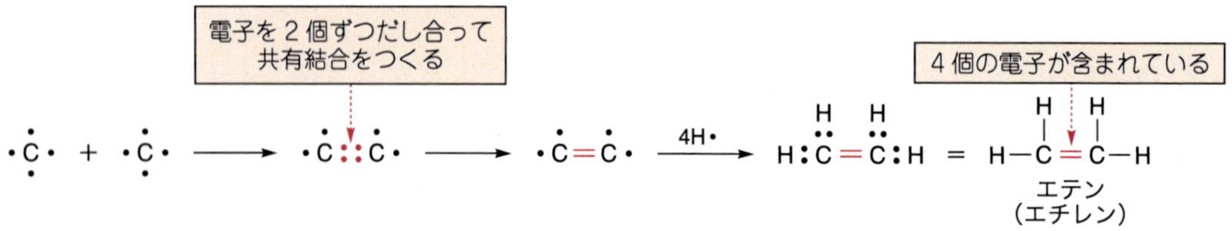

2個の炭素が，それぞれ3個ずつ電子をだし合って，炭素の間に3本の共有結合を形成することも可能である．ここでは，2個の炭素の間に3本の線(結合)が存在する．これを**三重結合**という．この場合，炭素と炭素の間に合計6個の電子が存在し，結合していない電子は合計2個残る．この2個の電子が，水素と電子を共有すると，オクテット則が満足され，**エチン**(アセチレン)となる．

| 電子を3個ずつだし合って共有結合をつくる | | 6個の電子が含まれている |

$\cdot\ddot{C}\cdot + \cdot\ddot{C}\cdot \longrightarrow \cdot C:::C\cdot \longrightarrow \cdot C\equiv C\cdot \xrightarrow{2H\cdot} H:C\equiv C:H = H-C\equiv C-H$
エチン(アセチレン)

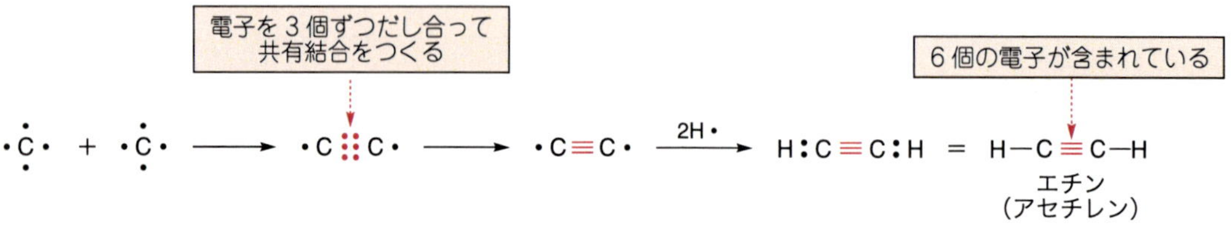

設問 1.2 次の化合物をルイス構造式で示しなさい.

(a) $CH_2=CH-CH=CH_2$

(b) $H_3C-C\equiv C-CH_3$

(c) $CH_2=CH-C\equiv C-H$

1.2.2 非共有電子対

周期表の族番号15(窒素, リンなど), 16(酸素, 硫黄など)と17(フッ素, 塩素, 臭素, ヨウ素)を含む化合物には, 結合には関与しない電子対が存

> **one point**
> **周期表の族と周期**
> 元素を原子番号順に並べると，性質のよく似た元素が周期的に現れる．性質のよく似た元素が縦の同じ列に並ぶようにして組んだ表を周期表という(見返し参照)．周期表の縦の列を**族**，横の列を**周期**という．

在する．それを**非共有電子対**(孤立電子対ともいう)と呼ぶ．

　窒素(N)は価電子を 5 個もつが，このうち結合に関与できる電子は 3 個だけで，1 対(2 個)の電子は結合に関与しない．この結合に関与しない電子対が非共有電子対である(図 1.2)．窒素は 3 個の水素と結合してアンモニア(NH_3)を生成するが，非共有電子対は結合には使用されず窒素原子上に残ったままである．

図 1.2　窒素，酸素とハロゲン (X = F, Cl, Br, I) の価電子
(赤い点(:)は非共有電子対を示す)

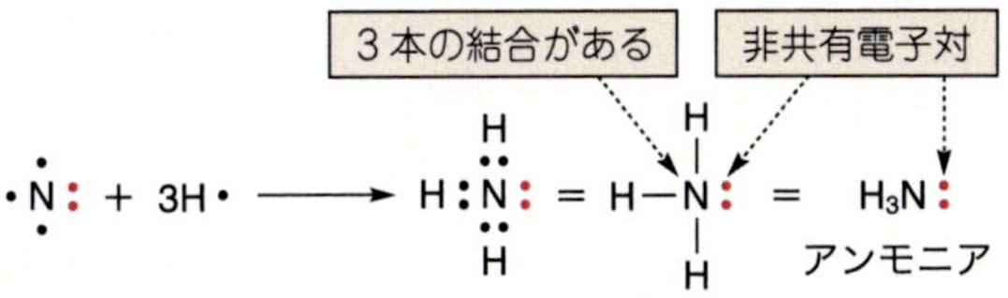

　一般に示性式やケクレ構造式では，非共有電子対は省略して書かれる．あとでわかるように，非共有電子対は反応を理解するうえで非常に重要なので，最初の間は必ず書くようにしよう．

☞ one point
価電子の数と結合の数
水素や炭素の化合物では価電子の数と結合の数は同じである．しかし，窒素，酸素，ハロゲンなどを含む化合物では非共有電子対をもつので，価電子の数と結合の数は同じではないことに注意しておこう．

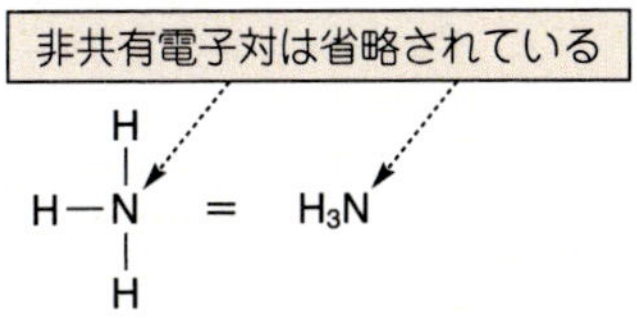

　酸素(O)は価電子を 6 個もつが，このうち結合に関与できる電子は 2 個だけで，2 対(4 個)の電子は非共有電子対である(図 1.2)．たとえば，酸素は 2 個の水素と結合して水を生成するが，非共有電子対は結合には使われず，酸素原子上に残ったままである．ケクレ構造式では，水の酸素がもつ非共有電子対が省略されていることに注意しよう．

Box ❷　アルケンおよびアルキンの呼び方

　二重結合をもつ鎖状の炭化水素は一般式 C_nH_{2n} (n は炭素の数) で表せる．これは alk<u>ane</u> の <u>a</u> を <u>e</u> に変え，alkene (アルケン) と呼ぶ．最も小さなアルケンはエテンである．また三重結合をもつ鎖状の炭化水素は一般式 C_nH_{2n-2} で表せ，これは alk<u>ane</u> の <u>a</u> を <u>y</u> に変え，alkyne (アルキン) と呼ぶ．最も小さなアルキンはエチンである．なお，最も小さいアルケンとアルキンは慣用的にエチレン，アセチレンと呼ばれており，それらの名称も使われる．

	アルケン		アルキン
分子式	名称	分子式	名称
C_2H_4	エテン(ethene)またはエチレン	C_2H_2	エチン(ethyne)またはアセチレン
C_3H_6	プロペン(propene)またはプロピレン	C_3H_4	プロピン(propyne)
C_4H_8	ブテン(butene)またはブチレン	C_4H_6	ブチン(butyne)

第 1 章 有機化合物の結合と構造式

$$\cdot \ddot{O} \cdot + 2H \cdot \longrightarrow H:\ddot{O}:H = H-\ddot{O}-H = H_2O$$

- 2本の結合がある
- 非共有電子対は2対ある
- 水

$$H-O-H = H_2O$$

- 非共有電子対は省略されている

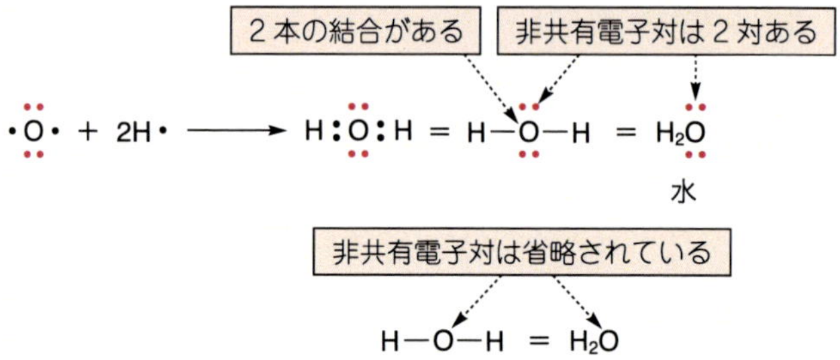

最後に，ハロゲン(F, Cl, Br, I)は価電子を7個もっており，結合に関与する電子は1個だけで，非共有電子対が3対(6個)ある(図1.2)．下に塩素(Cl)が水素(H) 1個と結合して塩化水素(HCl)が生成する式を示した．結合に含まれる電子と非共有電子対を確認しておこう．

$$H\cdot + \cdot\ddot{C}\ddot{l}: \longrightarrow H:\ddot{C}\ddot{l}: = H-\ddot{C}\ddot{l}: = HCl$$

- 結合は1本である
- 非共有電子対は3対ある
- 塩化水素

$$H-Cl = HCl$$

- 非共有電子対は省略されている

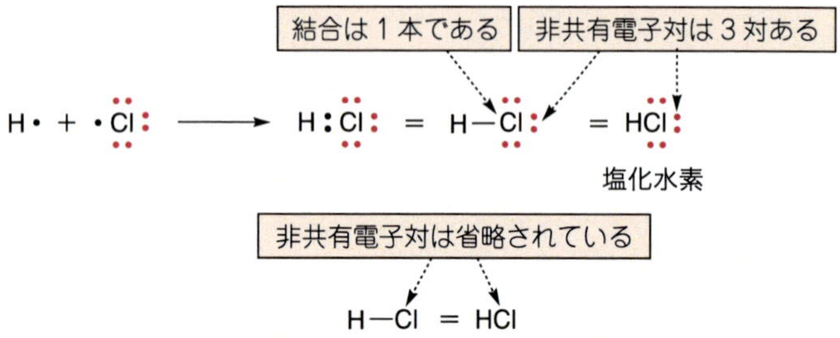

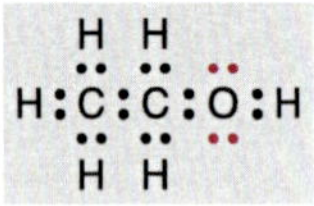

例題 1.2 非共有電子対を含めてエタノールのルイス構造式を書きなさい．

【解答】 酸素は2対(4個)の非共有電子対をもつので，左のようになる．

$$H:\overset{H}{\underset{H}{C}}:\overset{H}{\underset{H}{C}}:\ddot{O}:H$$

設問 1.3 非共有電子対も含めて次の化合物をルイス構造式で示しなさい．

(a) $H_3C-\overset{\overset{O}{\parallel}}{C}-OH$ (b) $(CH_3)_2NOH$ (c) H_2O_2

(d) CH_2Cl_2 (e) CS_2 (f) CH_3CN

設問 1.4 ケクレ構造式で示した次の化合物で省略されている非共有電子対をすべて書き入れなさい．

(a) $H-\underset{H}{\overset{H}{C}}-O-H$ (b) $H-\underset{H}{\overset{H}{C}}-\underset{H}{N}-H$ (c) $H-\underset{H}{\overset{H}{C}}-O-\underset{H}{\overset{H}{C}}-H$

(d) $H-\underset{H}{\overset{H}{C}}-Cl$ (e) $H-\underset{H}{\overset{H}{C}}-F$ (f) $H-\underset{H}{\overset{H}{C}}-S-\underset{H}{\overset{H}{C}}-H$

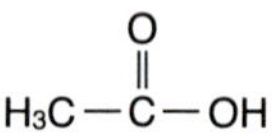

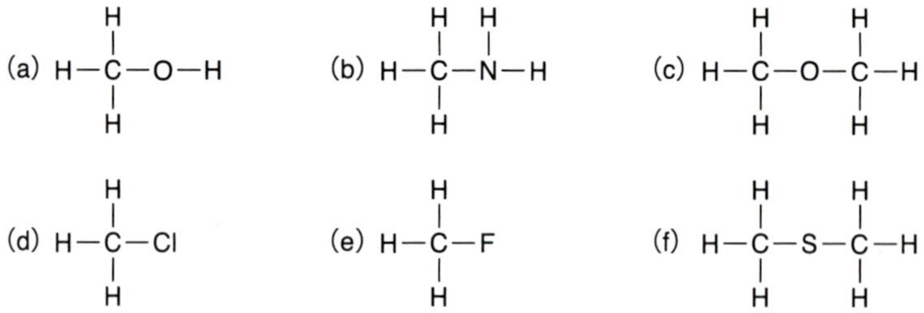

1.3 形式電荷をもつ化合物

　原子は負の電荷をもつ電子と正の電荷をもつ陽子を同じ数だけもつので，電気的に中性である．これまでに示した化合物は，中性の原子どうしが"過不足なく"結合しているので，電気的に中性であった．

　メタンを見てみよう．炭素の4個の価電子はすべて水素と結合している．言い換えると，結合に関与できる電子の数と結合の本数が等しいので，電気的に中性である．これが等しくない場合は，電荷を生じる場合がある．これを**形式電荷**という．

　メタンの4本あるC–H結合の1本を切ってみよう．C–H結合を切る方法は，結合に含まれる2個の電子を炭素と水素にどのように分配するかに依存して，次の3通りある．

　まず，メタンから水素が電子を2個とももち去って切れる場合を考えよう(式1.1)．生成した炭素化合物(**1**)の炭素のまわりの電子は6個である．しかし，これらはすべて共有結合に含まれている．つまり6個のうち，半分は水素から供与されているので，炭素に割り当てられる電子数は3個だけである．これは本来炭素原子のもつ価電子数より1個少ない．言い換えると，この炭素のまわりの電子数は炭素原子の陽子の数より1個少なくなるので，形式電荷は+1となる．構造式では炭素の右上に+を書いて示す(C^+)．

　水素生成物(**2**)も考えてみよう．**2**の水素のまわりには2個の電子がある．この水素は他の原子とは結合していないので，すべて水素に割り当てられる．水素原子は陽子を1個しかもたないので，陽子の数より1個多い電子をもつことになる．したがって，水素の形式電荷は−1となる．構造式では水素の右上に−を書いて示す(H^-)．

☞ **one point**
形式電荷の表し方
形式電荷が+1または−1である場合は，"1"は省略して，単に+または−で示す．

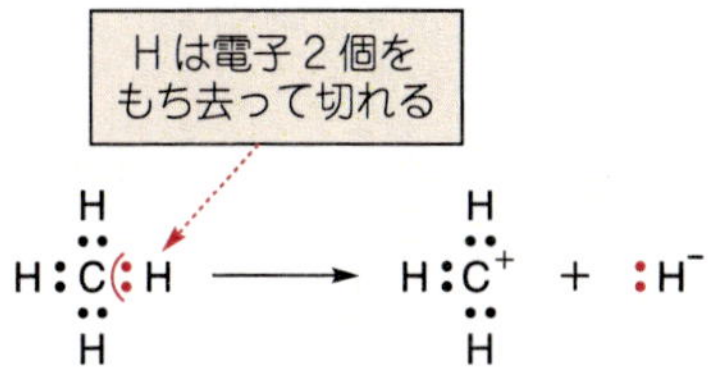

$$H:\underset{H}{\overset{H}{C}}:H \longrightarrow H:\underset{H}{\overset{H}{C^+}} + :H^- \qquad (1.1)$$

1　　　**2**

（Hは電子2個をもち去って切れる）

　2番目の切れ方は，炭素が電子を2個とももち去る場合である(式1.2)．この場合は，炭素化合物(**3**)の炭素のまわりには8個の電子がある．そのうち2個は非共有電子対である(すなわち，すべて炭素のもの)が，残りの6個は水素と共有しているので，炭素のもち分は半分の3個となる．結果的に炭素に割り当てられる電子数は2 + 3 = 5となる．これは炭素の価電子数より1個多いので，形式電荷は−1となる．

　水素生成物(**4**)の水素は電子をもっていないので，正電荷をもつ陽子の電荷，すなわち+1の形式電荷をもつことになる．

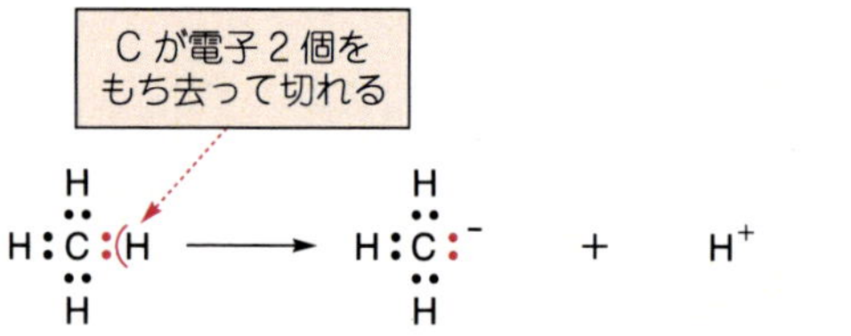

$$\text{H:C:(H)} \longrightarrow \text{H:C:}^- + \text{H}^+ \quad (1.2)$$

3 形式電荷 = −1　**4** 形式電荷 = +1

> Cが電子2個をもち去って切れる

最後の切れ方は，共有電子を炭素と水素が1個ずつもつ場合である(式1.3)．この場合，炭素化合物(**5**)の炭素のまわりには7個の電子が残る．このうち1個は非共有電子(**不対電子**†という)であるが，残りの6個は水素と共有しているので，炭素のもち分は3個となる．結果的に炭素に割り当てられる電子数は1 + 3 = 4となり，これは価電子数と等しいので，形式電荷はゼロとなる．

水素生成物(**6**)の水素は電子1個をもつ．これは非共有電子(不対電子)であり，すべての水素がもっている．したがって，価電子数と等しくなるので，形式電荷はゼロである．

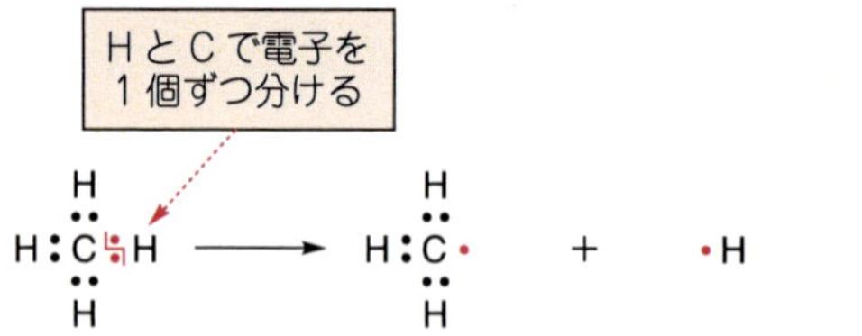

☞ **one point**

5 や **6** のように結合に関与できる電子の数と結合の数が等しくない場合でも，形式電荷を生じないものもあることに留意しよう．

用語解説
不対電子
対(2個)ではなく，1個だけで存在する非共有電子を**不対電子**という．

$$\text{H:C:H} \longrightarrow \text{H:C·} + \text{·H} \quad (1.3)$$

5 形式電荷 = 0　**6** 形式電荷 = 0

> HとCで電子を1個ずつ分ける

1.3.1　形式電荷の求め方

形式電荷を求めるために，注目する原子に割り当てられる電子の数を求める必要がある．これは結合電子の数(B)の半分と非共有電子の数(C)の和である．この和を原子の価電子の数(A)から差し引いたものが形式電荷となる．数式で表すと式(1.4)のようになる．

$$\boxed{\begin{array}{l}\text{形式電荷を求める式}\\ \text{形式電荷} = A - (B/2 + C)\\ A = \text{価電子の数}\\ B = \text{結合電子の数}\\ C = \text{非共有電子の数}\end{array}} \quad (1.4)$$

1 $A = 4,\ B = 6,\ C = 0$　形式電荷 = +1

2 $A = 1,\ B = 0,\ C = 2$　形式電荷 = −1

たとえば，式(1.1)に示した化合物 **1** と **2** の場合，A, B, C は左のようになる．

設問 1.5　式(1.2)と式(1.3)に示した化合物 **3**〜**6** の A, B, C を求め，それらの形式電荷を確かめなさい．

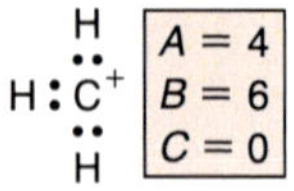

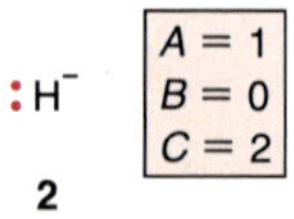

学習を進めるにつれて，形式電荷があるかないかは，化合物の構造式を見ただけでわかるようになる．しかし，最初の間はルイス構造式を書き，式(1.4)を用いて確かめてみよう．

式(1.1)〜(1.3)の結合の切断によって現れる6個の化合物は，不安定な化合物で**中間体**†と呼ばれる．炭素の三種類の中間体は，式(1.1)の**カルボカチオン**(**1**)，式(1.2)の**カルボアニオン**(**3**)，および式(1.3)の**炭素ラジカル**(**5**，単にラジカルということもある)である(図1.3)．

用語解説

中間体とは
化学反応で，反応物質(原料)から生成物へ至る経路の途中で，不安定な化合物が生成する場合があり，これを中間体という．

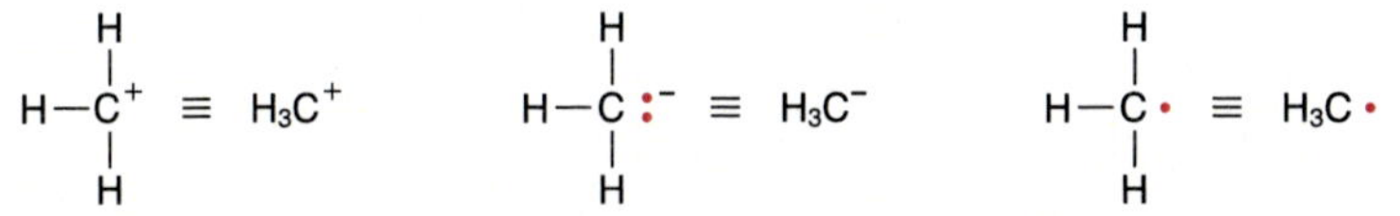

カルボカチオン (**1**)   カルボアニオン (**3**)   炭素ラジカル (**5**)

図1.3 有機(炭素)化合物の三種類の中間体

☞ **one point**

非共有電子に注意しよう
カルボアニオン(**3**)の非共有電子対は省略され，単にCH_3^-と書かれる場合もあるので注意しよう．ただし，炭素ラジカル(**5**)の不対電子は省略されない．

水素の三種類の中間体は，式(1.1)の**ヒドリドイオン**(**水素化物イオン**ともいう)(**2**)，式(1.2)の**プロトン**(**4**)，式(1.3)の**水素**(**水素原子**)(**6**)である(図1.4)．有機化学反応では，水素の中間体も重要な役割を演じているので，よく覚えておこう．

ヒドリドイオン (**2**)   プロトン (**4**)   水素 (**6**)

図1.4 水素の三種類の中間体

例題1.3 式(1.4)を用いて，メタンの形式電荷がゼロであることを確かめなさい．

【解答】 メタンの炭素に関しては，$A = 4$, $B = 8$, $C = 0$ なので，式(1.4)に代入すると，ゼロとなる．また水素に関しては，$A = 1$, $B = 2$, $C = 0$ となり，やはりゼロである．

設問1.6 水素分子(H_2)の形式電荷がゼロであることを確かめなさい．

設問1.7 非共有電子を書き入れたケクレ構造式で示した次の化合物の炭素の形式電荷を求めなさい．

(a)   (b)   (c)   (d)   (e)

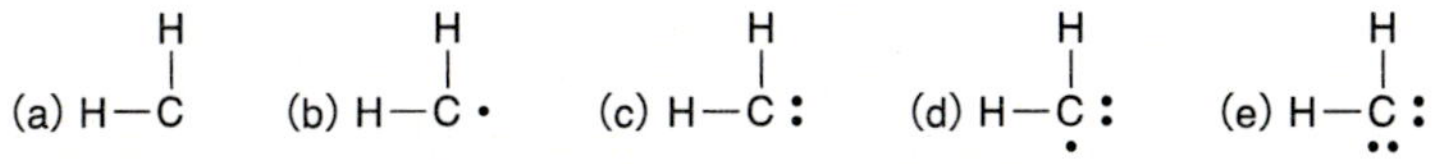

例題 1.4 式(1.4)を用いて，アンモニアの形式電荷がゼロであることを確かめなさい．

【解答】 アンモニアの窒素に関しては，$A = 5$, $B = 6$, $C = 2$ なので，アンモニアの形式電荷はゼロとなる．

これまで示したように結合が切れる場合，それに伴って非共有電子が現れるので，注意しよう．たとえば，水の場合について考えてみる．水から水素が電子対をもたずに離れる場合は，下式に示したようにプロトン（電子0個）と水酸化物イオン（HO⁻）が生成する．プロトンと水酸化物イオンの酸素の形式電荷を確かめてみよう．

水からHがプロトンとして離れる

H—O:H ⟶ H—O:⁻ + H⁺

$A = 6$	$A = 6$	$A = 1$
$B = 4$	$B = 2$	$B = 0$
$C = 4$	$C = 6$	$C = 0$

形式電荷 = 0　　形式電荷 = −1　　形式電荷 = +1

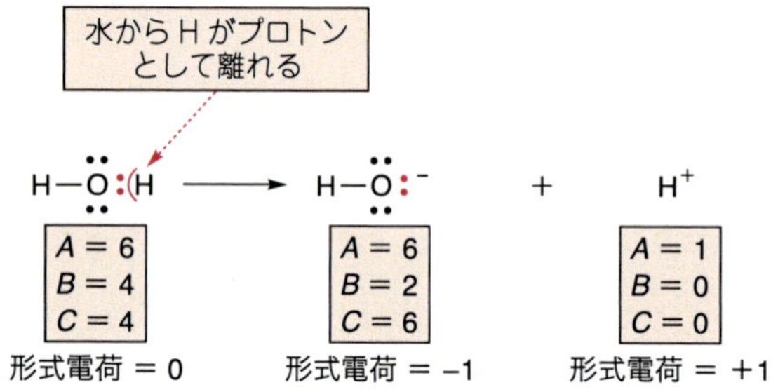

この反応は，非共有電子対をすべて省略して下式のように書かれる．

$$H_2O \longrightarrow HO^- + H^+$$

設問 1.8 以下の反応式で生成する化合物の形式電荷を示しなさい．

(a) H—O:H ⟶ H—O· + ·H

(b) H—O:H ⟶ H—O + :H

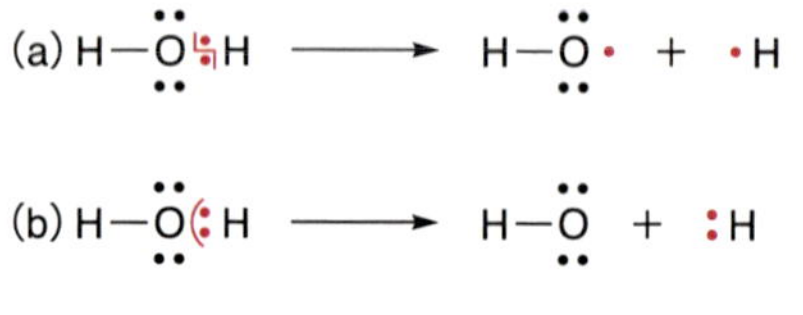

非共有電子対が存在する場合は，それを用いた結合の形成が可能である．たとえば，水の酸素上の非共有電子対は，プロトン（電子0個）に与えられ，新たにO–H結合を形成する．このようにして生成した化合物で，酸素は形式電荷+1をもつ．

水にプロトンが結合する

H—O—H + H⁺ ⟶ H—O⁺—H ≡ (H—O⁺—H ≡ H—O⁺—H ≡ H₃O⁺)
　　　　　　　　　　　　　　　|
　　　　　　　　　　　　　　　H

$A = 6$	$A = 6$
$B = 4$	$B = 6$
$C = 4$	$C = 2$

形式電荷 = 0　　形式電荷 = +1

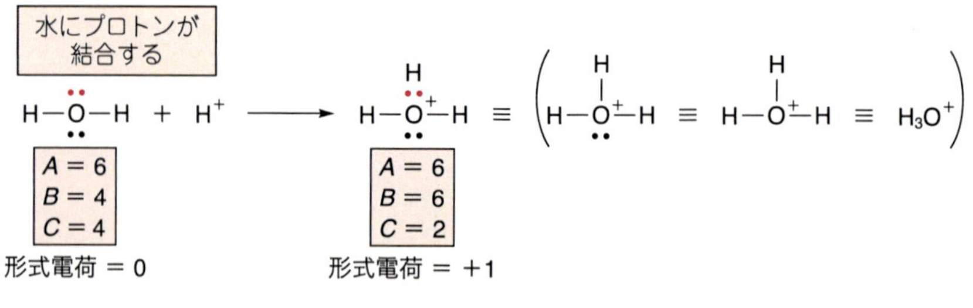

この反応も，非共有電子対は省略して下式のように書かれる．

$$H_2O + H^+ \longrightarrow H_3O^+$$

アンモニアとプロトンの反応の場合も同じである．下式に示したので，形式電荷を確かめてみよう．

アンモニアにプロトンが結合する

$$H-\overset{H}{\underset{H}{N}}: + H^+ \longrightarrow H-\overset{H}{\underset{H}{N}}:H \equiv \left(H-\overset{H}{\underset{H}{\overset{+}{N}}}-H \equiv H_4N^+\right)$$

$A = 5$, $B = 6$, $C = 2$ 形式電荷 = 0

$A = 5$, $B = 8$, $C = 0$ 形式電荷 = +1

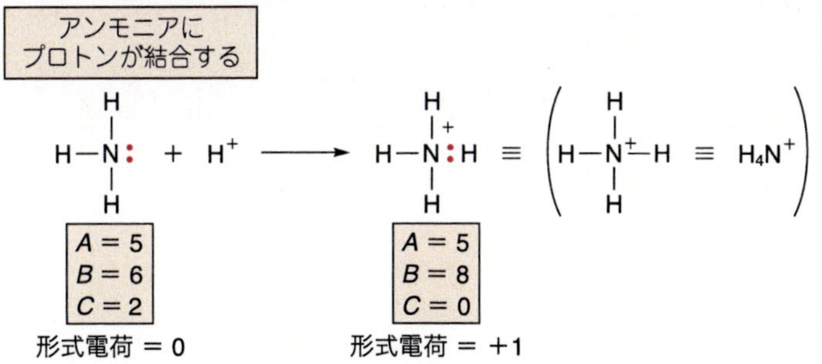

一般的に下式のように表される．

$$H_3N + H^+ \longrightarrow H_4N^+$$

設問 1.9 非共有電子を書き入れたケクレ構造式で示した次の化合物で，形式電荷のある原子を示し，それを求めなさい．

(a) $H_3N-C\equiv N-\overset{..}{\underset{..}{O}}:$

(b) $H_3C-\overset{\overset{..}{\overset{\|}{O}}}{N}-\overset{..}{\underset{..}{O}}:$

(c) $H_3C-\overset{\overset{..}{\overset{\|}{O}}:}{C}-\overset{..}{\underset{..}{O}}:$

(d) $:\overset{..}{\underset{..}{O}}-\overset{\overset{..}{\overset{\|}{O}}:}{C}-\overset{..}{\underset{..}{O}}:$

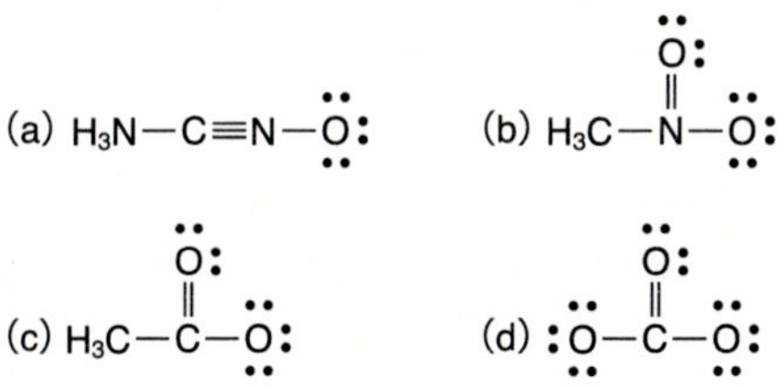

1.4 複雑な化合物の表し方

複雑な化合物になると，含まれるすべての結合を書くのは，ケクレ構造式でさえ煩雑である．そこで，**線形表記法**が用いられる．これは，C−H 結合と C−C 単結合を省略して，一団の記号（たとえば，CH₃，CH₃CH₂ など）として書く**縮合構造式**と，C, H という原子記号だけでなく C−H 結合も省略し，骨格となる結合を線で示す**骨格構造式**とがある（ヒドロキシ基など官能基に含まれる H は省略しない）．この表記法では，2 本の線の交点および各線の末端は C と見なし，その C の原子価 4 を満たす水素の数をおぎなう必要がある．以下に，エタノールをいろいろな表記法で示した．

非共有電子対が省略されている

$H:\overset{H}{\underset{H}{\overset{..}{\underset{..}{C}}}}:\overset{H}{\underset{H}{\overset{..}{\underset{..}{C}}}}:\overset{..}{\underset{..}{O}}:H$ $H-\overset{H}{\underset{H}{C}}-\overset{H}{\underset{H}{C}}-O-H$ CH_3CH_2OH $\diagdown\!\!\diagup OH$

ルイス構造式　　ケクレ構造式　　縮合構造式　　骨格構造式

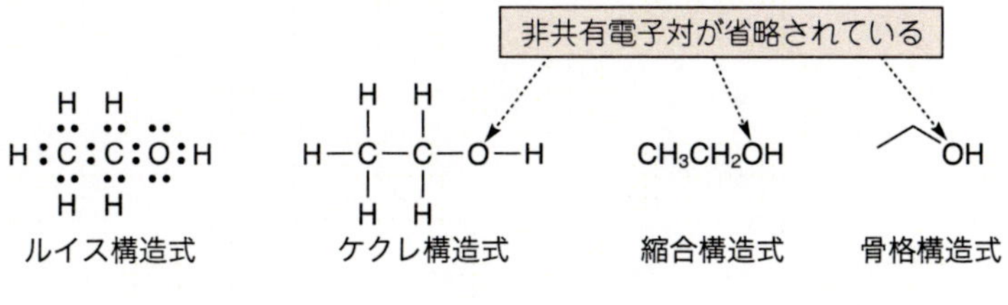

慣れてくれば，骨格構造式は非常に便利である．しかし，反応の経路を考える場合，少なくとも反応に関係する部分は，ルイス構造式(あるいは非共有電子対を書き入れたケクレ構造式)を用いるようにしよう．

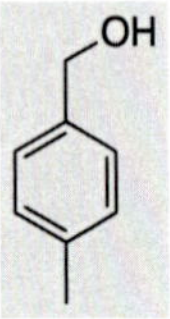

例題 1.5 骨格構造式で示した左の化合物を，ケクレ構造式で示しなさい．

【解答】 段階的に説明する．(1) 2本の線の交点および各線の末端はCと見なすので，まずそこにCを書き入れる．(2) そのうえで，炭素の価電子数(4個)を満たすだけ線(結合)を書き入れ，(3) その先にHを書き入れる．(4) 非共有電子対も書き入れる．

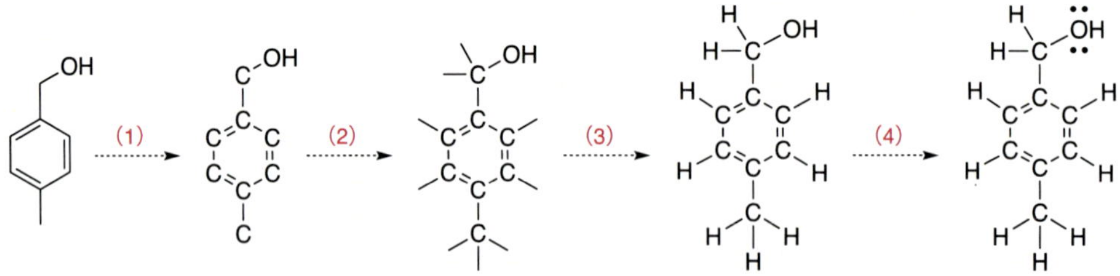

設問 1.10 骨格構造式で示された次の化合物で，省略されている結合をすべて書き入れ，非共有電子対も含めてケクレ構造式で示しなさい．

(a)　(b)　(c)　(d)

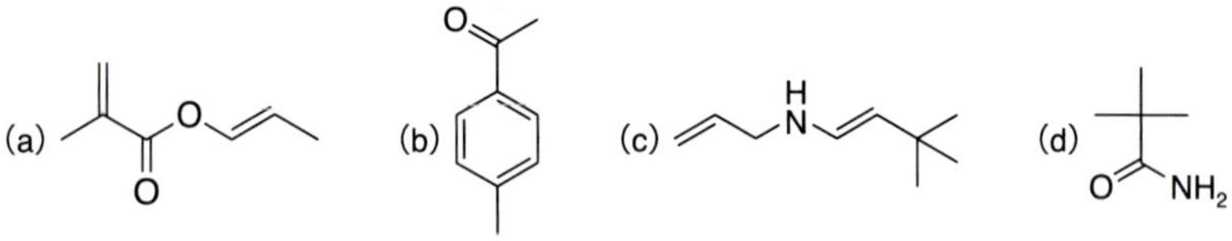

【この章のまとめ】

構造式を見たら，まず以下のことを確認しよう．
（1）有機化合物の中心原子である炭素を含む第二周期の元素では，安定な化合物を生成する価電子の最大数は8である(オクテット則)．
（2）ケクレ構造式では，1本の線に2個の電子が含まれる．
（3）非共有電子をもつ化合物があるので，必ずおぎなっておこう．
（4）化合物で，ある原子に割り当てられた電子の数が，その原子の最外殻の電子の数(価電子数)と異なる場合は形式電荷をもつことがある．

章末問題

問 1.1 有機(炭素)化合物と水素のそれぞれの三種類の中間体の構造と名称を書きなさい.

問 1.2 形式電荷が生じるのはどのような場合か説明しなさい.

問 1.3 次の化合物をケクレ構造式で書きなさい.
（a）ブタン　　（b）プロパン
（c）プロピン　（d）プロペン

問 1.4 次の化合物のルイス構造式を, 非共有電子対も含めて書きなさい.
（a）CH_3I　（b）CH_3CH_2Br　（c）$CH_3CH_2NH_2$
（d）$(CH_3)_3COH$

問 1.5 骨格構造式で示した次の化合物を, 非共有電子対も含めてケクレ構造式で書きなさい.

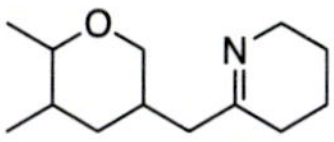

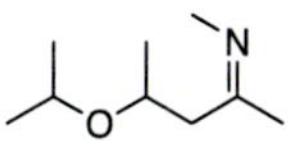

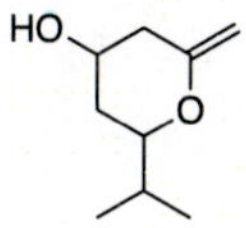

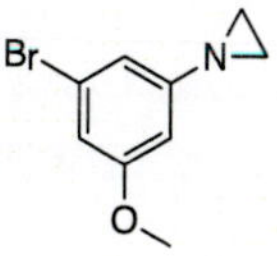

問 1.6 問1.3と問1.4の化合物を骨格構造式で書きなさい.

問 1.7 非共有電子を書き入れたケクレ構造式で示した次の化合物で, 形式電荷のある原子を示し, それを求めなさい.

(a) $:C{\equiv}N:$　　(b) $:\!\ddot{N}H_2$

(c) $H_3C-\ddot{\underset{..}{O}}:$　　(d) $H_3C-\ddot{\underset{..}{N}}$

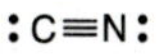

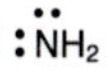

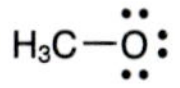

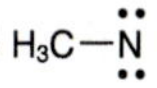

補講 ❶　有機化合物の命名法について

いくつかの有機化合物の呼び方(命名法)については, すでに Box ❶, ❷ でも述べた. ここではそれ以外の命名法についての概要を記す.

有機化合物の名前は歴史的には原料や分子の形などに基づいてつけられており, それらを**慣用名**と呼ぶ. 化合物の数が少なかった時代はそれでもよかったが, その数が増えてくると, 体系的な命名法が不可欠となった. そのような考えから, 国際純正・応用化学連合[International Union of Pure and Applied Chemistry：IUPAC(アイユーパック)と略す]によって命名法が定められた. これを **IUPAC 命名法**というが, 基本となるアルカン(alkane)を炭素数に基づいて命名し, それに置換基が結合しているとして命名する方法である. 置換基の名前は接頭語または接尾語として表し, また置換されている位置を数字で示す. 次ページに命名の手順を簡単に示す. ↗

手順1 基本となるアルカンを定め命名する．枝分かれしている場合は，最も長い直鎖を選び基本骨格（主鎖）とする．最も長い直鎖を選ぶ場合，書かれている構造式に惑わされないように，慎重に見極めることが重要である．

$$\overset{4}{H_3C}-\overset{3}{CH_2}-\overset{2}{CH}-\overset{1}{CH_3}$$
$$\qquad\qquad\quad |$$
$$\qquad\qquad\ CH_3$$

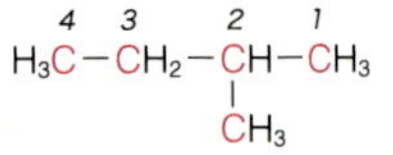

2-メチルブタン
(2-methylbutane)

$$\overset{1}{H_3C}-\overset{2}{CH_2}-\overset{3}{CH}-CH_3$$
$$\qquad\qquad\quad |$$
$$\qquad\qquad\ \overset{4}{CH_2}-\overset{5}{CH_3}$$

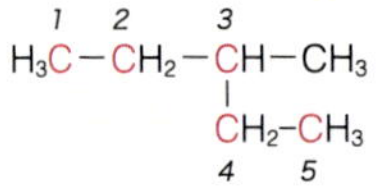

3-メチルペンタン
(3-methylpentane)

$$\overset{1}{H_3C}-\overset{2}{CH_2}$$
$$\qquad\quad |$$
$$H_3C-\overset{3}{CH}-\overset{4}{CH}-CH_3$$
$$\qquad\qquad\ |$$
$$\qquad\qquad\overset{5}{CH_2}-\overset{6}{CH_3}$$

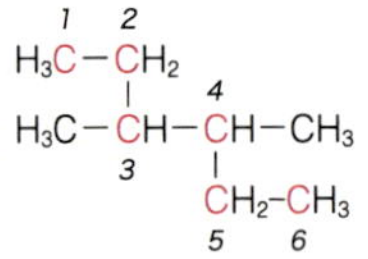

3,4-ジメチルヘキサン
(3,4-dimethylhexane)

手順2 置換基を接頭語としてつけ加え，置換位置を数字で示す．上の例では置換基はメチル基（CH₃）である．置換位置は，主鎖の末端炭素から番号をつけて数字で示すが，この数字ができるだけ小さくなるように末端を選ぶ．接頭語としてのみ使われる置換基を下表に示した．

置換基名	置換基（接頭語）
アルキル基	CH₃(メチル), CH₃CH₂(エチル)など
ハロゲン基	F(フルオロ), Cl(クロロ), Br(ブロモ), I(ヨード)
アルキルオキシ基	CH₃O(メトキシ)など
ニトロ基	NO₂(ニトロ)

複数の置換基がある場合はアルファベット順に並べて番号をつける．同じ置換基が複数ある場合は，ジ(di, 二つ)，トリ(tri, 三つ)，テトラ(tetra, 四つ)…で数を示す．

$$\qquad\ Cl$$
$$\qquad\ |$$
$$H_3C-\overset{2}{CH}-\overset{3}{CH}-\overset{4}{CH_3}$$
$$\overset{1}{}\quad\ \ |$$
$$\qquad\qquad OCH_3$$

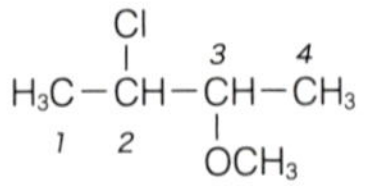

2-クロロ-3-メトキシブタン
(2-chloro-3-methoxybutane)

$$\qquad\ NO_2$$
$$\qquad\ |$$
$$H_3C-\overset{2}{CH}-\overset{3}{CH}-\overset{4}{CH_2}-\overset{5}{CH_3}$$
$$\overset{1}{}\quad\ \ |$$
$$\qquad\qquad F$$

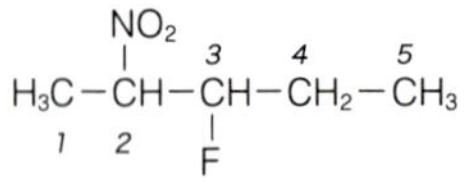

3-フルオロ-2-ニトロペンタン
(3-fluoro-2-nitropentane)

$$\overset{1}{H_3C}-\overset{2}{CH}-\overset{3}{CH}-\overset{4}{CH_3}$$
$$\qquad\quad |\quad\ |$$
$$\qquad\quad Br\ \ Br$$

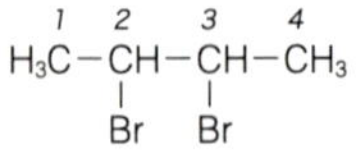

2,3-ジブロモブタン
(2,3-dibromobutane)

手順3 OH や COOH など次に示した置換基は，接尾語を用いて命名する．

(優先順位)	置換基名	接尾語	接頭語
(1)	カルボン酸 (—COOH)	酸 (-oic acid)	カルボキシ (carboxy-)
(2)	ニトリル (—C≡N)	ニトリル (-nitrile)	シアノ (cyano-)
(3)	アルデヒド (H C=O)	アール (-al)	オキソ (oxo-)
(4)	ケトン (>C=O)	オン (-one)	オキソ (oxo-)
(5)	アルコール (—OH)	オール (-ol)	ヒドロキシ (hydroxy-)
(6)	アミン (—NH₂)	アミン (-amine)	アミノ (amino-)

この場合も置換位置が小さい数字になるように主鎖に番号をつける．

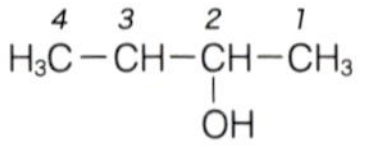

$$\overset{4}{H_3C}-\overset{3}{CH}-\overset{2}{CH}-\overset{1}{CH_3}$$
$$\qquad\quad |$$
$$\qquad\ OH$$

2-ブタノール
(2-butanol)

$$H_3C-CH_2-CH_2-CH_2-COOH$$

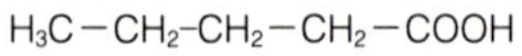

ペンタン酸
(pentanoic acid)

$$\qquad\ O$$
$$\qquad\ \|$$
$$\overset{1}{H_3C}-\overset{2}{C}-\overset{3}{CH_2}-\overset{4}{CH_2}-\overset{5}{CH_3}$$

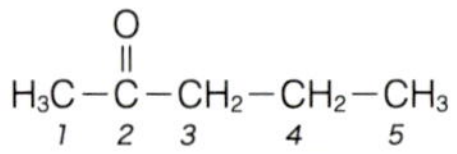

ペンタン-2-オン
(pentan-2-one)

手順4 このような置換基が2個以上含まれる場合は，上の表に示した優先順位に従って，主になる置換基を決め，これを接尾語に使い，他の置換基は接頭語として命名する．数字は置換基の位置が最小になるようにつける．

$$\qquad\ OH$$
$$\qquad\ |$$
$$H_3C-\overset{4}{CH}-\overset{3}{CH_2}-\overset{2}{CH_2}-\overset{1}{COOH}$$
$$\overset{5}{}$$

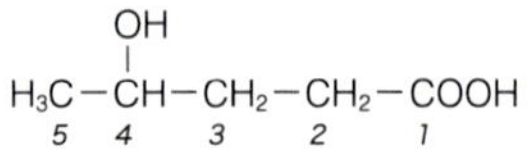

4-ヒドロキシペンタン酸
(4-hydroxypentanoic acid)

$$\qquad\ NH_2$$
$$\qquad\ |$$
$$H_3C-\overset{3}{CH}-\overset{2}{CH_2}-\overset{1}{CH_2}-OH$$
$$\overset{4}{}$$

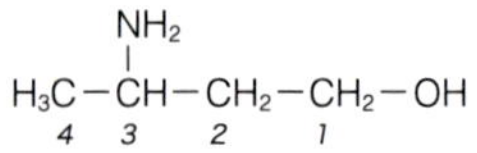

3-アミノブタノール
(3-aminobutanol)

$$\qquad\ O$$
$$\qquad\ \|$$
$$H_3C-C-CH_2-CH_2-OH$$

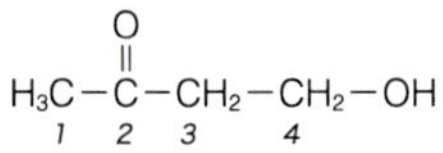

4-ヒドロキシブタン-2-オン
(4-hydroxybutan-2-one)

IUPAC 命名法は規則的で非常に有用であるが，簡単な分子に関しては馴染みの深い慣用名が使われることが多い．本書でも，IUPAC 命名法によるメタン酸，エタン酸ではなく，慣用名のギ酸，酢酸を用いている．

第2章
結合の開裂・生成と電子の動き
巻矢印の正しい使い方

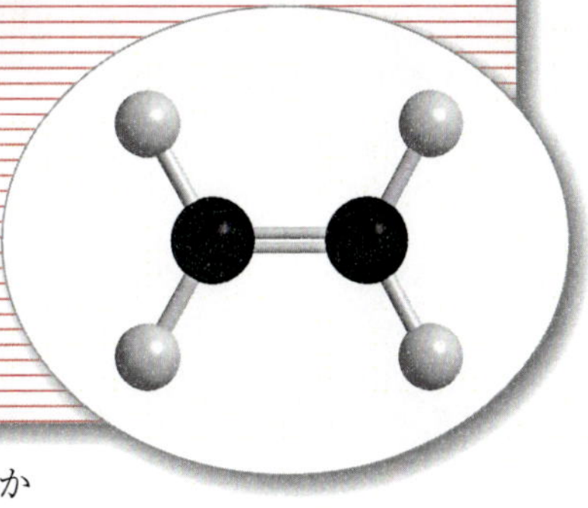

　有機化学反応は共有結合の開裂と生成を伴う．共有結合は2個の電子から成り立っているが，反応に伴って，この電子が移動する．したがって，ある反応を見て，どこの電子がどこへ動いたかを知ることは，その反応の経路を理解するための第一歩である．電子（結合）の移動は，**曲がった矢印**（⌢，**巻矢印**という）を用いて示すと，わかりやすい．矢印の動かし方には，いくつかの約束事がある．この章では，巻矢印を用いた電子の正しい動かし方をマスターしよう．

2.1 結合の開裂と電子の動き

2.1.1 単結合の場合

　1本の結合に2個の電子が含まれることは第1章で述べた．分子 X−Y の結合が切れる場合を考えよう．2個の電子をYがもち去る場合と，Xがもち去る場合があるが，それぞれ下式のように両鉤（かぎ）の巻矢印を用いて，電子がどちらの原子に移動したかを示す．

$$\boxed{\text{Y が電子を2個もち去る}}$$
$$X \overset{\frown}{\cdot} Y \;=\; X \overset{\frown}{\;} Y \;\longrightarrow\; X^+ \;+\; :Y^-$$

$$\boxed{\text{X が電子を2個もち去る}}$$
$$X \overset{\frown}{\cdot} Y \;=\; X \overset{\frown}{\;} Y \;\longrightarrow\; X:^- \;+\; Y^+$$

不均一開裂（ヘテロリシス）

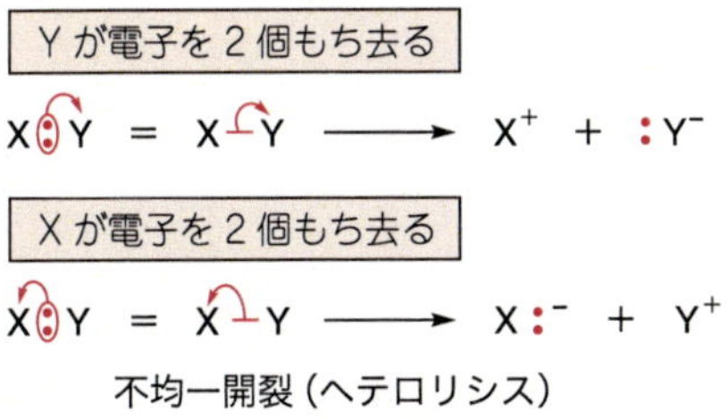

　ここで，巻矢印の矢先が両鉤（⌢）であることに注意しよう．これは電子が2個同時に動くことを意味している．このような結合の切断を**不均一開裂**（**ヘテロリシス**）という．

　これに対して，XとYが1個ずつ電子をもち去る場合は，片鉤の巻矢印（⌢）を用いる．このような結合の切断を**均一開裂**（**ホモリシス**）という．

one point
赤い点(・)と赤い線(−)に注目

本書では反応式の前後で移動する電子や結合を，それぞれ赤い点(・)と赤い線(−)で示してある．反応式をよく見て，どの電子が動いて，どの結合になったかを確かめておこう．

XとYが電子を1個ずつ分け合う

$$X \vdots Y = X-Y \longrightarrow X\cdot + Y\cdot$$

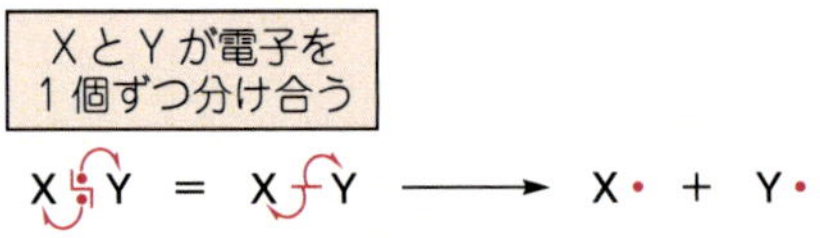

均一開裂（ホモリシス）

第1章(1.3節)でメタンのC−H結合を切断する場合，3通りの方法があることを学んだ．それらは，(1) 水素が電子を2個もち去る場合，(2) 炭素が電子を2個もち去る場合，(3) 両方が電子を1個ずつ分ける場合，の三つである．これを巻矢印で表すと以下のようになる．

(1) 水素が電子を2個もち去る場合

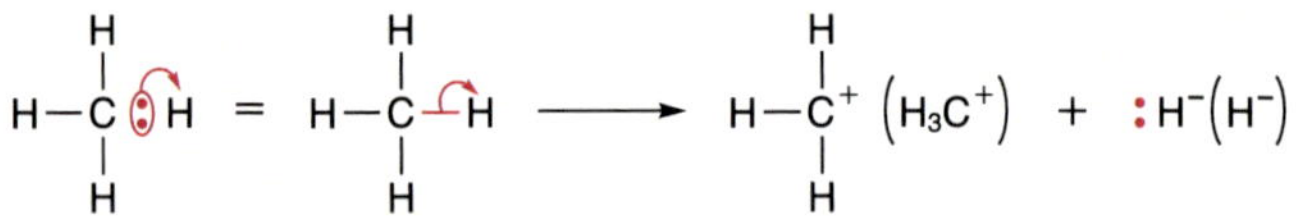

$$H-CH_2-H = H-CH_2-H \longrightarrow H-CH_2^+ \;(H_3C^+) + :H^- \;(H^-)$$

(2) 炭素が電子を2個もち去る場合

$$H-CH_2-H = H-CH_2-H \longrightarrow H-CH_2:^- \;(H_3C^-) + H^+$$

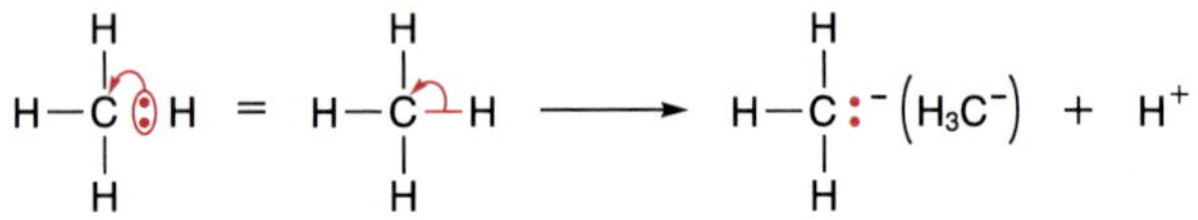

(3) 両方が電子を1個ずつ分ける場合

$$H-CH_2-H = H-CH_2-H \longrightarrow H-CH_2\cdot \;(H_3C\cdot) + \cdot H$$

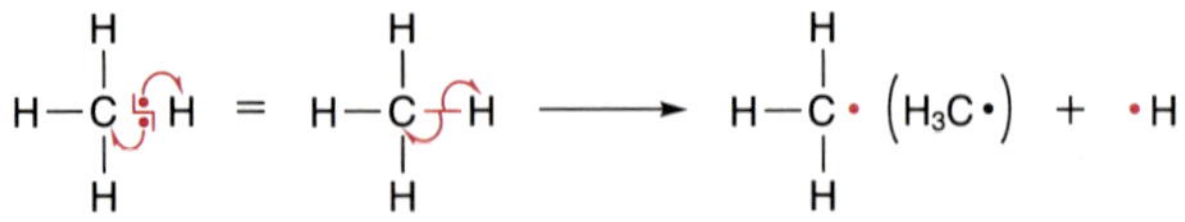

one point
巻矢印の約束事

巻矢印を書く場合，矢印の出発点は移動する電子（結合または非共有電子対）であり，矢先は新しい結合をつくる原子との間か，電子が新たにやどる原子の上である．

例題 2.1 以下の巻矢印で示した電子の動きによって生成する化合物を書きなさい（反応に関与する結合と非共有電子対をルイス構造式で示し，形式電荷も確認しなさい）．

$$H-CH_2-Br \longrightarrow$$

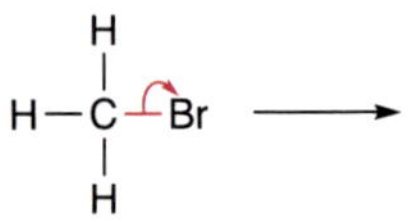

【解答】 段階的に説明する．(1) まず，反応に関与するC−Br結合とBrをルイス構造式で示す．(2) 矢印の出発点は結合電子であり，矢先には電子対がやどることを意識して電子を動かす．(3) 生成したおのおのの化合物の形式電荷を計算し，電荷を書き入れる．

$$\text{H}-\underset{\underset{\text{H}}{|}}{\overset{\overset{\text{H}}{|}}{\text{C}}}-\text{Br} \xrightarrow[(1)]{\text{反応に関与する結合を}\atop\text{ルイス構造式にする}} \text{H}-\underset{\underset{\text{H}}{|}}{\overset{\overset{\text{H}}{|}}{\text{C}}}-\overset{..}{\underset{..}{\text{Br}}}: \xrightarrow[(2)]{\text{矢先に電子対を}\atop\text{移動する}} \text{H}-\underset{\underset{\text{H}}{|}}{\overset{\overset{\text{H}}{|}}{\text{C}}} \quad :\overset{..}{\underset{..}{\text{Br}}}:$$

$$\xrightarrow[(3)]{\text{形式電荷を}\atop\text{計算する}} \text{H}-\underset{\underset{\text{H}}{|}}{\overset{\overset{\text{H}}{|}}{\text{C}}}{}^+ \qquad :\overset{..}{\underset{..}{\text{Br}}}:{}^-$$

$$\begin{array}{cc} A=4 & A=7 \\ B=6 & B=0 \\ C=0 & C=8 \end{array}$$

形式電荷 = +1　　形式電荷 = −1

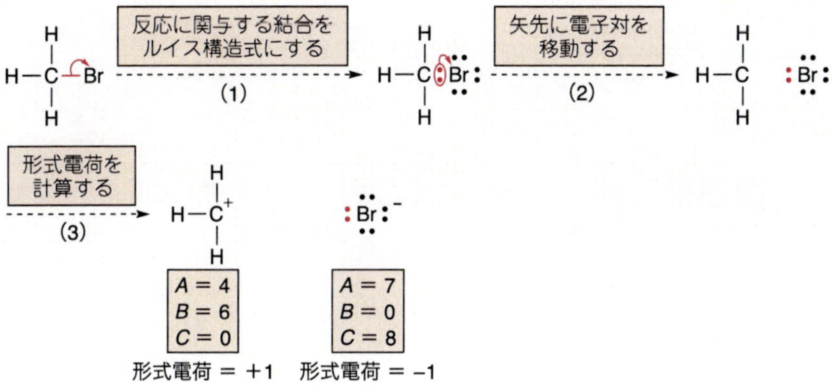

設問 2.1 以下の巻矢印で示した電子の動きによって生成する化合物を書きなさい.

(a) $\text{H}-\underset{\underset{\text{H}}{|}}{\overset{\overset{\text{H}}{|}}{\text{C}}}-\text{Cl} \longrightarrow$ 　　(b) $\text{H}-\underset{\underset{\text{H}}{|}}{\overset{\overset{\text{H}}{|}}{\text{C}}}-\text{Cl} \longrightarrow$ 　　(c) $\text{H}-\underset{\underset{\text{H}}{|}}{\overset{\overset{\text{H}}{|}}{\text{C}}}-\text{Cl} \longrightarrow$

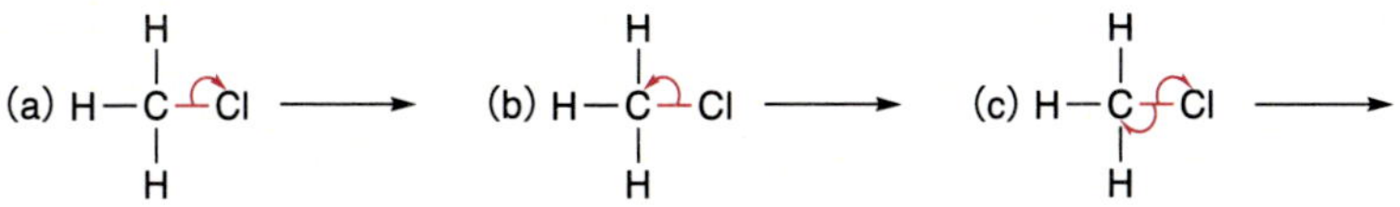

2.1.2 二重結合の場合

ここまでは単結合での開裂に伴う電子の移動について説明したが，二重結合でも電子が移動する．この場合も電子を移動させたあとの形式電荷を，しっかり確認することが大切である．あやしいと思ったなら，第1章で示した形式電荷を計算する式(1.4)を用いて確かめよう.

下にエテン($CH_2=CH_2$)の二重結合のうち，1本の結合が右側の炭素へ移動する場合を示した(移動する電子はルイス構造式で表した)．かっこ内はケクレ構造式を用いた場合の表示である.

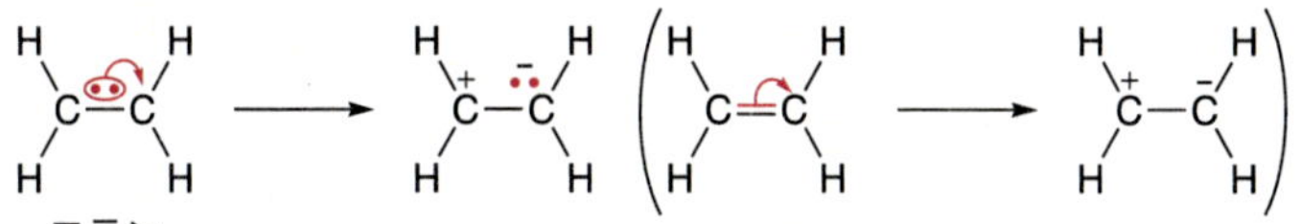

エテン

ホルムアルデヒド($CH_2=O$)の炭素−酸素二重結合も同様である．この場合は，二つの可能性がある．まず，酸素側へ電子が移動する場合を示す.

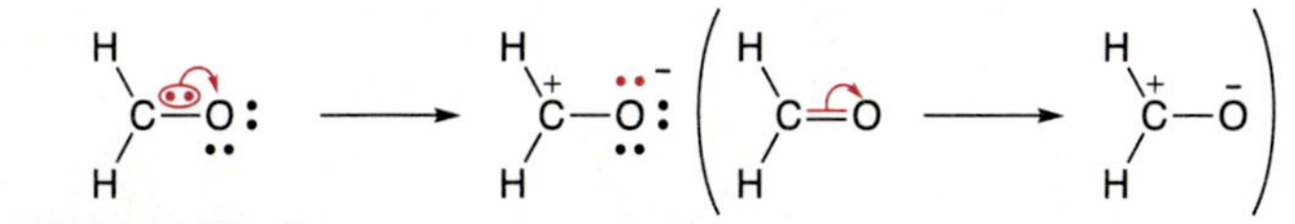

ホルムアルデヒド

逆に炭素側へ移動すると，次式のようになる.

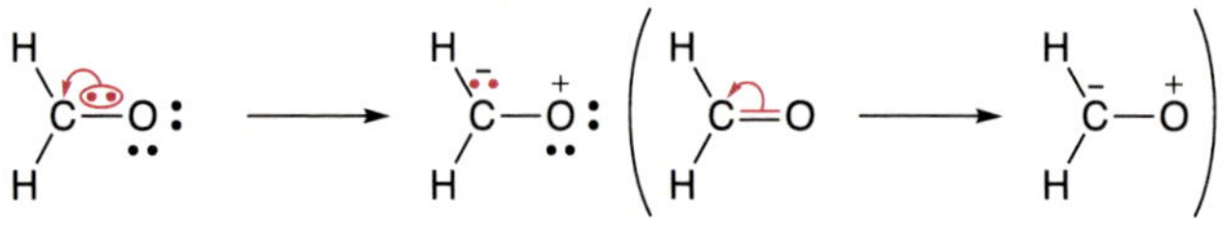

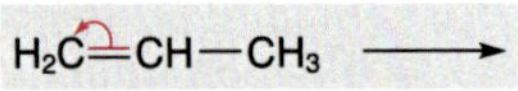

例題 2.2 左の巻矢印で示した電子の動きによって生成する化合物を書きなさい（反応に関与する結合と非共有電子対をルイス構造式で示し，形式電荷も確認しなさい）．

【解答】 例題 2.1 で示したように，(1) 反応に関与する結合をルイス構造式で示し，(2) 矢印の出発点は結合電子で，矢先に電子対が移るように電子を動かし，最後に，(3) 生成した分子の形式電荷を計算し，電荷を書き入れる．

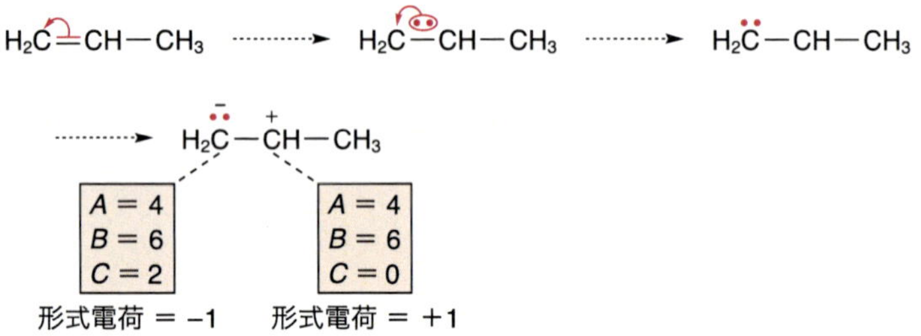

$A = 4$
$B = 6$
$C = 2$
形式電荷 = −1

$A = 4$
$B = 6$
$C = 0$
形式電荷 = +1

設問 2.2 以下の巻矢印で示した電子の動きによって生成する化合物を書きなさい．

(a) $H_2C=CH-CH=CH_2$ ⟶

(b) $H_2C=CH-CH=CH_2$ ⟶

(c) $H_3C-C≡C-CH_3$ ⟶

(d) $H_3C-\underset{\underset{OH}{}}{\overset{\overset{O}{\|}}{C}}$ ⟶

(e) $H_3C-\overset{\overset{O}{\|}}{C}-\bar{O}$ ⟶

(f) $H_3C-\overset{+}{N}(=O)-\bar{O}$ ⟶

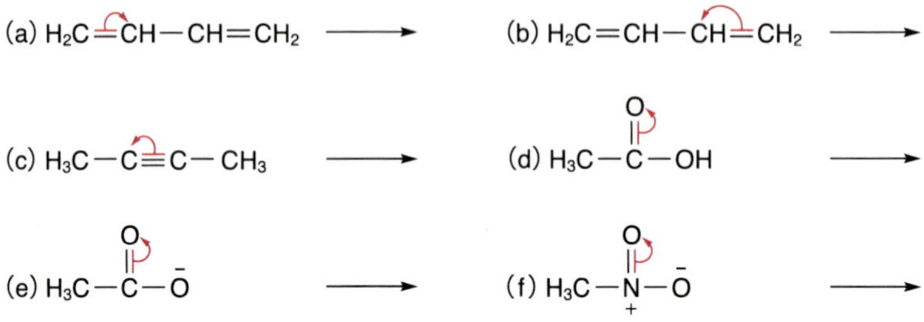

2.2 新しい結合の生成と電子の動き

ここまでは，結合を切断する場合の電子の移動について説明したが，新しい結合の生成に伴う電子の移動も起こる．この場合の電子の移動を巻矢印を用いて示してみよう．

2.2.1 カチオンとアニオンの結合

はじめに形式電荷をもつ化合物どうしの反応から始めよう．たとえば，アニオンの電子対がカチオンへ移動して，結合が形成される反応を考える．

(前述のルールを思いだして)まずアニオンの電子対からカチオンに向かって巻矢印を書く．塩化物イオン(Cl^-)とプロトン(H^+)との反応を示す．

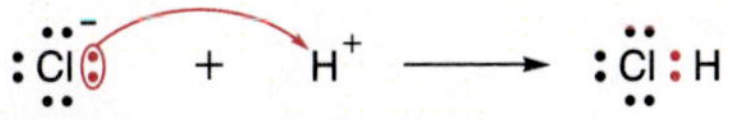

$$:\!\overset{..}{\underset{..}{Cl}}\!:^- \; + \; H^+ \longrightarrow \; :\!\overset{..}{\underset{..}{Cl}}\!:H$$
　　　塩化物イオン　　プロトン

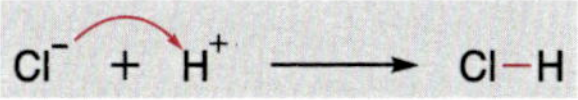

一般には非共有電子対を省略したケクレ構造式を用いて，右のように書かれる．

$$Cl^- + H^+ \longrightarrow Cl-H$$

カチオンが有機(炭素)化合物(つまりカルボカチオン)の場合も同じである．メチルカチオンと塩化物イオンの反応を下に示した．

$$H_3C^+ + :\!\overset{..}{\underset{..}{Cl}}\!:^- \longrightarrow H_3C:Cl \; \left(H_3C^+ + Cl^- \longrightarrow H_3C-Cl \right)$$

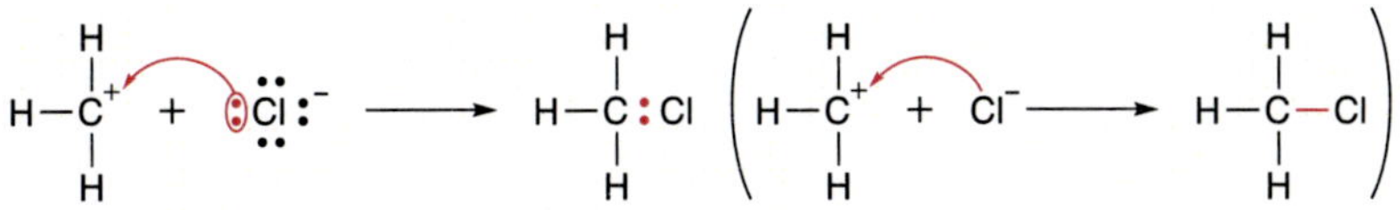

メチルカチオン

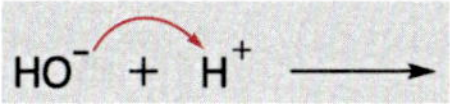

例題2.3 右の巻矢印で示した電子の動きによって生成する化合物を書きなさい(反応に関与する結合と非共有電子対をルイス構造式で示し，形式電荷も確認しなさい)．

$$HO^- + H^+ \longrightarrow$$

【解答】　水酸化物イオン(HO^-)をルイス構造式で書き，酸素上の非共有電子対からプロトン(H^+)に向かって巻矢印を引く．生成物のOとHの間に電子対を書く．生成した分子の形式電荷を計算する(この場合，電荷はゼロである)．

$$HO^- + H^+ \xrightarrow{\text{非共有電子対を書き入れる}} H\overset{..}{\underset{..}{O}}{}^- + H^+ \xrightarrow{\text{矢先の}H^+\text{に電子対を移動させる}}$$

$$H\overset{..}{\underset{..}{O}}:H \; = \; H-O-H$$

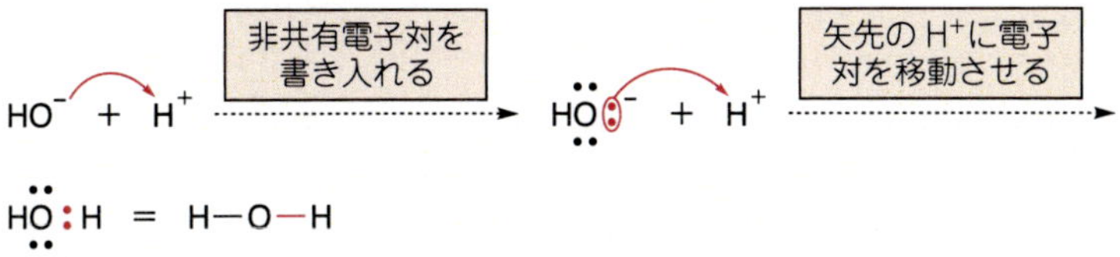

設問2.3 以下の巻矢印で示した電子の動きによって生成する化合物を書きなさい．

(a) $Br^- + H^+ \longrightarrow$ 　　(b) $H_3C^- + H^+ \longrightarrow$

(c) $H_3C^- + {}^+CH_3 \longrightarrow$ 　(d) $H_3C^+ + {}^-OH \longrightarrow$

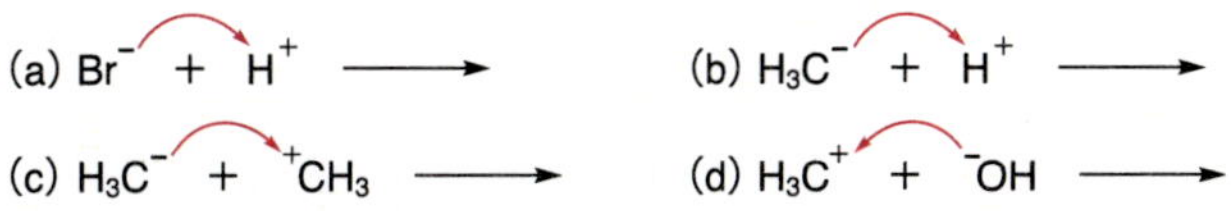

負電荷と正電荷をもつ分子どうしは，必ず結合するとは限らない．たとえば，下式の反応で水酸化物イオン(HO^-)の負電荷(O^-)とアンモニウムイオン(NH_4^+)の正電荷(N^+)との間には，結合は形成されない．

[反応式: H−O⁻ + H−N⁺H₃ ─✗→ HO−NH₃（Hの移動）]

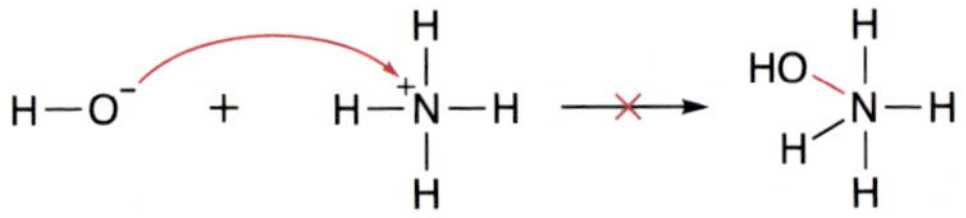

水酸化物イオン　　アンモニウムイオン

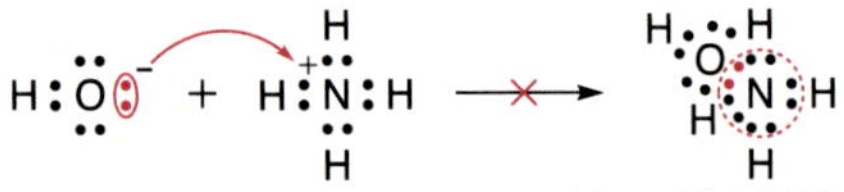

one point
形式電荷と静電的な電荷

ルイス構造式に書かれている形式電荷（＋，−の記号）は，ルイスの構造式の表し方の定義に基づいた記号であって，実際に電荷がその原子上にあることを意味するわけではない．たとえば，アンモニウムイオンでは，＋は窒素原子上に書いた．しかし，静電的な意味で＋を帯びるのは，水素原子である．窒素原子上の正電荷はルイス構造式上で電子の不足を示す記号である．

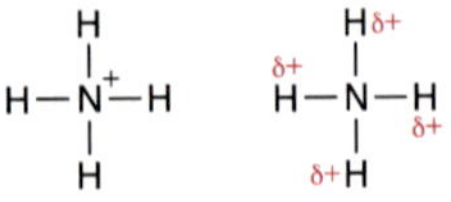

[構造式: H−N⁺H₃ と Hδ+−Nδ+−H（δ+付き）]

アンモニウムイオン

なぜであろうか．ルイス構造式を書いてみるとわかる．生成した右側の分子のNは10個の電子をもっている．第二周期の原子は最大8個の電子しかもてない（オクテット則）ので，このような分子は存在しえない．

[ルイス構造式: H:Ö:⁻ + H:N:H ─✗→ H:Ö:N:H （Nは10個の電子をもつ！）]

この場合，O⁻の電子対がHを攻撃し，Hは電子対をNに残して結合が切断される．これが実際に起こる反応である．

[反応式: H:Ö:⁻ + H:N:H ─→ H:Ö:H + :N:H]

設問 2.4　（a）下式の反応が起こらない理由を，ルイス構造式を書いて説明しなさい．（b）次に実際に起こる反応を考えなさい．

[反応式: Cl⁻ + H−O⁺H₂ ─✗→ Cl−OH₂ + H]

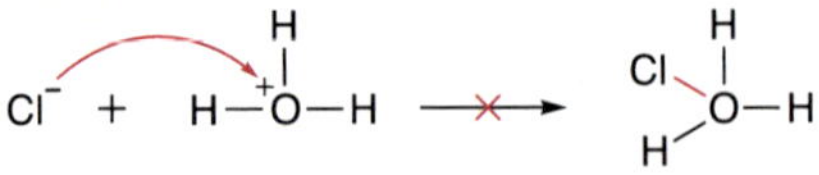

2.2.2 非共有電子対とカチオンの結合

酸素や窒素などを含む化合物がもつ非共有電子対も電子の源であり，カチオンと反応する．第1章で示した水とプロトンの反応を例にとって説明しよう．水の酸素上の非共有電子対がプロトンへ移動し，新たにO−H結合が形成される．したがって，巻矢印は酸素の非共有電子対からプロトンに向かって書く．生成した化合物では，酸素が正の形式電荷をもつ．

[反応式: H−Ö−H + H⁺ ─→ H−Ö⁺−H　（$H_2O + H^+ \longrightarrow H_3O^+$）]

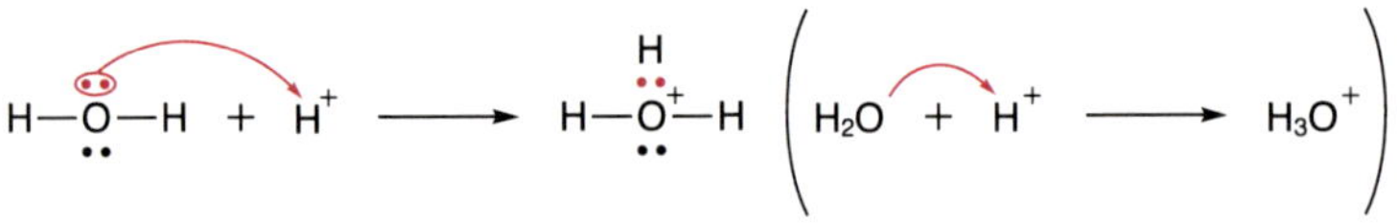

ホルムアルデヒドも，酸素上に非共有電子対をもつので，プロトンと反応する（正電荷の位置に注意しよう）．

$$\text{H}_2\text{C}=\overset{..}{\underset{..}{\text{O}}} + \text{H}^+ \longrightarrow \text{H}_2\text{C}=\overset{+}{\underset{..}{\text{O}}}-\text{H} \quad \left(\text{H}_2\text{C}=\text{O} + \text{H}^+ \longrightarrow \text{H}_2\text{C}=\overset{+}{\text{O}}-\text{H} \right)$$

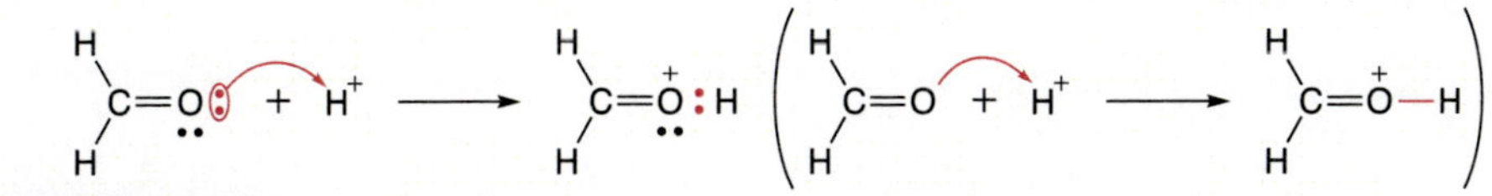

ホルムアルデヒド

例題 2.4 メタノール（CH_3OH）の酸素もプロトンと反応する．巻矢印を用いて，その反応を示しなさい（反応に関与する結合と非共有電子対をルイス構造式で示し，形式電荷も確認しなさい）．

$$CH_3-O-H + H^+ \longrightarrow$$

【解答】 まず，ルイス構造式で書き，酸素上の非共有電子対からプロトン（H^+）に向かって巻矢印を書く．生成物では O と H の間に電子対を書き，結合をつくる．生成物の酸素上に正電荷が存在することを確かめておこう．

$$CH_3-O-H + H^+ \xrightarrow{\text{非共有電子対を書き入れる}} CH_3-\overset{..}{\underset{..}{O}}-H + H^+ \xrightarrow{\text{矢先の }H^+\text{ に電子対を移動させる}}$$

$$CH_3-\overset{\overset{H}{|}}{\underset{..}{O}}-H \xrightarrow{\text{形式電荷を計算する}} CH_3-\overset{\overset{H}{|}}{\underset{..}{\overset{+}{O}}}-H \equiv CH_3-\overset{H}{\underset{+}{O}}-H$$

$A = 6$
$B = 6$
$C = 2$
形式電荷 $= +1$

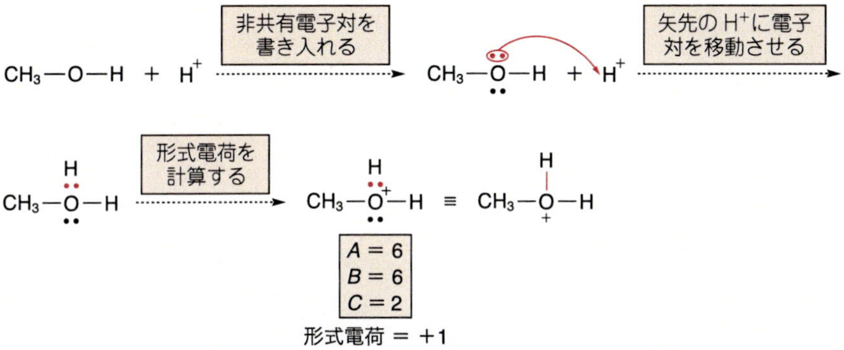

設問 2.5 巻矢印を用いて，次の化合物の非共有電子対とプロトンの反応の経路を示しなさい．

(a) $H_3C-O-CH_3 + H^+ \longrightarrow$

(b) $H_3C-\underset{\underset{}{\overset{\overset{O}{\|}}{}}}{C}-CH_3 + H^+ \longrightarrow$

(c) $H_3C-NH_2 + H^+ \longrightarrow$

(d) $H_3C-N\overset{CH_3}{\underset{CH_3}{\diagdown}} + H^+ \longrightarrow$

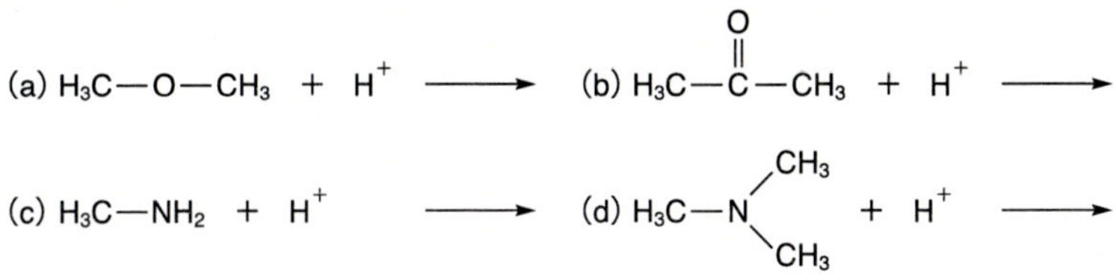

2.2.3 二重結合を含む反応

　第 7 章で学ぶが，二重結合の 2 本の結合の性質は著しく異なっている．1 本はこれまで述べた単結合で，**σ（シグマ）結合**と呼ばれる．もう 1 本は，これとはまったく異なる性質をもっており，**π（パイ）結合**と呼ばれる．π 結合の電子は，炭素核から離れたところに広がっているため結合が弱く，電子のやりとりに関与することができる．電子を与える場合と，受け取る場合に分けて考えてみよう．

（1）電子を与える場合

たとえば，エテン（$CH_2=CH_2$）とプロトン（H^+）との反応を考えてみよう．エテンの2個の炭素を区別するために，1, 2と番号をつける．二重結合のπ結合は，下式に示すように2個のπ電子をH^+に与えて，炭素（C_2）がH^+と結合する（C_2-H結合の形成）．この場合，π結合に含まれる2個のπ電子の1個は，H^+と結合しない炭素（C_1）から供給されるので，C_1は正電荷を帯びる．

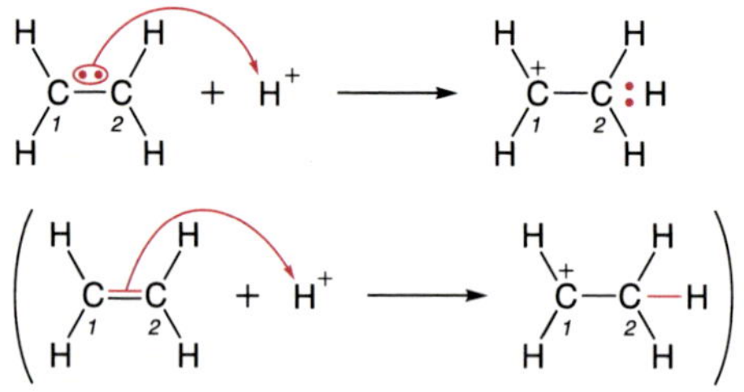

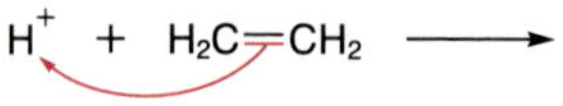

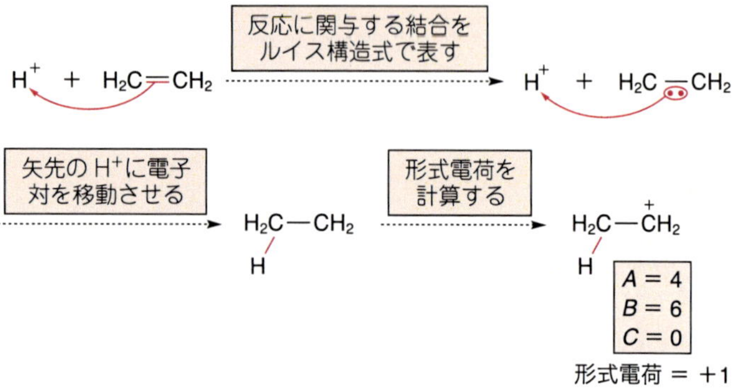

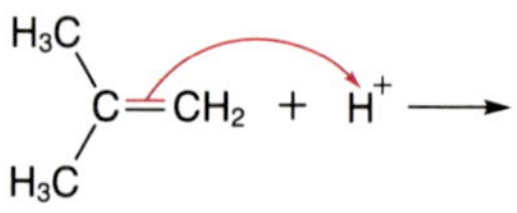

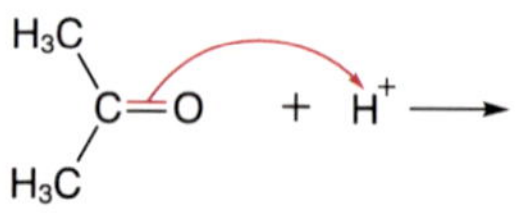

こう考えるとわかりやすい

巻矢印の動きについてもう少し説明しておこう．下式の巻矢印は，[ ]内に示したように赤線で示した結合が巻矢印の示す方向へもち上がる操作を意味する．したがって，最終的にH^+が結合するのは炭素（C_2）である．

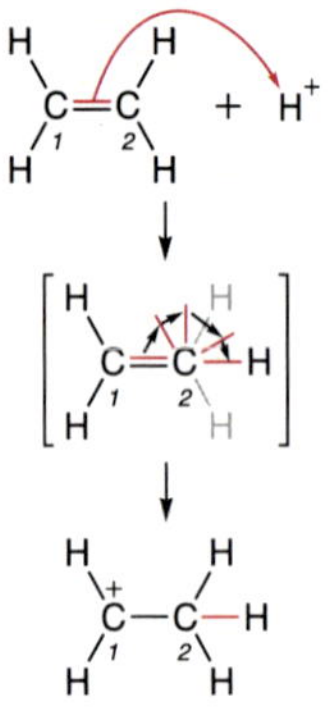

H^+を炭素（C_1）に結合させるには，どうすればいいだろうか．いろいろな書き方があるが，下式のように，H^+をC_1の左側にもっていくのが無難である．

例題 2.5 以下の巻矢印で示した電子の動きによって生成する化合物を示しなさい（反応に関与する結合と非共有電子対をルイス構造式で示し，形式電荷も確認しなさい）．

$$H^+ + H_2C=CH_2 \longrightarrow$$

【解答】 反応に関与する結合をルイス構造式で示し，その電子対を矢先のH^+へ移動させ，結合をつくる．最後に，形式電荷を確認しておこう．

$A = 4$
$B = 6$
$C = 0$
形式電荷 = +1

設問 2.6 次の巻矢印で示した電子の動きによって生成する化合物を示しなさい．

(a) $(CH_3)_2C=CH_2 + H^+ \longrightarrow$

(b) $(CH_3)_2C=O + H^+ \longrightarrow$

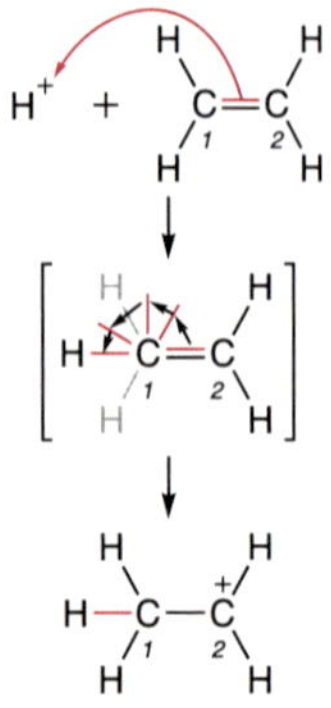

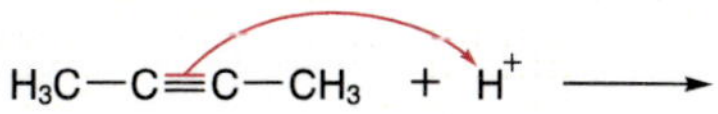

（2）電子を受け取る場合

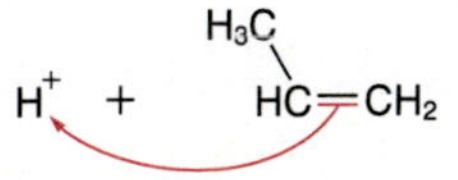

　これまでとは逆に，二重結合が負電荷または非共有電子対をもつ化合物から電子対を受け取って結合が生成する場合を考えてみよう．たとえば，炭素-酸素二重結合と水酸化物イオン（HO⁻）との反応を考える．この場合は，HO⁻から電子対を受け取った炭素は，自分のもつπ電子を隣の酸素に与える．電子をもらった酸素は，負電荷をもつ．

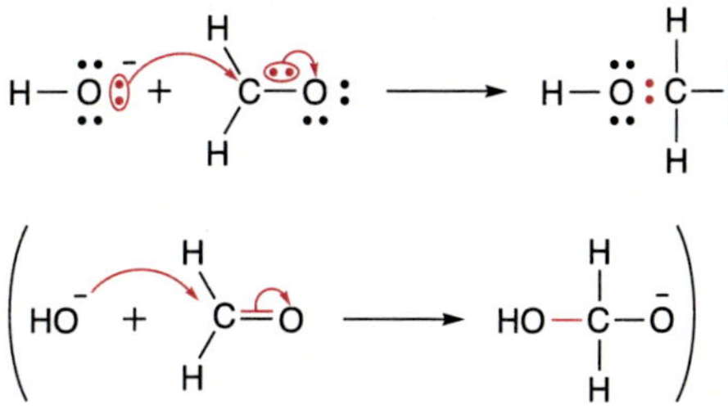

> **こう考えるとわかりやすい**
> 左の反応では，これまでと違って，2個の電子対が連動して動いているので，少し戸惑うかも知れない．下式に示すように，最初に二重結合の電子を酸素へ移動させておいてから，正電荷を帯びた炭素へHO⁻の電子対が攻撃すると考えてみるとわかりやすい．

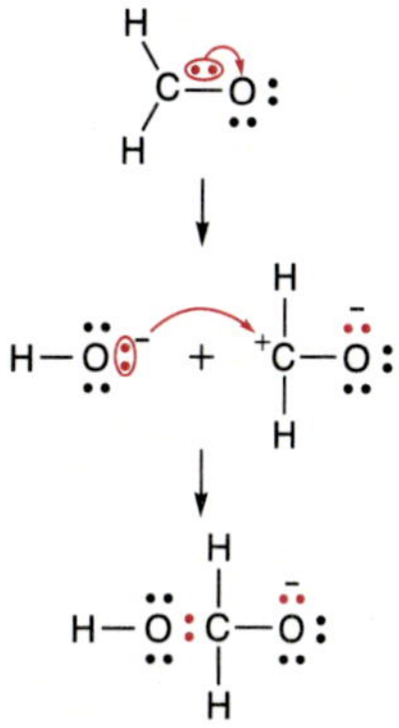

例題 2.6 以下の巻矢印で示した電子の動きによって生成する化合物を示しなさい（反応に関与する結合と非共有電子対をルイス構造式で示し，形式電荷も確認しなさい）．

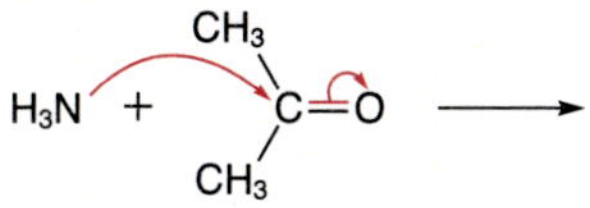

【解答】 反応に関与する結合をルイス構造式で示し，窒素の電子対から C＝O の炭素へ巻矢印を書き，窒素と炭素の間に結合をつくる．最後に，形式電荷を確認する．

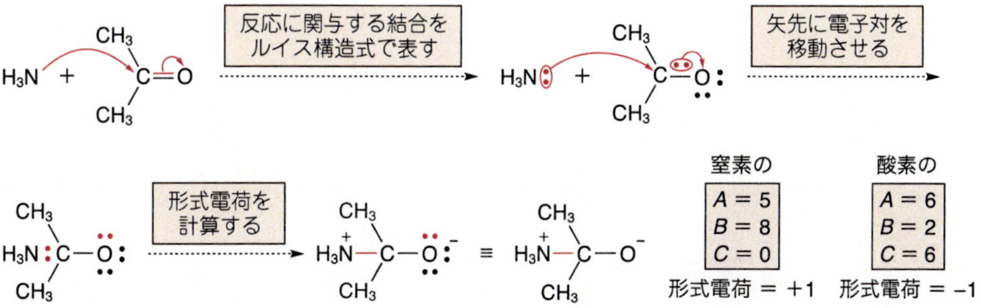

窒素の
$A = 5$
$B = 8$
$C = 0$
形式電荷 ＝ +1

酸素の
$A = 6$
$B = 2$
$C = 6$
形式電荷 ＝ −1

第2章 結合の開裂・生成と電子の動き

設問 2.7 以下の巻矢印で示した電子の動きによって生成する化合物を示しなさい．

(a) H^- + (アセトン $(CH_3)_2C=O$ への電子の動き) ⟶

(b) H_3C^- + (アセトン $(CH_3)_2C=O$ への電子の動き) ⟶

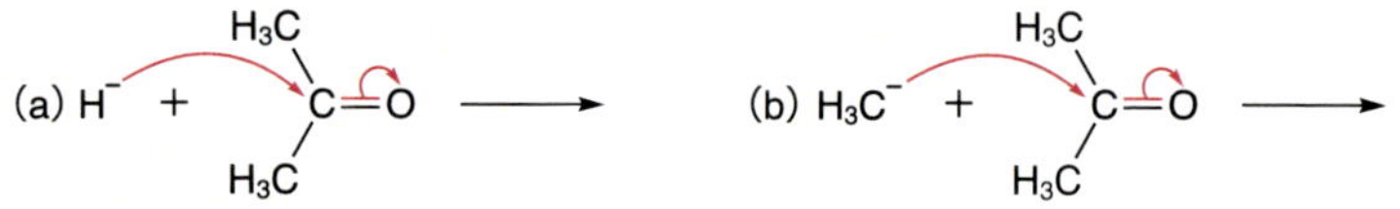

2.2.4 単結合に含まれる原子上での反応

単結合しかもたない原子上で反応が起こる場合は，二重結合のように分子内で電子対をやりとりできないため，結合を形成している電子対自体が移動せざるをえない．すなわち，結合を開裂することによってはじめて，ほかの化学種†との電子のやりとりが可能になる．

例を見よう．水酸化物イオン(OH^-)とクロロメタン(塩化メチル，CH_3-Cl)との反応である．CH_3Cl の C は，C–Cl 結合の Cl が電子対をもって離れる(脱離)ことによって，はじめて OH^- からの電子対を受け取ることができる．

$$H-\ddot{\underset{..}{O}}{}^- + H-\underset{H}{\overset{H}{C}}-\ddot{\underset{..}{Cl}}{:} \longrightarrow H-\ddot{\underset{..}{O}}{:}\underset{H}{\overset{H}{C}}-H + {:}\ddot{\underset{..}{Cl}}{:}^-$$

クロロメタン

$$(HO^- + H-\underset{H}{\overset{H}{C}}-Cl \longrightarrow HO-\underset{H}{\overset{H}{C}}-H + Cl^-)$$

非共有電子対をもつ化合物との反応も同様である．下式の反応は，2分子の水の間のプロトンのやりとりである．この場合は，一方の水の酸素上の非共有電子対が，もう一方の水のHに移動し，このHは結合していた電子対をOに残して離れる．

$$H-\ddot{\underset{..}{O}}-H + H-\ddot{\underset{..}{O}}-H \longrightarrow H-\overset{H}{\underset{..}{\ddot{O}}}-H{}^+ + {:}\ddot{\underset{..}{O}}-H{}^-$$

$$(H-O-H + H-O-H \longrightarrow H-\overset{H}{\underset{|}{O}}-H{}^+ + {}^-O-H)$$

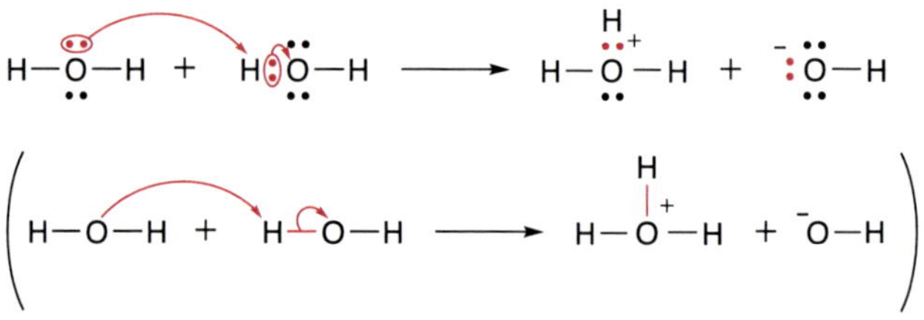

用語解説
化学種
物質を化学的にみたとき化学種という呼び方をする．たとえば，クロロメタン，水酸化物イオン，水素原子など分子，イオン，原子などをまとめて化学種という．

こう考えるとわかりやすい
この反応式でも，2対の電子対が連動して動いている．下式のように，最初に C–Cl 結合を開裂させ，正電荷を帯びた炭素へ HO^- の電子対が攻撃すると考えてみるとわかりやすい．

$$H-\underset{H}{\overset{H}{C}}-\ddot{\underset{..}{Cl}}{:}$$
↓
$$H-\ddot{\underset{..}{O}}{}^- + H-\overset{H}{\underset{H}{C}}{}^+ \quad {:}\ddot{\underset{..}{Cl}}{:}^-$$
↓
$$H-\ddot{\underset{..}{O}}-\overset{H}{\underset{H}{C}}-H + {:}\ddot{\underset{..}{Cl}}{:}^-$$

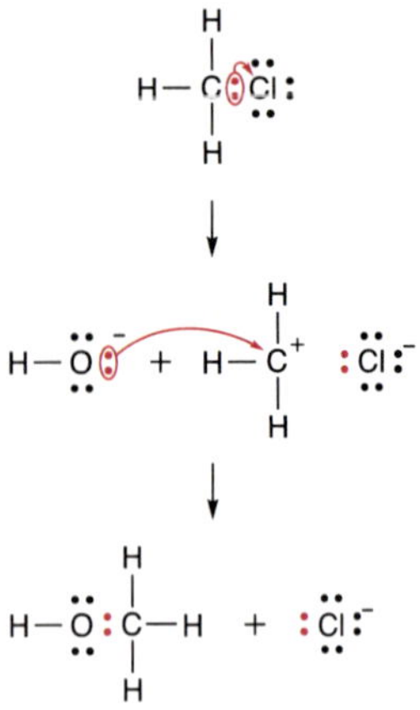

例題 2.7 左の巻矢印で示した電子の動きによって生成する化合物を示しなさい(反応に関与する結合と非共有電子対をルイス構造式で示し，形式電荷も確認しなさい)．

$$NC^- + H_3C-Br \longrightarrow$$

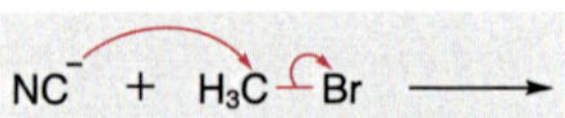

【解答】 反応に関与する結合をルイス構造式で示し，電子対から巻矢印を書き，結合をつくる．最後に，形式電荷を確認する．

$$NC^- + H_3C-Br \xrightarrow{\text{反応に関与する結合をルイス構造式で表す}} NC^{\ominus} + H_3C\ominus Br: \xrightarrow{\text{矢先に電子対を移動させる}}$$

$$NC:CH_3 + :Br: \xrightarrow{\text{形式電荷を計算する}} NC-CH_3 + :Br:^-$$

$A = 7$
$B = 0$
$C = 8$
形式電荷 $= -1$

・・

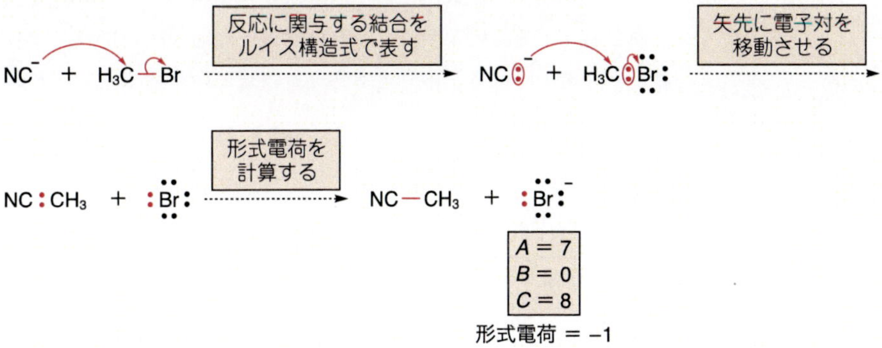

設問 2.8 以下の巻矢印で示した電子の動きによって生成する化合物を示しなさい．

(a) HO^- + $\underset{H_3C}{\overset{H_3C}{>}}CH-Br$ ⟶   (b) $H-O-H$ + $\underset{H_3C}{\overset{H_3C}{>}}CH-Cl$ ⟶

・・

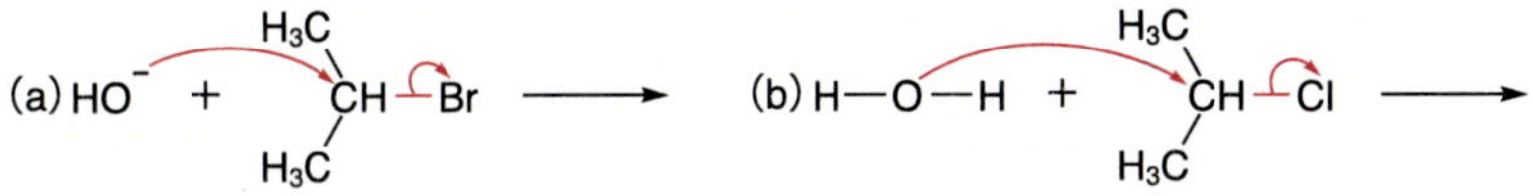

2.3 巻矢印でよくある間違い

　有機化学反応の経路を知るためには，巻矢印を間違いなく書けることが第一歩である．巻矢印のもつ意味を，この章で十分に理解しておこう．また，巻矢印を書く時には，以下の3点を必ずチェックしよう．

（1）巻矢印の出発点は電子（電子対または結合）である．
（2）巻矢印の先は，新しい結合をつくる原子との間か，電子が新たにやどる原子の上にくる．
（3）反応の前後では，電荷は変化しない．

よくある間違えを示しながら，順をおって説明しよう．

2.3.1 （1）に関する間違い

　C–Cl 結合が下式のように切れる場合，巻矢印の出発点はCとClの間の結合である．Cl 上から巻矢印を引く人がいるが，これでは示された生成物を与えない．

$$\underset{H}{\overset{H}{|}}H-C-Cl \xrightarrow{\times} H-\overset{H}{\underset{H}{C}}{}^+ + Cl^- \xleftarrow{} H-\overset{H}{\underset{H}{C}}-Cl$$

（Cl から矢印がでても Cl⁻ は生成しない　｜　正しい書き方 C–Cl 結合から矢印）

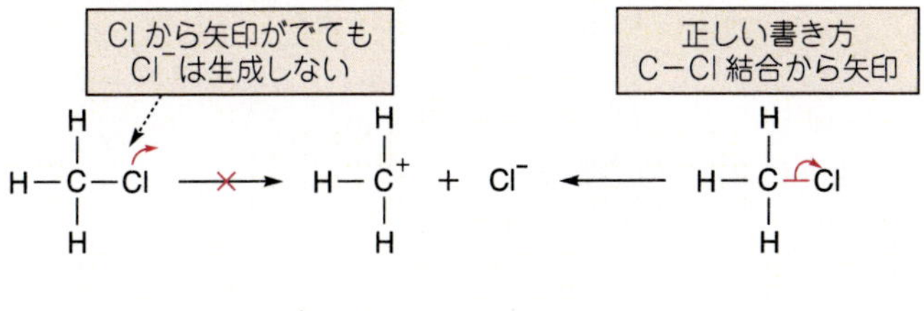

下式の反応は，「水がプロトンの攻撃を受ける」と表現されていることがある．"攻撃"という表現を言葉通りに"図式化"しようとして，プロトン側から水のOに向けて巻矢印を引く人が多い．しかし，プロトンは電子をもっていないことを思いだせば，これは間違った巻矢印の使い方であることがわかる．巻矢印は電子の動きであり，攻撃という意味の矢印とは違う．

$$H_2O + H^+ \longrightarrow H_3O^+ \longleftarrow H_2O + H^+$$

H^+は電子対をもっていない　　　正しい書き方

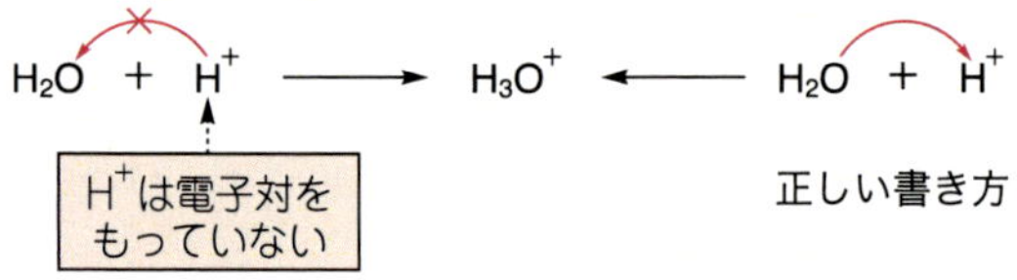

設問 2.9 次の反応では，生成物を与えるための巻矢印が間違っている．訂正しなさい．

(a) $N\equiv C^- + H-CH_2-Cl \longrightarrow N\equiv C-CH_3 + Cl^-$

(b) $H_3C^- + H-CHO \longrightarrow H_3C-CH_2-O^-$

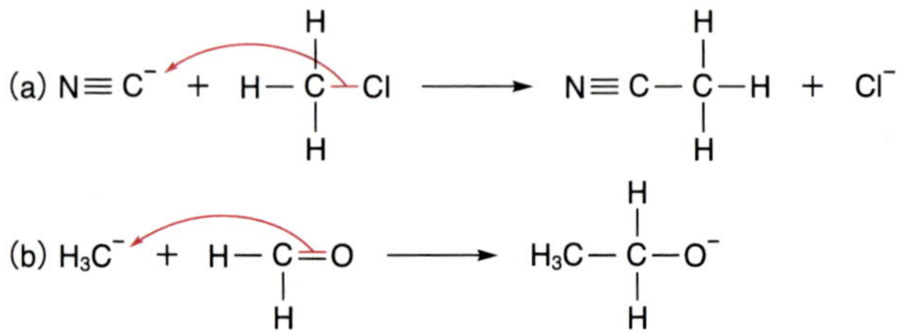

2.3.2 （2）に関する間違い

巻矢印の先も，しっかりと認識せずに書くことが多い．たとえば，水のプロトン化を例にとると，(a)酸素の非共有電子対からでた巻矢印が，O–H結合の間にきたり，(b)攻撃されたHの結合電子が，隣のO–H結合にきたり，さらには(c)矢先が原子でもなく，また結合でもない空間に書いたりする．これらは大きな間違いの第一歩である．**矢先には必ず原子または結合があることをしっかりと認識して，書くようにしよう．**

(a) H–O–H + H–O–H　すでに結合（電子対）が存在する

(b) H–O–H + H–O–H　この結合は電子対を受け入れることはできない

(c) H–O–H + H–O–H　この結合（電子対）はどこへ移動するのか

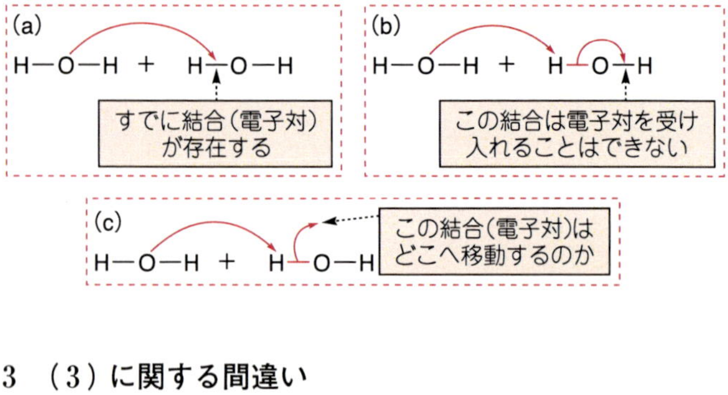

2.3.3 （3）に関する間違い

電子を動かしても，系全体の電子は減ったり，増えたりすることはない．

たとえば，下式では正電荷と負電荷をもった出発物質が反応するので，生成物では電荷は消滅する．すなわち，系全体の電荷は変化しない．

$$H_3C^+ + {}^-Cl \longrightarrow H_3C-Cl$$

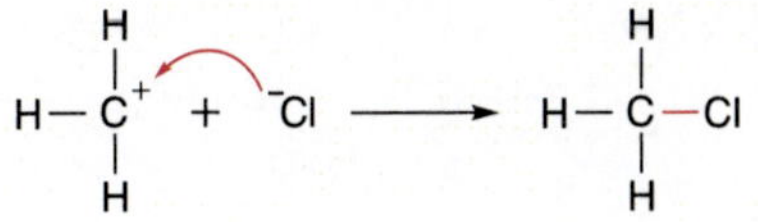

これとは逆に下式の場合は，出発物質は電荷をもっていないが，生成物は正電荷と負電荷をもつ．この場合も系全体の電荷は変化しない．

$$H_3N: + H_2C=CH-CN \longrightarrow H_3\overset{+}{N}-CH_2-\overset{-}{C}H-CN$$

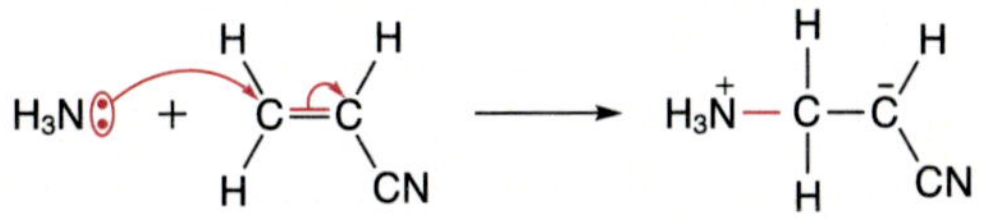

電荷が生じる場合は，反応式の前後で電荷の和を計算して確かめよう．

設問 2.10 以下の反応式の誤りを正しなさい（自信がない場合は，反応に関与する結合をルイス構造式で示して，電子を動かし，また第1章の式1.4を用いて形式電荷を計算しなさい）．

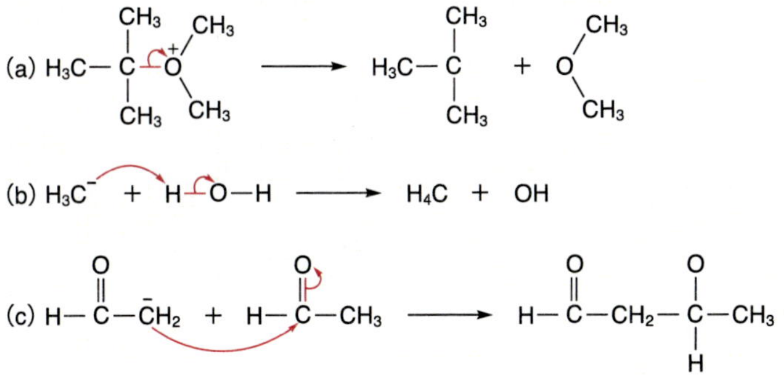

(a) $(CH_3)_3C-\overset{+}{O}(CH_3)_2 \longrightarrow (CH_3)_3C + O(CH_3)_2$

(b) $H_3C^- + H-O-H \longrightarrow H_4C + OH$

(c) $H-\overset{O}{\overset{\|}{C}}-\bar{C}H_2 + H-\overset{O}{\overset{\|}{C}}-CH_3 \longrightarrow H-\overset{O}{\overset{\|}{C}}-CH_2-\overset{\bar{O}}{\underset{H}{\overset{|}{C}}}-CH_3$

【この章のまとめ】

（1）反応に伴う電子の動きを理解するために巻矢印を用いる．
（2）巻矢印の出発点は電子（電子対または結合）である．
（3）巻矢印の先は，新しい結合をつくる原子との間か，電子が新たにやどる原子の上にくる．
（4）反応の前後では，電荷は変化しない．

章末問題

問 2.1 以下の巻矢印で示した電子の動きによって生成する化合物を書きなさい．

(a) 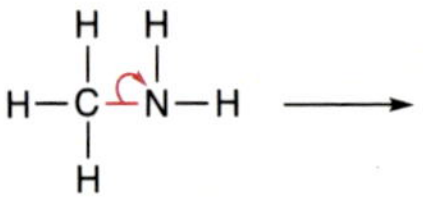 H-CH₂-NH-H →

(b) 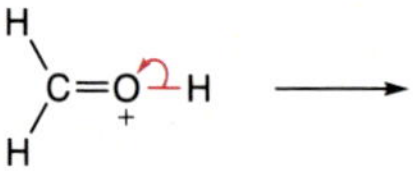 H₂C=O⁺-H →

(c) 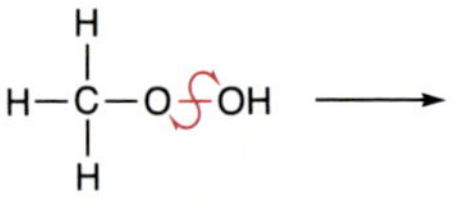 H-CH₂-O-OH →

問 2.2 以下の巻矢印で示した電子の動きによって生成する化合物を書きなさい．

(a)  CH₃-CH=CH-CHO →

(b) 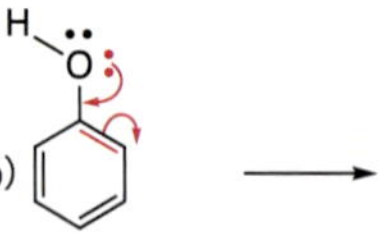 PhO-H →

(c) 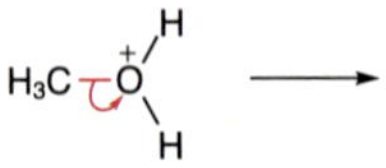 H₃C-O⁺H₂ →

(d) 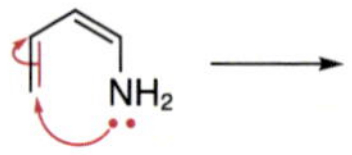 pyridine-NH₂ →

問 2.3 以下の巻矢印で示した電子の動きによって生成する化合物を示しなさい．

(a) 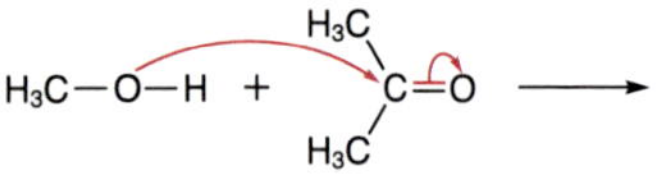 H₃C-O-H + (CH₃)₂C=O →

(b) 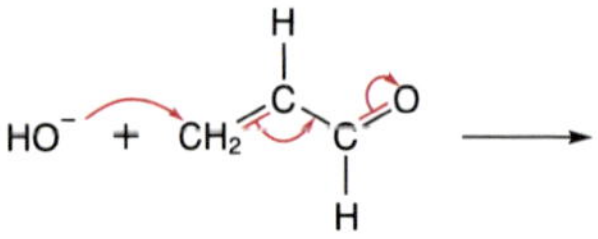 HO⁻ + CH₂=CH-CHO →

(c) 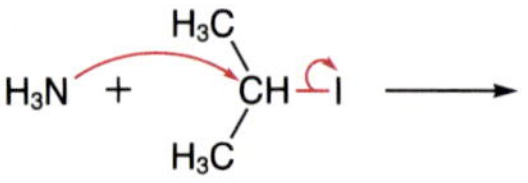 H₃N + (CH₃)₂CH-I →

(d) 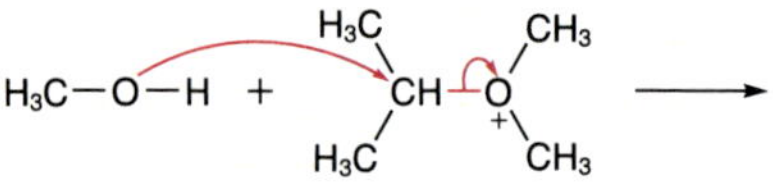 H₃C-O-H + (CH₃)₂CH-O⁺(CH₃)₂ →

問 2.4 次の反応では，生成物を与える巻矢印が間違っている．訂正しなさい．

(a) 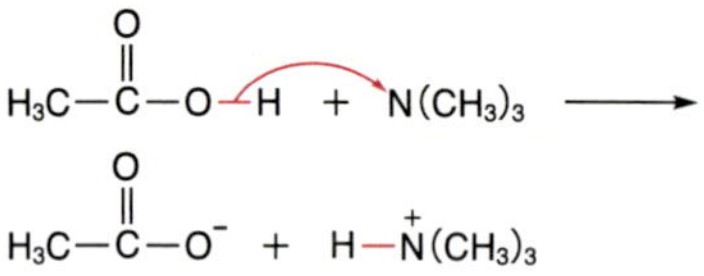 H₃C-C(=O)-O-H + N(CH₃)₃ → H₃C-C(=O)-O⁻ + H-N⁺(CH₃)₃

(b) 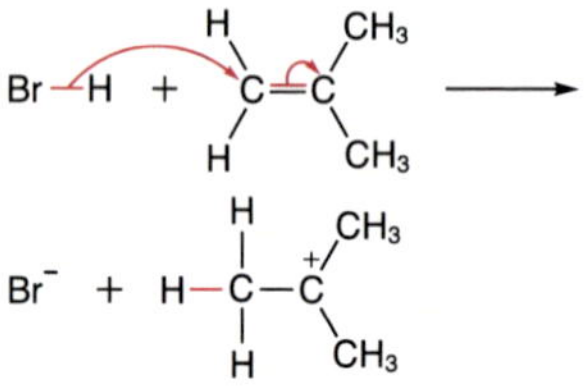 Br-H + (CH₃)₂C=CH₂ → Br⁻ + H-C(CH₃)₂-CH₃⁺ (tert-butyl cation)

問 2.5 次の反応式の誤りを正しなさい．

(a)  H₃C-O⁻ + H-C≡N → H₃C-OH + C≡N

(b) (CH₃)₃N + H₃C-I → (CH₃)₃N-CH₃ + I

(c) HC(=O)-O-C(=O)H → HC(=O)-O⁻ + ⁺C(=O)H

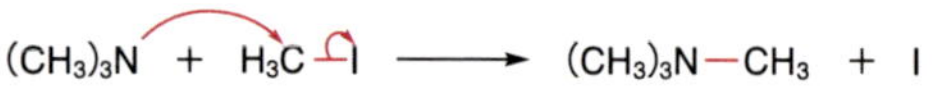

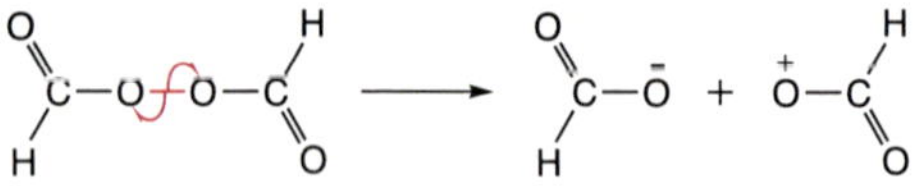

第3章

電子の偏りと結合の分極
電気陰性度が引き起こす効果

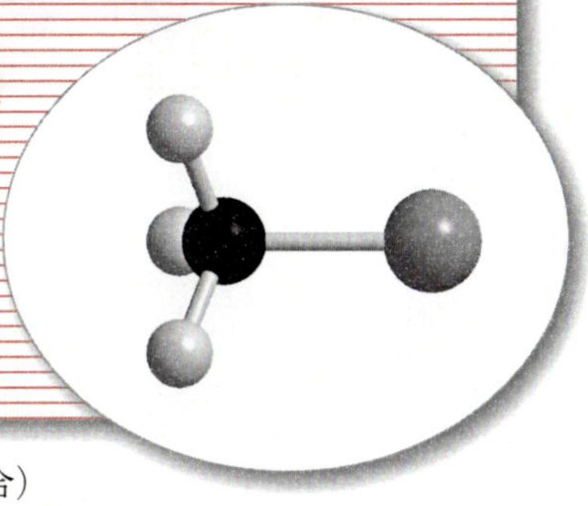

　第1章で2個の原子が2個の電子を共有して，1本の共有結合（単結合）をつくることを学んだ．そして結合を形成する2個の電子は，2個の原子の間に均等に共有されているかのように書いた．同じ原子間にできる結合の場合はその通りであるが，異なる原子の間の結合の場合はどうであろうか．電子を引きつけようとする性質は，原子によって差がある．したがって，異なる原子の間の共有結合に含まれる2個の電子は，それぞれ原子によって均等に共有されているとは限らない．この章では，このことについて詳しく学ぶ．

3.1　電気陰性度とは何か

　原子が電子を引きつけようとする性質を**電気陰性度**という．電子を引きつけやすい原子を**電気陰性な原子**，そうではない原子を**電気陽性な原子**という．電気陰性度の尺度としてポーリングによって提案された値が用いられている（表3.1）．表の数値が大きいほど電子を引きつける傾向が強い．表を見ると，次の傾向があることがわかる．同じ周期の原子では左から右へ進むに従って，電気陰性度は大きくなる（電子を引きつけやすくなる）．

ポーリング(1901～1994)
(米国の物理化学者．
1954年ノーベル化学賞受賞)

表3.1　ポーリングの電気陰性度

族 / 周期	1	2	13	14	15	16	17
1	H 2.2						
2	Li 1.0	Be 1.5	B 2.0	C 2.5	N 3.0	O 3.5	F 4.0
3	Na 0.9	Mg 1.2	Al 1.5	Si 1.8	P 2.1	S 2.5	Cl 3.0
4	K 0.8	Ca 1.0					Br 2.8
5							I 2.5

（縦方向：大↑ 小↓　横方向：小←　→大）

また，同じ族の原子では下から上に進むに従って大きくなる．

表の数値を覚える必要はない．有機化合物の炭素にはほとんどの場合，水素が結合している．したがって，炭素(C)と水素(H)を中心に，そのほかによく現れる窒素(N)，酸素(O)，ハロゲン(F, Cl, Br, I)などの原子に関して，大まかな傾向だけを頭に入れておけばよい．これらの原子は炭素，水素より電気陰性度が大きい．炭素，水素より電気陰性度が小さい原子のほとんどは金属(Mg, Li など)である．

$$\text{金属(Mg など)} < H \cong C < Br < N \cong Cl < O < F$$

3.2 電気陰性度から見た単結合の性質

電気陰性度の差が小さい原子 A と B の間の単結合(A–B)では，結合電子は 2 個の原子の間にほぼ均等に分布している．しかし，電気陰性度に差がある原子 X と Y の間の結合(X–Y)では，結合電子はより電気陰性な原子(ここでは Y としよう)に，より強く引き寄せられる．この結果，電気陰性度の大きい原子(Y)は"部分的に"負電荷を帯び，電気陰性度の小さい原子(X)は"部分的に"正電荷を帯びる．このことを，"部分的"という意味を示すδ(デルタ)を付した＋，－を構造式に書き入れて表す(図 3.1)．そして，この結合は**分極**しているという．

> **one point**
> **分極と極性**
> 分極している結合を極性結合という．極性結合をもつ分子は分子全体として電荷の分布に偏りがあり，極性をもつ．分子の極性は化合物の融点，沸点などの物理的性質と化学反応性に大きな影響を及ぼす．

結合電子に偏りはない
A—B
電気陰性度の等しい原子 A-B 間の結合

結合電子は Y に引きつけられている
$\overset{\delta+}{X}$—$\overset{\delta-}{Y}$
電気陰性度が異なる原子間の結合
(Y の電気陰性度が X より大きい)

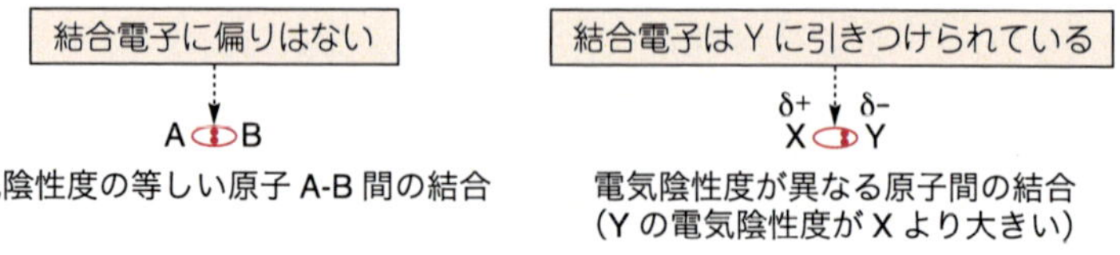

図 3.1 電気陰性度の等しい原子間(A–B)と異なる原子間(X–Y)での単結合の電子の偏り

有機化合物の基本骨格である炭素-炭素(C–C)単結合は同じ原子間の結合であるので，結合電子対の偏りはない．水素の電気陰性度も炭素の電気陰性度とほぼ同じであるので，炭素-水素(C–H)結合も電子の偏りはない．

結合電子に偏りはない
H
|
H—C—H ≡ H₃C—H
|
H
結合に部分電荷はない

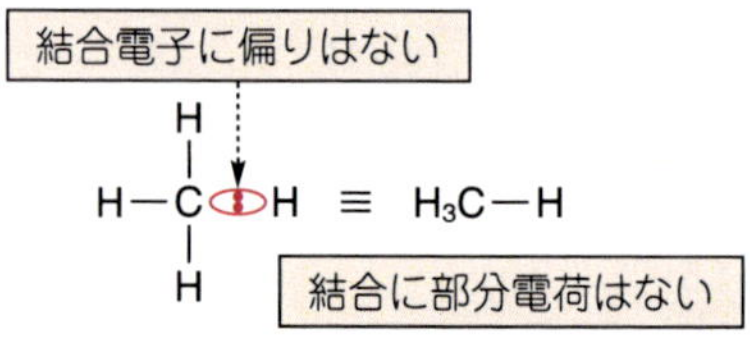

しかし，炭素より電気陰性度の大きい原子 X(窒素，酸素，ハロゲンなど)との間の単結合(C–X)では，結合電子対は X に引きつけられている．その結果，炭素は正の部分電荷(δ＋)を，X は負の部分電荷(δ－)をもつ．

結合電子はXに引きつけられている

$$H-\overset{H}{\underset{H}{C}} \rightarrow X \equiv \overset{\delta+}{H_3C}-\overset{\delta-}{X}$$

Cに正，Xに負の部分電荷が生じる

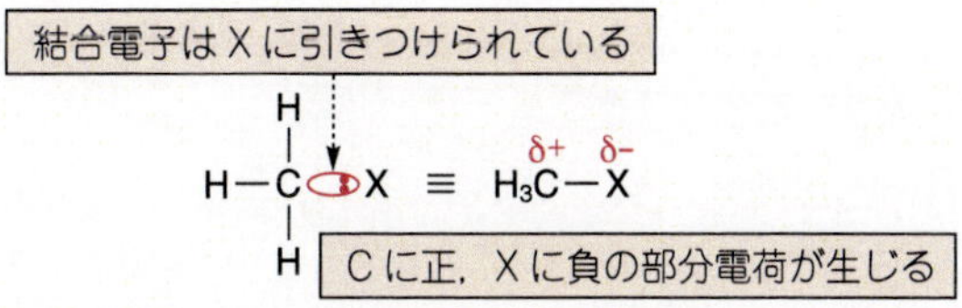

　一方，炭素より電気陰性度の小さい原子M(Mg, Liなどの金属)との単結合(C–M)では，これとは逆に共有された電子対は炭素のほうへ引きつけられる．すなわち，炭素はこれまでとは逆に負の部分電荷(δ–)をもつ．

結合電子はCに引きつけられている

$$H-\overset{H}{\underset{H}{C}} \leftarrow M \equiv \overset{\delta-}{H_3C}-\overset{\delta+}{M}$$

Cに負，Mに正の部分電荷が生じる

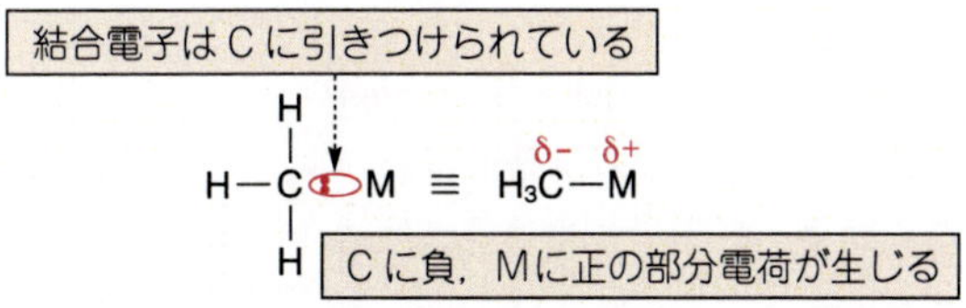

例題3.1 H_3CF のC–F結合での電子の偏りをδ+，δ–を用いて示しなさい．

$$\overset{\delta+}{H_3C} \rightarrow \overset{\delta-}{F} \equiv \overset{\delta+}{H_3C}-\overset{\delta-}{F}$$

【解答】 表3.1からCとFの電気陰性度は，それぞれ2.5と4.0であるので，結合電子対はFのほうへ引きつけられており，右図のように分極している．

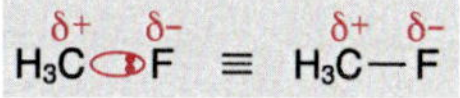

設問3.1 表3.1を参照して，次の赤線で示した結合の電子の偏りをδ+，δ–を用いて示しなさい．

(a) H_3C-Br　　(b) H_3C-Cl　　(c) H_3C-O-H

(d) $H_3C-\overset{|}{\underset{H}{N}}-H$　　(e) H_3C-Li　　(f) $H_3C-MgBr$

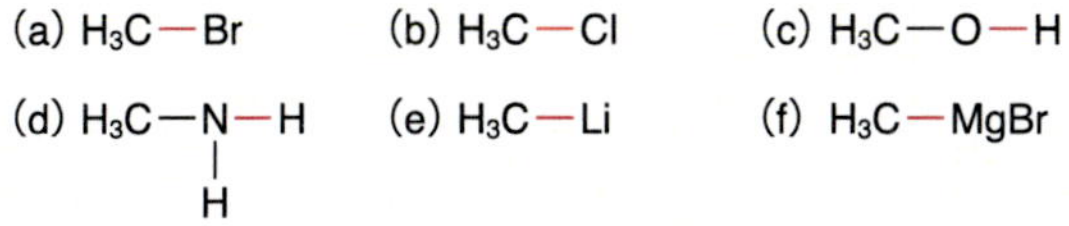

3.3 官能基の電気陰性度

　有機化合物のなかの水素原子の代わりに導入された原子また原子団を**置換基**という．たとえば，CH_3-Cl ではClは置換基である．置換基のなかでその化合物に特有の化学反応を起こさせるものは**官能基**(Box ❸ 参照)と呼ばれる．Clは置換基であるが，官能基でもある．

　官能基(置換基)はClのように単一原子のものだけでなく，ヒドロキシ基($-OH$)，アミノ基($-NH_2$)，ニトロ基($-NO_2$)など複数の原子からなるものがある．また，炭素原子を介して酸素原子や窒素原子が結合したホルミル基($-CH=O$)やシアノ基($-C\equiv N$)などもある．官能基の場合，個々の構成原子の電気陰性度を考えるよりは，官能基全体としての電気陰性度を考えたほうが便利である．

　前に示したように，有機化学でよく現れる原子のうち，金属以外のほと

んどの原子は炭素より電気陰性度が大きいので，これらの官能基もほとんどは炭素より大きい電気陰性度をもつ．

設問 3.2 次の赤線で示した結合の電子の偏りを $\delta+$，$\delta-$ で示しなさい．

(a) $H_3C-\underset{\underset{H}{|}}{\overset{\overset{O}{\|}}{C}}$　(b) H_3C-NO_2　(c) $H_3C-\underset{\underset{OCH_3}{|}}{\overset{\overset{O}{\|}}{C}}$　(d) $H_3C-C\equiv N$

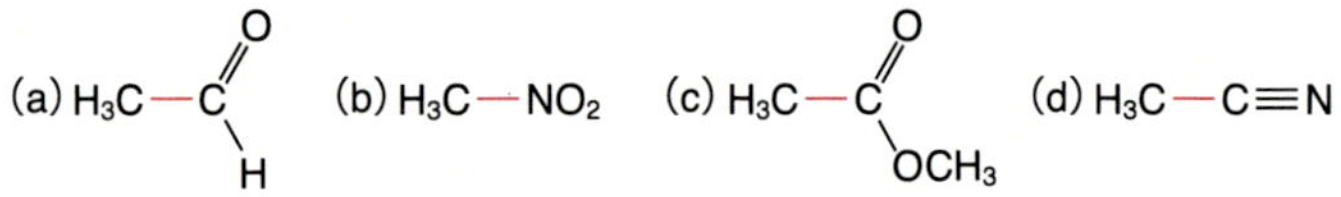

3.4 誘起効果

電気陰性度の異なる原子間の単結合において，電子の偏りから生じる電子的効果を**誘起効果**という．この効果は単結合（σ結合）を介して周辺の結合にも影響を及ぼす．

1-クロロプロパンについて説明しよう．説明しやすいように，1-クロロプロパンの3個の炭素に，Cl に近いほうから *1*，*2*，*3* と番号をつける．C_1-Cl 結合は $C^{\delta+}$ と $Cl^{\delta-}$ に分極している．Cl による電子の引きつけは隣の結合にも伝わり，C–Cl に結合した炭素 C_2，またその隣の炭素 C_3 も弱い正電荷を帯びる．しかし，単結合（σ結合）を介した電子効果は伝わりにくいため，誘起効果は原子（または官能基）の中心から離れるにつれて急激に弱まる．C_2 の部分電荷は，$\delta+$ より弱いという意味で $\delta\delta+$ で示し，C_3 は $\delta\delta\delta+$ で表している．

$\overset{\delta\delta\delta+}{CH_3}-\overset{\delta\delta+}{CH_2}-\overset{\delta+}{CH_2}-\overset{\delta-}{Cl}$
　　3　　　2　　　1
1-クロロプロパン

$\overset{\delta\delta\delta+}{CH_3}-\overset{\delta\delta+}{CH_2}-\overset{\delta+}{CH_2}-\overset{\delta-}{NO_2}$

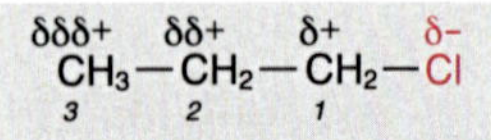

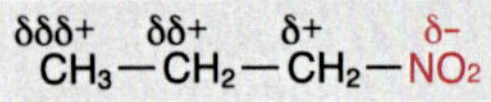

官能基による結合の分極も，同様に周辺の結合の性質に影響を及ぼす．

Box ❸ 代表的な官能基

本書によくでてくる官能基とその名称をまとめて示したので，随時参照してほしい．

化合物分類	官能基	名称	化合物分類	官能基	名称
アルコール	$-C-O-H$	ヒドロキシ基	アミン	$-C-NH_2$	アミノ基
エーテル	$-C-O-R$	アルコキシ基	ニトロアルカン	$-C-NO_2$	ニトロ基
アルデヒド	$-C-\overset{\overset{O}{\|}}{C}-H$	カルボニル基	ニトリル	$-C-C\equiv N$	シアノ基
ケトン	$-C-\overset{\overset{O}{\|}}{C}-R$		クロロアルカン（塩化アルキル）	$-C-Cl$	クロロ基
酸塩化物	$-C-\overset{\overset{O}{\|}}{C}-Cl$	アシル基	ブロモアルカン（臭化アルキル）	$-C-Br$	ブロモ基
エステル	$-C-\overset{\overset{O}{\|}}{C}-OR$				

表3.2 さまざまな置換基(官能基)の誘起効果による分類

電子求引性の誘起効果を もつ置換基(X)	電子供与性の誘起効果を もつ置換基(Z)
$\overset{\delta+}{H_3C}-\overset{\delta-}{X}$	$\overset{\delta-}{H_3C}-\overset{\delta+}{Z}$
X = F, Cl, Br, NO_2, OH, OR SH, SR, NH_2, NR_2, CN CO_2H, CHO, C(O)R	Z = R(CH_3, CH_3CH_2 などの アルキル基) 金属(Mg, Li など)

　Cl や NO_2 のように電子を引きつける効果は，**電子求引性の誘起効果**という．一方，Mg のように炭素側へ電子を押しだす効果は，**電子供与性の誘起効果**という．

　前述のように，多くの置換基(官能基)は電子求引性の誘起効果を示す．電子供与性の誘起効果を示すものはアルキル基(Rで示す．p.50 参照)と金属などわずかしかない(表3.2)．

【この章のまとめ】

（1）2個の異なる原子間の共有結合を形成する電子対は，結合を構成する原子の電気陰性度の差に依存して偏る(分極する)．
（2）多くの原子(または官能基)は炭素より電気陰性度が大きいので，結合したCは部分正電荷($\delta+$)をもつ．Cが部分負電荷($\delta-$)をもつのは，金属やアルキル基が結合した場合だけである．
（3）電気陰性度の大きい原子(または官能基)は誘起効果によって電子を求引し，電気陰性度の小さい原子(または官能基)は電子を供与する．
（4）誘起効果は原子(または官能基)から離れるにつれて急激に弱まる．

章末問題

問3.1 原子の電気陰性度とは何か答えなさい．
問3.2 誘起効果とは何か，その特徴とともに述べなさい．
問3.3 次の化合物の赤色で示した結合の分極を $\delta+$ と $\delta-$ を用いて示しなさい．
　　（a）CH_3CH_2O-H　　　（b）CH_3CH_2S-H
　　（c）CH_3CH_2O-Na　　（d）$CH_3CH_2-OCH_3$
　　（e）$CH_3CH_2-NO_2$　　（f）$CH_3CH_2-NHCH_3$
　　（g）$CH_3C(=O)CH_2-H$　（h）CH_3-Na
　　（i）CF_3CH_2-H

問3.4 次の化合物で誘起効果が存在する結合を探し，$\delta+$ と $\delta-$ を用いて示しなさい．
　　（a）CH_3CH_2OH　　　（b）$CH_3CH_2NH_2$
　　（c）$CH_3CH_2OCH_3$　　（d）$CH_3CH_2NHCH_3$
　　（e）$CH_3CH_2C(=O)NH_2$
　　（f）$CH_3CH_2C(=O)CH_3$
　　（g）$CH_3CH_2C(=O)OH$

Memo 覚えておきたい有機化学の記号・略語・文字

有機化学を学ぶうえで，覚えておくと便利な共通の記号・略語がある．ここでは本書に取りあげられているもののみをあげて説明を加えた．

■ 本書に登場する記号・略語・文字

R	アルキル基			分布をもつ原子軌道
Me	メチル基(CH_3-)		sp	s軌道1個とp軌道1個が組み合わさってできた混成軌道
Et	エチル基(C_2H_5-)		sp^2	s軌道1個とp軌道2個が組み合わさってできた混成軌道
Ph	フェニル基(C_6H_5-)			
X	ハロゲン(F, Cl, Brなど)		sp^3	s軌道1個とp軌道3個が組み合わさってできた混成軌道
NBS	N-ブロモスクシンイミド			
D, L	光学異性体の表記法の一つ．D体とL体は鏡像関係にある		π	パイ．π電子，π結合など
			σ	シグマ．σ電子，σ結合など
E	アルケンの二重結合に結合する二つの置換基のうち，大きいほうの置換基が反対側にあることを示す		Nu:⁻ (Nu:)	求核剤
			E^+ (E)	求電子剤
			k	反応速度定数
Z	アルケンの二重結合に結合する二つの置換基のうち，大きいほうの置換基が同じ側にあることを示す		pK_a	酸の強さの指標($= -\log_{10}K_a$)
			K_a	酸解離平衡定数
			S_N	求核置換反応
o-	オルト位．二置換ベンゼンで，二つの置換基が隣り合っているもの		S_N1	1分子求核置換反応
			S_N2	2分子求核置換反応
m-	メタ位．二置換ベンゼンで，二つの置換基が一つおいて隣り合っているもの		E	脱離反応
			E1	1分子脱離反応
			E2	2分子脱離反応
p-	パラ位．二置換ベンゼンで，二つの置換基が反対側にあるもの		δ	デルタ．(微小な)差や変化量を表す
			$\delta+$	部分的な正電荷
TS	遷移状態		$\delta-$	部分的な負電荷
1°	第1級			
2°	第2級		### ■ 本書に登場する矢印の意味	
3°	第3級		→	反応矢印
α	アルファ．α位，α水素など		⇌	平衡を示す矢印
◢	紙面の上にある原子との結合		↔	共鳴構造を示す矢印
⁞⁞⁞⁞	紙面の下にある原子との結合		⤺	2個の電子移動で使う両鉤の巻矢印
⋯⋯	部分的な結合		↷	1個の電子移動で使う片鉤の巻矢印
s	球状の電子分布をもつ原子軌道		→✗	反応しない
p	ダンベル形の三つ(x, y, z)の電子			

第4章

電子の非局在化と共鳴効果
共鳴構造とその安定性

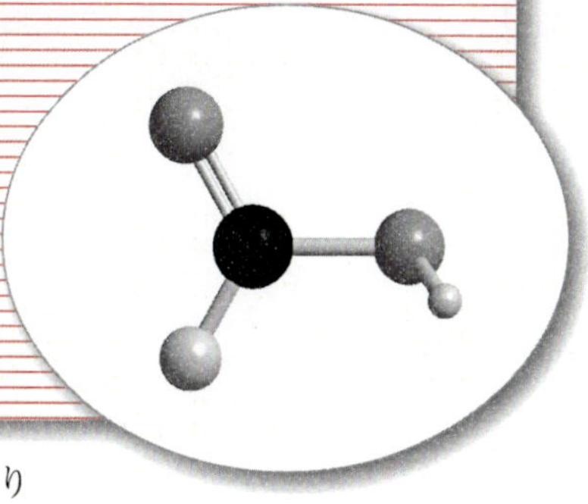

　第3章では，電気陰性度の異なる原子間の単結合を形成する電子に偏りがあり，その影響は単結合（σ結合）を介して伝わることを学んだ．この章では，二重結合を介した電子の移動について学ぶ．

　第7章で学ぶが，二重結合の2本の結合のうち，π結合の電子は結合が弱く，電子のやりとりに関与することができる．この章では，π結合を介した電子のやりとりを，巻矢印で正しく示すことをマスターする．その際にでてくる共鳴構造と共鳴安定化についても学ぶ．

4.1　電子の非局在化と共鳴

　第2章(2.3.3項)で，負電荷がπ結合へ流れ込む電子の動きを，巻矢印を用いて示した．負電荷をもつ中心が二重結合に直接結合すると，同じように負電荷がπ結合へ流れ込む電子の動きを巻矢印で書くことができる．

　ギ酸イオン(**1**)について考えてみよう．ギ酸イオンには2個の酸素があるので，それぞれ 1 と 2 と番号をつけて区別する．**1** は O_1 の上に負電荷をもつ構造(**1a**)で示すことができる．しかし，この O_1 上の負電荷を炭素-酸素二重結合($C=O_2$)の π 結合に移動させると，酸素 O_2 の上に負電荷をもつ構造(**1b**)が書ける．**1b** も負電荷と π 結合をもつので，同じように電子を移動させると，**1a** が再び生成する．このように，電子は二重結合を介してほかの部位へ移動する．

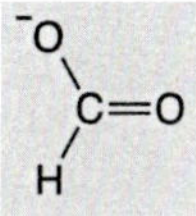

　ギ酸イオン **1** は **1a** および **1b** として表されるが，どちらが正しい構造であろうか．いずれもルイス構造式としては正しい．このことは，ギ酸イ

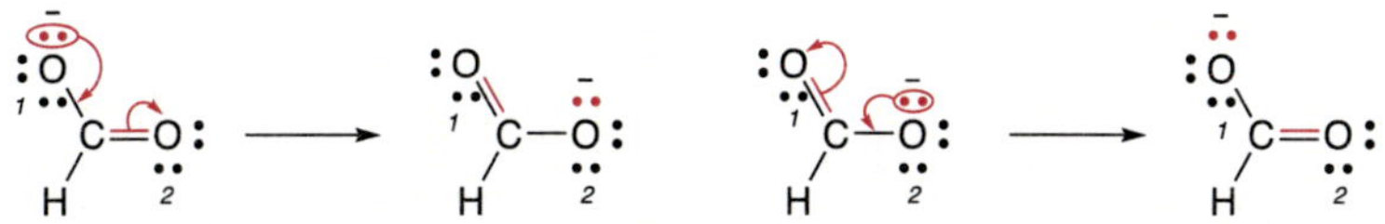

オンは **1a** または **1b** のいずれか一方の構造だけで表したのでは，不十分であることを示している．言い換えると，ギ酸イオンの構造は，このような表記法を用いる限り，一つの構造では正しく表せないということである．

この問題を解決するために，ギ酸イオンは **1a** と **1b** の二つの構造を書き，それらを双頭の矢印（⟷）で結ぶことによって，その構造を表現する方法が用いられる．

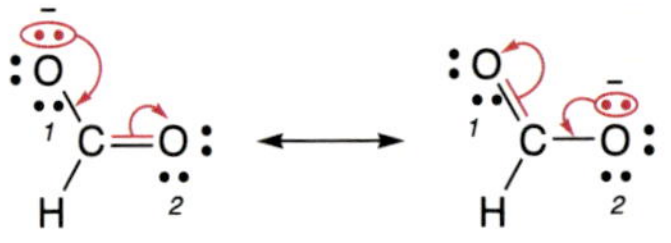

ギ酸イオンの共鳴構造

これを**共鳴**といい，双頭の矢印で結びつけた式を**共鳴式**という．ギ酸イオンは構造 **1a** と構造 **1b** の**共鳴混成体**として存在する．また，**1a** と **1b** はギ酸イオンの**共鳴構造**である．ギ酸イオンの共鳴混成体は，電子が個々の結合に滞留（局在化）しているのではなく，2個の酸素に分散（非局在化）していることを表現している．これを**電子の非局在化**という．

> ☞ **one point**
> **共鳴構造とラバの関係**
> 共鳴構造は生物学的な雑種にたとえられる．ラバはロバとウマの交雑種であるが，ラバはあるときはロバで，あるときはウマにはならない．同様に，ギ酸イオン（**1**）もあるときは **1a** で，あるときは **1b** になるのではなく，両方の性質を合わせもつ．

4.2 共鳴概念の重要さ

共鳴構造をもつ分子は，どのような性質をもつのであろうか．再びギ酸イオン（**1**）について考えてみよう．

ギ酸イオンでは，負電荷は1個の酸素に局在化するのではなく，O_1 と O_2 という2個のOに等しく非局在化している．すなわち，二つのOが負電荷を半分ずつ分担していることになる．電子は，それを共有する原子核の数が多いほど，より強力に引きつけられ，安定化する．したがって，ギ酸イオンのように，共鳴構造が書ける分子は，共鳴構造が存在しない分子に比べて，安定である．この安定化を**共鳴安定化**という．

共鳴によって負電荷が2個の酸素上に等しく分布していることは，この2個の酸素の反応性が等しいということを示している．すなわち，あとで述べる共鳴効果によって分子の反応性も影響を受ける．

このように，共鳴は有機化合物の構造と反応を理解するうえで非常に重要な概念である．したがって，ある化合物の共鳴構造を正しく書けるようにしておくことは，非常に大切である．

> ☞ **one point**
> **なぜ共鳴構造が必要なのか**
> 実際の分子は複雑な構造と性質をもっているため，簡略化した書き方の構造一つだけでそれをすべて表現するには限度がある．そのために複数の構造を書いて実際の分子の構造と性質を表そうという工夫が必要である．共鳴構造はそのような工夫の一つである．

4.3 共鳴構造の正しい書き方

共鳴構造の正しい書き方を，順を追って説明しよう．

（i）まず正しいルイス構造式を一つ書く

あくまで出発点はルイス構造式である．しかし，すべての電子を点で示すと煩雑になるので，共有結合は1本の線で示し，非共有電子対だけ点で

示す．慣れてくればほかの構造式でもよいが，非共有電子対が重要な役割を果たすので，酸素，窒素，ハロゲンなどをもつ化合物の場合は，非共有電子対を書き加えておく．

(ii) **巻矢印を使って電子を動かし，別のルイス構造式へ導く**

このとき，第2章(2.3節)で注意したように，「矢印の出発点は電子(結合または電子対)で，矢先は新しい結合をつくる原子との間か，電子が新たにやどる原子上である」ことを忘れないように．

新しい構造を書いたら，次の2点をチェックする．

(iii) **正しいルイス構造式であるか**

とくに注意してほしい点は，第二周期の元素では8個を超える電子を受け入れられないことである．たとえば，下式の右側の共鳴構造では，酸素のまわりの電子数は10個であり，正しい構造式ではない．

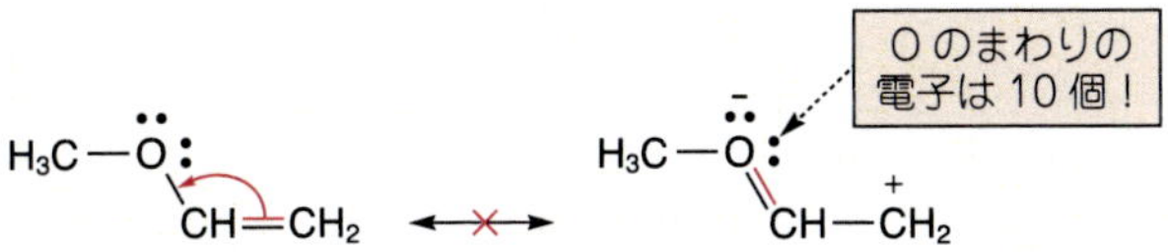

(iv) **すべての原子の位置は空間的に同じか**

共鳴式では，移動するのは電子だけであって，原子の配置は変化しない．このことは最初混同することが多いので，十分注意しよう．以下の組合せの構造式は，原子配置が移動していたり，空間配置が異なっているので，共鳴式ではない．

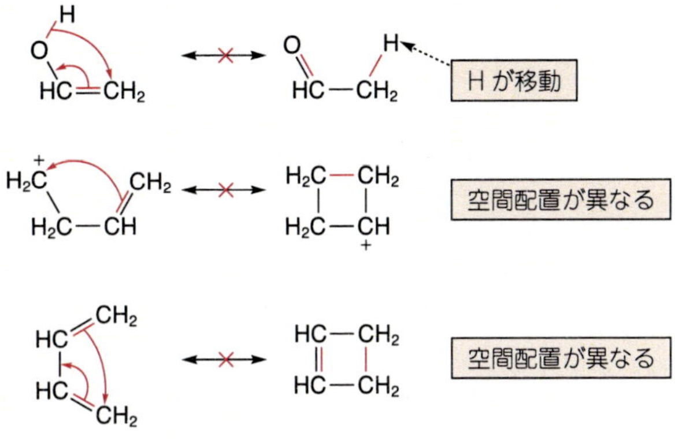

設問 4.1 次の組合せの構造式は共鳴構造の関係にあるか否かを示し，その理由を述べなさい．

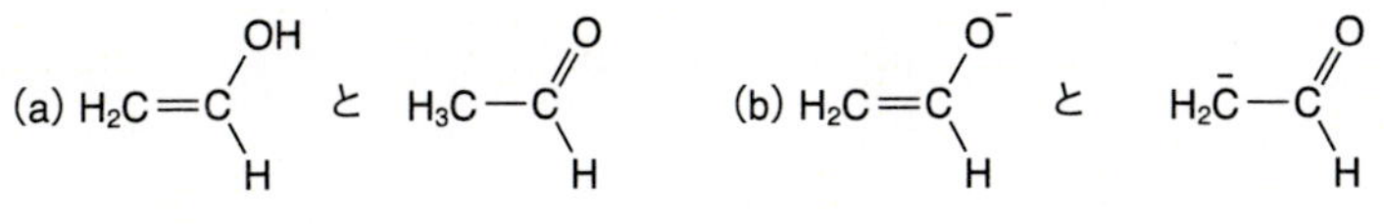

(a) $H_2C=CHOH$ と H_3C-CHO (b) $H_2C=CHO^-$ と $H_2\bar{C}-CHO$

(c) 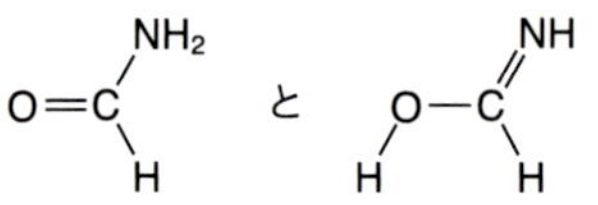 構造式 と 構造式 (d) 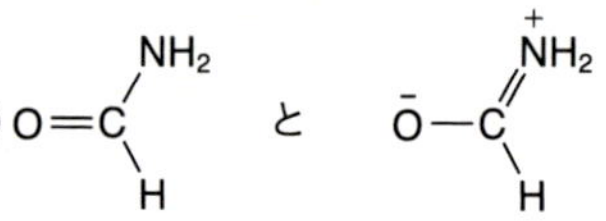 構造式 と 構造式

(e)  構造式 と 構造式 (f)  構造式 と 構造式

（v）全形式電荷は変化していないか

共鳴式の前後で全価電子数は変化しないので，全形式電荷も変化しない．とくに，非共有電子対をもつ系では注意すること．

以上のことを踏まえて，二重結合と相互作用する正電荷，負電荷，非共有電子対の順に具体的に説明する．

4.3.1 正電荷をもつ化合物の場合

第2章(2.2.3項)で，二重結合のπ結合に含まれる電子対(π電子)は，正電荷をもつ中心へ移動する電子の巻矢印が書けることを学んだ．二重結合の隣接位に正電荷中心(Y^+)をもつ化合物 **2** でも，同じような移動が起こる．次に示すように，π電子を Y^+ へ移動させると，**2a** となる．こうして生成した **2a** も，正電荷(CH_2^+)と二重結合($CH=Y$)をもつので，同じように電子を移動させることができる．結果的にもとの構造 **2** になる．

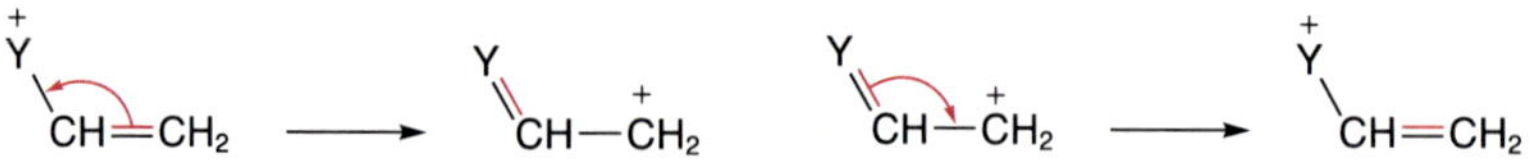

したがって，以下のような共鳴式が書ける．

具体例は，メチルカチオン(CH_3^+)の1個のHをビニル基($-CH=CH_2$)で置き換えたアリルカチオン(**3**)である．

上の共鳴式から，アリルカチオンでは正電荷は2個の両末端の炭素に分散（非局在化）しているので，安定化されていることがわかる．

4.3 共鳴構造の正しい書き方

例題 4.1 右の化合物の共鳴構造を書きなさい．もとの構造にもどる場合の電子の動きも巻矢印で示しなさい．

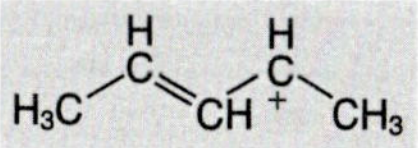

【解答】 置換基に惑わされないように，基本的な骨格をよく見て，巻矢印を書けばよい．

設問 4.2 次の化合物の共鳴構造を書きなさい．もとの構造にもどる場合の電子の動きも巻矢印で示しなさい．

(a) 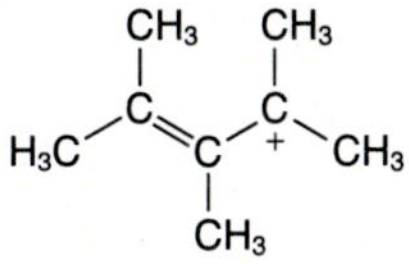　　　(b) 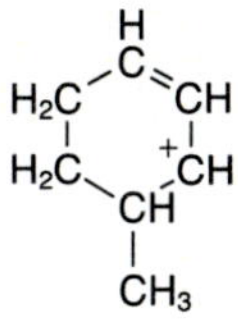　　　(c)

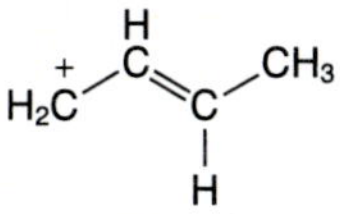

設問 4.3 以下の共鳴式は正しくない．その理由を説明しなさい（ヒント：ルイス構造式を書いてみる）．

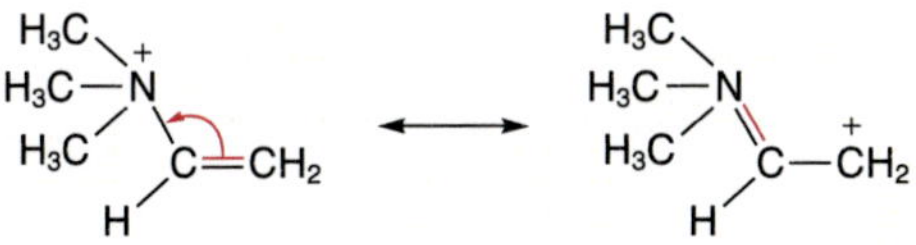

4.3.2 負電荷をもつ化合物の場合

二重結合の隣接位に負電荷中心（X^-）をもつ化合物 **4** でも，同じような相互作用が起こる．下式を見てみよう．

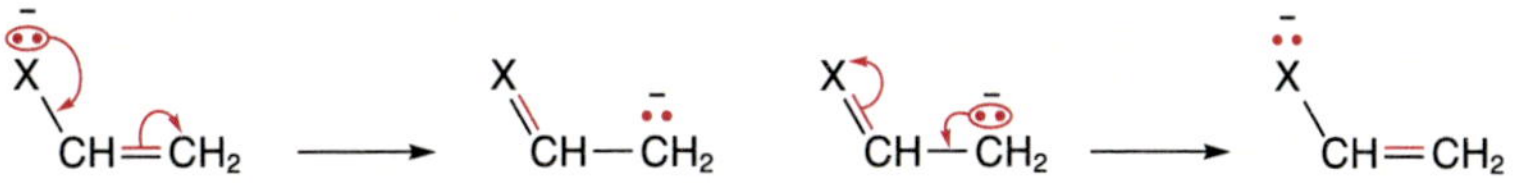

上式をまとめて，双頭の矢印で結ぶと，以下のようになる．

具体例は，メチルアニオン（CH_3^-）の1個のHをビニル基（$-CH=CH_2$）で置き換えたアリルアニオン（**5**）である．

> **こう考えるとわかりやすい**
>
> この式では2対の電子対が連動して移動しているので，理解にくいかもしれない．下式のように，最初に二重結合の電子を移動させて考えてみよう．

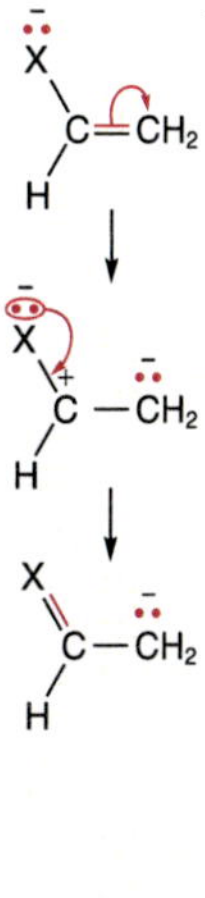

上の共鳴式から，アリルアニオンも負電荷が2個の両末端の炭素に分散（非局在化）しているので，安定であることがわかる．

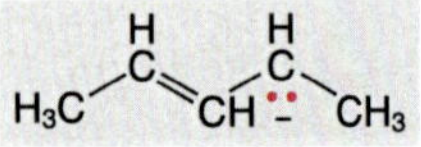

例題 4.2 左の化合物の共鳴構造を書きなさい．もとの構造にもどる場合の電子の動きも巻矢印で示しなさい．

【解答】 置換基に惑わされないように，基本的な骨格をよく見て，巻矢印を書く．矢印は負電荷の中心から！

設問 4.4 次の化合物の共鳴構造を書きなさい．もとの構造にもどる場合の電子の動きも巻矢印で示しなさい．

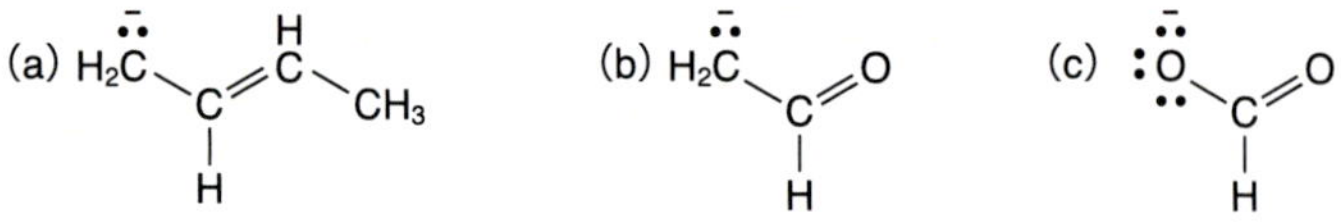

4.3.3 非共有電子対をもつ化合物の場合

非共有電子対をもつ原子（X）が二重結合に結合した場合，X上の非共有電子対も二重結合と相互作用する．化合物 **6** を例にとって説明しよう．非共有電子対が二重結合と相互作用すると，構造（**6a**）が得られる．**6a** ではXは正電荷を帯び，二重結合の末端のCは負電荷を帯びる．**6a** の末端C上の負電荷を巻矢印のように移動させると，もとの構造（**6**）にもどる．二重結合にアミノ基が結合した下の化合物は，その一例である．

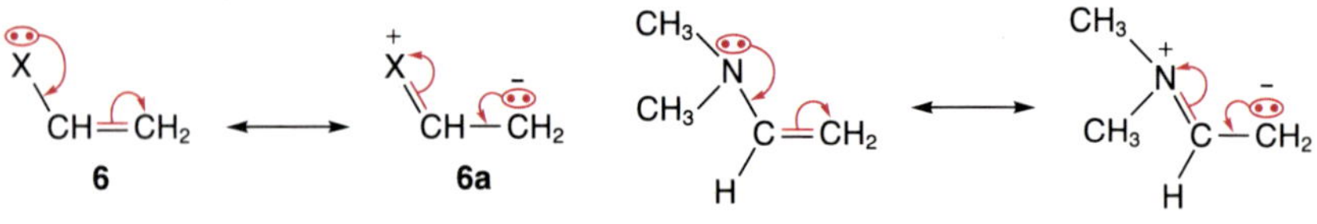

設問 4.5 次の化合物の共鳴構造を書きなさい．もとの構造にもどる場合の電子の動きも巻矢印で示しなさい（非共有電子対をおぎなって考えよ．形式電荷を忘れないように！）．

(a) $H_3C-O-CH=CH_2$ の構造 (b) $H_3C-N(CH_3)-C(=O)H$ (c) $Cl-CH=CH_2$ (d) $Cl-C(=O)H$ (e) $H_3C-O-C(=O)H$

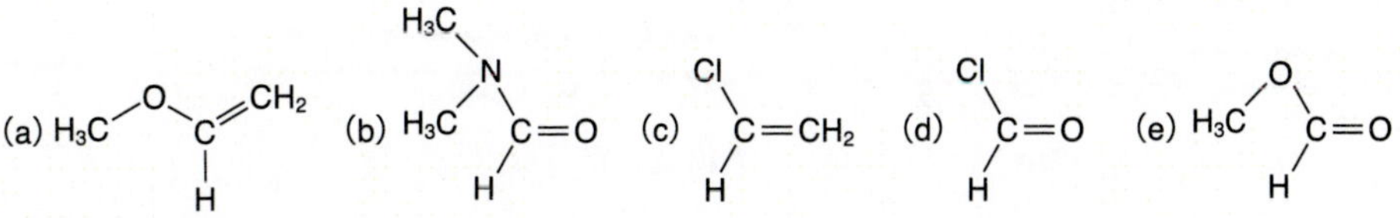

4.3.4 正電荷中心との相互作用

前に示したような電子の移動は，二重結合でなくとも電子対を受け入れることができる中心があれば可能である．正電荷をもった中心（たとえば Y^+）は，その役割を果たすことができる．4.3.1 項では正電荷と二重結合の相互作用を示したが，二重結合の 2 個の電子を置換基 X の非共有電子対と考えてみるとわかる．

$$\overset{+}{Y}-\overset{H}{\underset{}{C}}-CH_2 \longleftrightarrow Y=\overset{H}{\underset{}{C}}-\overset{+}{C}H_2 \implies {}^+Y-\overset{..}{\underset{..}{X}} \longleftrightarrow Y=\overset{+}{X}$$

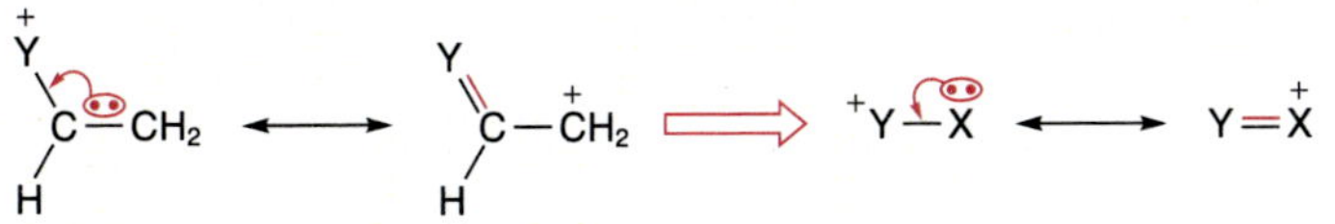

メチルカチオン（$CH_3{}^+$）の 1 個の H をメトキシ基（CH_3O-）で置き換えた化合物（**7**）は，その例である．**7** は，共鳴によって安定化されている．

$$H_2\overset{+}{C}-\overset{..}{\underset{..}{O}}-CH_3 \longleftrightarrow H_2C=\overset{+}{O}-CH_3$$
7   **7a**

設問 4.6 次の化合物の共鳴構造を書きなさい．もとの構造にもどる場合の電子の動きも巻矢印で示しなさい．

(a) $H_2\overset{+}{C}-N(CH_3)_2$ (b) $(CH_3)_2\overset{+}{C}-Br$ (c) $H_3C-CH_2-\overset{+}{O}(H)-CH_2-CH_3$

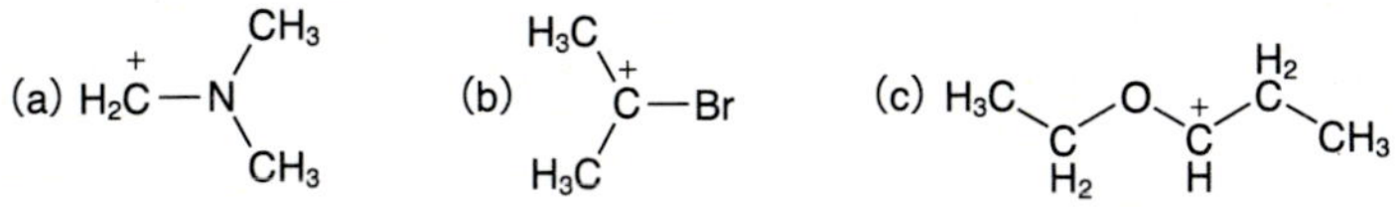

4.4 共鳴構造の安定性を決める要因

共鳴構造をたくさん書けても，それがすべて重要とは限らない．安定な共鳴構造ほど共鳴への寄与が大きく，重要である．そして，実際の分子は，安定な共鳴構造の性質をより強く反映する．安定で等価な共鳴構造を多く書けると，共鳴安定化の程度も大きい．たとえば，ギ酸イオン（**1**），アリルカチオン（**3**），アリルアニオン（**5**）などは 2 個の共鳴構造は等価で，その安定度は同じである．このように 2 個以上の安定で等価な共鳴構造が書ける場合は，共鳴安定化の程度が大きい．

共鳴構造の安定性を判定するにはどうすればよいか．その方法を説明する．

（ i ）より多くの結合をもつほうが安定である

ブタジエン(**8**)に対して共鳴構造(**8a**)が書ける．しかし，結合が１本少ない **8a** は不安定で，この構造の寄与は少ない．

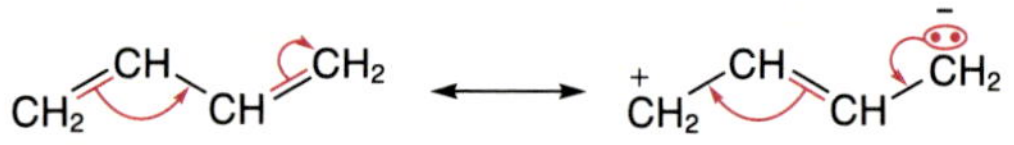

$$CH_2=CH-CH=CH_2 \quad \longleftrightarrow \quad {}^+CH_2-CH=CH-\overset{\bar{}}{C}H_2$$
8 **8a**

（ ii ）オクテット則を満たす原子が多いほど安定である

カルボカチオン(**9**)に対して，共鳴構造(**9a**)が書ける．**9** のカルボカチオン炭素はオクテット則を満たしていないが，隣の臭素の非共有電子対を受け取った **9a** では，この炭素も含めてすべての原子がオクテット則を満たしている．したがって，**9a** のほうが安定で，その寄与は大きい．**9a** は **9** より結合の数が多いことにも注目しよう．

（オクテット則を満たしていない）　　　（オクテット則を満たしている）

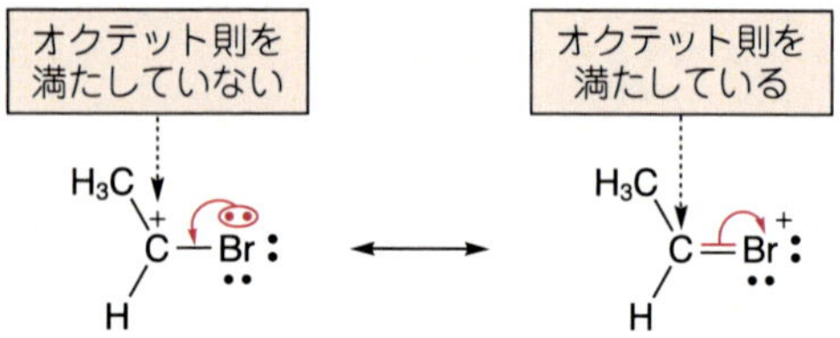

9 ⟷ **9a**

例題 4.3 以下の共鳴式での電子の動きを巻矢印で書き，より安定な共鳴構造をその理由とともに示しなさい．

$$CH_3-\overset{+}{C}=O \quad \longleftrightarrow \quad CH_3-C\equiv\overset{+}{O}$$

【解答】 まず，非共有電子対を書き入れる．次に，これまでのやり方で電子を移動させる．中央の炭素に注目すると，左の構造ではオクテット則を満たしていないが，右の構造ではすべての原子がオクテット則を満たしている．したがって，右の共鳴構造のほうが安定である．

（オクテット則を満たしていない）　　　（オクテット則を満たしている）

$$CH_3-\overset{+}{C}=\overset{..}{\underset{..}{O}}: \quad \longleftrightarrow \quad CH_3-C\equiv\overset{+}{\underset{..}{O}}:$$

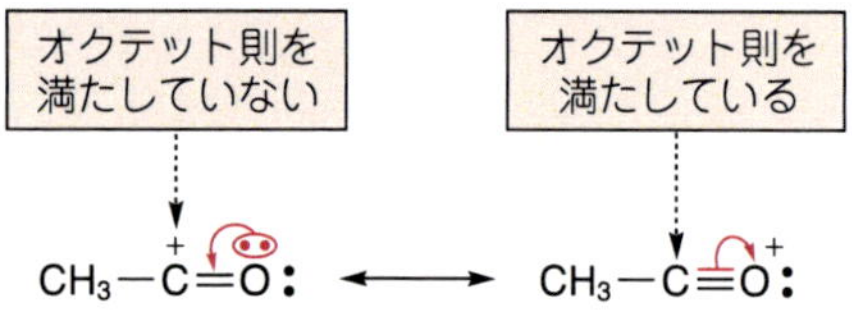

設問 4.7 以下の共鳴式での電子の動きを巻矢印で書き，より安定な共鳴構造をその理由とともに示しなさい．

(a) $CH_2=\overset{+}{C}-Br \quad \longleftrightarrow \quad CH_2=C=Br^+$

(b) ${}^-C\equiv N \quad \longleftrightarrow \quad C=N^-$

（iii）結合の数が同じであるときは，電荷のない構造が安定である

ギ酸（**10**）に対して共鳴構造 **10a** が書ける．**10** と **10a** では結合の数は変化していないが，**10a** は電荷をもつので，不安定である．

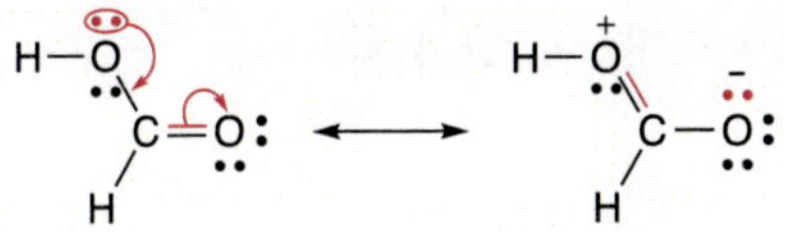

設問 4.8　以下の共鳴式での電子の動きを巻矢印で書き，より安定な共鳴構造をその理由とともに示しなさい．

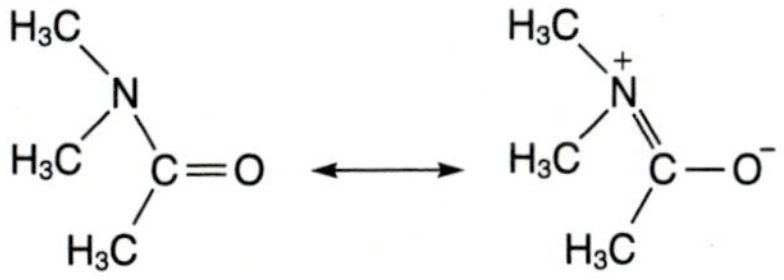

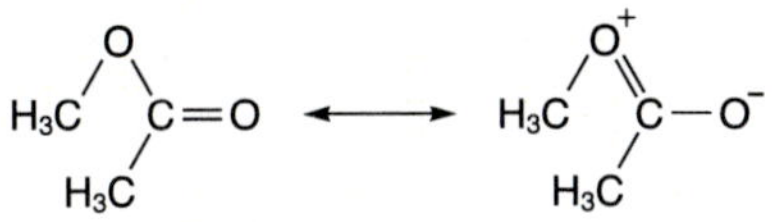

（iv）電荷をもつ構造では，負電荷は電気陰性度の大きいほうに偏っている構造が安定である

カルボアニオン（**11**）はカルボニル基と共鳴させると，負電荷を酸素にもつ共鳴構造 **11a** が書ける．電気陰性度を比較すると，酸素（3.5）のほうが炭素（2.5）より大きいので，負電荷を酸素にもつ **11a** のほうが **11** よりも安定である．

例題 4.4　アセトンは以下に示す二つの共鳴構造が書ける．それぞれの共鳴構造を導く電子の動きを巻矢印で示しなさい．より安定な共鳴構造を示し，その理由も述べなさい．

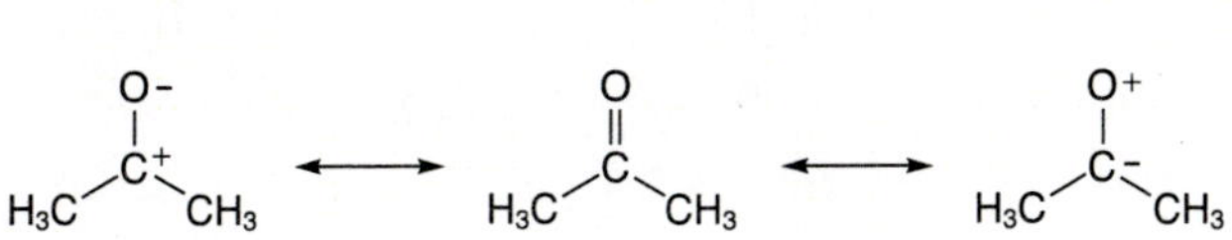

【解答】 まず，非共有電子対を書き入れる．アセトンのカルボニル基(C＝O)のπ電子を，(1)酸素側へ移動させると左の共鳴構造となり，(2)炭素側へ移動させると右の共鳴構造となる．それぞれの共鳴構造で負電荷をもつ原子の電気陰性度を，表3.1を見て比較すると，酸素に負電荷をもつ左の共鳴構造のほうが安定と考えられる．

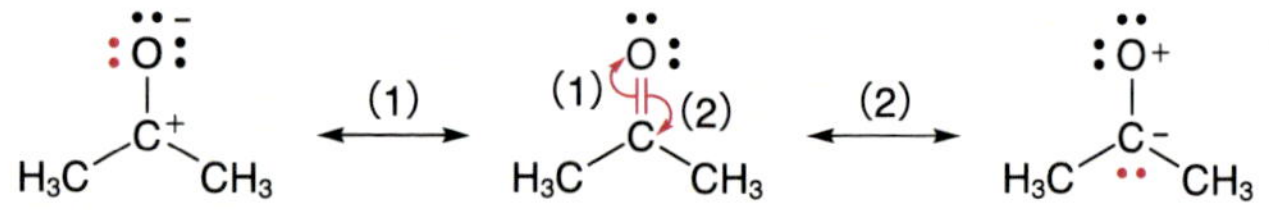

設問 4.9 以下の共鳴式での電子の動きを巻矢印で書き，より安定な共鳴構造をその理由とともに示しなさい．

(a) $H_2\bar{C}-C\equiv N \longleftrightarrow H_2C=C=\bar{N}$ (b) $H_2C=\overset{+}{N}=\bar{N} \longleftrightarrow \bar{H_2C}-\overset{+}{N}\equiv N$

4.5 置換基の共鳴効果

第3章で電気陰性度の異なる原子間の単結合における電子の偏りが，単結合（σ結合）を介して伝達されることを学んだ．二重結合を介した電子的な影響も伝達され，この効果は単結合の場合より大きく，また，遠方にまで及ぶ．

たとえば，エテン（$CH_2=CH_2$）の1個のHをメトキシ基（CH_3O-）で置き換えた化合物（**12**）では，下のような共鳴構造（**12a**）を書くことができる．**12a** は，二重結合の右側の炭素は負電荷をもっており，電子密度†の高い構造の寄与があることを示す．言い換えると，二重結合はメトキシ基から電子を受け取るため，右側の炭素の電子密度が高くなる．

用語解説
電子密度
分子のそれぞれの位置での電子の存在する確率を電子密度という．電子は分子の各位置に均等には存在しないので，その分布を電子密度の高低で示す．

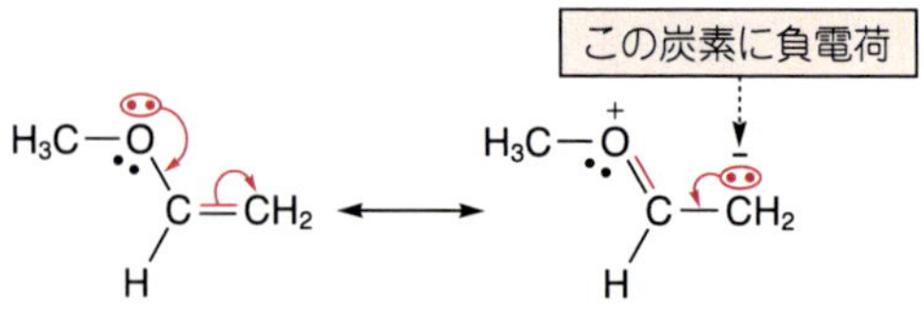

一方，エテンの1個のHをホルミル基（$-CH=O$）で置き換えた化合物（**13**）に対しては，共鳴構造（**13a**）を書くことができる．**13a** は，二重結合の炭素が正電荷をもっており，電子密度が低い構造の寄与があることを示す．すなわち，二重結合はホルミル基によって電子を求引され，右側の炭素の電子密度が低くなる．

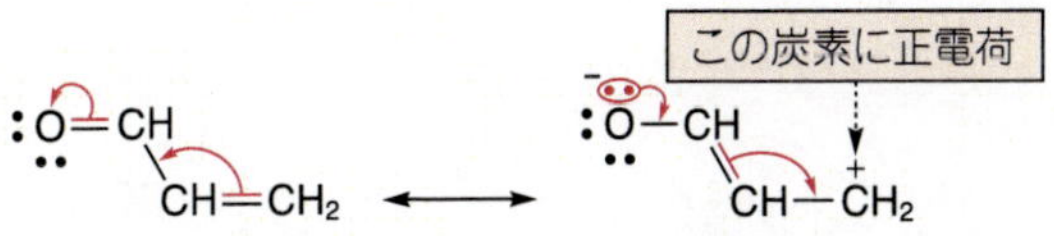

4.5 置換基の共鳴効果

このように共鳴によって電子が伝達される効果を**共鳴効果**という．メトキシ基のように電子を与える効果は，**電子供与性の共鳴効果**といい，ホルミル基のように電子を奪う効果は，**電子求引性の共鳴効果**という．第3章（3.4節）で，σ軌道を介した誘起効果は，電荷の中心から離れるにつれて急激に弱くなることを学んだ．これとは対照的に，π軌道を介する共鳴効果は，その強さが距離によってそれほどは変化しない．とくに，二重結合が**共役**（単結合と二重結合が交互に繰り返す構造）してつながっている場合は，共鳴効果は遠方まで伝わる．

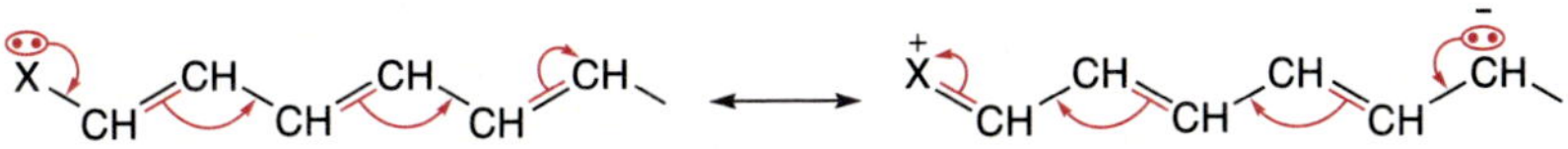

一般に，非共有電子対をもつ置換基は電子供与性の共鳴効果を示し，電気陰性な原子を含む多重結合をもつ置換基は電子求引性の共鳴効果を示す．代表的な置換基と共鳴効果の関係を分類したものを表4.1に示した．第3章の表3.2にまとめた誘起効果で，電子求引性の効果を示した置換基が，共鳴効果では電子供与性の効果を示していることに注目しよう．この違いは，電子的効果の伝達方法が根本的に違うことを反映している．

表 4.1 さまざまな置換基（官能基）の共鳴効果による分類

電子求引性の共鳴効果を示す置換基	電子供与性の共鳴効果を示す置換基
Y = NO_2, CH=O, C(O)R, CO_2R, CN, SO_3H	X = F, Cl, Br, OH, OR, SH, SR, NH_2, NR_2

例題 4.5 右の化合物の共鳴式を書き，その共鳴構造からその炭素-炭素二重結合の電子密度を予測しなさい．

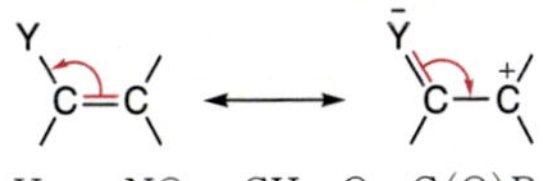

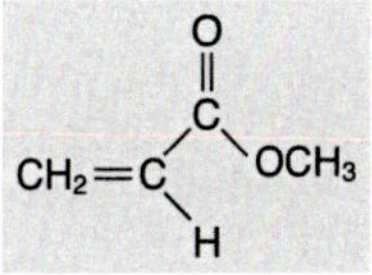

【解答】 下式のような共鳴構造が書ける．右の共鳴構造は電荷が生じているので，その寄与は大きくはないが，それでも二重結合の炭素に正電荷をもつ共鳴構造の寄与があることを示す．このように二重結合の電子はカルボニル（C=O）基によって求引されており，末端の炭素の電子密度は低いと予測される．

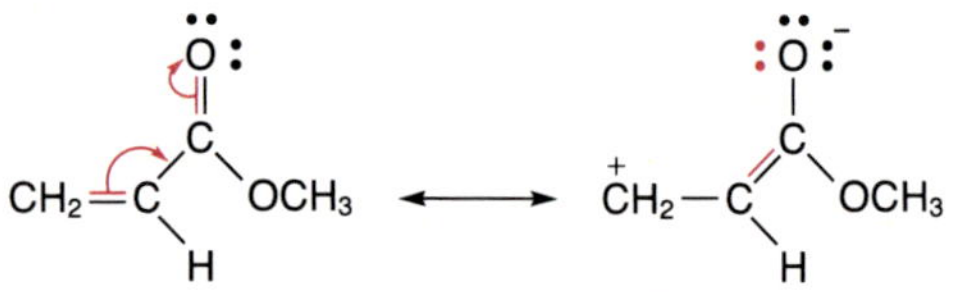

設問 4.10　次の化合物の共鳴式を書き，その共鳴構造からその炭素-炭素二重結合の電子密度を予測しなさい．

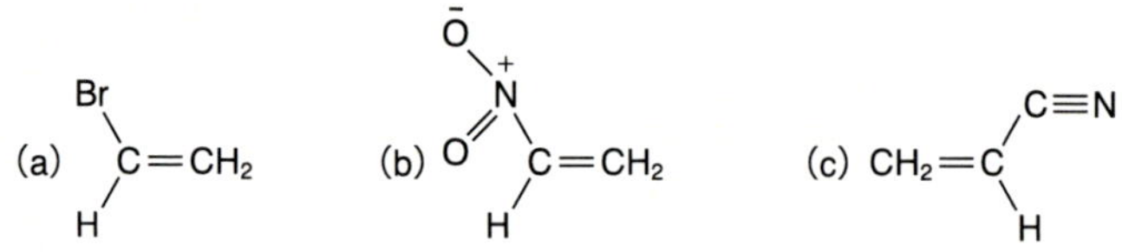

(a), (b), (c)

【この章のまとめ】

（1）電子は π 結合を介して 2 個以上の原子にわたって広く非局在化することができる．これを共鳴という．

（2）分子の実際の構造は簡便な表示法だけでは表すことができず，共鳴構造の混成体として示される．

（3）共鳴によって分子は安定化されるとともに，置換基のもつ電子的効果は共役系では長い距離にわたって伝達される．

（4）共鳴によって電子が伝達される効果を共鳴効果といい，電子供与性の共鳴効果と電子求引性の共鳴効果とがある．

章末問題

問 4.1　共鳴効果と誘起効果の違いについて述べなさい．

問 4.2　なぜ共鳴という考え方が必要なのか説明しなさい．

問 4.3　次のイオンの共鳴構造を書き，どれが安定な構造か，その理由とともに述べなさい．

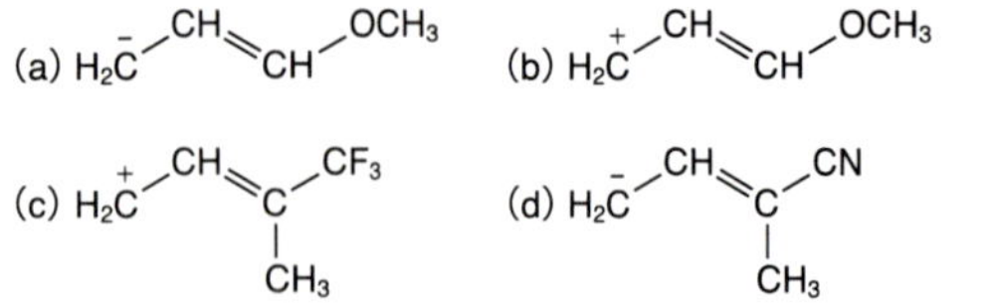

問 4.4　次の組合せの構造式は共鳴構造の関係にあるか否かを示し，その理由を述べなさい．

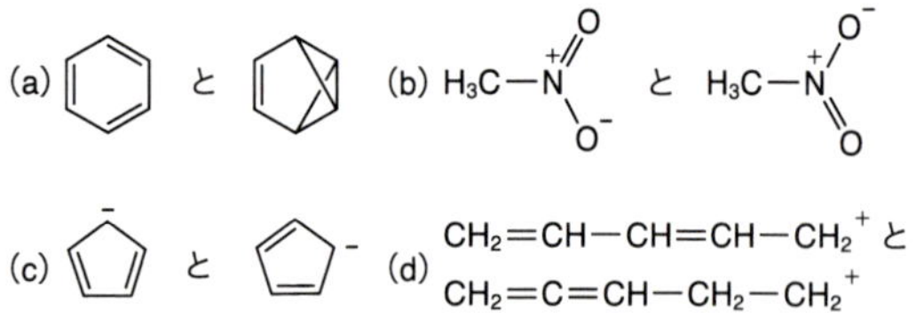

第5章

酸と塩基の基本的な考え方
電子の動きから理解する

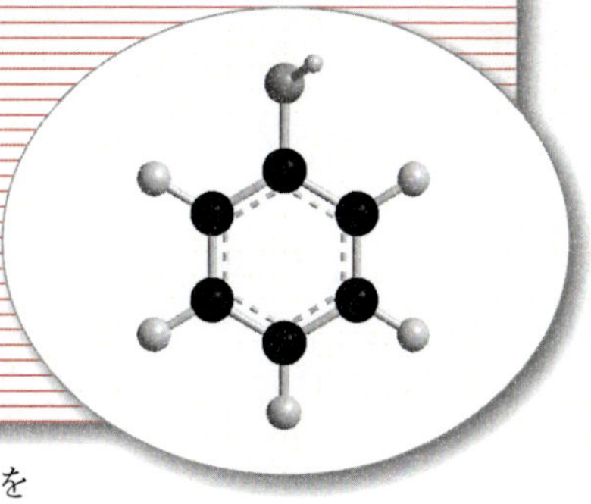

古くからすっぱい味の化合物を**酸**，それを中和するアルカリ性化合物を**塩基**と呼んできた．酸(acid)はラテン語のacidus(すっぱい)から，またアルカリ(alkali)はアラビア語のal kalai(中和)からきている．有機化合物も酸または塩基としての性質を示す．

酸，塩基の強さは，それぞれ酸性度，塩基性度という定量的な数値で表すことができる．酸，塩基の強さを決める構造的な要因は，電子を求引するか，あるいは供与するかという効果であり，それは有機化合物の反応性を決める要因と共通している．これは第3章で学んだ誘起効果と，第4章で学んだ共鳴効果によって理解できる．この章では，酸・塩基の強度と構造の関係を学びながら，これらの効果の理解を深めよう．酸と塩基にはブレンステッド-ローリーによる定義とルイスによる定義の二つがある．

5.1 ブレンステッド-ローリーの酸と塩基

ブレンステッドとローリーはプロトン(H^+)に着目し，プロトンを与える化合物を酸，プロトンを受け取る化合物を塩基と定義した．

5.1.1 ブレンステッド-ローリーの酸

ブレンステッド-ローリーの酸を一般式HAで表すと，HAは水中で，水にプロトン(H^+)を与え，A^-とH_3O^+になる(式5.1)．水はプロトンを受け取っているので，塩基である．右辺のA^-は酸(HA)の**共役塩基**，H_3O^+は塩基(H_2O)の**共役酸**という．このようにHAは水中でA^-およびH_3O^+と平衡にある．式(5.1)を**酸解離平衡式**という．

酸解離平衡式　　A–H + H–O–H ⇌^{K_a} A:$^-$ + H–O$^+$–H　(5.1)
　　　　　　　　酸　　　塩基　　　　　共役塩基　　共役酸

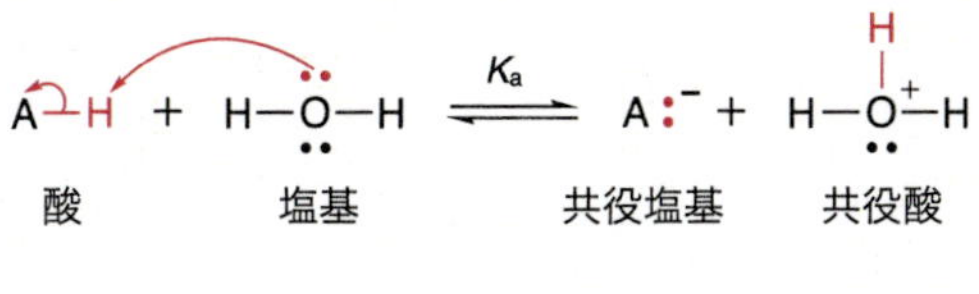

例題 5.1 水(H_2O)の共役塩基の構造を書きなさい．

【解答】 水が酸として作用する酸解離平衡式を書けばよい．最も確実な方法は，式(5.1)の HA に問題となっている水を書き入れて，式を完成することである．慣れてくれば，いちいち式を書くまでもないが，最初はそうするほうが無難である(非共有電子対も忘れないように)．

$$H-\ddot{O}-H + H-\ddot{O}-H \rightleftharpoons H-\ddot{O}^- + H-\overset{+}{\underset{H}{O}}-H$$

酸　　　　塩基　　　　共役塩基　　　共役酸

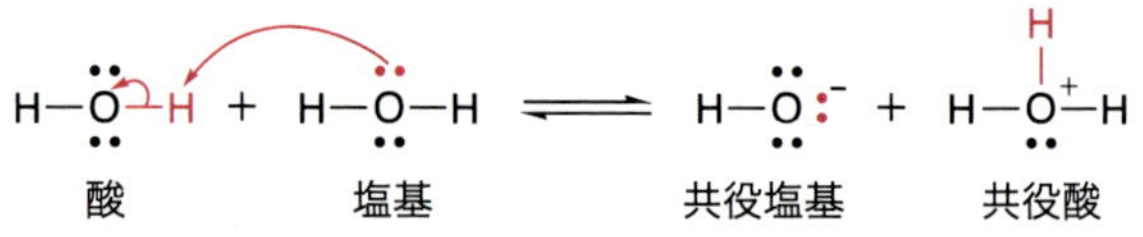

設問 5.1 次の化合物の共役塩基の構造を書きなさい．

(a) HF　　(b) NH_3　　(c) HO−OH　　(d) CH_4

酸(HA)の強さを**酸性度**という．これは，HA がどれだけ H^+ を放出できるかの尺度であり，**酸解離平衡定数**(K_a)で表される(式 5.2)．K_a が大きいほど平衡は右へ偏り，酸として強いことを示す．

$$\text{酸解離平衡定数} \quad K_a = \frac{[H_3O^+][A^-]}{[HA]} \tag{5.2}$$

水は溶媒として大過剰に存在するので，濃度は変化しないと仮定し，上式では省かれている．有機化合物の K_a は非常に小さい．たとえば，比較的強い酸である酢酸(CH_3COOH)でさえ，その K_a は 1.74×10^{-5} である．このように酸性度を K_a で示すと，負の指数になり，使いにくい．そこで，K_a を負の常用対数($-\log_{10} K_a$)にした値を用いる．これを pK_a という．

$$pK_a = -\log_{10} K_a \tag{5.3}$$

酢酸の pK_a を式(5.3)を用いて計算すると，$-\log(1.74 \times 10^{-5}) = 4.76$ となる．pK_a* **が小さいほど強い酸である**．

酸解離平衡式は，共役塩基(A^-)が安定であるほど，平衡は右へ偏り，K_a が大きくなる(pK_a は小さくなる = 酸性は強くなる)ことを示す．では，共役塩基を安定にする効果とは何であろうか．これは，第 3 章と第 4 章で学んだ(i)誘起効果と(ii)共鳴効果によって理解できる．

(i) 誘起効果による理解　共役塩基(A^-)の負電荷は，それをもつ原子(A)の電気陰性度が大きいほど安定になる(電気陰性度が大きいほど電子を引きつける傾向が強いことを思いだそう)．第二周期の原子(C, N, O, F)を例に説明しよう．これらの原子の水素化物はそれぞれ CH_4, NH_3, H_2O, HF であり，共役塩基(A^-)はそれぞれ H_3C^-, H_2N^-, HO^-, F^-

*代表的な酸の pK_a を p.62 に示す．

である(例題 5.1 と設問 5.1 参照).これらのアニオンの安定性を比較すると,原子の電気陰性度は F＞O＞N＞C なので,以下の順となる.

| アニオン(共役塩基)の安定性 | $F^- ＞ HO^- ＞ H_2N^- ＞ H_3C^-$ |

したがって,水素化物(HF, H_2O, NH_3, CH_4)の酸の強さも,この順に減少すると予想される.pK_a を下に示したが,予想通りの順である.

強い ←――――――――→ 弱い

酸の強さ	HF	＞	H_2O	＞	NH_3	＞	CH_4
pK_a	3.2		16		35		48

設問 5.2 上で示したアニオンでは非共有電子対が省略されている.これをすべて書き入れなさい.

電気陰性度を用いる比較は,同じ周期の原子の間では有用であるが,異なる周期の原子の場合は注意が必要である.たとえば,ハロゲン化水素(HX)の酸性度を比較してみよう.電気陰性度は周期表の下から上にいくに従って大きくなるので,ハロゲンの場合は F＞Cl＞Br＞I となる.これから予想される酸の強さの順は,HF＞HCl＞HBr＞HI である.ところが,HX の pK_a は下に示したように,予想される順とは正反対である.これは,周期表の下にいくほど原子が大きくなり,負電荷が大きい原子全体に分散して非局在化し,安定化できるためである.このように,周期の異なる原子の場合,原子の大きさの効果のほうが電気陰性度より重要になる.

電気陰性度	F	＞	Cl	＞	Br	＞	I
酸の強さ	HF	＜	HCl	＜	HBr	＜	HI
pK_a	3.2		−7.2		−9		−10

(ii) 共鳴効果による理解 メタン(CH_4)の pK_a は 48 と非常に大きく,実質的に中性である.ところが,メタンの 1 個の H をホルミル基(−CH=O)で置き換えたアセトアルデヒド(CH_3−CH=O)の pK_a は 17 となり,実に 10^{31} 倍も強い酸になる.

酸の強さ	H_3C-H	＜	$H_3C-\overset{\overset{O}{\|}}{C}-H$
	(メタン)		(アセトアルデヒド)
pK_a	48		17

アセトアルデヒドの共役塩基を次ページに示したが,負電荷がカルボニル基に非局在化することができ,共鳴安定化していることがわかる.これに対して,メタンの共役塩基(H_3C^-)は,誘起効果も共鳴効果もないので,非常に不安定である.

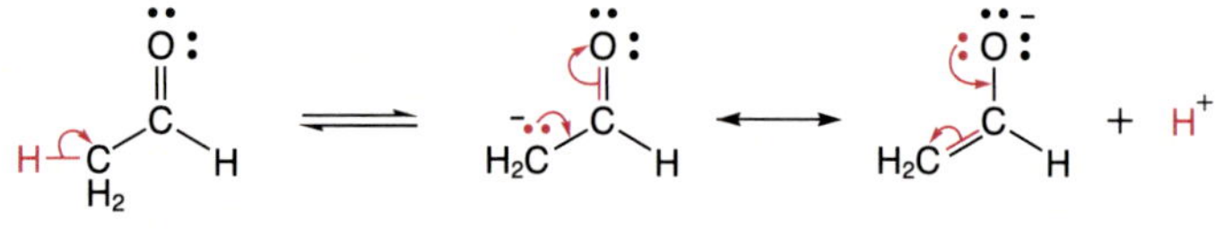

アセトアルデヒド　　　　　　共役塩基（共鳴安定化したアニオン）

　このように誘起効果と共鳴効果を考慮すると，酸の強さを理解し，予想することができる．

5.1.2　各有機化合物の酸性度

　水が適度な酸性を示すことからもわかるように，ヒドロキシ基（−OH基）をもつ有機化合物は酸性を示す．代表的な化合物として，アルコール（R−OH），フェノール（C_6H_5−OH）とカルボン酸（R−COOH）について考えてみよう．

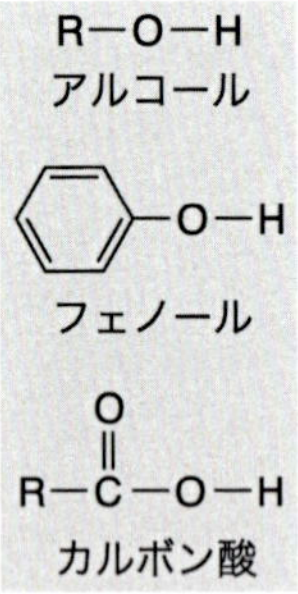

（1）アルコールの酸性度

　アルコール（R−OH）のO−H結合は，OとHの電気陰性度に大きな差があるので，$O^{\delta-}$−$H^{\delta+}$のように分極している．そして，H^+を放出してできた共役塩基（R−O^-）では，負電荷が電気陰性度の大きい酸素上にあるので，比較的安定である．この結果，アルコールは酸性を示す．たとえば，エタノールのpK_aは15.9である．

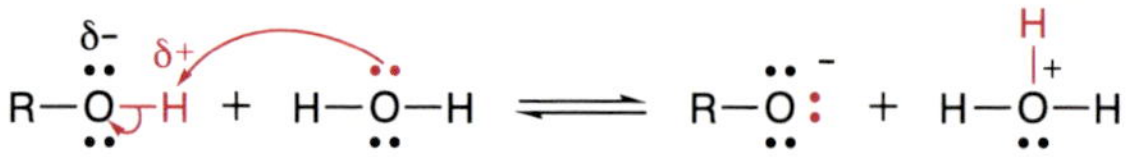

R−O−H　+　H−O−H　⇌　R−O^-　+　H−$\overset{H}{O}^+$−H
　酸　　　　塩基　　　　　共役塩基　　　　共役酸

　R−OHの酸性度はアルキル基（R）の構造によって変化する．エタノールのエチル基（CH_3CH_2）をトリフルオロエチル基（CF_3CH_2）に変化させたトリフルオロエタノールのpK_aは12.4であり，エタノールのpK_aより3.5小さい（エタノールより10^3倍以上酸性が強い）．

	CH_3CH_2OH （エタノール）	CH_3OH （メタノール）	CF_3CH_2OH （トリフルオロエタノール）
pK_a	15.9	15.5	12.4

　なぜ，これほどの違いがあるのであろうか．それは，第3章で学んだ電気陰性度と誘起効果を思いだせば理解できる．Fは電気陰性度が最大の原子なので，トリフルオロエタノールのCF_3基は大きな電子求引性の誘起効果をもつ．そのため，CF_3CH_2基はCH_3CH_2基に比べて，共役塩基の負電荷を安定化することができ，このような大きな差が現れる（図5.1）．
　一方，エタノールのpK_a（15.9）はメタノール（CH_3OH）のpK_a（15.5）よりもやや大きい（酸性が弱い）．エチル（CH_3CH_2）基はメチル（CH_3）基の1個のHをメチル基で置き換えたものである．メチル基はHより電子供与性

R−O−H　アルコール
○−O−H　フェノール
R−C(=O)−O−H　カルボン酸

☞ **one point**

置換基を記号で表す

メタン（CH_4），エタン（CH_3CH_3），プロパン（$CH_3CH_2CH_3$）などのアルカンを，一般式R−Hで表す．このR−Hから水素原子1個をとり除いてできる置換基を，アルキル基と呼び，記号Rで表す．したがって，記号Rはメチル基（CH_3），エチル基（CH_3CH_2），プロピル基（$CH_3CH_2CH_2$）などを総合的に表している．つまり，R−OHは，たとえばCH_3−OH，CH_3CH_2−OHなどすべてを含んでいる．また，OH基が結合している原子は，炭素であることに留意しよう．

R−H　⟹　R−
アルカン　　アルキル基

R−OH
アルコール

の誘起効果が大きい．このため，共役塩基が不安定化され，エタノールのほうが酸性は弱くなる(図5.1)．

電気陰性度の大きいFによる電子求引性の誘起効果　　基　準　　アルキル基による電子供与性の誘起効果

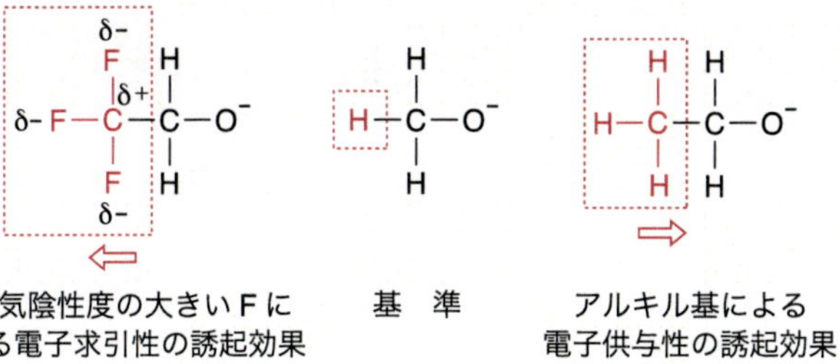

図5.1　アルコールの共役塩基に対する置換基の効果

例題5.2　次の二種類のアルコールはどちらが強い酸性を示すか，その理由とともに答えなさい．

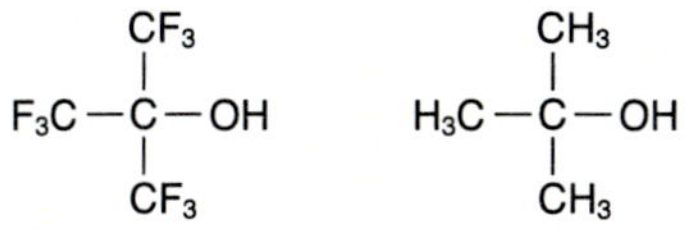

【解答】　共役塩基の安定性を比較すればよい．$(CH_3)_3COH$ の共役塩基は3個の電子供与性の CH_3 基によって不安定化されているが，$(CF_3)_3COH$ の共役塩基は3個の電子求引性の CF_3 基によって安定化されている．したがって，$(CF_3)_3COH$ のほうが酸性は強いと予想される．実際，$(CH_3)_3COH$ と $(CF_3)_3COH$ の pK_a は，それぞれ19.2と5.4である．

電子求引性のCF_3基による安定化　　電子供与性のCH_3基による不安定化

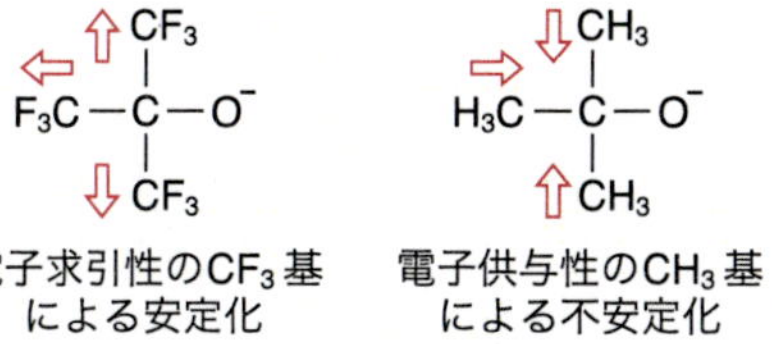

> **one point**
> **水素は置換基効果の基準**
> 有機化学で置換基の効果という場合，基準となる置換基は水素(H)であることを覚えておこう．図5.1の場合，CH_3CH_2 基は CH_3 基の1個のHが，Hより電子供与性の大きい CH_3 基に置き換わったものなので，より電子供与性となる．一方，CF_3CH_2 基では CH_3 基の1個のHが，Hより電子求引性の大きい CF_3 基に置き換わったものなので，より電子求引性となる．

設問5.3　次の四種類のアルコールを酸性度の高い順に並べ，その理由を述べなさい(第3章参照)．

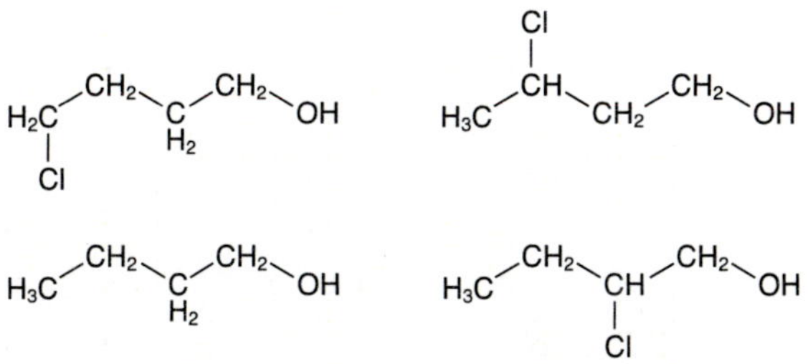

（2）フェノールの酸性度

ヒドロキシ基（-OH）がベンゼン環に直接結合した化合物はフェノールと呼ばれ，アルコールとは区別される．フェノールのpK_aは9.99であり，エタノールよりかなり強い酸である．

	CH$_3$CH$_2$OH（エタノール）	○-OH（フェノール）
pK_a	15.9	9.99

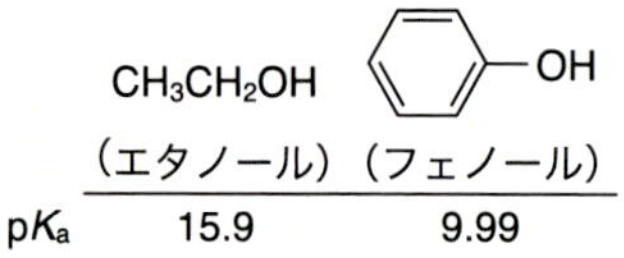

なぜであろうか．フェノールの共役塩基（フェノキシドイオン）を下に示した．第4章で学んだ共鳴安定化を思い起こそう．4.3.2項で負電荷は二重結合へ流れ込む共鳴式が書けることを学んだ．これを参考にすると，次に示すように，フェノキシドイオンの酸素上の負電荷が，ベンゼン環のπ結合へ流れ込んだ共鳴構造が書ける．言い換えると，フェノキシドイオンの酸素上の負電荷はベンゼン環へ非局在化し，共鳴安定化を受けている．したがって，このような安定化効果のないアルコールに比べて，解離平衡は右へ偏る（pK_aは小さくなる）．

☞ one point
ベンゼン環の置換基の位置

ベンゼン環に置換基が2個入った場合，2個の置換基の相対的な位置を示す接頭語が使われる．基準となる置換基（X）の位置を1とすると，2(6)位にオルト（*ortho*），3(5)位にメタ（*meta*），4位にパラ（*para*）という接頭語が使われ，それぞれ略号 *o*，*m*，*p* で示す．

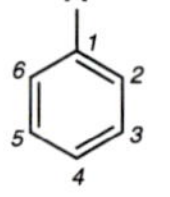

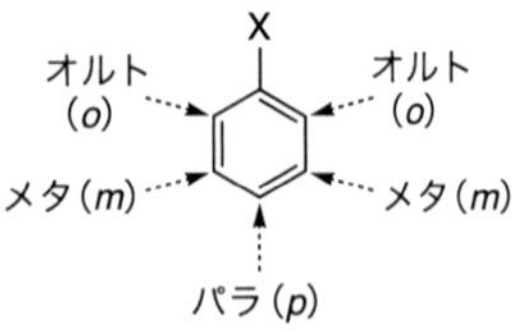

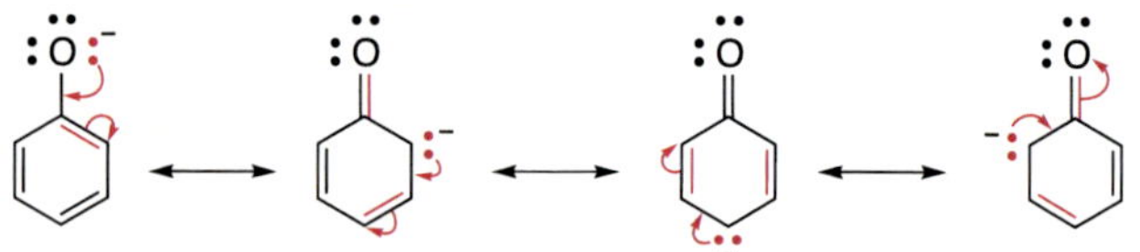

フェノールの共役塩基（フェノキシドイオン）
（負電荷はベンゼン環へ非局在化し，安定化される）

設問 5.4 フェノールの酸性度はエタノールのおよそ何倍かを答えなさい．

パラ（*p*）位にニトロ（-NO$_2$）基をもった*p*-ニトロフェノールのpK_aは7.14であり，フェノールより酸性が強い．

	○-OH（フェノール）	O$_2$N-○-OH（*p*-ニトロフェノール）
pK_a	9.99	7.14

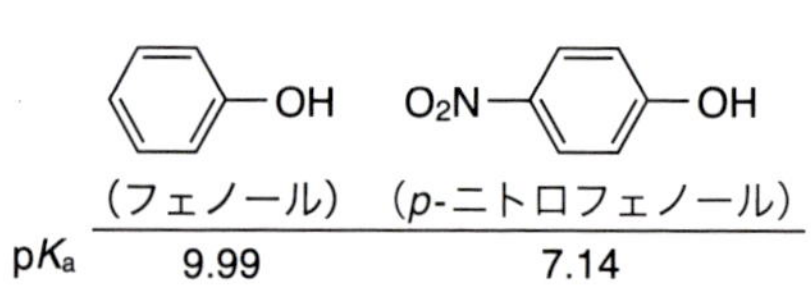

p-ニトロフェノールの共役塩基の共鳴構造を書いてみよう．負電荷がベンゼン環だけではなく，パラ位のニトロ基にまで非局在化した共鳴構造も書けることがわかる．すなわち，共役塩基の負電荷はニトロ基によって，さらに安定化される．その結果，*p*-ニトロフェノールの解離平衡はフェノールのそれより，さらに右へ偏る（pK_aは小さくなる）．

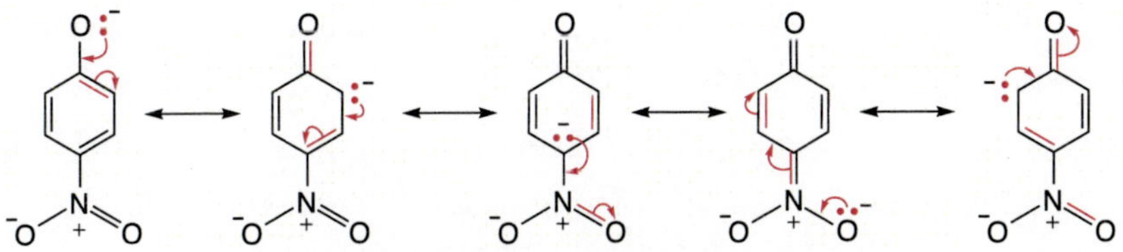

p-ニトロフェノールの共役塩基
（パラ位のニトロ基は負電荷をさらに非局在化し，安定化する）

設問 5.5 上の共鳴式では非共有電子対が省略されている．これをすべて書き入れなさい．

設問 5.6 ニトロ基を3個もつフェノールはピクリン酸（右図）と呼ばれるが，この化合物の pK_a は 0.25 で，*p*-ニトロフェノールよりさらに酸性が強い．その理由を説明しなさい．

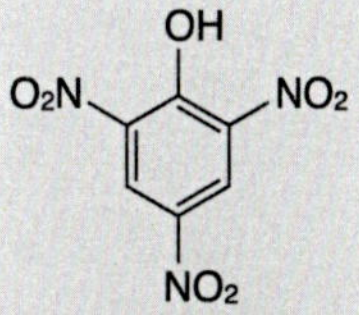

ピクリン酸

（3）カルボン酸の酸性度

カルボン酸（R–COOH）は，フェノールよりもさらに強い酸である．たとえば，ギ酸の pK_a は 3.75 であり，これはエタノールより約 10^{12} 倍も強い酸である．

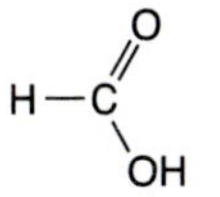

	(ギ酸)	(エタノール)
pK_a	3.75	15.9

なぜこのような大きな差が生じるのであろうか．ここでも共鳴構造を思い起こそう．第4章で述べたように，ギ酸（H–COOH）の共役塩基（ギ酸イオン，H–COO⁻）に対して，以下のような共鳴式が書ける．この二つの共鳴構造は等価であるうえに，負電荷は電気陰性度の大きい酸素上に現れ，その寄与は大きい．このような共鳴安定化はアルコールの共役塩基には存在しないため，pK_a に大きな差が現れる．

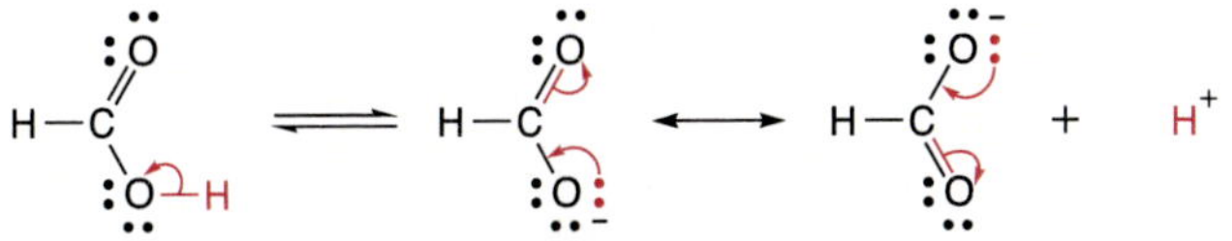

ギ酸の共役塩基（ギ酸イオン）
（共鳴安定化したアニオン）

☞ **one point**

カルボン酸の表記

カルボン酸やそのイオン（カルボキシラートイオン）は文中ではRCOOHやRCOO⁻と書かれるが，その構造は下記の通りである．

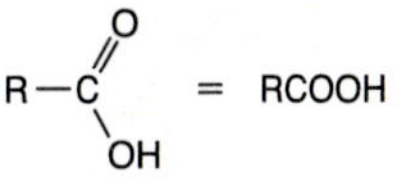

R–C(=O)–OH = RCOOH
カルボン酸

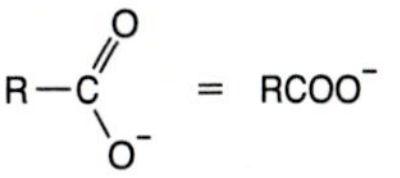

R–C(=O)–O⁻ = RCOO⁻
カルボキシラートイオン

共鳴安定化効果を受けているカルボン酸でも，誘起効果による酸性度の増減がある．たとえば，ギ酸（H–COOH）のHをメチル（CH₃）基で置き換えた酢酸（CH₃–COOH）の pK_a は 4.76 となり，酸性度は減少する．これは，メチル基の電子供与性の誘起効果のため，共役塩基の安定化がやや阻

害されるためである．一方，次に示すように酢酸のメチル基(CH_3)のHを順次，塩素(Cl)で置き換えていくと，pK_aが小さくなっていく（酸性が強くなる）．アルコールの酸性度で説明したように，塩素による電子求引性の誘起効果によって，共役塩基がさらに安定化されるためである．

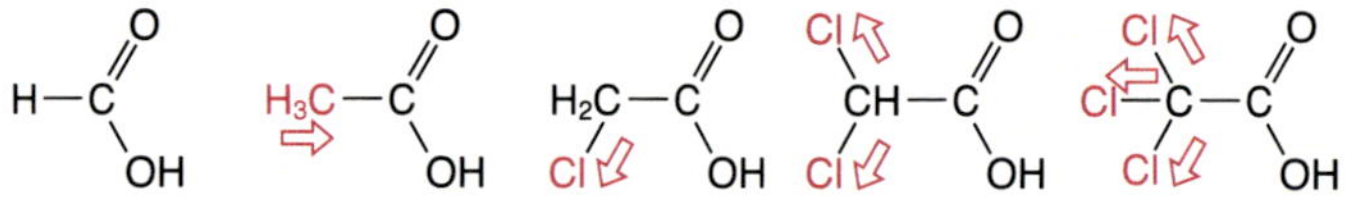

	H-COOH	H_3C-COOH	$H_2C(Cl)$-COOH	$CH(Cl_2)$-COOH	$C(Cl_3)$-COOH
pK_a	3.75	4.76	2.86	1.35	−0.5

設問 5.7 次のカルボン酸の酸性度の順序を説明しなさい．

(a)

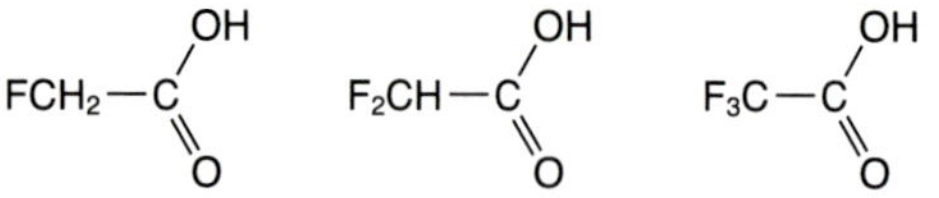

	FCH_2-COOH	F_2CH-COOH	F_3C-COOH
pK_a	2.56	1.34	−0.6

(b)

	FCH_2-COOH	$ClCH_2$-COOH	$BrCH_2$-COOH	ICH_2-COOH
pK_a	2.56	2.86	2.90	3.18

☞ one point
超強酸
トリフルオロメタンスルホン酸(CF_3SO_3H)のpK_aは−14であり，塩酸(pK_aは−7.2)や硫酸(pK_aは−3)よりも酸性が強いので，超酸または超強酸と呼ばれている．これもフッ素の電子求引性の誘起効果によるものである．

以上の例が示すように，酸性度は酸の構造によって大きく変化する．酸の共役塩基は負電荷をもつので，電子求引性の置換基，または負電荷（電子対）を非局在化できる置換基をもつ酸は，解離平衡が右へ偏り，酸の強さが増大する．これとは逆に，電子供与性の置換基は負電荷を不安定化するので，平衡は左へ偏り，酸の強さを減少させる（図5.2）．

電子求引性または非局在化する置換基(W)は共役塩基の負電荷を安定化し，酸性度を増大

電子供与性の置換基(D)は共役塩基の負電荷を不安定化し，酸性度を減少

図 5.2 酸性度に影響する置換基の電子的効果

5.1.3 ブレンステッド-ローリーの塩基

ブレンステッド-ローリーの塩基は，プロトンを受け取る化合物である．これらは，負電荷をもつか，非共有電子対をもつ化合物である．ブレンステッド-ローリーの塩基をBで表すと，Bは水中では水からプロトン(H^+)を受け取り，^+BHと^-OHになる（式5.4）．ここでは水はBにプロトンを与えているので酸として作用している．右辺の^+BHは**共役酸**，^-OHは**共役塩基**という．このようにBは水中で^+BHおよび^-OHと

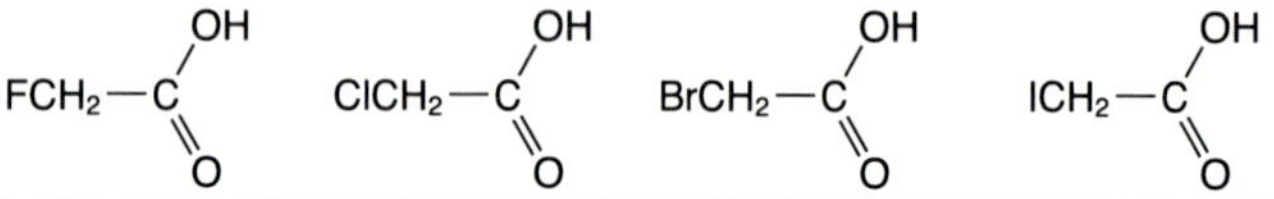

平衡にある．式(5.4)を**塩基解離平衡式**という．

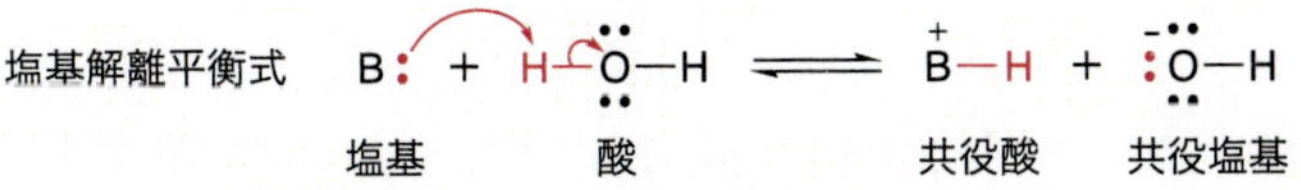

塩基解離平衡式

$$B: + H-O-H \rightleftharpoons \overset{+}{B}-H + :\overset{..}{O}-H \quad (5.4)$$

塩基　　　酸　　　　　　共役酸　　共役塩基

水中での酸性度を酸解離定数(K_a)で表現したように，Bの塩基としての強さ(塩基性)は式(5.5)の**塩基解離平衡定数**(K_b)で表すことができる．

塩基解離平衡定数　　$K_b = \dfrac{[HB^+][HO^-]}{[B]}$ 　　(5.5)

しかしBの塩基性は，塩基解離平衡定数 K_b（または pK_b）で示すよりは，対応する共役酸 ^+BH の pK_a を用いて示すほうが便利である．というのは，pK_a と pK_b という2個のパラメータではなく，pK_a という1個のパラメータだけで，酸と塩基の強さを単純に比較できるからである．

これは，塩基解離平衡式(5.4)を反対方向(右辺)から見て，塩基性の強さを共役酸の強さで評価する方法である．たとえば，共役酸の pK_a が小さい(酸性が強い)と，平衡は左へ偏っていることを意味し，塩基としては弱い．

F^- と H_3C^- の塩基性を例にとって説明しよう．それぞれの塩基解離平衡式は式(5.6)と式(5.7)で表される．F^- の共役酸は HF であり，その pK_a は 3.2 である．一方 H_3C^- の共役酸は CH_4 であり，その pK_a は 48 である．このことから，H_3C^- は F^- に比べて非常に強い塩基であることがわかる．

> **こう考えるとわかりやすい**
> 強い塩基Bの共役酸 BH^+ はプロトンを離さないが(pK_a は大)，弱い塩基の共役酸はプロトンを容易に離す(pK_a は小)．

$$F^- + H-O-H \rightleftharpoons F-H + {}^-O-H \quad (5.6)$$
塩基　　　　　　　　　共役酸

$$H_3C^- + H-O-H \rightleftharpoons CH_4 + {}^-O-H \quad (5.7)$$
塩基　　　　　　　　　共役酸

塩基の強さも誘起効果と共鳴効果によって説明できる．まずは負電荷をもつ化合物の塩基，次に非共有電子対をもつ化合物の塩基の順に説明する．

(1) 負電荷をもつ化合物の塩基性

負電荷をもつ塩基として F^-，HO^-，H_2N^-，H_3C^- を考えよう．これらの塩基の共役酸は HF，H_2O，NH_3，CH_4 であるが，その pK_a は，HF $<$ H_2O $<$ NH_3 $<$ CH_4 の順に大きくなる(すなわち，この順に酸性は弱くなる)．それは，負電荷をもつ原子の電気陰性度が小さいほど，アニオンが不安定になるからである．このことは塩基の側から見ると，F^- $<$ HO^- $<$ H_2N^- $<$ H_3C^- の順にプロトンを受け取りやすい．すなわち，強い塩基であることを示す．

第5章 酸と塩基の基本的な考え方

共役酸	HF	H$_2$O	NH$_3$	CH$_4$
pK_a	3.2	16	35	48
塩基性の強さ	F$^-$ <	HO$^-$ <	H$_2$N$^-$ <	H$_3$C$^-$

エタノール，フェノール，酢酸の pK_a はこの順に小さくなる（酸性度が高くなる）．このことは，それらの共役塩基であるアニオンは，この順に安定になる（プロトンを受け取りにくい）ことを意味する．したがって，塩基性は酢酸イオンが最も小さく，エトキシドイオンが最も大きい．

共役酸	CH$_3$CH$_2$—OH (エタノール)	C$_6$H$_5$—OH (フェノール)	CH$_3$C(=O)OH (酢酸)
pK_a	15.9	9.99	4.76
塩基性の強さ	CH$_3$CH$_2$—O$^-$ >	C$_6$H$_5$—O$^-$ >	CH$_3$C(=O)O$^-$
	（エトキシドイオン）	（フェノキシドイオン）	（酢酸イオン）

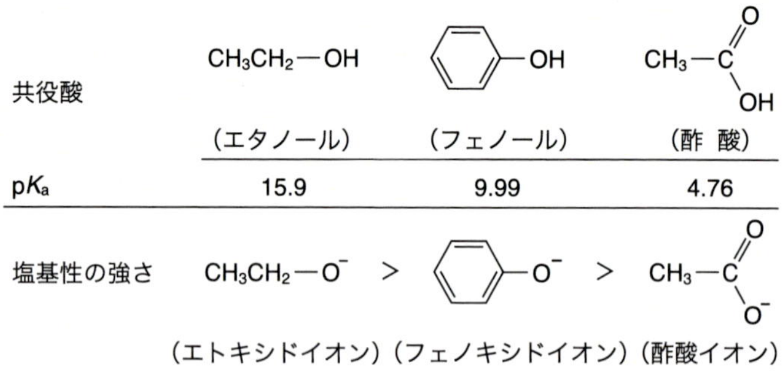

このように，一連の酸の pK_a 値を比較することによって，その共役塩基であるアニオンの塩基性を知ることができる．負電荷をもつ化合物の塩基性の強さに対する置換基の効果を図5.3にまとめた．これは，酸の強さに対する置換基の効果(図5.2)とは正反対である．

D→—X$^-$
電子供与性の置換基(D)は負電荷を不安定化し，塩基性を増大

W←—X$^-$
電子求引性または非局在化する置換基(W)は負電荷を安定化し，塩基性を減少

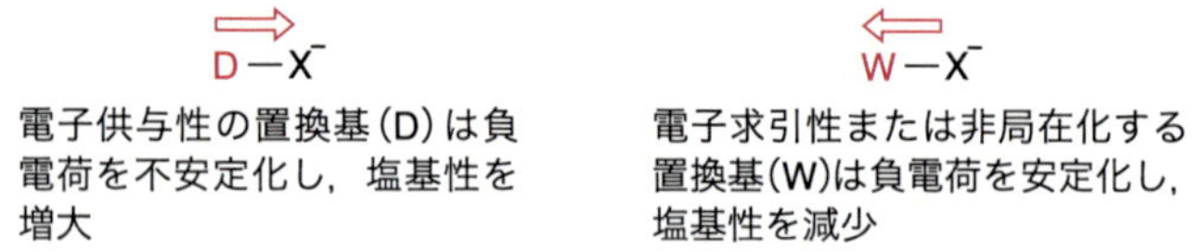

図5.3 塩基性に影響する置換基の電子的効果

例題5.3 次の三種類のフェノキシドイオンの共役酸を書きなさい．p.62 の pK_a 値を参考にして，これらを塩基性の大きい順に並べ，その理由を述べなさい．

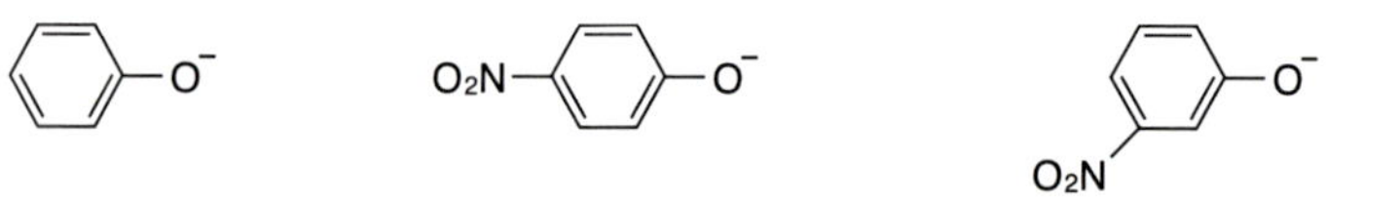

フェノキシドイオン　　p-ニトロフェノキシドイオン　　m-ニトロフェノキシドイオン

【解答】 それぞれの共役酸の構造と pK_a は以下に示した通りである．塩基性が最も大きいのは，その共役酸の pK_a が最も大きい置換基のないフェノキシドイオンであり，m-ニトロフェノキシドイオン，p-ニトロフェノキシドイオンの順に塩基性は減少する．フェノキシドイオンの負電荷は m-ニトロ基へは非局在化できないため，このような順序になる．

共役酸	ベンゼン-OH	3-ニトロフェノール-OH	4-ニトロフェノール-OH
pK_a	9.99	8.35	7.14
塩基性の強さ	PhO$^-$ >	m-O$_2$N-C$_6$H$_4$-O$^-$ >	p-O$_2$N-C$_6$H$_4$-O$^-$

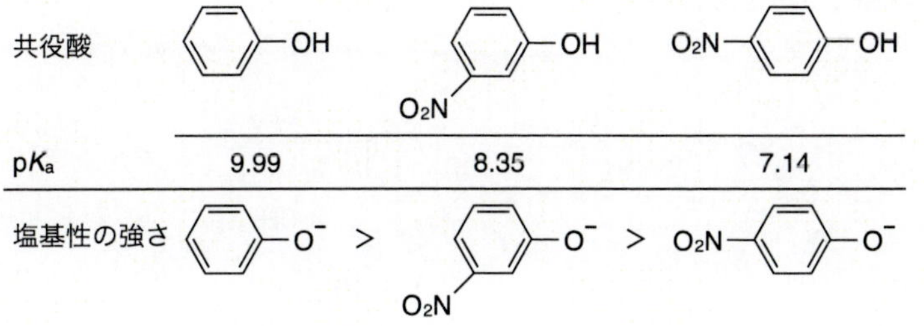

設問 5.8 以下のアニオンの共役酸を書き，p.62 の pK_a 値を参考にして，塩基性の大きい順に並べ，その理由を述べなさい．

(a) F$^-$　Cl$^-$　Br$^-$　I$^-$

(b) F$_3$C-COO$^-$　H$_3$C-COO$^-$　Cl$_3$C-COO$^-$

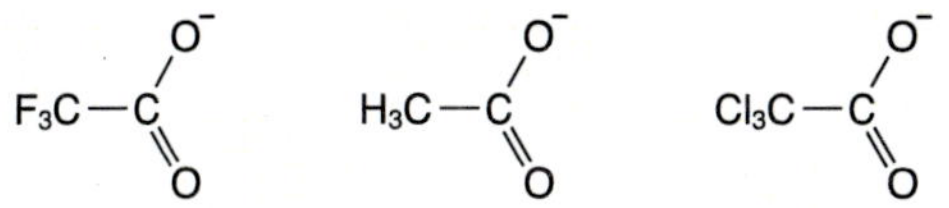

（2）非共有電子対をもつ化合物の塩基性——アミンの塩基性

非共有電子対もプロトンを受け取ることができるので，塩基として作用する．アミン（R-NH$_2$）は代表的な塩基である．アミンは水中でプロトンを受け取り，アンモニウムイオン（R-NH$_3^+$，共役酸）と水酸化物イオン（HO$^-$，共役塩基）になる（式 5.8）．

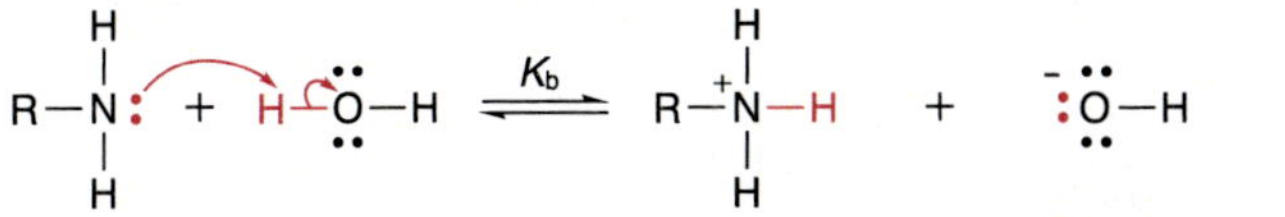

$$R-NH_2 + H_2O \xrightleftharpoons{K_b} R-NH_3^+ + {}^-OH \quad (5.8)$$

アミン　　　　　　　アンモニウムイオン　水酸化物イオン
　　　　　　　　　　（共役酸）　　　　　（共役塩基）

例題 5.4 アニリンの共役酸の構造を示しなさい．

【解答】 アミンはしばしば非共有電子対を省略して書かれているので，まずそれをおぎなうこと．自信がない場合は，式(5.8)に当てはめて考える．慣れてくれば，いちいち式を書くまでもないが，最初はそうするほうがよく理解できる．

$$C_6H_5-NH_2 + H_2O \rightleftharpoons C_6H_5-NH_3^+ + {}^-OH$$

　　　　　　　　　　　　　　共役酸

アニリン（C$_6$H$_5$-NH$_2$）

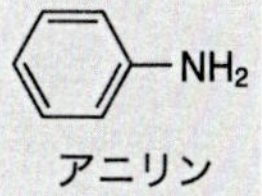

第5章 酸と塩基の基本的な考え方

設問 5.9 次のアミンの共役酸（アンモニウムイオン）の構造を書きなさい．

(a) PhNH(CH$_3$) (b) シクロヘキシル-N(CH$_3$)$_2$

(c) ピリジン (d) H$_3$C-CH(NH$_2$)-CH$_2$-CH$_2$-CH$_2$-OH

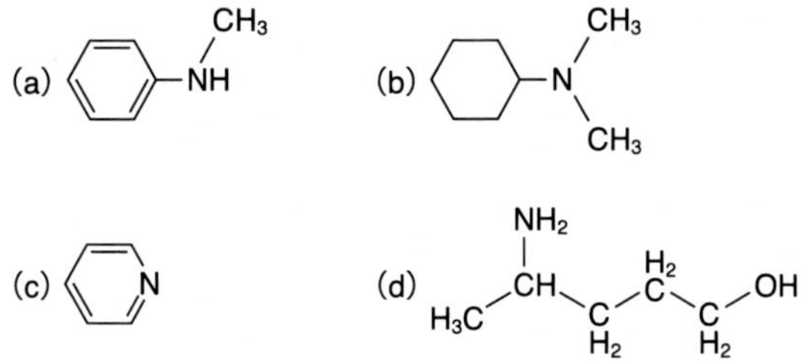

アミン（R–NH$_2$）の塩基性の強さも，共役酸であるアンモニウムイオン（R–NH$_3^+$）の pK_a から評価できる．すなわち，アンモニウムイオンの pK_a が大きいほど，対応するアミンの塩基性は大きい．メチルアミン，アンモニア，アニリンの共役酸の pK_a を下に示した．この値から，塩基性はメチルアミン > アンモニア > アニリンの順に減少することがわかる．

共役酸	H$_3$C–$\overset{+}{N}$H$_3$	$\overset{+}{N}$H$_4$	Ph–$\overset{+}{N}$H$_3$
pK_a	10.64	9.24	4.60
塩基性の強さ	H$_3$C–ṄH$_2$ >	:NH$_3$ >	Ph–:NH$_2$
	（メチルアミン）	（アンモニア）	（アニリン）

このような差は，共役酸であるアンモニウムイオン（あるいは塩基であるアミン）の安定性から説明できる．メチルアミンの塩基性は，アンモニアよりやや大きい．それは，メチル基が水素より電子供与性であるため，共役酸の正電荷を安定化するからである．

アニリンの塩基性は非常に小さく，メチルアミンの100万分の1である．アニリンでは，窒素上の非共有電子対がベンゼン環内に非局在化し，窒素上の電子密度が低下しプロトンとの反応に使われにくくなるからである．塩基として安定化されている分だけ，プロトン化されにくいことを示す．

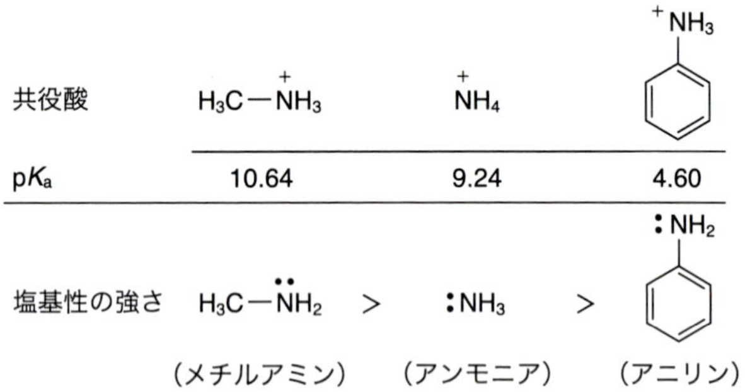

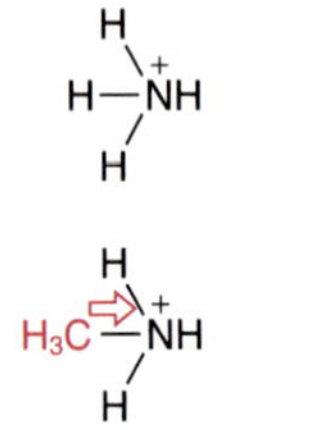

電子供与性のメチル基は正電荷を安定化する

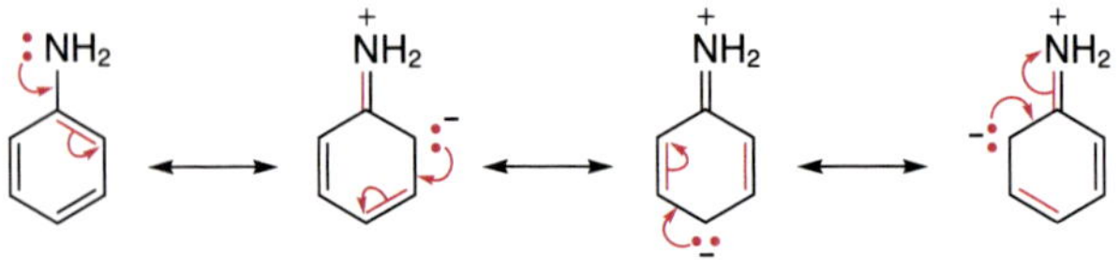

非共有電子対がベンゼン環へ非局在化し，安定化される

アニリン

p-シアノアニリン

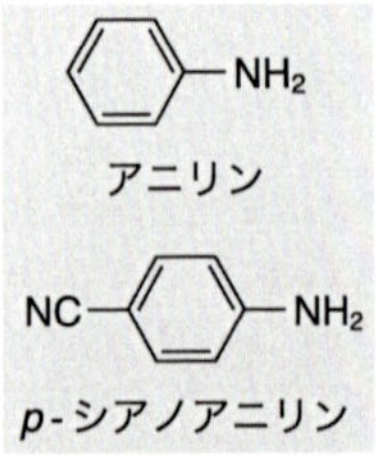

例題 5.5 左のアニリンと p-シアノアニリンの共役酸の構造を書きなさい．p.62 の pK_a 値を参考にして，どちらが強い塩基か，またそれはなぜかを説明しなさい．

【解答】 共役酸の構造とpK_aは以下の通りである．pK_aが大きいほど塩基性は大きいので，アニリンのほうがp-シアノアニリンより強い塩基である．

共役酸	⌬-$\overset{+}{N}H_3$	NC-⌬-$\overset{+}{N}H_3$
pK_a	4.60	1.75
塩基性の強さ	⌬-NH_2 >	NC-⌬-NH_2

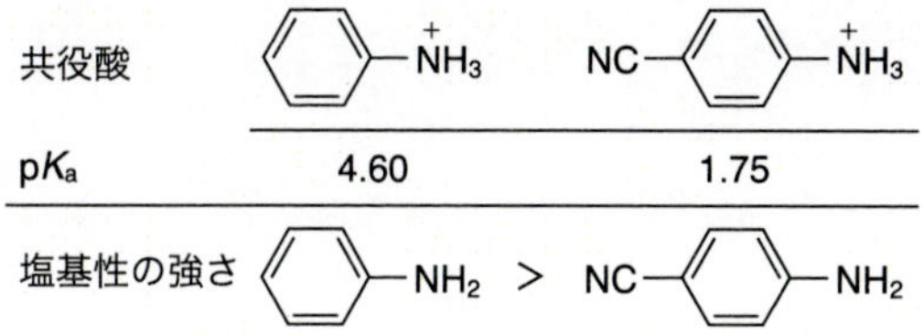

共鳴構造を書いてみると，p-シアノアニリンでは非共有電子対がパラ位のシアノ基にまで非局在化されることがわかる．すなわち，p-シアノアニリンの非共有電子対はアニリンのそれよりもさらに非局在化しており，プロトンとの反応に使われにくい．

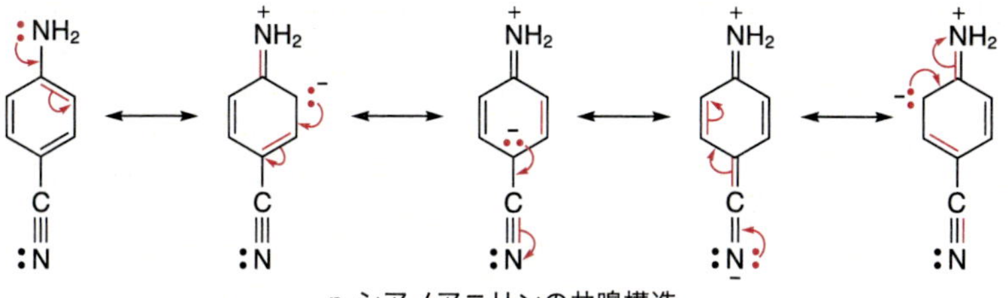

p-シアノアニリンの共鳴構造

設問 5.10 右のp-ニトロアニリンの共役酸の構造を書きなさい．この共役酸のpK_aはアニリンのそれより小さい．アニリンとp-ニトロアニリンのどちらが強い塩基か，また，それはなぜかを説明しなさい．

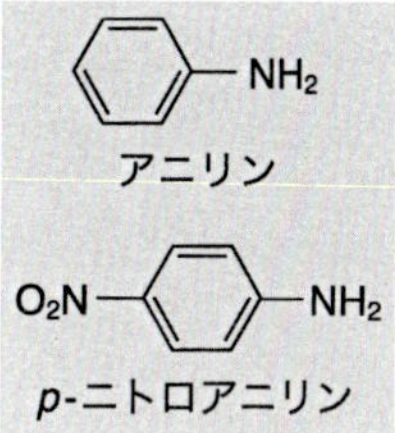

電子供与性の置換基は，アミンのN上の電子密度を増大し，またプロトンを受け取って発生する共役酸の正電荷を安定化するために，塩基解離の平衡を右へ偏らせ，塩基性を増大させる．一方，電子求引性の置換基，あるいは非局在化を可能にする置換基は，アミンのN上の電子密度を低下させることによって共役酸の正電荷を不安定化させ，塩基性を減少させる（図 5.4）．この効果も，酸の強さに対する置換基の効果（図 5.2）とは正反対である．

電子供与性の置換基（D）　　　　電子求引性または非局在化する
は塩基性を増大　　　　　　　　置換基（W）は塩基性を減少

D→−N:　　D→−$\overset{+}{N}$−H　　W←−N:　　W←−$\overset{+}{N}$−

N上の電子密度を増大　正電荷を安定化　　N上の電子密度を低下　正電荷を不安定化

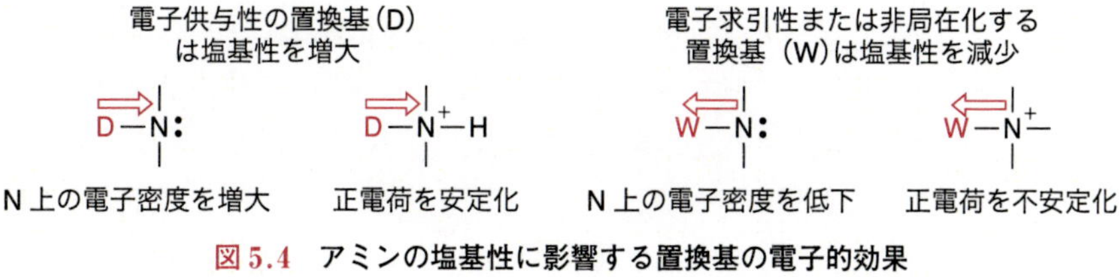

図 5.4 アミンの塩基性に影響する置換基の電子的効果

5.2 ルイスの酸と塩基

ブレンステッドとローリーはプロトンに注目して酸と塩基を定義したが，ルイスは非共有電子対に注目している．ルイスの定義によれば，塩基は電子対を与える化合物で，酸は電子対を受け取る化合物である．したがって，ルイス塩基はブレンステッド-ローリーの塩基と同じである．しかし，ルイス酸はブレンステッド-ローリーの酸（プロトン）だけではない．最外殻が電子で満たされていない原子をもつ化合物も電子対を受け取るので，ルイス酸になる．

例を示そう．ホウ素(B)は，価電子を3個しかもっていない．したがって，ホウ素が3個の水素と結合してできるボラン(BH_3)のBのまわりに電子は6個しかないので，非共有電子対を受け取ることができる．たとえば，ジメチルエーテル(CH_3-O-CH_3)のOから，非共有電子対を受け取る．この反応で生成した錯体†ではBもOも電子を8個もち，オクテット則を満足する．

その他の典型的なルイス酸としては，$AlCl_3$，$FeCl_3$，$ZnCl_2$ などがある．これらのルイス酸は，求電子的な芳香族置換反応の触媒として使われている（第15章参照）．

> **用語解説**
> **配位結合と錯体**
> 結合を形成するとき，電子を2個とも一方の原子から供出し，もう一方の原子は空の軌道をだす場合がある．これを**配位結合**という．このような結合でできた化合物を配位化合物，または**錯体**という．右の反応では電子対はエーテルの酸素から供出され，ボランのホウ素(B)は空の軌道をだしている．

ボラン + ジメチルエーテル ⇌ 錯体
Bは電子を6個しかもっていない　　BもOも電子を8個もつ

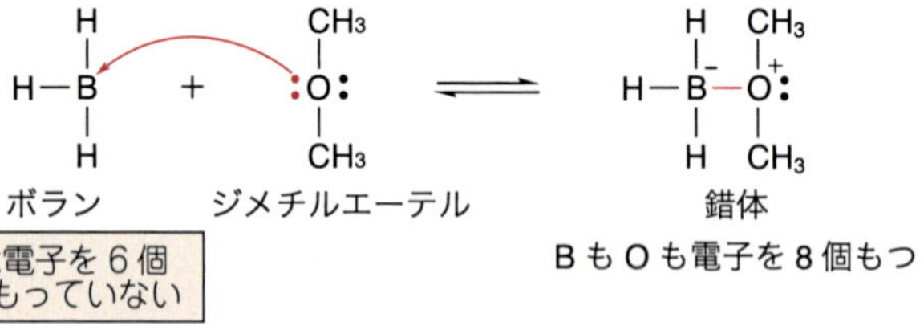

設問 5.11 上式の錯体の形式電荷を確かめなさい．

設問 5.12 次のものはルイス酸か，それともルイス塩基か，答えなさい．

(a) $(CH_3)_3C^-$　(b) $(CH_3)_3B$　(c) $(CH_3)_3C^+$
(d) $(CH_3)_3N$　(e) Zn^{2+}　(f) Mg^{2+}

【この章のまとめ】

(1) ブレンステッド-ローリーの酸は，プロトン(H^+)を与える化合物であり，塩基はプロトンを受け取る化合物である．
(2) 酸(HA)の強さは，共役塩基(A^-)が電子求引性の置換基をもつと増大し，電子供与性の置換基をもつと減少する．
(3) 塩基は負電荷をもつか，非共有電子対をもつ化合物である．塩基の強さは，電子供与性の置換基によって増大し，電子求引性の置換基

あるいは非局在化を可能にする置換基によって減少する．
（4） pK_a という 1 個のパラメータで，酸と塩基の強さを比較できる．
（5） ルイスの酸は電子対を受け取る化合物であり，塩基は電子対を与える化合物である．

章末問題

問 5.1 酸と塩基はブレンステッド–ローリーの定義とルイスの定義がある．両者の違いを述べなさい．

問 5.2 ブレンステッド–ローリーの酸の強さと構造の関係を述べなさい．

問 5.3 ブレンステッド–ローリーの塩基の強さと構造の関係を述べなさい．

問 5.4 次の化合物を酸と塩基に分類しなさい．

$CH_3CO_2^-$ CH_3^- CH_3^+ $CH_3OH_2^+$ Br^-

$(CH_3CH_2)_3N$ CH_3S^- H_4N^+ Na^+ HF

問 5.5 次の酸の共役塩基の構造を書きなさい．

(a) $(CH_3)_2NH$ (b) H_2CO_3 (c) フェノール(C_6H_5OH)

(d) $CH_3CH_2-\overset{H}{\underset{+}{S}}-H$

問 5.6 次の塩基の共役酸の構造を書きなさい．

(a) $(CH_3)_3N$ (b) $CH_3-\overset{OH}{\underset{H}{C}}-CH_3$ (c) $N\equiv C-\overset{-}{C}-C\equiv N$

(d) HS^-

問 5.7 次の化合物を酸性の強い順に並べ，その理由を述べなさい．

(a) CH_2BrCO_2H $CHBr_2CO_2H$ CH_3CO_2H CBr_3CO_2H

(b) CF_3CH_2OH CH_3CH_2OH $(CF_3)_2CHOH$ $(CF_3)_3COH$

(c) 4-ニトロフェノール, フェノール, 2,4-ジニトロフェノール, 2,4,6-トリニトロフェノール

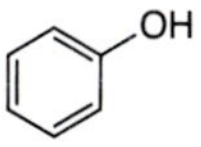

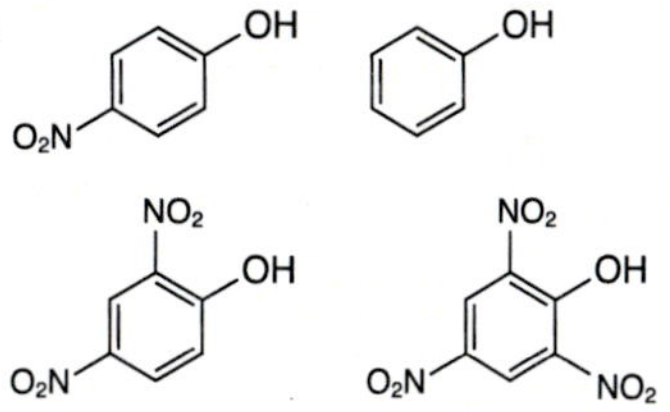

問 5.8 次の化合物を塩基性の大きい順に並べ，その理由を述べなさい．

(a) $CH_3CH_2O^-$ $CHCl_2CH_2O^-$ $CH_2ClCH_2O^-$ $CCl_3CH_2O^-$

(b) アニリン($C_6H_5NH_2$) NH_3 CH_3NH_2 $(CF_3CH_2)NH_2$

(c) 3-ニトロ安息香酸イオン, 安息香酸イオン, 4-ニトロ安息香酸イオン

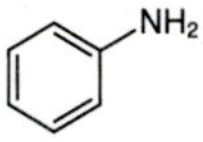

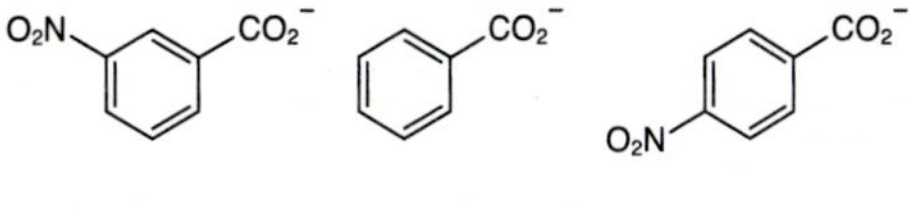

補講 ❷ おもな無機酸および有機化合物の pK_a

pK_a 値が小さいほど強い酸である．酸性の非常に強い無機酸は 0 付近で負になるものもある．有機酸は一般的に酸性が弱く，その代表格のカルボン酸は約 4 で，アルコールは約 10 である．ただし，置換基によって変動し，0 から負まで下がるものもある．pK_a を正しく理解しうまく使いこなすことによって，有機化学反応を系統的に理解できるようになる．(かっこは，それぞれの有機酸に参考となる無機酸を示す)

酸	pK_a	酸	pK_a	酸	pK_a
無機酸		CF_3COO-H	−0.6	$(CH_3)_2\overset{+}{N}H-H$	10.73
F−H	3.2	$ClCH_2COO-H$	2.86		
Cl−H	−7.2	$Cl_2CHCOO-H$	1.35	$(CH_3)_3\overset{+}{N}-H$	9.75
Br−H	−9	CCl_3COO-H	−0.5		
I−H	−10	$BrCH_2COO-H$	2.90	Ph−$\overset{+}{N}H_2$−H	4.60
HO_3SO-H	−3	ICH_2COO-H	3.18		
O_2NO-H	−1.64	NO_2CH_2COO-H	1.7	H_3C-C$_6H_4$-$\overset{+}{N}H_2$−H	5.08
HO_3PO-H	1.97	**芳香族カルボン酸**			
				NC-C$_6H_4$-$\overset{+}{N}H_2$−H	1.75
アルコール		Ph−COO−H	4.20		
[HO−H	16]			O_2N-C$_6H_4$-$\overset{+}{N}H_2$−H	0.99
H_3CO-H	15.5	CH_3O-C$_6H_4$-COO−H	4.47		
CH_3CH_2O-H	15.9			2-NO_2, 4-NO_2-C$_6H_3$-$\overset{+}{N}H_2$−H	−4.48
$ClCH_2CH_2O-H$	14.3	H_3C-C$_6H_4$-COO−H	4.73		
$(CH_3)_2CHO-H$	17.1			2,4,6-(NO$_2$)$_3$-C$_6H_2$-$\overset{+}{N}H_2$−H	−10.04
$(CH_3)_3CO-H$	19.2	NC-C$_6H_4$-COO−H	3.55		
CF_3CH_2O-H	12.4				
$(CF_3)_2CHO-H$	9.3	O_2N-C$_6H_4$-COO−H	3.44		
$(CF_3)_3CO-H$	5.4	**カルボニル化合物**		**オキソニウムイオン**	
フェノール				[$H_2\overset{+}{O}-H$	−1.74]
Ph−O−H	9.99	$H_3C-CO-CH_2-H$	19.3	$H_3C-\overset{+}{O}H-H$	−2.2
H_3C-C$_6H_4$-O−H	10.28	EtO−CO−CH$_2$−H	25.6		
O_2N-C$_6H_4$-O−H	7.14			$H_3C-\overset{+}{O}(CH_3)-H$	−3.8
m-O_2N-C$_6H_4$-O−H	8.35	Ph−CO−CH$_2$−H	19		
		H−CO−CH$_2$−H	17	**硫黄化合物**	
2,4,6-(NO$_2$)$_3$-C$_6H_2$-O−H	0.25	**アミン**		[HS−H	7.0]
		[H_2N−H	35]	CH_3S-H	10.33
		C_2H_5HN−H	33	PhS−H	6.11
カルボン酸		PhHN−H	27.7	CH_3COS-H	3.43
HCOO−H	3.75	**アンモニウムイオン**		CH_3SO_2O-H	−2.6
CH_3COO-H	4.76	[$H_3\overset{+}{N}-H$	9.24]	CF_3SO_2O-H	−5.5
$(CH_3)_3CCOO-H$	5.03			$PhSO_2O-H$	−2.6
FCH_2COO-H	2.56	$CH_3\overset{+}{N}H_2-H$	10.64	**炭化水素**	
$F_2CHCOO-H$	1.34			H_3C-H	48
				$Ph-CH_2-H$	41

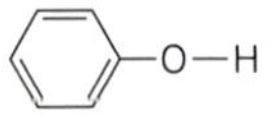

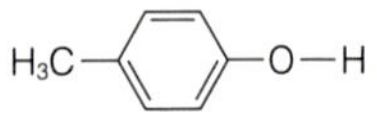

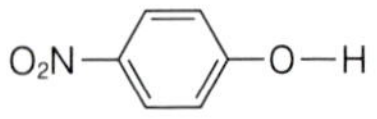

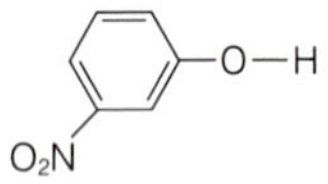

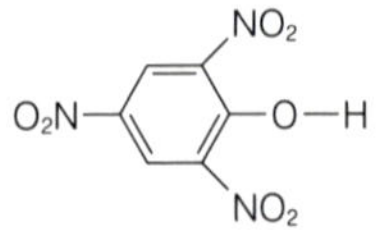

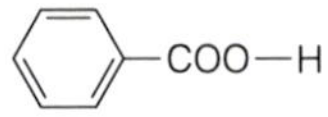

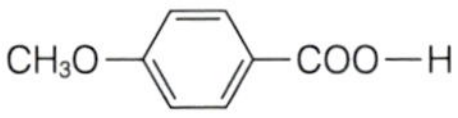

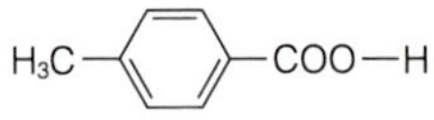

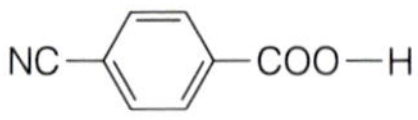

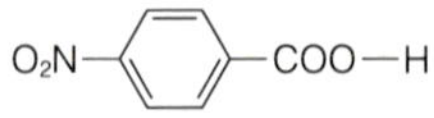

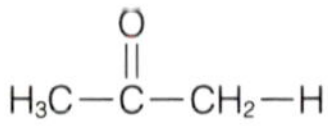

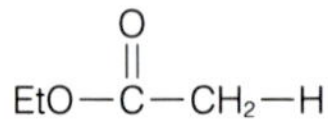

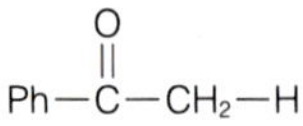

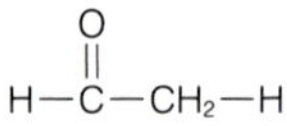

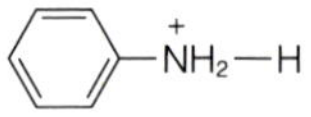

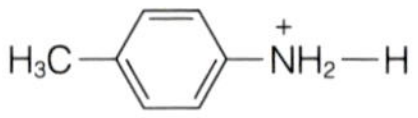

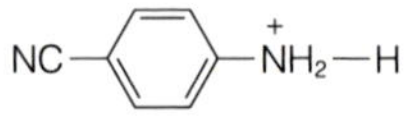

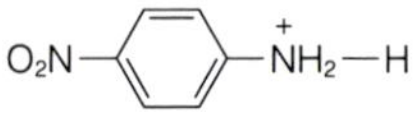

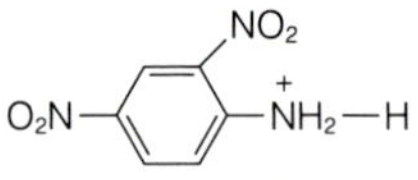

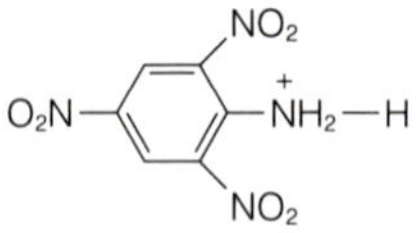

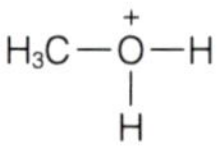

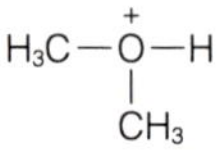

第6章
有機反応の求核剤と求電子剤
電子の受け取りやすさ，与えやすさ

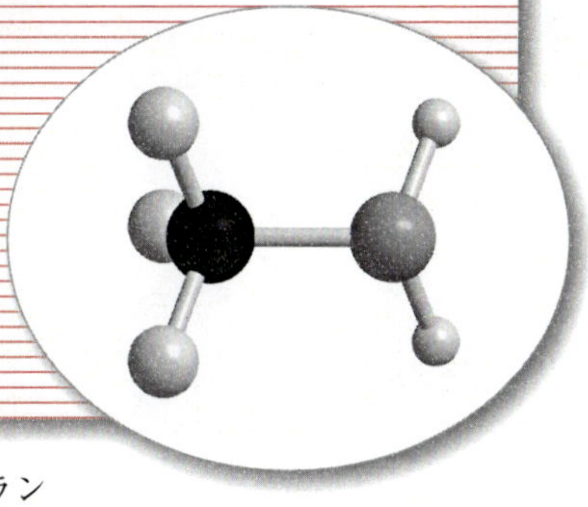

化学反応は電子のやりとりによって起こる．しかし，それは決してランダムに起こっているのではなく，一定の方向性がある．この電子のやりとりの方向性をきちんと見極めることができれば，その分子がなぜそのような反応をするのかを理解することができる．さらに進むと，反応剤の組合せを見ただけで，起こりうる反応を予測できるようになる．この章では，反応に伴う電子の流れが，どのような方向性をもっているかを学ぶ．

第5章で学んだ酸の解離反応をもう一度見てみよう．酸(HA)のHは，水のOの非共有電子対を受け取り，その結合電子対をAに残し，H−O結合を形成する．反応を右辺から見ると，共役塩基(A^-)がその電子対(負電荷)を共役酸(H_3O^+)のHに与え，Hは結合電子対をOに残し，A−H結合を形成する．

$$A-H + H-O-H \rightleftharpoons A^{:-} + H-\overset{+}{\underset{H}{O}}-H$$

求電子剤　　求核剤　　　求核剤　　求電子剤
(電子不足)　(電子豊富)　(電子豊富)　(電子不足)

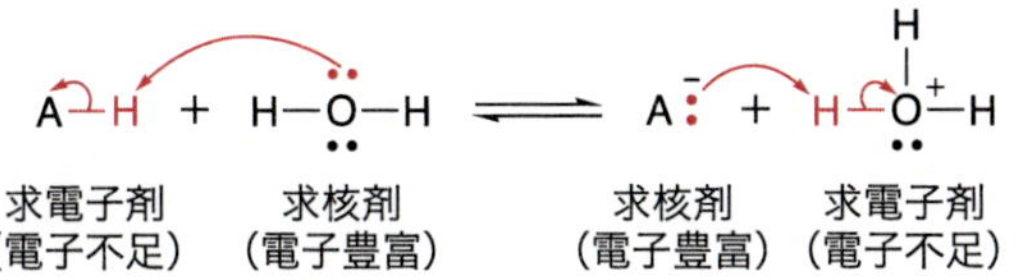

このように反応が起こる場合，**電子を与える反応剤**と**電子を受け取る反応剤**が必要である．酸・塩基平衡反応では，前者は塩基，後者は酸であった．炭素への攻撃を含む有機化学反応では，前者を**求核剤**，後者を**求電子剤**という．本章では求核剤と求電子剤の特徴を学ぶ．

6.1　求核剤の特徴

求核剤は電子を余分にもつ反応剤で，その電子(2個)を，電子が不足した反応剤(求電子剤)に与えて，共有結合を形成する．代表的な求核剤は，負電荷をもっている($Nu{:}^-$と略記)．表6.1(a)に代表的な$Nu{:}^-$を示した．負電荷をもたなくても，非共有電子対をもつもの($Nu{:}$と略記)も求核剤と

表 6.1(a) 負電荷をもつ求核剤(Nu:⁻)

求核剤	構造式
ハロゲン化物イオン	:F:⁻ :Cl:⁻ :Br:⁻ :I:⁻
水酸化物イオン	H—Ö:⁻
アルコキシドイオン	R—Ö:⁻
アミドイオン	H₂N:⁻
シアン化物イオン	N≡C:⁻
カルボアニオン	R₃C:⁻
ヒドリドイオン	H:⁻

表 6.1(b) 負電荷のない(非共有電子対をもつ)求核剤(Nu:)

求核剤	構造式
水	H—Ö—H
アルコール	R—Ö—H
アンモニア	H₃N:
アミン	H₂RN: , HR₂N: , R₃N:

して作用する．表 6.1(b)に代表的な Nu:を示した．

例題 6.1 以下の化合物で，求核剤はどれかを示しなさい．

$$CH_3CH_3 \quad CH_3^+ \quad NH_3$$

【解答】 非共有電子対は省略して書かれているので，それをおぎなって考えよう．非共有電子対をもつ化合物は NH_3 だけであり，これが求核剤である．

設問 6.1 以下の化合物のなかで，求核剤はどれかを示しなさい．

(a) CH_4 (b) H_3C^- (c) $H_3C-O-CH_2CH_3$

(d) ピリジン (e) シクロペンタン(CH₃置換) (f) シクロヘキシル-N⁺H(CH₃)₂

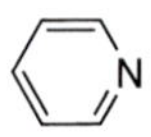

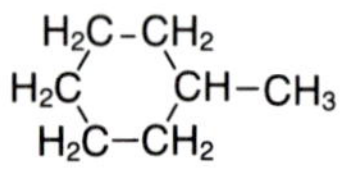

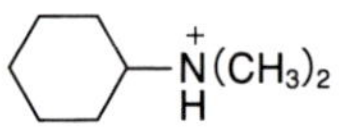

負電荷も非共有電子対ももたないが，二重結合に含まれる π 結合は求核的に作用する(6.1.2項で述べる)．

6.1.1 求核剤としての強さ——求核性と塩基性

表 6.1 に示した求核剤は，第 5 章で学んだ塩基と同じ化合物群である．求核剤としての相対的な強さを**求核性**という．ブレンステッド-ローリーの定義ではプロトン(H^+)に対する反応性を塩基性といったが，求核性は電子の不足した炭素に対する反応性を表す．求核性は塩基性とほぼ相関している．

6.1 求核剤の特徴

第二周期の原子の水素化物(CH_4, NH_3, H_2O, HF)のアニオン(H_3C^-, H_2N^-, HO^-, F^-)を比較してみよう．原子の電気陰性度が大きいほど，電子は原子によりしっかりと束縛され，相手に与えにくくなる(すなわち，求核性は減少する)．電気陰性度はC＜N＜O＜Fの順に増大するので，求核性はこの順に減少する．

電気陰性度 　C　＜　N　＜　O　＜　F

求核性　　$H_3C:^-$ ＞ $H_2\ddot{N}:^-$ ＞ $H\ddot{\ddot{O}}:^-$ ＞ $:\ddot{\ddot{F}}:^-$

第5章で塩基性は共役酸のpK_aで表すことを学んだ．これらのアニオンの共役酸(CH_4, NH_3, H_2O, HF)のpK_a値を下に示した．塩基性も求核性と同じ順に減少することがわかる．

共役酸	CH_4	NH_3	H_2O	HF
pK_a	48	35	16	3.2

塩基性　　$H_3C:^-$ ＞ $H_2\ddot{N}:^-$ ＞ $H\ddot{\ddot{O}}:^-$ ＞ $:\ddot{\ddot{F}}:^-$

負電荷をもたない求核剤も，同じように考えればよい．たとえば，アミン($R-NH_2$)とアルコール($R-OH$)を比較してみよう．酸素(O)のほうが窒素(N)より電気陰性度は大きいので，アルコールのOはアミンのNよりその非共有電子対をしっかりと保持している．このため，アルコールのほうがアミンより求核性は小さい．

求核性　$R-\ddot{N}H_2$ ＞ $R-\ddot{\ddot{O}}H$

塩基性はどうであろうか．代表的なアミンとアルコールの例として，メチルアミン(CH_3NH_2)とメタノール(CH_3OH)を選び，その共役酸のpK_aを調べると，$CH_3\overset{+}{N}H_3$が10.64，一方$CH_3\overset{+}{O}H_2$は−2.2である．このことからアルコールのほうがアミンより弱い塩基であることがわかる．これは求核性と同じ順である．

共役酸	$H_3C-\overset{+}{N}H_3$	$H_3C-\overset{+}{O}H_2$
pK_a	10.64	−2.2

塩基性　$H_3C-\ddot{N}H_2$ ＞ $H_3C-\ddot{\ddot{O}}H$

求核中心が同じ原子上にある場合は，(負)電荷をもつ求核剤は，電荷をもたないものに比べて求核性は大きい．たとえば，酸素(O)をもつ求核剤としてHO^-とH_2Oを比較すると，HO^-のほうが求核性は大きい．

求核性　$H\ddot{\ddot{O}}:^-$ ＞ $H_2\ddot{\ddot{O}}:$

塩基性はどうであろうか．HO^-とH_2Oの共役酸はH_2OとH_3O^+なので，そのpK_aを比較すればよい．結果は右表のようになり，HO^-はH_2Oより強い塩基であり，求核性と同じ順である．

共役酸	H_2O	H_3O^+
pK_a	16	−1.74

塩基性　$H\ddot{\ddot{O}}:^-$ ＞ $H_2\ddot{\ddot{O}}:$

このように，同じ周期の原子を含む化合物に関しては，共役酸のpK_aから塩基性の大きさを求め，それをもとに求核性を見積もることができる．

例題 6.2 以下の求核剤の求核性は塩基性と同じ順である．それぞれの求核剤の共役酸の構造を書き，p.62 の pK_a を参考にして，求核性の大きい順に並べなさい．

C₆H₅—O⁻   CH₃CH₂—O⁻   O₂N—C₆H₄—O⁻

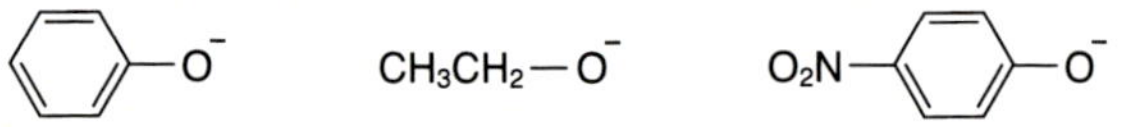

【解答】 それぞれの共役酸の構造は以下に示した化合物になるので，pK_a を調べると，以下のようになる．塩基性は pK_a が小さいほど減少するので，求核性もそれと同じ順に小さくなると予測される．

共役酸	C₆H₅—OH	CH₃CH₂—OH	O₂N—C₆H₄—OH
pK_a	9.99	15.9	7.14

求核性　CH₃CH₂—O⁻ ＞ C₆H₅—O⁻ ＞ O₂N—C₆H₄—O⁻

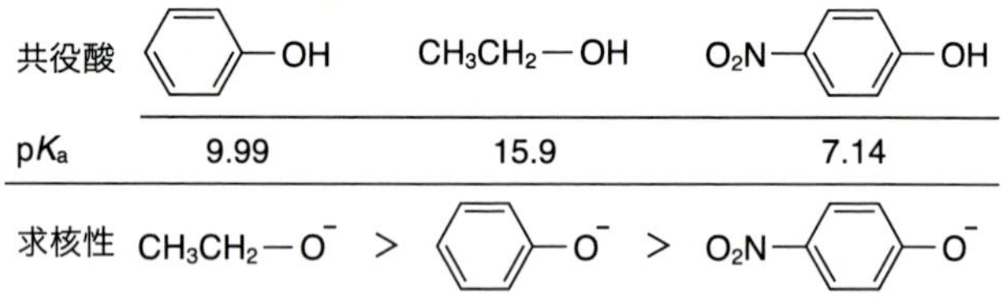

設問 6.2 以下の求核剤の求核性は塩基性と同じ順である．それぞれの求核剤の共役酸の構造を書き，p.62 の pK_a を参考にして，求核性の大きい順に並べなさい．

(a) CH₃—C(=O)—O⁻　　CH₃CH₂—O⁻　　CF₃—C(=O)—O⁻

(b) CH₃—NH₂　　C₆H₅—NH₂　　O₂N—C₆H₄—NH₂

(c) H₂O　　CH₃OH　　CH₃—O—CH₃

第 5 章（5.1.1 項）で学んだが，異なる周期の原子を比較する場合は，原子の大きさを考慮に入れる必要がある．たとえば，17 族の原子のアニオン X⁻（X ＝ F，Cl，Br，I）の塩基性は，共役酸（HX）の pK_a をもとに判断すると，周期表を下へいくにつれて減少する（設問 5.8 参照）．ところが，求核性は周期表を下へいくにつれて増大し，それは塩基性の順序と正反対である．これは原子の大きさが増大するにつれて，原子核による電子の束縛がゆるくなり，電子はほかの原子（この場合は炭素）との結合に用いられやすくなるためである．

共役酸	HF	＜	HCl	＜	HBr	＜	HI
pK_a	3.2		−7.2		−9		−10

塩基性　I⁻ ＜ Br⁻ ＜ Cl⁻ ＜ F⁻
求核性　I⁻ ＞ Br⁻ ＞ Cl⁻ ＞ F⁻

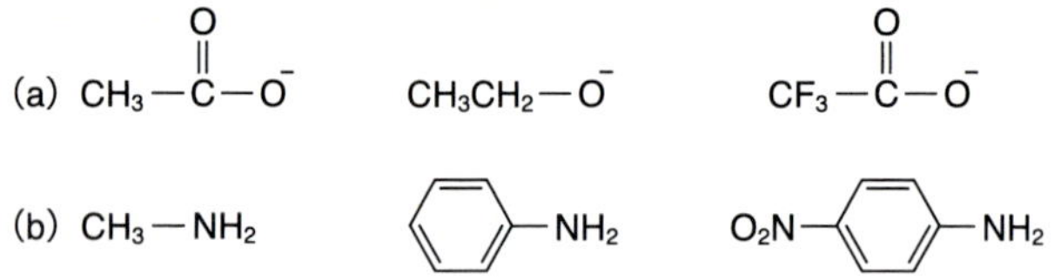

設問 6.3 （a）CH_3S^- が CH_3O^- より塩基性が小さいことを，その共役酸の pK_a 値から示しなさい．
（b）CH_3S^- は CH_3O^- より求核性が大きい．その理由を述べなさい．

6.1.2 求核的に作用する有機化合物

　強い求核性を示す代表的な有機化合物は**カルボアニオン**（たとえば $H_3C{:}^-$）である．カルボアニオンは有機金属化合物（たとえば H_3C-M）から生成する．それは金属の電気陰性度が炭素より小さいからである．代表的な反応剤は金属としてマグネシウム(Mg)を用いたグリニャール試薬（たとえば $H_3C-MgBr$）である（第3章，第13章と第14章参照）．

　負電荷をもたない有機化合物でも，求核的な反応性を示すものがある．それは，アルケンやベンゼン環など炭素-炭素二重結合をもつ化合物である．第7章で学ぶが，アルケンやベンゼンは相互作用を受けやすいπ電子をもつので，電子の不足した反応剤(求電子剤)に対して求核的に攻撃できる．たとえば，エテンの二重結合のπ結合は，プロトン(H^+)にそのπ電子対を与えて，C-H結合を形成し，カルボカチオンを与える（第12章）．

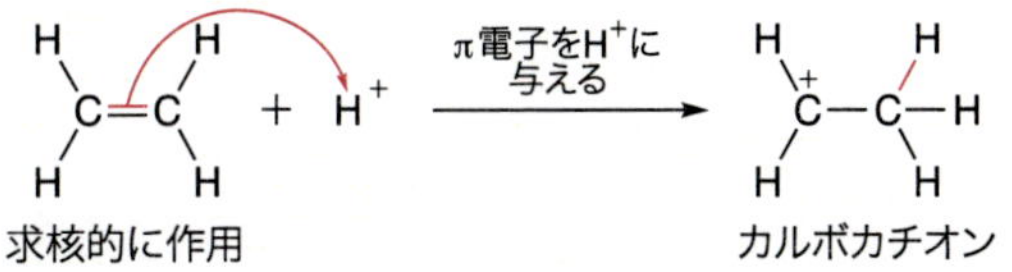

　ベンゼンもニトロニウムイオン($^+NO_2$)にπ電子を与え，C-N結合を形成する（第15章）．

設問 6.4 次の反応を巻矢印で説明し，生成する化合物の構造を書きなさい．

(a) $H_2C=CH_2 + Cl^+ \longrightarrow$

(b) ベンゼン $+ {}^+CH_3 \longrightarrow$

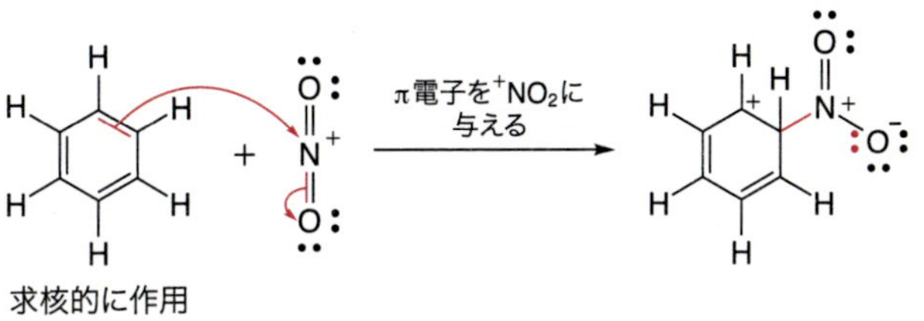

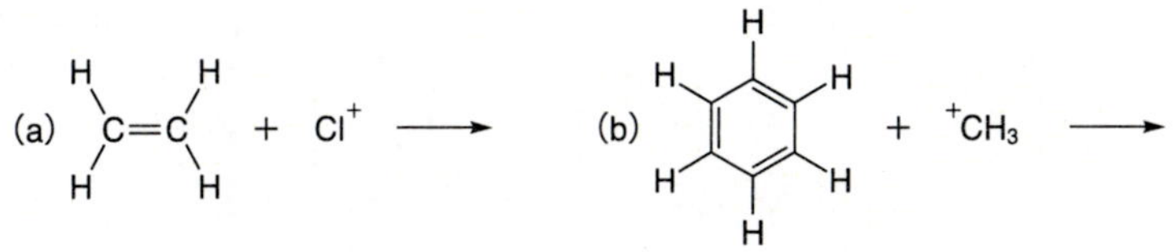

6.2　求電子剤の特徴

　求電子剤は電子が不足した反応剤であり，求核剤から2個の電子を受け取って，共有結合を形成する．先に述べたプロトン(H^+)やニトロニウムイオン($^+NO_2$)など正電荷をもったものが代表的な例である．表6.2(a)に正電荷をもつ代表的な求電子剤(E^+と略記)を示した．

　正電荷をもたない求電子剤(Eと略記)もある(表6.2b)．ハロゲン化アルキルとカルボニル化合物がその代表例である(6.2.1項で述べる)．

　また，プロトンは水，アルコールなどの電荷をもたない分子からも供給される．ハロゲン(X_2)も電荷をもたないが，電子豊富な反応物質が接近すると，$X^{\delta+}-X^{\delta-}$のように分極してハロニウムイオン(X^+)を発生する．最外殻が満たされていない原子をもつルイス酸(5.2節参照)も求電子剤である．

6.2.1　求電子的に作用する有機化合物

　求電子性を示す代表的な有機化合物は**カルボカチオン**(たとえばH_3C^+)である．しかし正電荷をもたない有機化合物でも，求電子的な反応性を示すものがある．炭素に電気陰性度の大きい原子(または官能基)が結合すると，炭素原子は正電荷を帯び，結果的に電子不足となり(第3章)，求電子的に作用する．

　たとえば，クロロメタン(塩化メチル，CH_3Cl)ではClの電気陰性度(3.0)は，Cのそれ(2.5)より大きいので，Cは正に，Clは負に分極する($C^{\delta+}-Cl^{\delta-}$)．

　このように，クロロメタンのCは電子不足であり，求核剤の攻撃を受けやすい．求核剤として，水酸化物イオン(HO^-)を作用させると，Clは容易に塩化物イオン(Cl^-)として追いだされ，新しい結合($HO-C$)が生成する．

電子不足のため求核剤の攻撃を受ける

　　　↓
$\overset{\delta+}{H_3C}-\overset{\delta-}{Cl}$
クロロメタン

表6.2(a)　正電荷をもつ求電子剤(E^+)

求電子剤	構造式
プロトン	H^+
カルボカチオン	R_3C^+
ニトロニウムイオンなど	$^+NO_2, \ ^+NO$
ハロニウムイオン	$X^+ (X-\overset{+}{X}-FeX_3)$ $X = Cl, \ Br, \ I$

表6.2(b)　正電荷をもたない求電子剤(E)

求電子剤	構造式
ハロゲン化アルキル	$R_3\overset{\delta+}{C}-\overset{\delta-}{X}$ 　$X = Cl, \ Br$
カルボニル化合物	$R_2\overset{\delta+}{C}=\overset{\delta-}{O}$
水，アルコール，アミン	H^+の発生源
$X_2 (X = Cl, \ Br, \ I)$	X^+の発生源
ルイス酸	$BH_3, \ AlCl_3, \ FeCl_3, \ ZnCl_2$

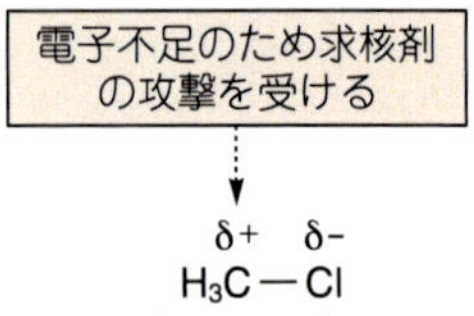

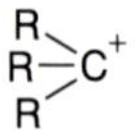

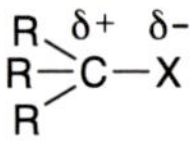

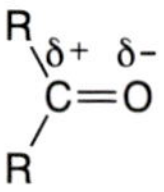

$$\text{H–O}^{-} + \text{H}_3\text{C–Cl} \longrightarrow \text{HO–CH}_3 + \text{Cl}^{-}$$

例題 6.3 酢酸イオンとブロモメタンの反応で予想される電子の動きを巻矢印で示し，生成物の構造を書きなさい．

$$\text{H}_3\text{C–C}(=\text{O})\text{O}^{-} + \text{H}_3\text{C–Br} \longrightarrow$$

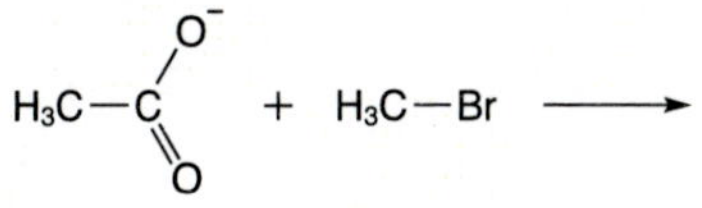

　　　　酢酸イオン　　ブロモメタン

【解答】 求核剤である酢酸イオンが求電子的なブロモメタンのCを攻撃し，O–C結合を形成し，BrはアニオンとしてＬ離する．

$$\text{H}_3\text{C–C}(=\text{O})\text{O}^{-} + \text{H}_3\text{C–Br} \longrightarrow \text{H}_3\text{C–C}(=\text{O})\text{O–CH}_3 + \text{Br}^{-}$$

設問 6.5 次の反応で予想される電子の動きを巻矢印で示し，生成物の構造を書きなさい．

(a) $\text{N}\equiv\text{C}^{-} + \text{H}_3\text{C–Cl} \longrightarrow$ 　　(b) $\text{H}_3\text{C–NH}_2 + \text{H}_3\text{C–Cl} \longrightarrow$

炭素-酸素二重結合（カルボニル基）は，電気陰性度の大きい酸素側へ電子が移動した共鳴構造が書け，これは電気陰性度の観点から好ましい構造である（4.4節参照）．

$$\text{R}_2\text{C=O} \longleftrightarrow \text{R}_2\text{C}^{+}\text{–O}^{-}$$

カルボニル基

> 共鳴構造は C=O の C が電子不足であることを示す

この共鳴構造は，カルボニル炭素が電子不足であり，求核剤の攻撃を受けやすいことを示している．たとえば，求核剤としてヒドリドイオン（$\text{H}:^{-}$）を作用させると，カルボニル基の炭素が攻撃され，二重結合のπ電子は酸素へ移動する．

$$\text{H}:^{-} + \text{R}_2\text{C=O} \longrightarrow \text{H–R}_2\text{C–O}^{-}$$

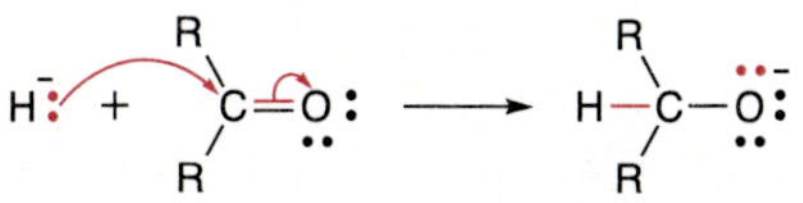

第2章の設問2.7と設問2.8にその他の反応例を示したので，読み返し

☞ **one point**

炭素の部分電荷の転換

第3章では，結合する原子の電気陰性度に依存して，炭素は部分正電荷を帯びたり，逆に部分負電荷を帯びることを学んだ．

$$\overset{\delta+}{\text{C}}\text{–}\overset{\delta-}{\text{Br}} \qquad \overset{\delta-}{\text{C}}\text{–}\overset{\delta+}{\text{Mg}}$$

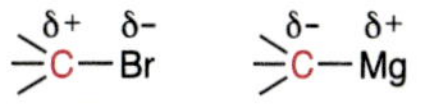

　求電子的　　　求核的

このように，有機化合物の炭素は結合する置換基（官能基）の電気的な性質の変化に依存して，正負に変化し，それが化学反応の駆動力となっている．化合物の構造にはそういう情報が含まれているので，これからそういう観点から構造を眺めるようにしよう．

てみよう.

6.2.2 求電子性の強さを決める要因

求電子剤としての相対的な強さを**求電子性**というが，これも構造によって変化を受ける．それは以下のように整理できる．

（ⅰ）求電子中心が同じ原子上にある場合，正電荷をもつ求電子剤は，電荷をもたないものより求電子性が大きい．たとえば，プロトン化されたアセトンは，アセトンに比べて求電子性が大きい．共鳴構造を比較すると，プロトン化されたアセトンでは，正電荷は電気陰性度の大きい酸素上に現れるよりも，カルボニル炭素上に現れるほうが好ましい．したがってこの共鳴構造の寄与のほうが大きい．しかし，アセトンではこのような共鳴構造の寄与は小さい（なぜかを考えてみよ．4.4節参照）．

求電子性 [H₃C,H / C=O⁺ / H₃C] ↔ [H₃C,H / ⁺C−O / H₃C] プロトン化されたアセトン > [H₃C / C=O / H₃C] ↔ [H₃C / ⁺C−O⁻ / H₃C] アセトン

（ⅱ）正電荷をもつ求電子剤は，電子供与性の誘起効果や電子供与性の共鳴効果をもつ置換基によって正電荷が安定化されると，求電子性は減少する．たとえば，メチルカチオン(CH_3^+)の1個のHをメチル基に置き換えたエチルカチオン($CH_3CH_2^+$)は，メチル基による電子供与性の誘起効果によって安定化される．メチルカチオン(CH_3^+)の1個のHをメトキシ(CH_3O-)基で置き換えたメトキシメチルカチオン($CH_3O-CH_2^+$)では，電子供与性の共鳴効果によってより強く安定化される．したがって，求電子性はこの順に減少する．

求電子性 $H-\overset{+}{C}H_2$ > $CH_3-\overset{+}{C}H_2$ > $CH_3-\overset{..}{\underset{..}{O}}-\overset{+}{C}H_2$ ↔ $CH_3-\overset{+}{O}=CH_2$

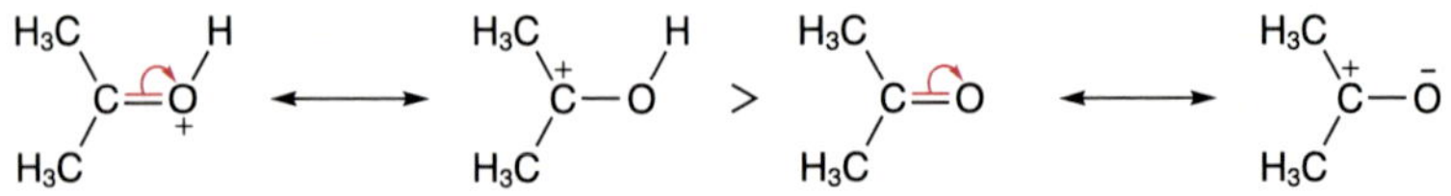

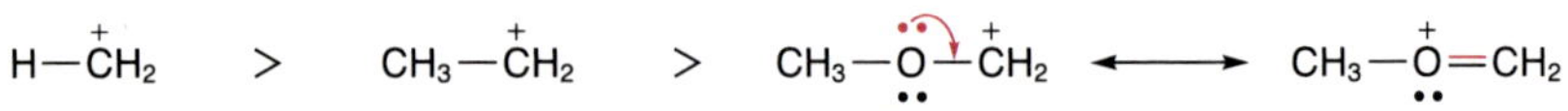

メチルカチオン　　エチルカチオン　　　メトキシメチルカチオン

（ⅲ）電荷をもたない求電子剤は，求電子性を示す部位に電気陰性度の大きい原子（あるいは官能基）が結合すると，より求電子的になる．たとえば，カルボニル炭素の求電子性は，メチル基が2個結合したアセトンより，電気陰性な塩素が1個結合した塩化アセチルのほうが大きい．

求電子性 [H₃C / δ+C=Oδ− / Clδ−] 塩化アセチル > [H₃C / δ+C=Oδ− / H₃C] アセトン

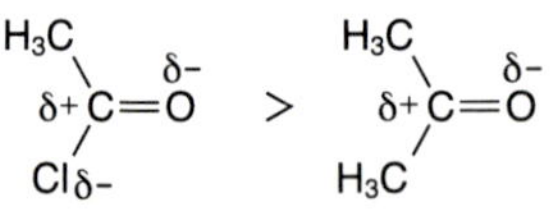

【この章のまとめ】

（1）負電荷あるいは非共有電子対をもつ化合物は求核剤であり，その求核性の大きさはおおむね塩基性と相関している．
（2）負電荷も非共有電子対ももたないが，アルケン，ベンゼンなど π 電子をもつ有機化合物も求核的な性質を示す．
（3）正電荷をもつ化合物や正に分極しやすい化合物は求電子剤である．
（4）正電荷をもたなくても，電気陰性な原子と結合した炭素をもつ有機化合物も求電子的な性質を示す．

章末問題

問 6.1 求核剤とは何か，また求核性の大きさと構造の関係を述べなさい．

問 6.2 求電子剤とは何か，また求電子性の大きさと構造の関係を述べなさい．

問 6.3 次の反応の求核剤は何か答えなさい．

(a) CH_3I + CH_3CH_2ONa ⟶ $CH_3OCH_2CH_3$ + NaI

(b) CH_3OH + $(CH_3)_3CCl$ ⟶ $(CH_3)_3COCH_3$ + HCl

(c) NaI + CH_3CH_2Br ⟶ CH_3CH_2I + $NaBr$

(d) ~Br + NaCN ⟶ ~CN + NaBr

問 6.4 次の反応を巻矢印で示しなさい．

(a) SO_3 + ベンゼン ⟶ 中間体 ⟶

(b) Br^+ + ベンゼン ⟶ 中間体 ⟶ ブロモベンゼン + H^+

(c) $(CH_3)_3C^+$ + ベンゼン ⟶ 中間体 ⟶ tert-ブチルベンゼン + H^+

(d) $Br-Br$ + $FeBr_3$ ⟶ $Br-Br-FeBr_3$ 錯体

(e) C_2H_5-MgBr + CH_3COCH_3 ⟶ $(CH_3)_2C(C_2H_5)O^-MgBr^+$

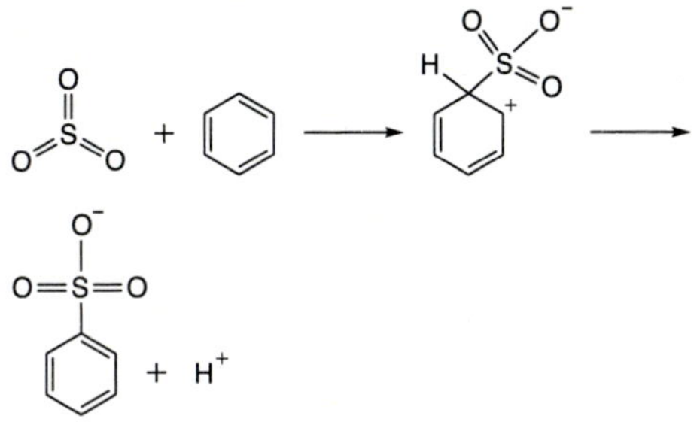

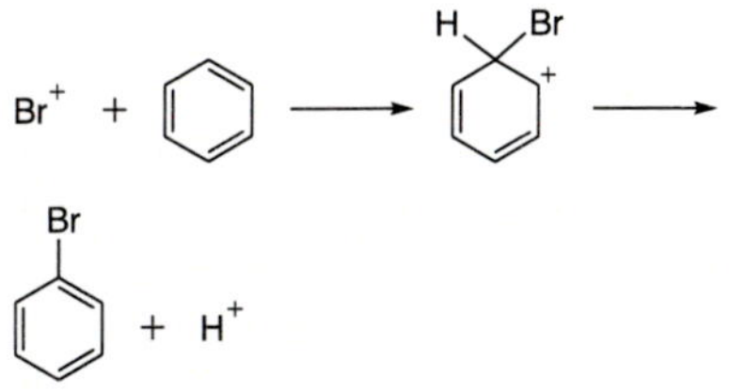

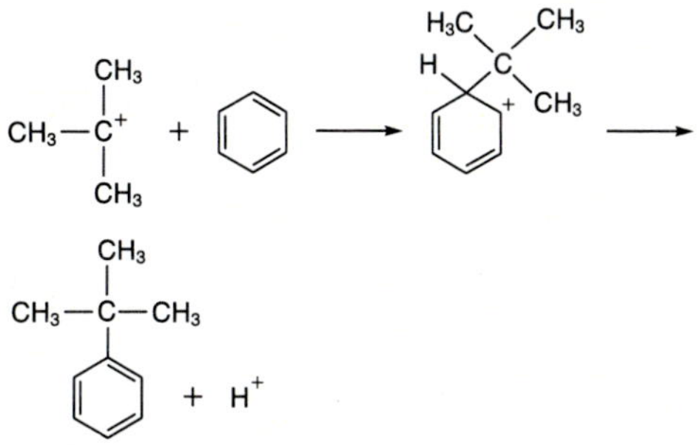

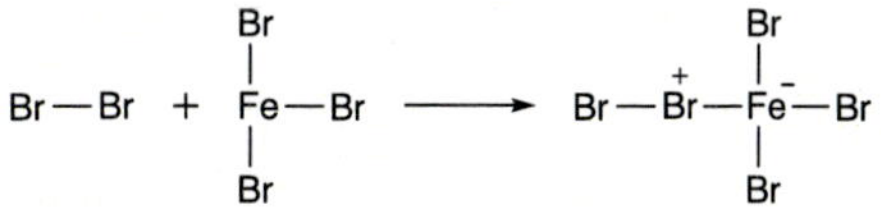

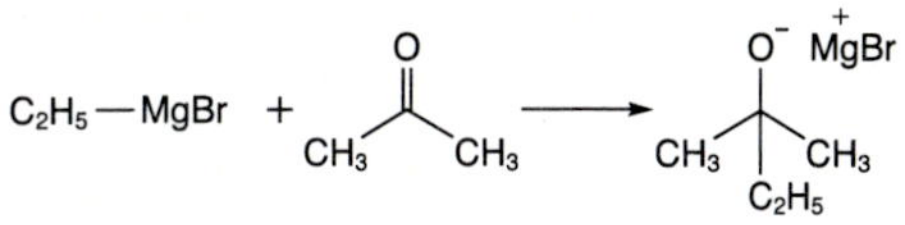

問 6.5 次の反応剤を求核性の大きい順に並べ，その理由を述べなさい．

(a)

$CH_3-C(Cl)_2-O^-$ $CH_3-C(Cl)(CH_3)-O^-$ $CH_3-C(CH_3)_2-O^-$ $Cl-C(Cl)_2-O^-$

(b)

$Cl-CH_2CH_2-O^-$ $CH_3CH_2-O^-$

$CF_3CH_2-O^-$ $(CF_3)_2CH-O^-$

(c)

$C_6H_5-CO_2^-$ $O_2N-C_6H_4-CO_2^-$

$CH_3O-C_6H_4-CO_2^-$

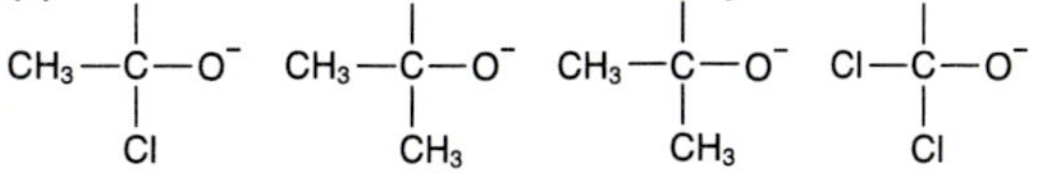

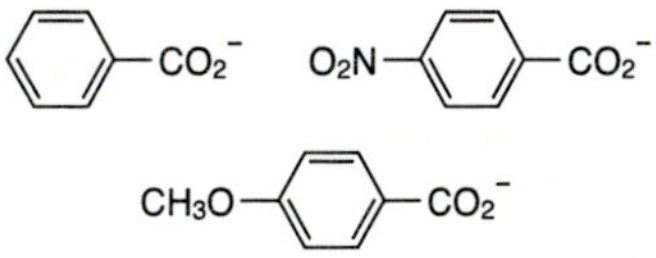

第7章
電子の空間的な広がりと結合 結合を軌道から考える

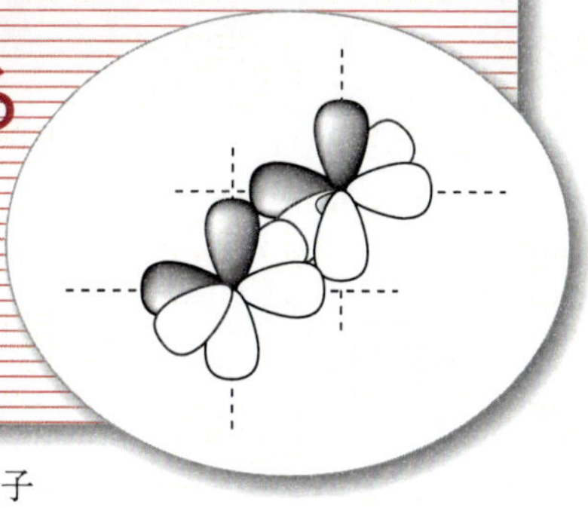

ここまでは有機化合物の構造を平面的に書いてきた．反応における電子の流れを理解するにはこれで十分であった．しかし，実際の有機化合物は三次元的な構造をもっている．そして実際には電子は静止しておらず，空間的な広がりをもつ軌道のなかで運動している．

この章では，電子が収容されている軌道の三次元的な構造を学ぶ．

7.1 軌道とは何か

軌道とは一定のエネルギー状態の電子が存在できる空間領域（右図）のことである．近似的には，原子核のまわりの電子の動きを低速度撮影した写真と考えることができる．

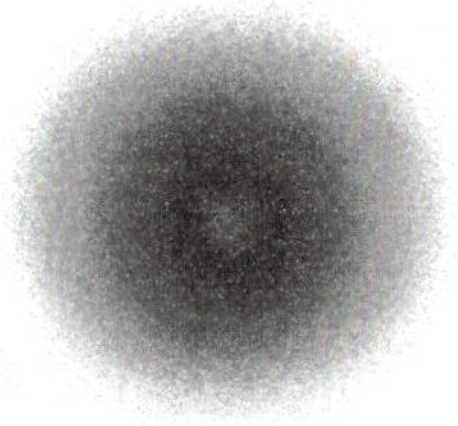

電子の分布を表した模式図

7.1.1 σ軌道

電子は原子中の核のまわりの**原子軌道**と呼ばれる空間に存在している．そして原子軌道は，それぞれが固有の形をもっている．有機化合物に見られる軌道はs軌道とp軌道だけである．s軌道は球状で一つしかない．これに対して，p軌道はダンベル形をしており，それぞれx, y, zの直交座標にそった三つの方向性をもつ軌道からなる．s軌道とp軌道の形と方向性を図7.1に示した．

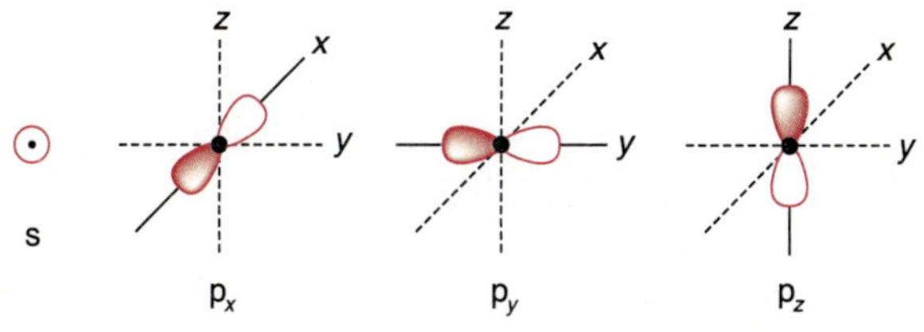

図7.1 s軌道と3個のp軌道の形と方向性

第7章 電子の空間的な広がりと結合

第1章では，価電子を1個もつ原子XとYが1個の電子をだし合って，共有結合をつくり，分子X–Yが生成する過程を下式で示した．

$$X\cdot + \cdot Y \longrightarrow X:Y = X-Y = XY$$

ここでは，電子を点で示したが，軌道の観点から考えると，結合の生成はそれぞれの電子が存在する軌道が互いに重なることを意味する．

たとえば，s軌道に1個電子をもつ原子(X)が2個接近して，X–X結合を形成する場合，s軌道どうしが重なり合い，2個の原子をとり囲む新しい軌道が生成する(図7.2)．この新しい軌道は**分子軌道**と呼ばれ，ここに2個の電子が収容される．s軌道が重なってできる分子軌道は，2個の原子を結ぶ結合軸に沿って円筒状の対称な形をもっている．このような軌道は**σ(シグマ)分子軌道**と呼び，その結合を**σ結合**，そこに含まれる電子を**σ電子**という．

図7.2 2個のs軌道の正面からの重なりによって生成するσ分子軌道

p軌道をもつ原子(Y)の場合も同様で，2個のp軌道が正面から重なって，結合軸に沿ったσ分子軌道が生成する(図7.3)．

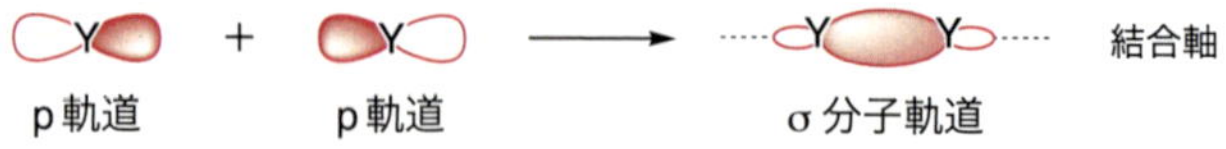

図7.3 2個のp軌道が正面から重なることによって生成するσ分子軌道

👉 one point

σ結合とπ結合の違い

σ結合とπ結合の違いは，以下のようにまとめられる．
(ⅰ) σ結合の断面は，2個の軌道が正面から重なって生じるため円となり，各原子は結合軸のまわりで自由に回転できる．
(ⅱ) π結合は結合軸の上下の空間にあるので，結合を切らなければ回転できない．
(ⅲ) σ電子は原子核の近くに，結合軸に沿って存在するためσ結合は強い．一方，π電子は原子核から離れて存在するためπ結合は弱く，ほかの電子や軌道と相互作用しやすい．

7.1.2 π軌道

p軌道は(正面からだけでなく)側面から重なることもできる(図7.4)．この結合は分子平面の上下に広がる2個の電子のかたまり(電子雲という)からできている．これを**π(パイ)分子軌道**と呼び，その結合を**π結合**，そこに含まれる電子を**π電子**という．

図7.4 p軌道の側面からの重なりによって生成するπ分子軌道

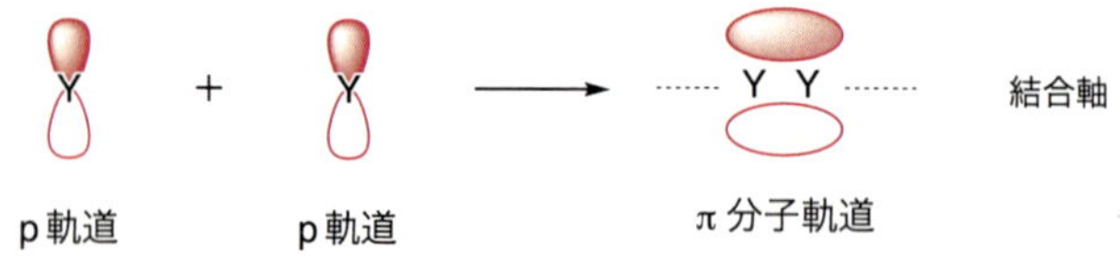

π結合は結合軸の上下の空間にあり，断面は円ではないので，回転できない(回転させるためには，π結合を切断しなければならない)．

7.2 軌道の混成，三つのタイプ

次に有機化合物の骨格を形成する炭素の結合について，軌道の面から学ぶことにする．炭素原子の電子は1s軌道に2個，2s軌道に2個，2p軌道に2個入っており，その電子配置[†]は$1s^22s^22p_x^12p_y^1$で表される(図7.5)．このうち，結合に関与するのは最外殻の4個($2s^22p_x^12p_y^1$)の電子である．2s軌道の2個の電子は結合に関与しない非共有電子対と考えると，炭素には$2p_x^12p_y^1$の2個しか価電子が存在しないことになる．しかし，実際には炭素は4個の価電子をもつ．なぜであろうか．

用語解説

電子配置

原子や分子における電子の配置を示すため，各軌道(s，p軌道など)に分布した電子の個数を記述したものを電子配置という．電子配置は軌道の種類とその軌道に入った電子の数を右肩の数字で示す．たとえば，$1s^22s^22p_x^1$は1sと2s軌道には2個，$2p_x$軌道には1個の電子が入っていることを示す．

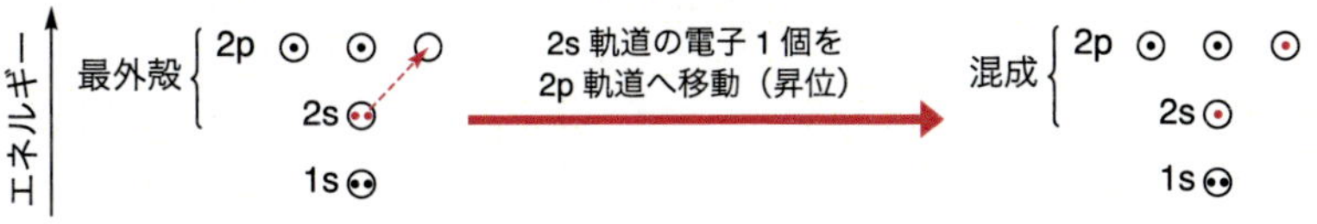

図7.5 2s軌道から2p軌道への1個の電子の昇位

それは，軌道の混成が起こるからである．原子はできるだけ多くの結合を形成しようとする傾向がある．それは結合を生成することによって，エネルギーを放出し，安定化できるからである．

炭素も2s軌道と2p軌道にある電子を混成し，4本の結合をつくろうとする．このためには，まず2s軌道にある2個の電子の1個を2p軌道へ上げる必要がある(図7.5)．これはエネルギーの低い軌道(2s)から高い軌道(2p)へ電子を移動(昇位)させる過程なので，エネルギーを要する．しかし，昇位することによって4本の結合ができ，それによって得られるエネルギーは，昇位に必要なエネルギーを十分におぎなうことができる．

昇位してできた最外殻の電子配置は$2s^12p_x^12p_y^12p_z^1$となり，2s軌道に1個，2p軌道に3個，合計4個の価電子が存在する．しかし，これらはそのまま結合に用いられるのではなく，**軌道の混成**が起こる．それは，軌道を混成したほうがより強い結合をつくることができるからである．

図7.6にs軌道とp軌道の混成によってできた**sp混成軌道**の形を示す．sp混成軌道はs軌道のような球状ではなく，またp軌道のようなダンベル形でもない．sp混成軌道は非対称で，一方のローブ[†]が大きく，他方は小さい形をもつ．このような形の混成軌道が他の原子軌道と正面から重なってσ結合をつくる場合，無駄になる部分が少ない．すなわち，sまたはp軌道だけで重なるよりずっと重なりが大きく，強い結合をつくることができる(図7.6のsp混成軌道の重なりを，図7.2，7.3および7.4のsまたはp軌道の重なりと比較してみよう)．

用語解説

ローブ

ローブ(lobe)は"丸い突出物"という意味だが，ここでは原子核のまわりで，電子が存在する確率の高い空間を図示したものをさす．

図7.6 混成によってできる軌道の形とその重なり(非対称で重なる部分が多い)

1個の2s軌道と3個の2p軌道が混成する場合，次の3通りがある．

7.2.1 sp³混成

まず1個の2s軌道と3個の2p軌道をすべて使い，4個のsp³混成軌道をつくる方法である(図7.7).

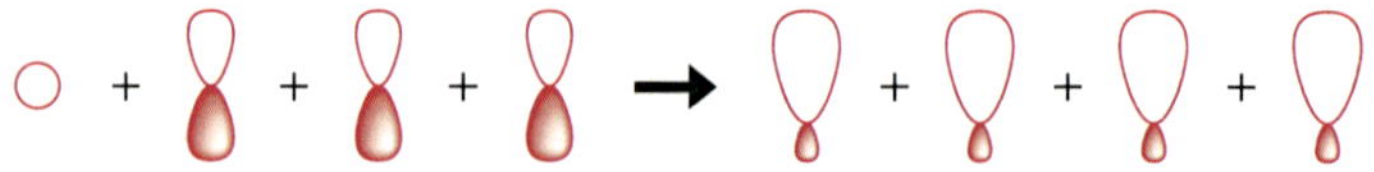

図7.7 1個の2s軌道と3個の2p軌道の混成により生成する4個のsp³混成軌道

4個のsp³混成軌道は，そこに入る4個の電子が静電的反発のために，互いにできるだけ離れるような立体配置をとる．それは二次元ではなく三次元で，4個の混成軌道がそれぞれ正四面体の頂点を向く立体配置である．したがって，4個のsp³混成軌道がなす角度は109.5°となる(図7.8).

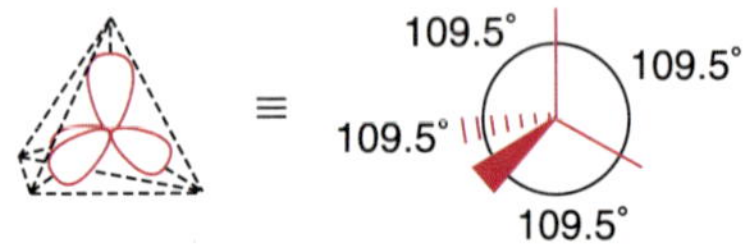

4個のsp³混成軌道はできるだけ離れて配向するように，正四面体構造をとる

図7.8 sp³混成軌道によってできた正四面体構造

メタンの炭素は4個のsp³混成軌道をもち，それが4個の水素のs軌道と正面で重なり，4本のσ結合を形成している(図7.9).このようにメタンは正四面体構造をもつ．

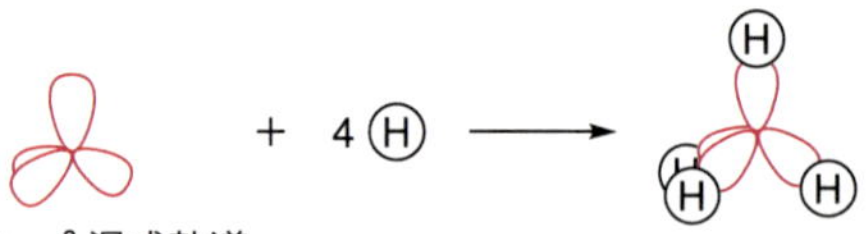

4個のsp³混成軌道

図7.9 メタンの立体構造

☞ **one point**

アンモニアや水もsp³混成軌道をとる

アンモニアの窒素や水の酸素もsp³混成軌道をとる．アンモニアの場合，sp³混成軌道の1個には非共有電子対が入り，水の場合，2個の非共有電子対が入る．アンモニアの場合，N–H結合の共有電子対どうしの反発よりも，N–H結合の共有電子対と非共有電子対との間の電子反発のほうが強いので，H–N–H角は107°でH–C–H角よりも小さい．同様の理由で，H–O–H角は105°でH–N–H角よりもさらに小さい．

107°　　105°

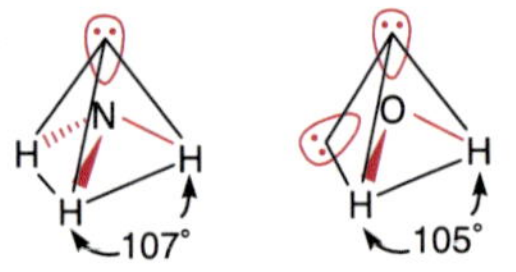

エタンは2個の炭素のそれぞれのsp³混成軌道1個ずつが正面から重なり，C−C(σ)結合をつくる．2個の炭素にはそれぞれまだ3個のsp³混成軌道が残っているので，合計6個の水素のs軌道と正面で重なり，6本のC−H(σ)結合が生成する(図7.10)．

4個のsp³混成軌道　　4個のsp³混成軌道　　C−C(σ)結合

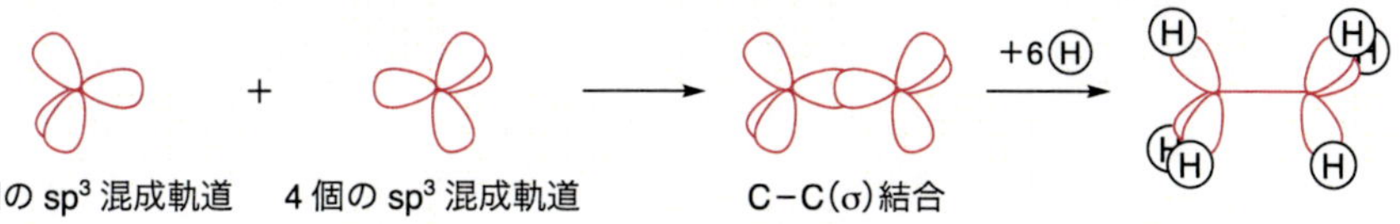

図7.10　エタンにおける軌道の重なり

7.2.2　sp²混成

2番目の混成は，1個の2s軌道と2個の2p軌道が混成し，3個のsp²混成軌道をつくる方法である．この場合，1個のp軌道は混成されずに残る(図7.12)．

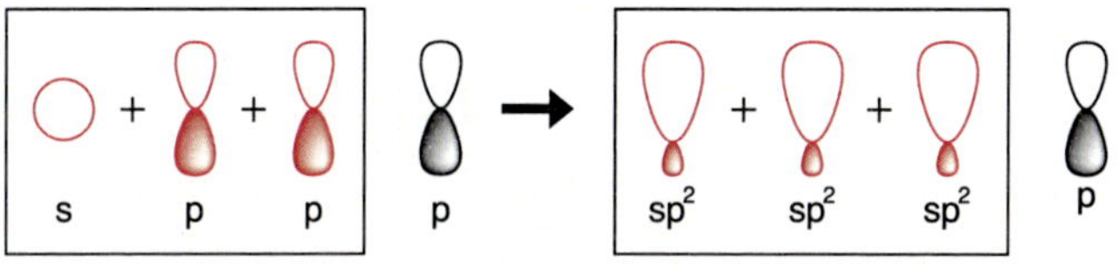

図7.12　1個の2s軌道と2個の2p軌道の混成により生成する3個のsp²混成軌道(1個のp軌道は混成に使われない)

Box 4

メタンの立体構造を示す表記法

　三次元の正四面体構造を，二次元の紙面で示すのはなかなか難しい．そこで，結合を示す線を工夫することによって，便宜的に示す手法が用いられる．紙面上にある結合は実線(—)で示し，紙面から表側に向かって突きでた結合はくさび形の線(◢)，紙面の裏側に向かう結合は破線のくさび形(┉)で示すという方法である．この表記法でメタンの立体構造を示す(図7.11)．ここで，4本の結合のうち，2本は同一紙面上にあるので，この2本をまず書いておくとイメージしやすい．これは使い慣れると便利であるが，初心者はなかなかイメージしにくい．**球棒分子模型**を使って確認してほしい．

正四面体　　　　　　　　　　　　　　　　　球棒分子模型

—— 紙面上に位置する結合，◢ 紙面の表側につきでた結合，┉ 紙面の裏側につきでた結合

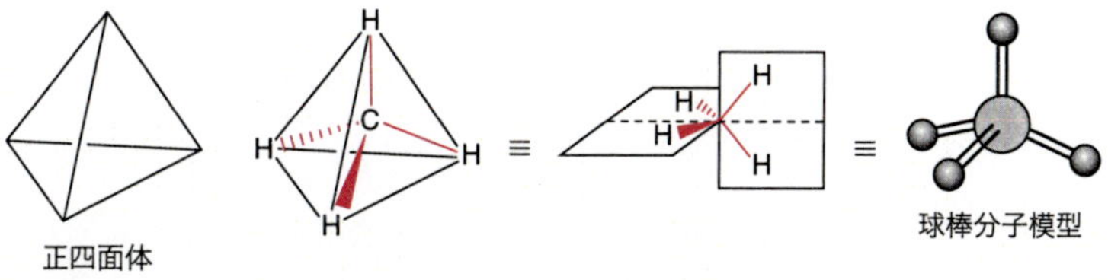

図7.11　分子の三次元表記法

3個のsp²混成軌道も静電的反発のために，そこに入る3個の電子が互いにできるだけ遠くに離れるような立体配置をとる．それは，3個の混成軌道が同一平面上にあり，各軌道が互いに120°の角度をなし，正三角形の各頂点を向く立体配置である．混成に使われなかったp軌道はこの平面の上下方向に広がりをもつ(図7.13)．

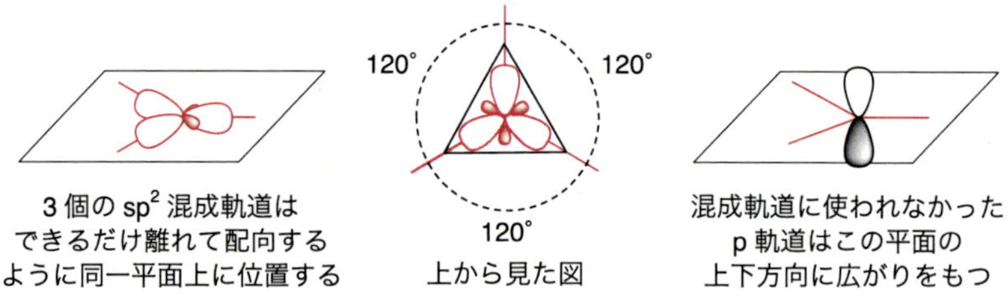

図7.13　sp²混成軌道によってできる正三角形構造

- 3個のsp²混成軌道はできるだけ離れて配向するように同一平面上に位置する
- 上から見た図
- 混成軌道に使われなかったp軌道はこの平面の上下方向に広がりをもつ

sp²混成軌道は炭素−炭素間に二重結合の形成を可能にする．二重結合をもつ代表的な化合物はエテン(エチレン)である．エテンでは，2個の炭素のそれぞれのsp²混成軌道1個ずつが正面から重なり，1本のC−C(σ)結合をつくる．このとき，同時にそれぞれの炭素の混成に使われなかったp軌道どうしは側面から重なり，1本のπ結合が形成される．このように，炭素−炭素間の二重結合は1本のσ結合と1本のπ結合からなる．2個の炭素に残った合計4個のsp²混成軌道は，4個の水素のs軌道と正面から重なり，4本のC−H(σ)結合が生成する(図7.14a)．

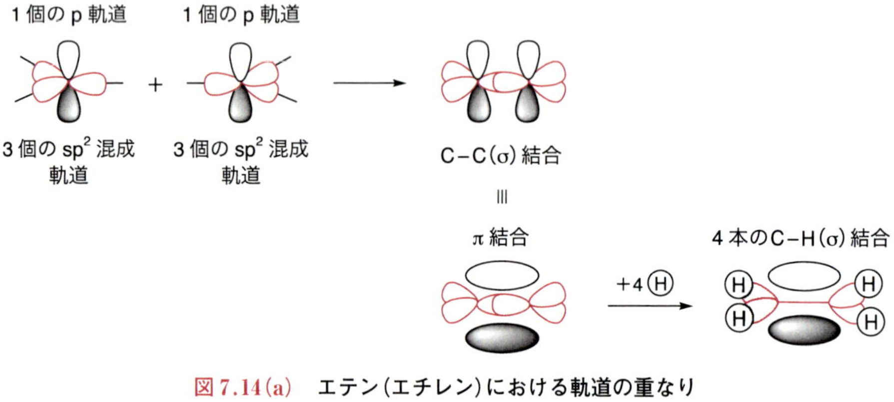

図7.14(a)　エテン(エチレン)における軌道の重なり

エテンの構造はσ結合とπ結合の存在する面をそれぞれ切りだして図示すると，わかりやすい(図7.14b)．エテンの5本のσ結合(1本のC−C結合と4本のC−H結合)は同一平面上にあり，互いに120°の角度をなしている．π結合はこの平面の上下に広がっている．

π結合が存在する面

σ結合が存在する面

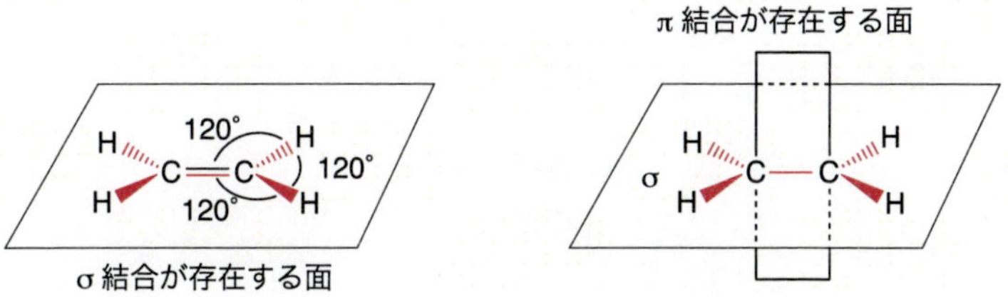

図7.14(b) エテン（エチレン）の立体構造

7.2.3 sp混成

最後の混成は，1個の2s軌道と1個の2p軌道が混成し，2個のsp混成軌道をつくる方法である．この場合は，2個のp軌道は混成されずに残る（図7.15）．

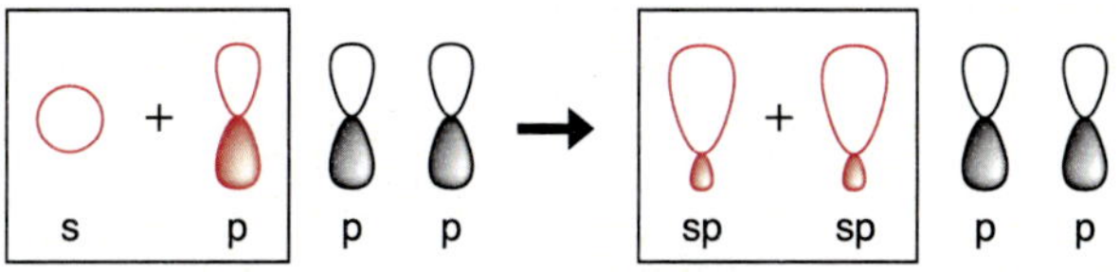

図7.15 1個の2s軌道と1個の2p軌道の混成により生成する2個のsp混成軌道（2個のp軌道は混成に使われない）

2個のsp混成軌道も，そこに入る2個の電子ができるだけ遠くに離れるような立体配置をとる．それは直線で，2個のsp混成軌道は互いに180°の角度をなす立体配置である．そして，混成に使われなかった2個のp軌道は，この直線と直交した方向に広がりをもつ．この2個のp軌道も互いに直交している（図7.16）．

2個のsp混成軌道は
できるだけ離れて配向する
ように直線構造をとる

混成に使われなかった2個の
p軌道はsp混成軌道の直線
と直交した方向に広がりをもつ

図7.16 sp混成軌道によってできる直線構造

sp混成軌道は炭素–炭素間の三重結合の形成を可能にする．三重結合をもつ代表的な分子は，エチン（アセチレン）である．エチンはまず2個の炭素が接近し，それぞれのsp混成軌道が正面から重なり合って，1本のC–C(σ)結合をつくる．このとき同時に，混成に使われなかったそれぞれの炭素の2個のp軌道は側面から重なり，2本のπ結合が形成される．このように，エチンの炭素–炭素間の三重結合は1本のσ結合と2本のπ結合からなる．残った2個のsp混成軌道は，2個の水素のs軌道と正面か

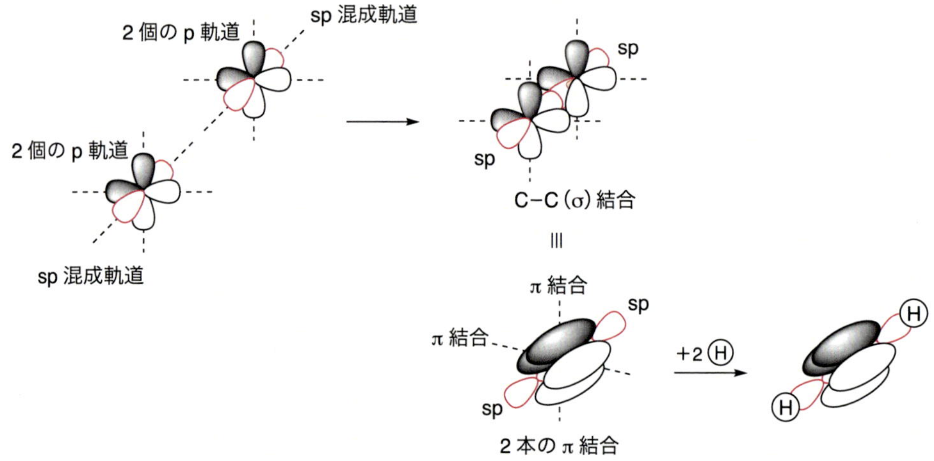

図 7.17(a) エチン(アセチレン)における軌道の重なり

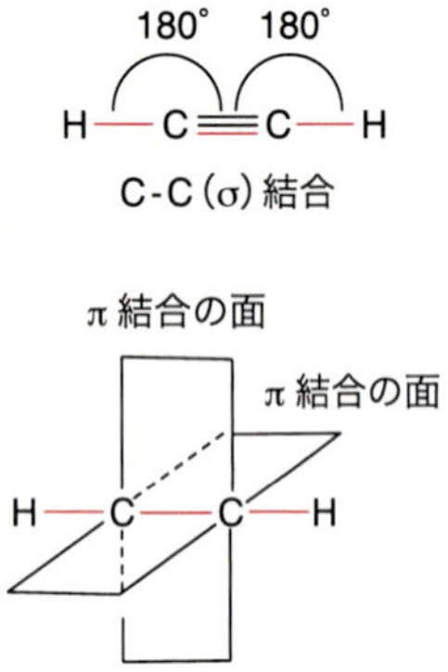

図 7.17(b) エチン(アセチレン)の立体構造

ら重なり，2本のC-H(σ)結合が生成する(図7.17a)．

エチンの構造もσ結合とπ結合の存在する面を切りだして図示してみよう(図7.17b)．エチンの3本のσ結合(1本のC-C結合と2本のC-H結合)は同一直線上にあり，互いに180°の角度をなす．そして，2本のπ結合は互いに直交した平面の上下に広がっている．

例題 7.1 次の化合物の各炭素の混成軌道状態を sp^3, sp^2 または sp で示し，その結合角を書き入れなさい．

(a) プロペン (CH₃-CH=CH₂)
(b) プロピン (H-C≡C-CH₃) 型の構造

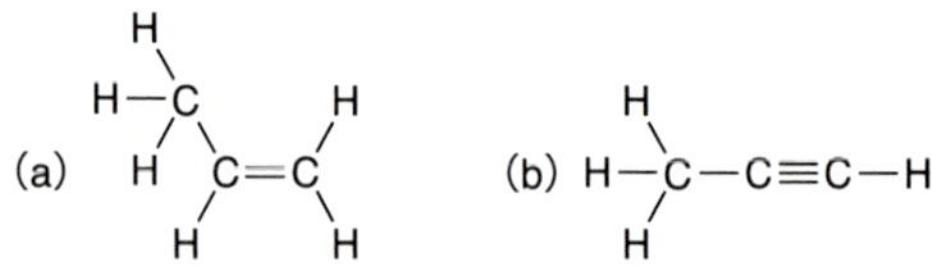

【解答】 まず，それぞれの炭素が単結合，二重結合，三重結合のいずれをもつかを見極めよう．混成軌道状態は，単結合は sp^3，二重結合は sp^2，三重結合は sp であり，その角度はそれぞれ 109.5°，120°，180° である．

(a) sp^3 (109.5°), sp^2 (120°), sp^2 (120°)

(b) sp^3 (109.5°), sp (180°)

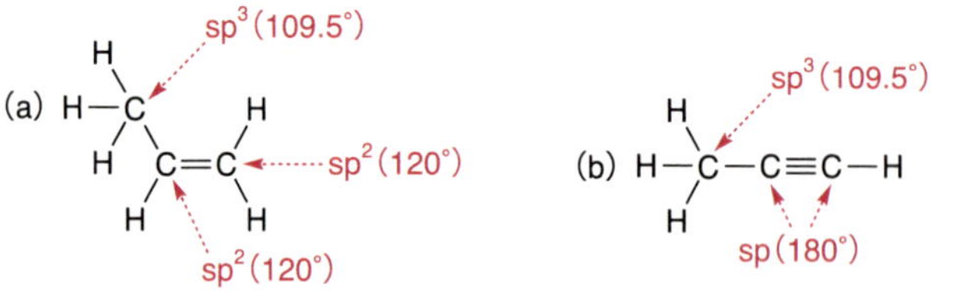

例題 7.2 例題 7.1 の分子に含まれる結合が，σ結合かπ結合かを示しなさい．

【解答】 sp³ 混成をもつ炭素はσ軌道しかもたない．sp² 混成の炭素は3本のσ軌道と1本のπ軌道を，sp 混成の炭素は2本のσ軌道と2本のπ軌道をもつ．π軌道は p-p のみであるが，σ軌道には sp³-s，sp³-sp³，sp³-sp²，sp³-sp，sp²-s，sp²-sp²，sp²-sp，sp-s，sp-sp などの組合せがあることも知っておこう．

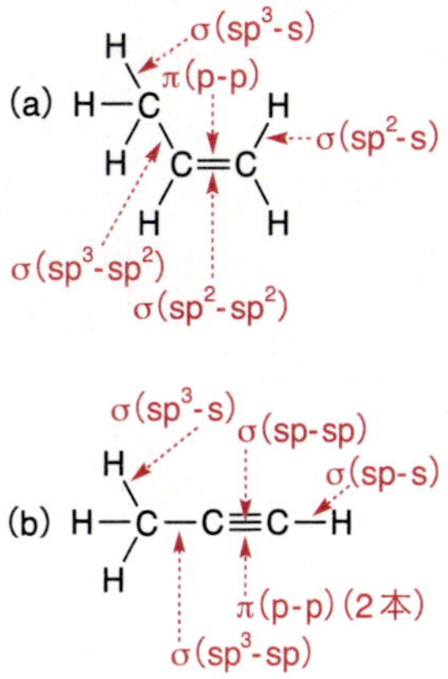

設問 7.1 次の化合物の各炭素の混成軌道状態を sp³，sp² または sp で示し，その結合角を書き入れなさい．

(a), (b), (c) の構造式

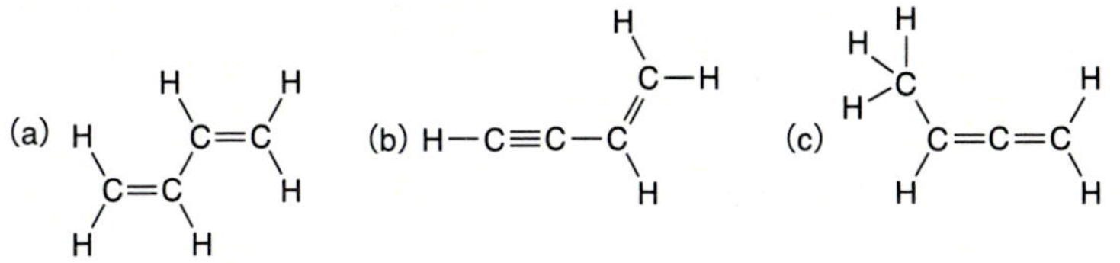

設問 7.2 設問 7.1 の分子に含まれる結合がσ結合かπ結合かを示しなさい．

【この章のまとめ】

（1）電子は空間的な広がりのある軌道に入っている．炭素の軌道には球状の s 軌道とダンベル形の p 軌道がある．

（2）有機化合物の結合は，軌道が正面から重なってできるσ結合と，p 軌道が側面で重なってできるπ結合がある．

（3）炭素はより強い結合をつくるために，以下の三種類の混成軌道をつくる．
  - メタンの炭素のように単結合のみで形成される炭素は，sp³ 混成軌道による4本のσ結合のみからできており，その結合角は 109.5° である．
  - エテンの炭素のように二重結合を形成する炭素は，sp² 混成軌道による3本のσ結合と p 軌道による1本のπ結合からできており，結合角は 120° である．
  - エチンの炭素のように三重結合を形成する炭素は，sp 混成軌道による2本のσ結合と p 軌道による2本のπ結合からできており，結合角は 180° である．

章末問題

問 7.1 σ結合とπ結合の特徴を述べなさい．

問 7.2 次の分子に含まれる結合がσ結合かπ結合かを示しなさい．

(a), (b), (c), (d), (e), (f), (g), (h)

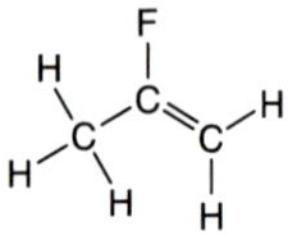

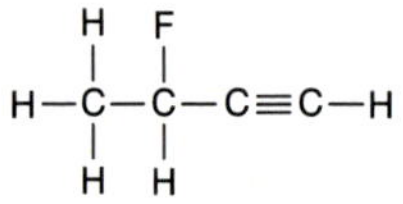

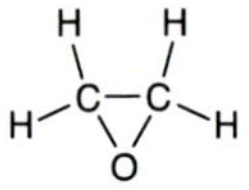

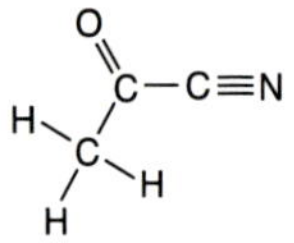

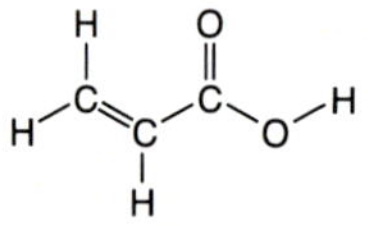

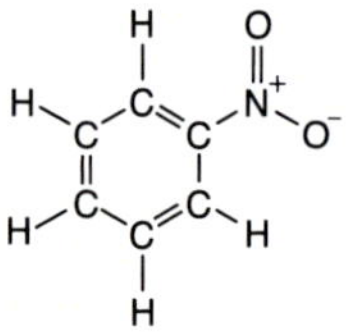

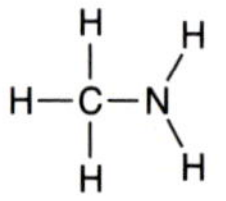

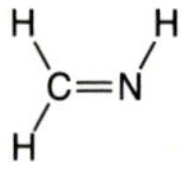

問 7.3 三種類の混成軌道(sp^3, sp^2 と sp)の特徴を述べなさい．

問 7.4 問 7.2 の化合物の各炭素の混成軌道状態を示しなさい．

第 8 章
有機化合物の立体構造
三次元で理解する分子の構造

鏡

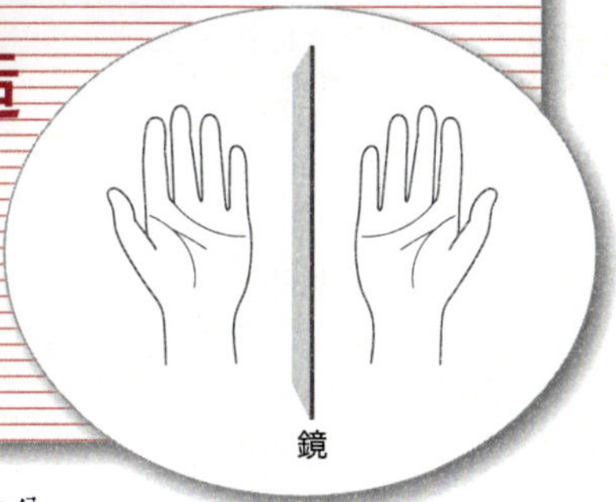

　第 7 章で有機化合物の結合を構成する分子軌道について学んだ．その分子軌道の形から，有機化合物は三次元に広がった構造をもっていることを知った．この章では，有機化合物を三次元的に眺め，その結果現れる立体異性体について学ぶ．

　異性体とは，分子式は同じであるが，結合の順序や空間的な配置が異なる化合物群のことである．原子の結合の順序が異なるものを**構造異性体**，原子の空間的な配置が異なるものを**立体異性体**という．立体異性体はさらに，単結合の回転によって相互変換できる**立体配座異性体**と，結合を切断しないと相互変換できない**立体配置異性体**とに分類される．立体配置異性体のなかには**エナンチオマー**と**ジアステレオマー**とがある（図 8.1）．順を追って説明しよう．

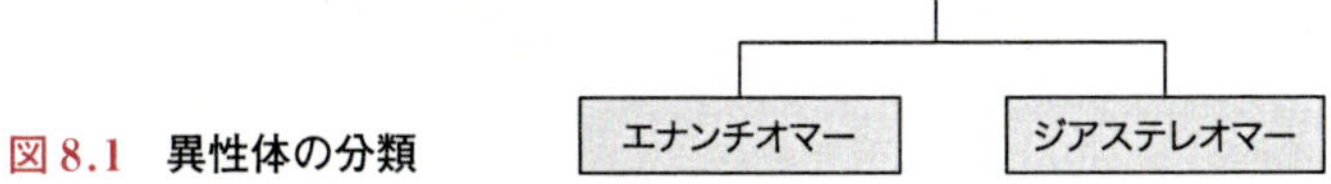

図 8.1　異性体の分類

8.1　構造異性体

　同じ分子式をもつが，原子の結合の順序が異なる化合物．たとえば，C_4H_{10} という分子にはブタンと 2-メチルプロパンの二種類がある．この種の構造異性体は，分子の三次元的な構造とは無関係である．

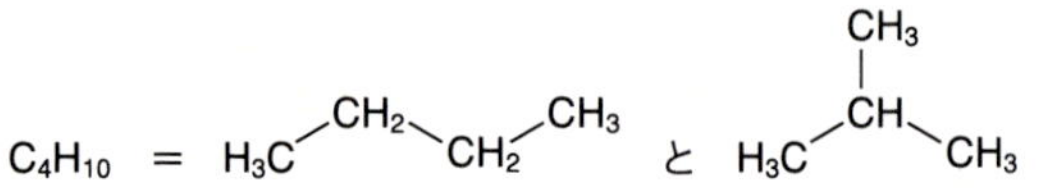

C_4H_{10} = $H_3C-CH_2-CH_2-CH_3$ と $H_3C-\underset{CH_3}{\overset{CH_3}{\underset{|}{CH}}}-CH_3$

ブタン   2-メチルプロパン

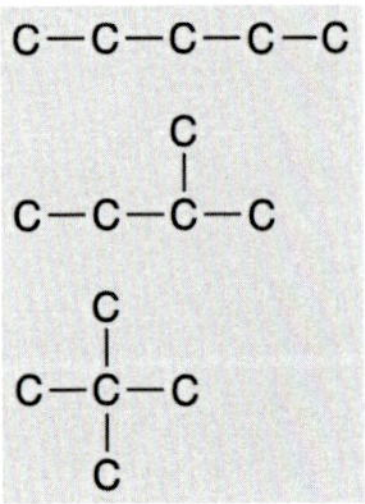

```
C-C-C-C-C
      C
      |
C-C-C-C
      C
      |
C-C-C
      |
      C
```

例題 8.1 分子式 C_5H_{12} で示される化合物の構造異性体をすべて書きなさい．

【解答】 まず主骨格となる炭素だけを並べてみよう．そして，並び方の異なるものを書きあげると，左図の 3 個がある．

これに原子価を満足するように水素を結合させると，次の三種類の構造異性体が書ける．

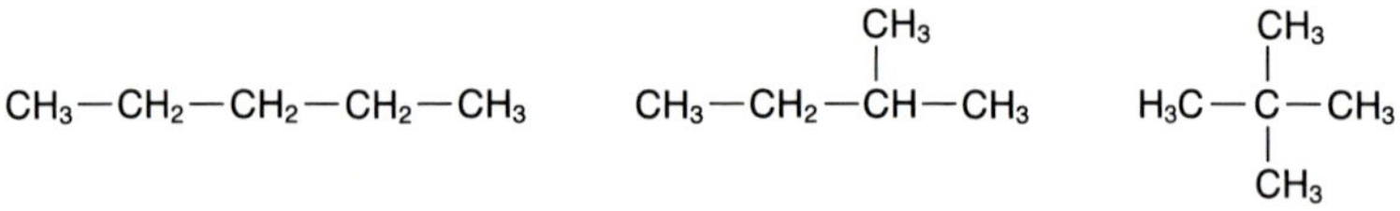

$CH_3-CH_2-CH_2-CH_2-CH_3$ $CH_3-CH_2-\underset{CH_3}{\overset{|}{CH}}-CH_3$ $H_3C-\underset{CH_3}{\overset{CH_3}{\underset{|}{\overset{|}{C}}}}-CH_3$

設問 8.1 分子式 C_6H_{14} で示される化合物の構造異性体は 5 個ある．すべて書きなさい．

☞ **one point**

アルカンの構造異性体の数

アルカンは炭素数が増えるほど構造異性体の数も増加する（ただし，$C_1 \sim C_3$ までは異性体は存在しない）．下の表に C_4 から示した．頭の体操に異性体の構造を書いてみよう．

分子式	異性体の数
C_4H_{10}	2
C_5H_{12}	3
C_6H_{14}	5
C_7H_{16}	9
C_8H_{18}	18
C_9H_{20}	35
$C_{10}H_{22}$	75

8.2 立体配座異性体

σ結合はその結合のまわりに回転できることを学んだ（7.1.1項参照）．単結合の回転によって相互変換できる立体異性体を立体配座異性体という．

立体配座異性体を説明する前に，単結合での回転操作を，エタン（**1**，CH_3-CH_3）を例にとって説明しよう．エタンの球棒分子模型は，図 8.2 の **1a** で示される．ここで，わかりやすくするために，**1a** ではそれぞれの C に結合した H を 1 個ずつ赤色で示した．この赤い H とそれを含む結合も赤線で示し，それらがすべて同一平面上にくるように配置する（このように配置しておくと，三次元構造を把握しやすい）．**1a** を第 7 章の図 7.11 で説明した実線（——：紙面上の結合），くさび形の線（◀：紙面の表側につきでた結合），破線のくさび形（⋯⋯：紙面の裏側につきでた結合）を用いて書きなおすと，**1a'** になる．

エタンの中央の C–C 単結合を 120° 回転させると，**1a**（**1a'**）は **1b**（**1b'**）となる．回転操作では，一方の炭素（この場合は左側のメチル基の炭素）は固定しておいて，他方（この場合は右側のメチル基）だけ回転させると，混乱しない．**1b**（**1b'**）では赤い原子と赤線の結合はもはや同一平面上にはない．エタンではこのような回転を行っても，原子の空間的な配置は同じ（**1a** = **1b**）である．

エタンの代わりに，ブタン（**2**，$CH_3-CH_2-CH_2-CH_3$）を用いて同じ操作を行うと，立体配座異性体の存在が明らかになる．図 8.2 のエタン

8.2 立体配座異性体

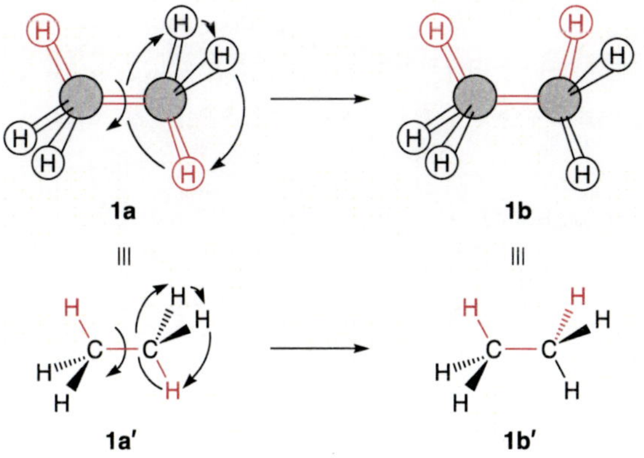

図 8.2 エタンの C–C 単結合の回転

(**1a'**) のそれぞれの C に結合した 2 個の赤い H をメチル基 (CH₃) に置き換えるとブタン (**2a**) になる．**2a** で中央の C–C 単結合を軸に 120° を回転させると，**2b** となる（この場合も左側の炭素は固定しておこう）．

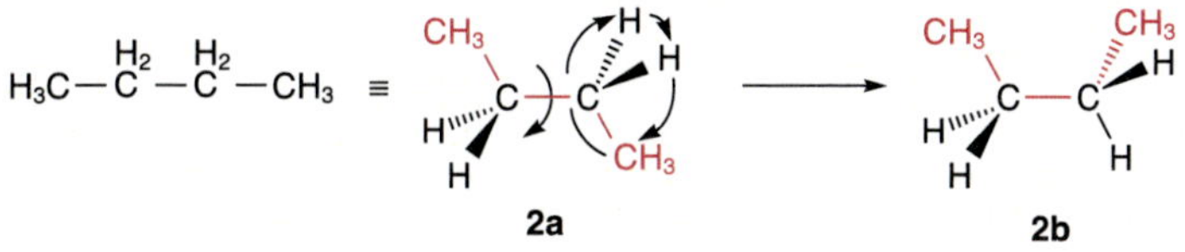

2a と **2b** を比べると，原子の空間的な配置は同じではない．すなわち，**2a** と **2b** は立体異性体の関係にある．**2b** の C–C 単結合も回転できるので，さらに 120° 回転させると，**2c** となる．**2c** も **2a** や **2b** とは原子の空間的な配置が異なるので，立体異性体である．**2c** の C–C 単結合をさらに 120° 回転させると，**2a** にもどる．

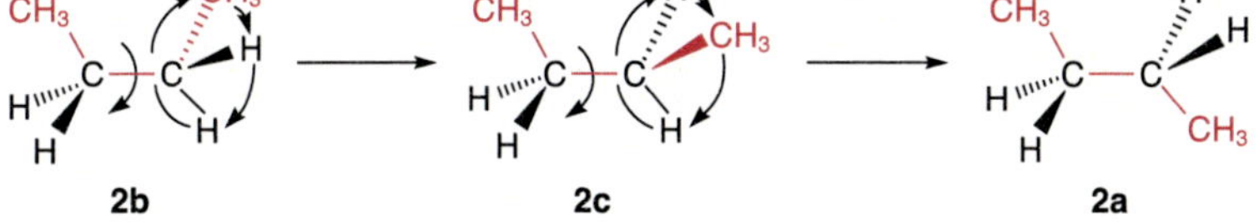

このように，**2a** と **2b** と **2c** は立体異性体であるが，結合を切断することなく，単結合の回転だけで相互変換できる．すなわち，**2a** と **2b** と **2c** は互いに立体配座異性体の関係にあるという．

炭素–炭素単結合のまわりの回転のエネルギー障壁は約 12 kJ/mol である．これは分子が室温で得られる熱運動エネルギー（約 25 kJ/mol）より小さいので，普通の分子は室温では自由に回転している．すなわち，室温では，上に示した立体配座異性体は相互変換しているので，**2a** と **2b**，および **2c** を別々に分けて取りだすことはできない．

$$\mathbf{2a} \rightleftarrows \mathbf{2b} \rightleftarrows \mathbf{2c}$$

💡 **こう考えるとわかりやすい**

立体配座と立体配置はよく混同する

立体配座と立体配置という言葉は似ているので，よく混同する．両方とも，置換基の空間的な位置の違いを示しているのだが，**配座**は単結合が回転することによって，互いに変換できる場合をいい，**配置**は（回転では変換できず）結合を切断して置き換えない限り変換できない場合をいう．〝座っている人〟は立てば動くが，〝設置されているもの〟は固定器具を切断しないと動かせない，と覚えておくとよい．

8.3 立体配置異性体

結合を切断しないと相互変換できない立体異性体を立体配置異性体という．これはエナンチオマーとジアステレオマーに分類される．

8.3.1 エナンチオマー

メタンの4本のsp^3混成軌道は，そこに入る電子が互いに離れるように配向するために，正四面体の頂点を向く配置をとることを第7章で学んだ（7.2.1項参照）．

このような立体配置をもつため，メタンの炭素が4個の異なる置換基と結合すると，互いに鏡像関係にあるエナンチオマーという異性体が出現する．

鏡を使って確かめてみよう．メタンの3個の水素を順番に異なる原子，X，Y，Zで置き換えいくと，H_3CX，H_2CXY，HCXYZ という分子になる．これらの分子（実像）を鏡の前に置いて，鏡に映った分子（鏡像）を描いてみる（図8.3）．そして，実像と鏡像が重なるかどうか（同じ分子かどうか）確かめてみよう．

H_3CX は，実像をC–H結合を軸に分子を180°回転させると，鏡像と一致する．一方，H_2CXY も，まずC–H結合のまわりに180°回転させ，ついでC–X結合のまわりに120°回転させると鏡像と一致する．したがって，これらは同じ分子であり，H_3CX も H_2CXY もエナンチオマーは存在しない．

ところが，HCXYZ は，どのように回転させても，鏡像は実像とは一致しない．言い換えると，HCXYZ の実像と鏡像は結合を切断しない限り，相互変換できない．すなわち，立体配置異性体である．

> **one point**
> **エナンチオマーの性質**
> エナンチオマー関係にある異性体は，融点，沸点，密度などの物理的性質はすべて同じであるので，普通の条件ではそれぞれを別々に分けて取りだすことはできない．また，一般の反応剤に対する化学反応性もまったく同一である．したがって，ある反応でキラル中心をもつ化合物が生成しても，エナンチオマーはまったく等量ずつ生成し，これらを分離することはできない．二つのエナンチオマーの等量混合物を**ラセミ体**という．

Box 5　ニューマン投影図とブタンの立体配座異性体

立体配座を表すには，**ニューマン投影図**を用いるとよりわかりやすい．ブタン（**2a**）を中央のC–C結合の延長線上から見てみよう．手前の炭素は中心の黒い点，向こう側の炭素は円を書き，それぞれの炭素の3本の結合を投影して表したものがニューマン投影図である．

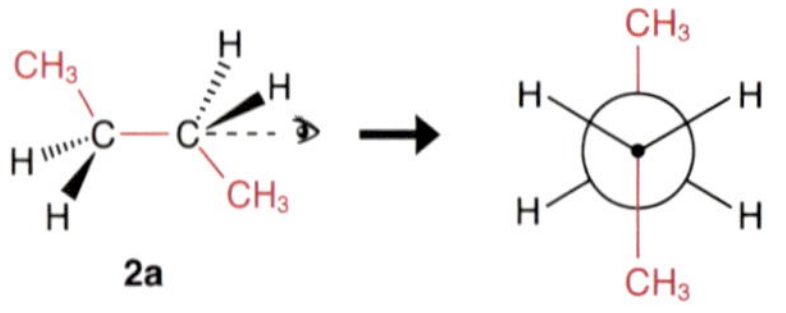

このニューマン投影図を用いてブタンの立体配座異性体を考えてみる．ブタン（**2**）の立体配座異性体には，メチル基が互いに反対側にくる**アンチ形**（**2a**）とメチル基が60°の角度で離れている**ゴーシュ形**（**2b, c**）があり，さらにこの間に置換基が重なる**重なり形**がある．これらの立体配座のなかでは，重なり形のエネルギーが最も高い（不安定である）．

2a　　ニューマン投影図　　アンチ形（**2a**）　　重なり形　　ゴーシュ形（**2b,c**）

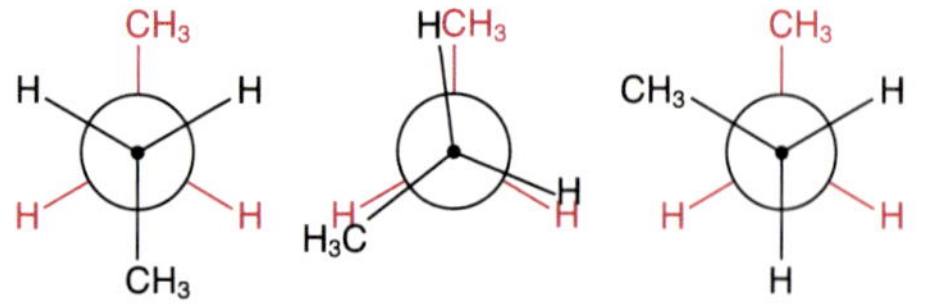

8.3 立体配置異性体

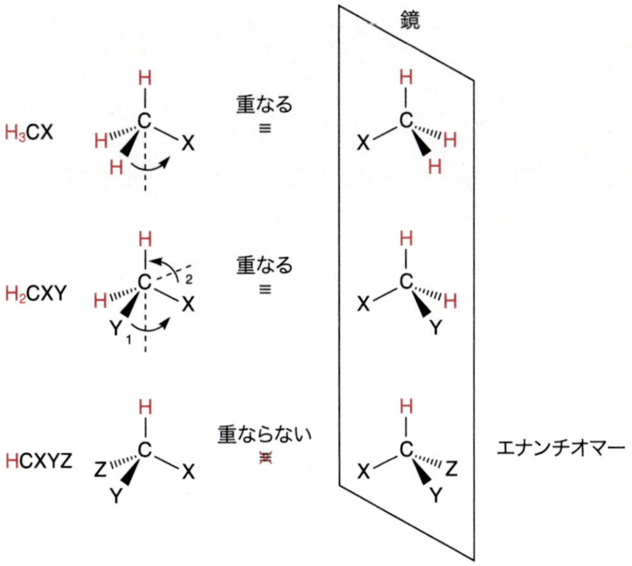

図 8.3 正四面体炭素とその鏡像

HCXYZ のように，互いに鏡像関係にある立体配置異性体を**エナンチオマー**といい，これらの分子を**キラルな分子**という．HCXYZ のように，4個の異なる置換基と結合している炭素を，**キラル中心**（または**不斉炭素**）という．キラル中心をもつ分子は，必ずエナンチオマーをもつ．エナンチオマー関係にある異性体は，化学的性質も物理的性質もすべて同じであるが，平面偏光†を回転させる性質だけが異なるので，**光学異性体**ともいわれる．

例題 8.2 次の化合物でキラル中心をもつものを示しなさい．キラル中心である炭素に＊をつけ，その二つのエナンチオマーの構造を，三次元表記法を用いて書きなさい．

(a) $CH_3CH_2-CH(CH_3)-CH_2CH_2CH_3$ (b) $CH_3-CH_2-CH(CH_3)-CH_3$ (c) $H_3C-CH(CH_3)-CH_3$

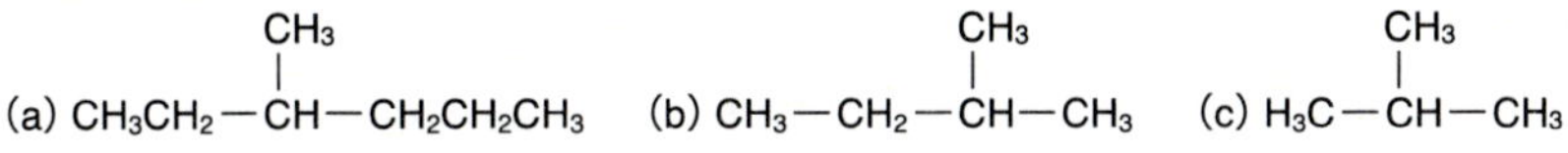

【解答】 水素を1個しかもたない炭素に注目しよう．化合物(a)は＊で示した炭素についた置換基がすべて異なるので，これがキラル中心である．エナンチオマーはキラル中心に注目して，まず一つの構造を書き，その鏡像をイメージして異性体を書けばよい（この場合，同一平面上にある結合は必ず2本あるので，その結合を実線で示しておくと，立体構造を把握しやすい）．(b)，(c) はどの炭素も2個以上の同じ置換基をもつので，キラル中心はない．

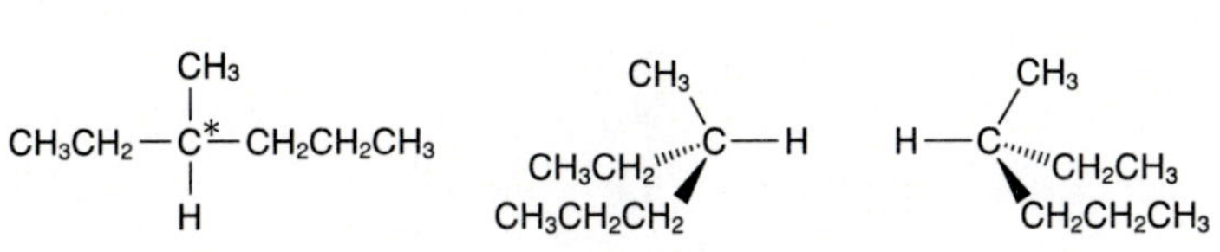

☞ **one point**
キラルとは？
キラルという用語は，"手"を意味するギリシャ語 "Chier" に由来する．右手と左手は鏡像の関係にあって，重ね合わせることができないが，キラルな分子はこれと同じ関係にあるからである．

用語解説
平面偏光
光はさまざまな方向に振動して進むが，光の進行方向に対して振動面が一平面内に限られている光を平面偏光という．キラルな化合物は平面偏光と相互作用し，偏光面を右や左へ回転させることができる．

第8章 有機化合物の立体構造

設問 8.2 次の化合物でキラル中心をもつものを示しなさい．キラル中心となる炭素に＊をつけ，その二つのエナンチオマーの構造を，三次元表記法を用いて書きなさい．

(a) $H_3C-\underset{\underset{H}{|}}{\overset{\overset{OH}{|}}{C}}H-CH_2CH_3$ 　(b) $Cl-\underset{\underset{H}{|}}{\overset{\overset{I}{|}}{C}}H-Br$ 　(c) $H_3C-\underset{\underset{H}{|}}{\overset{\overset{COOH}{|}}{C}}H-NH_2$

(d) $H_3C-\underset{\underset{H}{|}}{\overset{\overset{CH_2CH_3}{|}}{C}}H-Cl$ 　(e) $C_6H_5-CH_2-CH(CH_2CH_3)$ 　(f) 2-メチルシクロヘキサノン

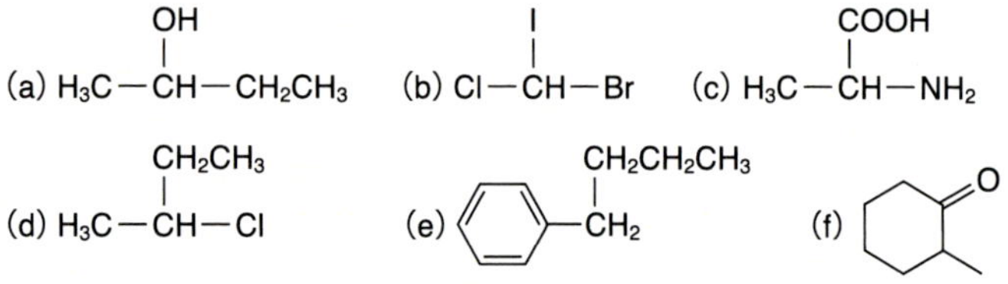

8.3.2 ジアステレオマー

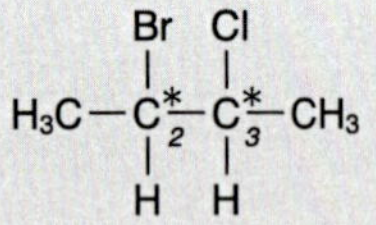

2-ブロモ-3-クロロブタン (**3**)

キラル中心を2個もつ化合物はどうなるであろうか．2-ブロモ-3-クロロブタン (**3**) について考えてみよう．**3** の中央の2個の炭素に2と3の番号をつけ，C_2 と C_3 とする．**3** の構造をよく見ると，C_2 と C_3 がキラルで，2個のキラル中心をもつ．

3 の一つの三次元構造として **3a** を書き，その鏡像体を書くと **3b** となる（すなわち，**3a** と **3b** はエナンチオマーの関係にある）．

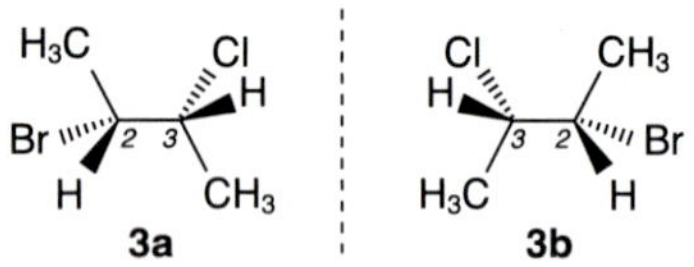

3a 　　**3b**
エナンチオマー

ここで，**3a** の C_3 の置換基である Cl と H を置き換えると，**3c** となる（この操作は，これらの結合を切断してはじめて可能になるので，**3a** と **3c** は立体配置異性体となる）．

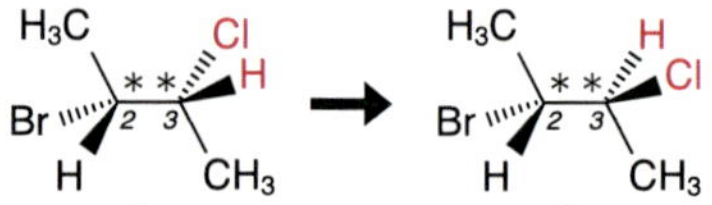

3a → **3c**
ジアステレオマー

3c は **3a** および **3b** の立体配置異性体であるが，鏡像関係にはない．このように互いに鏡像関係ではない立体配置異性体をジアステレオマーという．**3c** の鏡像体を書くと，**3d** となる．**3d** は **3c** のエナンチオマーである．しかし，**3d** は **3a** および **3b** とは鏡像関係にはない立体配置異性体，すなわちジアステレオマーである．

このように2個のキラル中心をもつ化合物は4個の立体配置異性体が可能であり，それらは2組のエナンチオマーからなる．**3a** から見ると，**3b** はエナンチオマーであり，**3c** と **3d** はジアステレオマーである．このように各エナンチオマーは2個のジアステレオマーをもつ（図8.4）．

☞ one point

L-グルタミン酸ナトリウム

グルタミン酸ナトリウムには1個のキラル中心があり，エナンチオマー関係にあるL体とD体がある．うま味調味料として製造されているのは，L体であり，D体はまったくうま味がない．

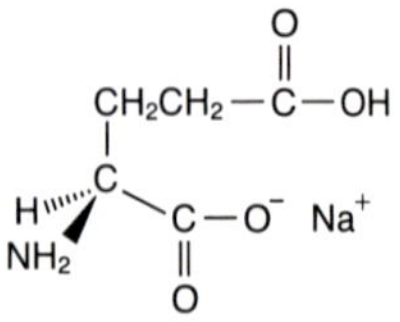

L-グルタミン酸ナトリウム
（うま味調味料）

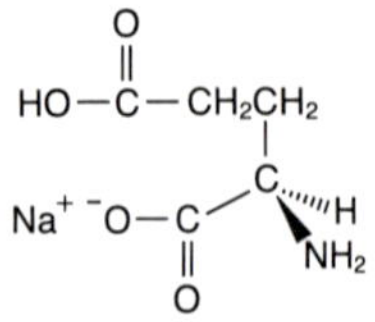

D-グルタミン酸ナトリウム

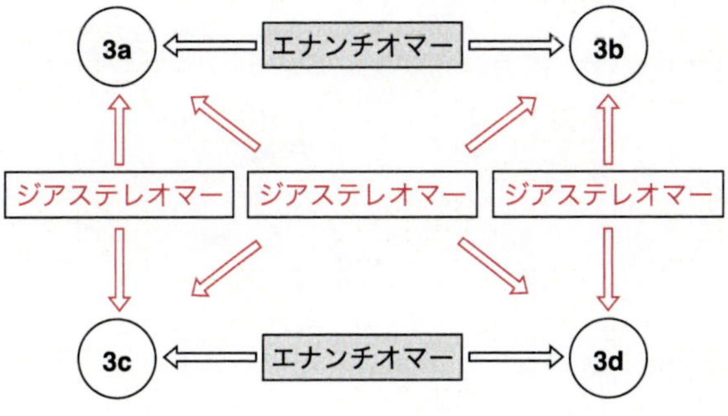

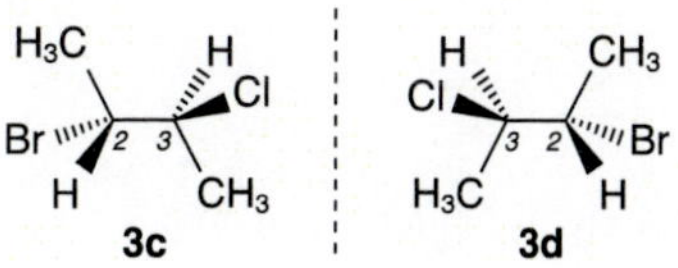

図8.4 2-ブロモ-3-クロロブタン(**3**)の立体配置異性体

例題 8.3 キラル中心を2個もつ次の化合物(**4**)の立体配置異性体をすべて書きなさい.

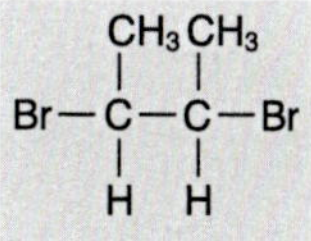

【解答】 まず任意の一つの構造として **4a** を書き，その鏡像体を書くと，**4b** となる．**4a** と **4b** はエナンチオマーである．

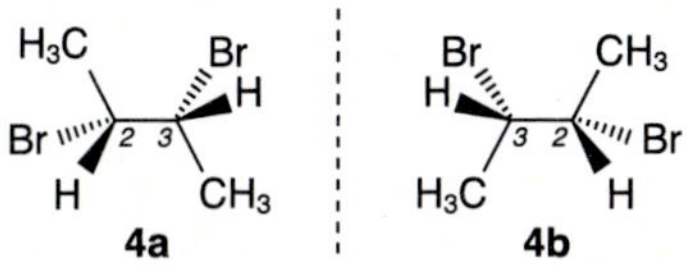

C_3 の置換基であるHとBrを入れ替えると，別の異性体 **4c** が書ける．**4c** は **4a**，**4b** とは鏡像関係にはないので，ジアステレオマーである．

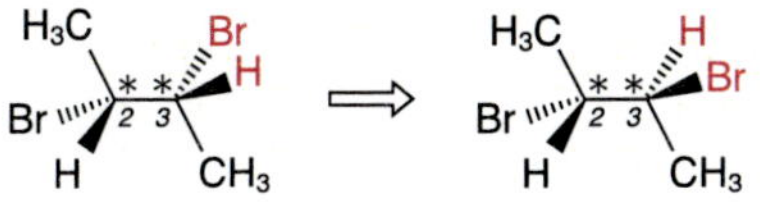

4c の鏡像体を書くと，**4d** となる．**4d** は **4c** のエナンチオマーである

☞ **one point**

ジアステレオマーの性質
ジアステレオマーの関係にある異性体は(エナンチオマーとは異なり)，融点，沸点，密度などの物理的性質が異なるので，それぞれを分離できる．また，反応剤に対する化学反応性も異なるので，違う反応結果を与える．

Box ⑥ 命名法では置換基の位置を最小の数字で示す

化合物 **3** は 2-ブロモ-3-クロロブタンというが，数字の2と3はそれぞれブロモ基とクロロ基の結合した炭素の位置を示している．この場合，左末端の炭素から順番に番号をつけ，2番目の炭素にBr，3番目の炭素にClが結合している．この数字はできるだけ，小さくなるようにつける．たとえば，炭素数が6個の化合物 **5** の場合，左末端の炭素から番号をつけると，4-ブロモ-5-クロロヘキサンとなるが，右末端の炭素から番号をつけると，3-ブロモ-2-クロロヘキサンとなる．番号の小さい後者が採用される(詳しくはp.14を参照).

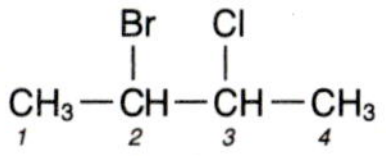

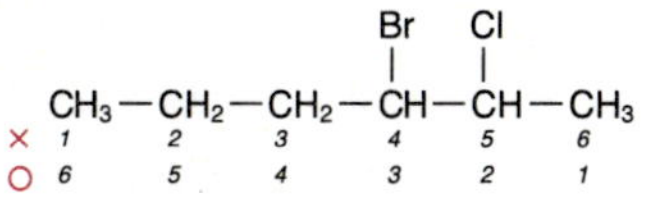

が，**4a** および **4b** とは鏡像関係にはないので，ジアステレオマーである．

4c メソ体 **4d**

ところが，**4c** の鏡像体として書いたはずの **4d** は **4c** そのものである（**4d** を紙面上で 180°回転させると **4c** になる）．このように，鏡像体として書いた構造がもとの構造と同一になる化合物群を**メソ体**という．すなわち，化合物 **4** は 2 個のキラル中心をもつが，立体配置異性体の数は 4 個ではなく，2 個のエナンチオマー(**4a** と **4b**)と 1 個のメソ体(**4c**)の計 3 個である．

ジアステレオマーはキラル中心をもつ化合物だけに限られるものではない．一般にエナンチオマーの関係にはない立体配置異性体はすべてジアステレオマーである．他の代表的な例として，**シス-トランス異性体**について説明しよう．

第 7 章で述べたように，アルケンの二重結合は 1 本の σ 結合と 1 本の π 結合からなる．σ 結合の断面は円であり，結合のまわりで回転ができるが，π 結合の断面は円ではないので回転できない．回転させるには，π 結合を切断しなければならない．このエネルギーは約 270 kJ/mol もあるので，室温では回転は起こらない．

たとえば，エテンのそれぞれの炭素上の 1 個の水素をメチル基で置き換えた化合物(2-ブテン，**6**)を考えてみよう(図 8.5)．左のブテン(**6a**)と右のブテン(**6b**)は立体異性体である．**6a** を **6b** に変換するためには，二重結合を回転させる必要があるが，この回転は二重結合を切断しない限り起こらない．

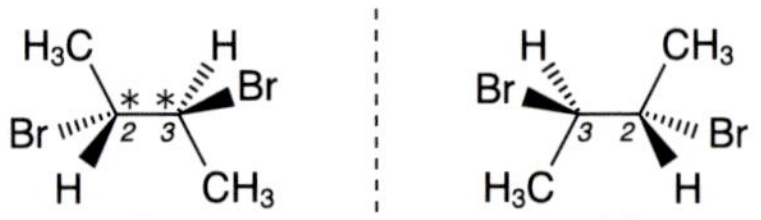

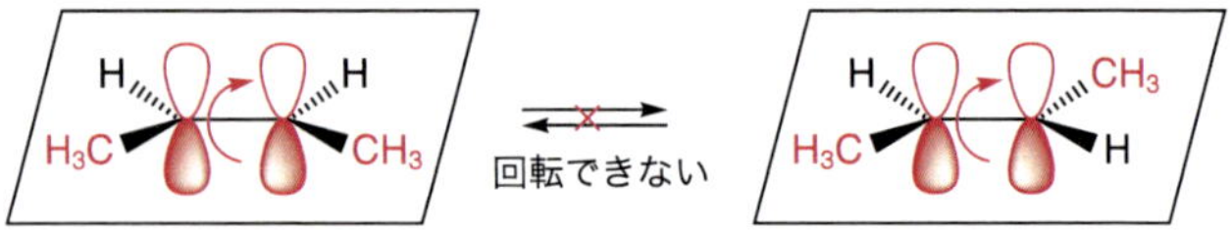

☞ one point
どちらが安定か
シスとトランスではトランスのほうが安定である．シスアルケンでは置換基(R)の間の立体的反発が起こるためである．たとえば，2-ブテン(**6**)の場合，トランス異性体はシス異性体より約 4 kJ/mol 安定である．

トランスアルケン ＞ シスアルケン

2-ブテン (**6a**)　回転できない　2-ブテン (**6b**)

図 8.5　π 結合は室温では回転できない

このように，アルケンのそれぞれの炭素が異なる置換基をもつ場合には，2 個の立体配置異性体が存在する可能性がある．二重結合の同じ側に置換基をもつ異性体(**6a**)を**シス体**，二重結合の反対側に置換基をもつ異性体(**6b**)を**トランス体**といい，この異性化を**シス-トランス異性**という．この異性体は鏡像関係にはないので，ジアステレオマーである．

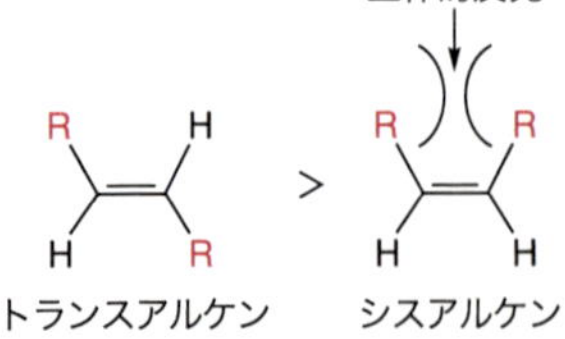

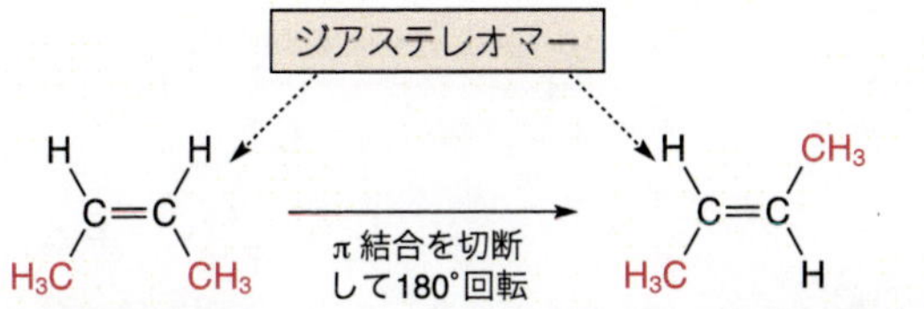

8.3 立体配置異性体

[図: 2-ブテン (6) のシス異性体 (6a) とトランス異性体 (6b)、π結合を切断して180°回転、ジアステレオマー]

[図: タイプA (AB/AB), タイプB (AB/AD), タイプC (AD/BE)]

一般式で表すと，それぞれの炭素が2個の異なる置換基(A，B，D，E)をもつ場合，右の3タイプの置換パターンの場合には立体配置異性体が存在する．

例題8.4 次のアルケンでシス-トランス（またはZ-E，Box ❼ 参照）異性体があるものを示しなさい．また，それらの異性体の構造も書きなさい．

(a) $(CH_3)_2C=CHCH_3$ (b) ClHC=CHBr   (c) ClHC=CHCl

【解答】 片側の炭素が同じ置換基をもつ場合は，シス-トランス異性体は存在しないので，(a)は除くことができる．(b)はタイプB，(c)はタイプAに該当し，それぞれ異性体は以下のように示される．

(b) [図: Z体 (H,H上 / Cl,Br下) と E体 (H,Br上 / Cl,H下)]
  Z   E

(c) [図: シス体 (H,H上 / Cl,Cl下) と トランス体 (H,Cl上 / Cl,H下)]
  シス   トランス

Box ❼ EとZを用いる異性体の表し方

アルケンの置換基が三つ以上になると，シスとトランスの区別があいまいになる．たとえば右の化合物は，左側の炭素にはClとBr，右側にはClとHが結合しているので，シスとトランスでは命名できない．こういう場合は，まずそれぞれの炭素についた置換基の大きさの順序を決めて，大きいほうの置換基が同じ側にあるときはZとし，反対側にあるときはEとする．右の化合物の場合，左側の炭素の置換基はBrとClではBrのほうが大きく，右側の炭素の置換基はClとHではClのほうが大きい．したがって，これはE異性体である．

ちなみに，EとZはそれぞれドイツ語のEntgegen（逆に）とZusammen（いっしょに）に由来する．

Br > Cl   [図: Cl,Br / Cl,H のアルケン]   Cl > H
(E)-1-ブロモ-1,2-ジクロロエテン

Z異性体も示そう．

[図: Br,Cl / Cl,H のアルケン]
(Z)-1-ブロモ-1,2-ジクロロエテン

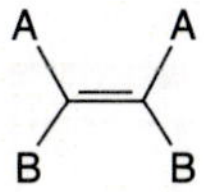

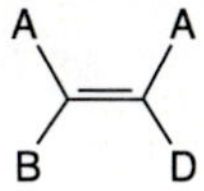

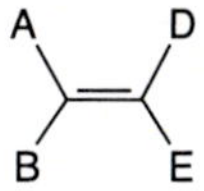

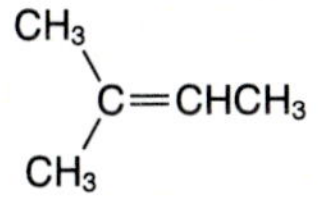

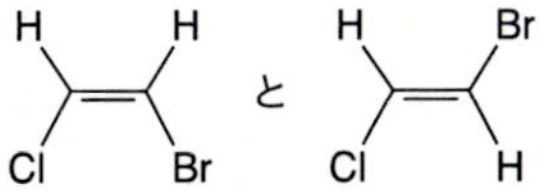

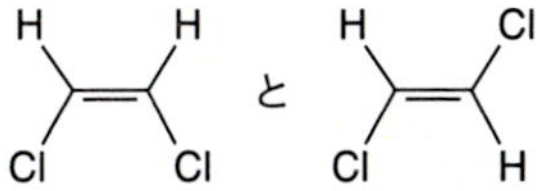

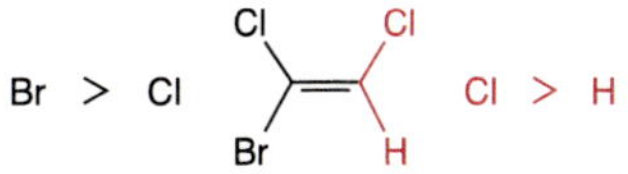

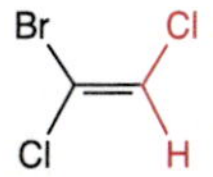

第8章 有機化合物の立体構造

one point
トランス脂肪酸

天然の不飽和脂肪酸の場合，ほとんどすべての二重結合はシス形であるが，人工的につくったマーガリンなどの不飽和脂肪酸の二重結合にはトランス形が含まれる．このトランス脂肪酸を一定量以上摂取すると，心臓疾患のリスクが増大するといわれている．

設問 8.3 次のアルケンでシス-トランス（または Z-E）異性体のあるものを示しなさい．また，それらの異性体の構造も書きなさい．

(a) $H_2C=CHCH_3$　　(b) $CH_3CH=CHCl$　　(c) （構造式）

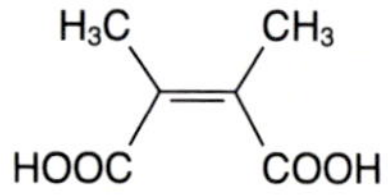

(d) （構造式）　　(e) （構造式）　　(f) （構造式）

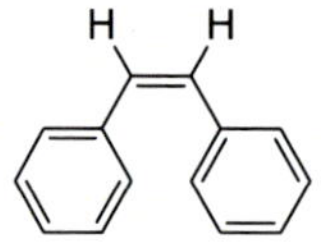

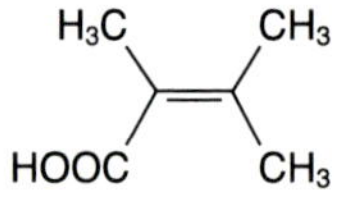

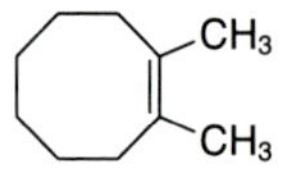

単結合でも環のなかに組み込まれると，回転はできなくなる．したがって，環状化合物でも置換の様式によっては，シス-トランス異性体が存在する．四員環化合物であるシクロブタンを見てみよう．環を形成する2個の異なる炭素にメチル基を入れ，ジメチルシクロブタンにすると，メチル基が環の同じ側にあるシス体と，反対側にあるトランス体が存在する．この二つはC-C結合を切断しないと相互変換できないので，ジアステレオマーである．

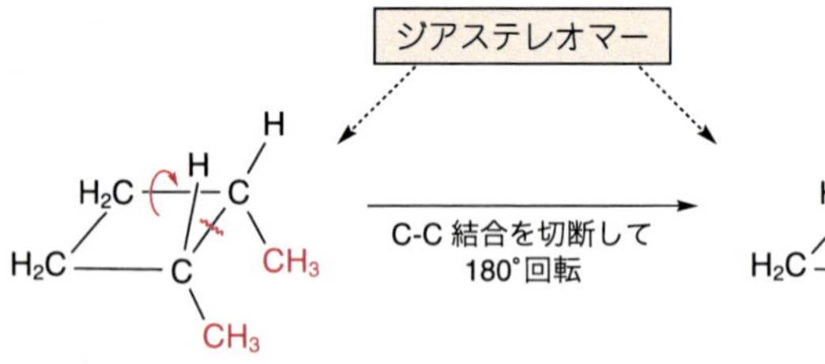

1,2-ジメチルシクロブタン
シス異性体 ← C-C結合を切断して180°回転 → トランス異性体
（ジアステレオマー）

Box 8　環状アルカンの呼び名とシクロヘキサンの異性体

環状のアルカンには"シクロ"という接頭語をつける．たとえば，炭素数3個の鎖状アルカンはプロパンであるが，環状のものをシクロプロパンという．

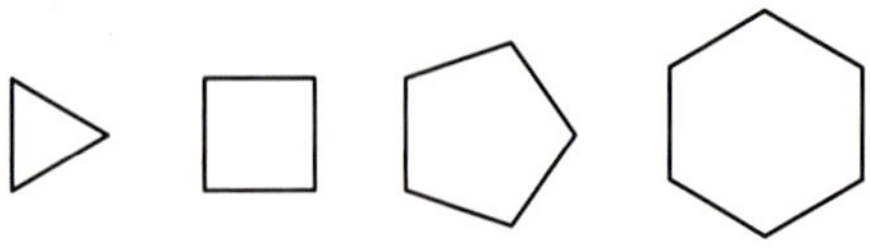

シクロプロパン　シクロブタン　シクロペンタン　シクロヘキサン

ところで，環状アルカンの一つであるシクロヘキサンは平面分子ではないので，立体配座異性体が存在する．その形が椅子に似ている**いす形**とボートに似ている**舟形**である．

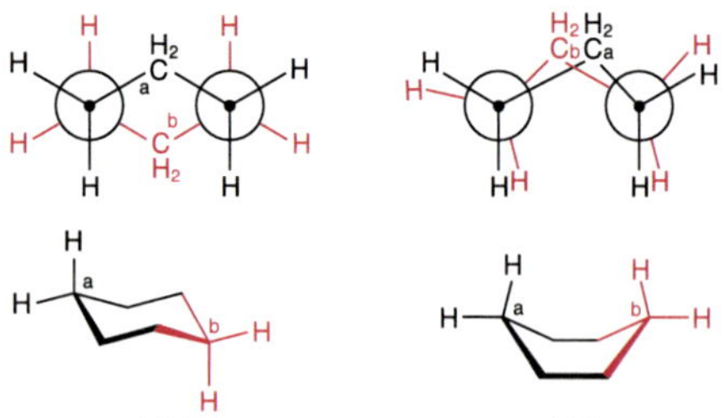

いす形　　舟形

例題 8.5 次のシクロアルカンでシス-トランス異性体のあるものを示し，それらの異性体の構造も書きなさい．

(a) シクロヘキサン-CH₃ (b) 1,2-ジメチルシクロヘキサン (c) 1,3-ジメチルシクロヘキサン

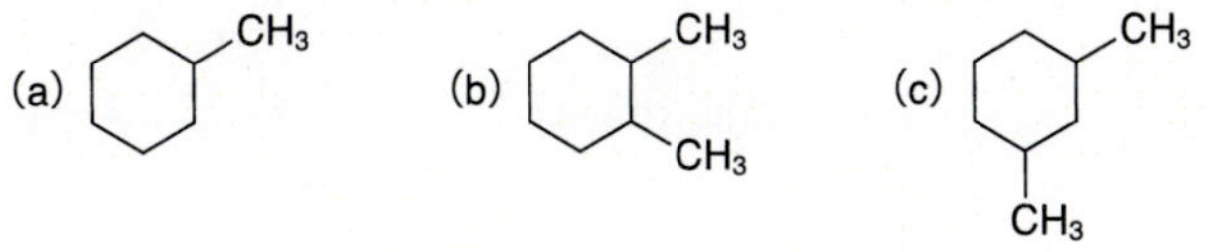

【解答】　アルケンの場合と同様に考えればいいが，このままの構造ではやや理解しにくい．環が平面と仮定して，もう少し立体構造がわかるように下式のように書きかえる．(a)はメチル基が結合している炭素以外の炭素上の置換基はすべてHであるので，異性体は存在しない．しかし，(b)は異なる置換基をもつので，環の面に関して異性体が存在する．アルケンの場合とは異なり，環の面が境界になるので，(c)のように離れた位置に置換基がある化合物にも異性体が存在する．

(b) [H₃C, CH₃ (両方上) / H, H] と [H₃C, H / H, CH₃]　　(c) [H₃C, CH₃ / H, H] と [H₃C, H / H, CH₃]

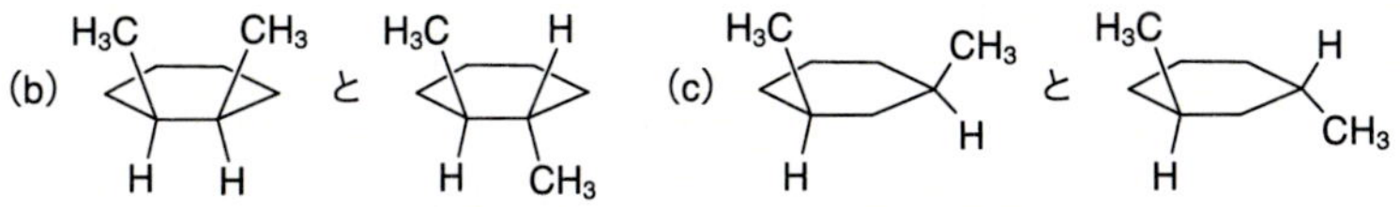

設問 8.4 次のシクロアルカンでシス-トランス異性体のあるものを示し，それらの構造も書きなさい．

(a) 1-クロロ-2-ブロモシクロヘキサン (Cl, Br)　(b) 1-メチル-2-エチルシクロヘキサン (CH₃, CH₂CH₃)　(c) 1,2-ジメチルシクロオクタン (CH₃, CH₃)　(d) 1,2-ジメチルシクロプロパン? (CH₃)

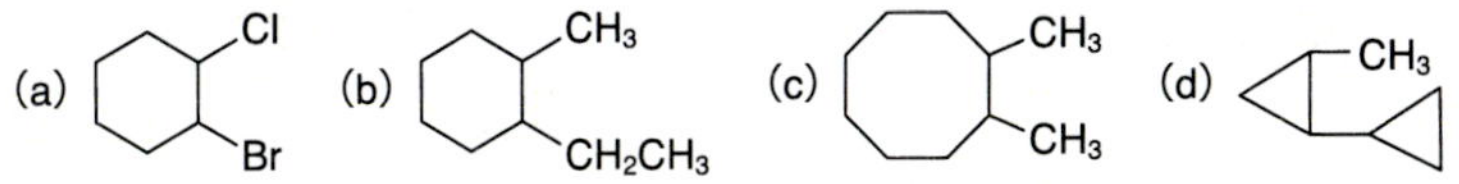

【この章のまとめ】

（1）分子式は同じで，結合の順序や立体配置が違う化合物を異性体という．
（2）原子の結合順序が異なるものを構造異性体，空間的な配置が異なるものを立体異性体という．
（3）立体異性体は，単結合の回転によって相互変換できる立体配座異性体と，結合を切断しないと相互変換できない立体配置異性体(エナンチオマーとジアステレオマー)とに分類される．
（4）互いに鏡像関係にある立体配置異性体をエナンチオマーといい，キラル中心をもつ化合物にはエナンチオマーが存在する．
（5）互いに鏡像関係にはない立体配置異性体をジアステレオマーという．

章末問題

問 8.1 異性体に関して以下の問いに答えなさい．
(a) 構造異性体と立体異性体の違い．
(b) 立体配置異性体と立体配座異性体の違い．
(c) エナンチオマーとジアステレオマーの違い．

問 8.2 次の分子式をもつ化合物には構造異性体が存在する．それぞれの異性体の構造を書きなさい．
(a) C_3H_7Cl (b) C_4H_9Br
(c) C_3H_8O (d) $C_4H_{10}O$

問 8.3 次の化合物にキラル中心があるかどうかを答え，そのキラル中心に＊をつけなさい．キラル中心が2個以上ある場合はすべて示しなさい．

(a) $CH_3-CH(Cl)-CH_2-CH_2-CH_3$
(b) $CH_3-CH(CH_3)-CH(CH_3)-CH_2-CH_3$
(c) $CH_3-CH_2-CH(Cl)-CH_2-CH_3$
(d) $CH_3-CH(CH_3)-CH(CH_3)-CH(Cl)-CH_3$
(e) $CH_3-CH(CH_2CH_3)-CH_2-CH_2-CH_3$
(f) $CH_3-CH(Cl)-CH(CH_3)(Br)-CH_3$

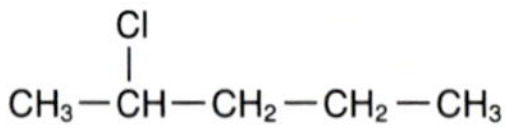

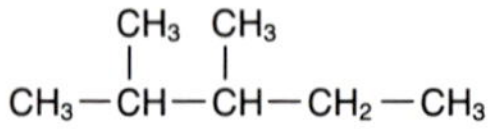

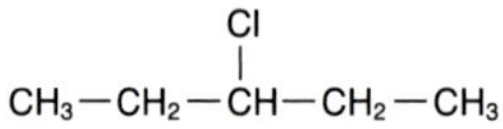

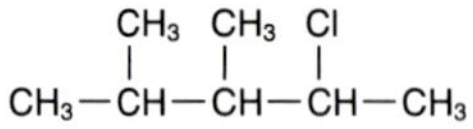

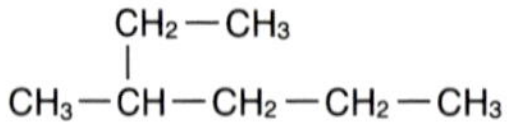

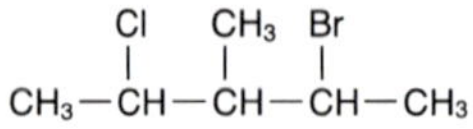

問 8.4 次の化合物にはキラル中心が一つある．そのキラル中心に＊をつけ，そのエナンチオマーの構造を，三次元表記法を用いて書きなさい．

(a) $CH_3-CH(CH_2CH_3)-Cl$
(b) $Br-CH(CH_2OH)-CH_2-Cl$

(c) シクロブチル-$CH(CH_3)-Cl$
(d) シクロプロピル-$C(Cl)(Br)-C(=O)-CH_3$
(e) 3-メチル-1-メチレンシクロヘキサン
(f) $C_6H_5-C(CH_3)(Cl)-C_6H_4-CH_3$

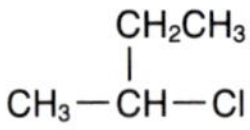

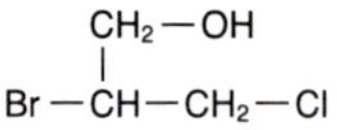

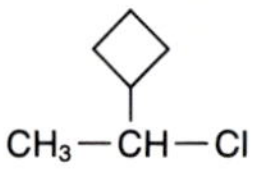

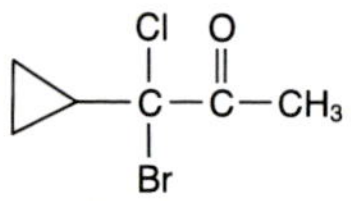

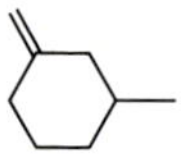

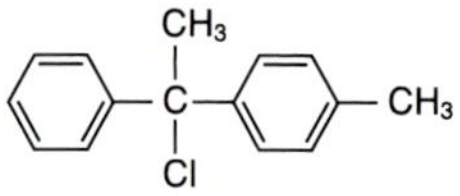

問 8.5 次の化合物にはキラル中心が二つある．すべての立体配置異性体を三次元表記法を用いて書き，それぞれの異性体の関係がエナンチオマー，ジアステレオマーのいずれであるかを示しなさい．

(a) $CH_3-CH(Cl)(H)-CH(Cl)(H)-CH_3$
(b) $CH_3-CH(Cl)(H)-CH(Br)(H)-CH_3$
(c) $CH_3-C(NH_2)(F)-C(OH)(H)-CH_3$

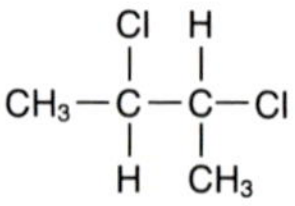

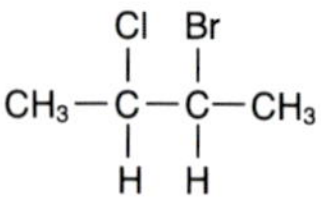

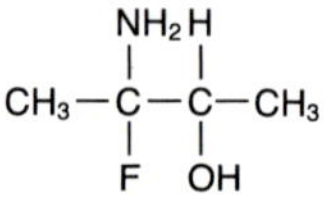

問 8.6 次の化合物でシス-トランス異性の関係にある化合物の構造を書きなさい．

(a) cis-2-ブテン
(b) $H_3C, H / H, COOH$ のアルケン
(c) スピロ化合物
(d) ジクロロシクロプロパン
(e) メチルシクロヘキサン（Cl置換）
(f) ブロモクロロシクロプロパン

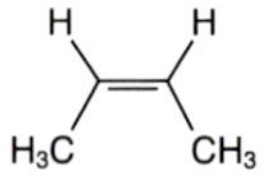

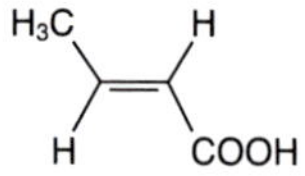

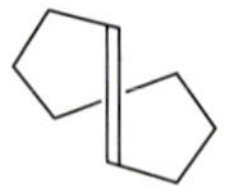

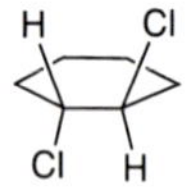

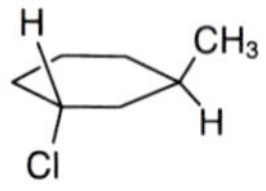

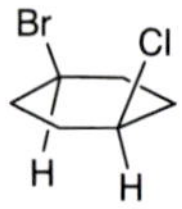

第9章
有機反応の基本的理解
反応の起こるしくみ

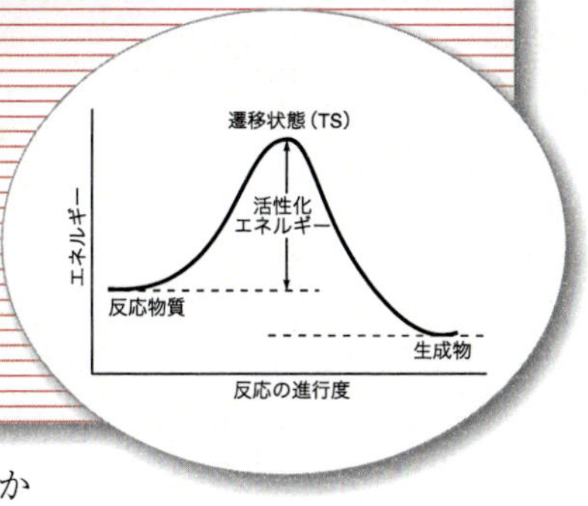

複雑に見える有機化学反応も，反応の起こる過程をいくつかの切り口から見ると，比較的少ない因子に分類できる．まず結合の開裂-生成の様式と反応様式という，二つの観点から整理する．さらに，反応の経路をエネルギー変化という観点から見てみよう．

9.1 有機化学反応の分類

9.1.1 結合の開裂と生成の様式による分類

有機化学反応は共有結合の開裂と生成を伴うが，これはいくつかの様式に分類できる．

(1) 結合の開裂の様式

第1章(1.3節)で，メタンのC-H結合を開裂させる方法は，結合に含まれる2個の電子を炭素と水素にどう分配するかに依存して3通りあることを学んだ．それらは，(i) 水素が電子を2個とももち去るか，(ii) 炭素が電子を2個とももち去るか，あるいは(iii) 炭素と水素が1個ずつもっていくか，であった．

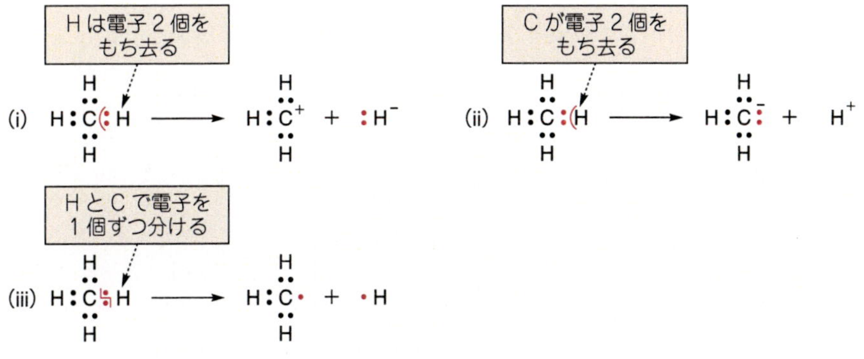

(i), (ii)のように電子を2個とも，一方の原子(HまたはC)へ移動させて開裂する方法を，**不均一開裂**または**ヘテロリシス**という．ヘテロリシスによって，正電荷をもったカチオンと，負電荷をもったアニオンが生成する．ヘテロリシスによって引き起こされる反応を，**イオン反応**という．

有機化合物のC–Xという結合がヘテロリシスを起こすと，結合電子対の分かれ方に依存して，二種類の中間体が生成する．結合電子対が相手の原子(X)へ移動すると**カルボカチオン**が，一方，結合電子対が炭素へ移動すると**カルボアニオン**が生成する．

$$\overset{|}{-}\overset{|}{C}\!\!-\!\!X \longrightarrow -\overset{|}{C}^+ + :X^-$$
カルボカチオン

$$\overset{|}{-}\overset{|}{C}\!\!-\!\!X \longrightarrow -\overset{|}{C}:^- + X^+$$
カルボアニオン

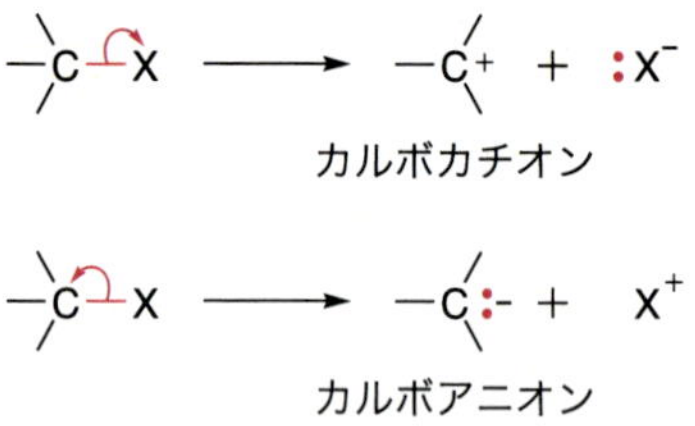

一方，(iii)のように，結合を形成している電子を1個ずつそれぞれの原子(CとH)に移動させて開裂する方法は，**均一開裂**または**ホモリシス**という．ホモリシスによって，非共有の電子1個(**不対電子**という)をもつ中間体が生成する．これは**ラジカル**と呼ばれ，H・，H_3C・のように原子または原子団に1個の点(・)をつけて示す．

有機化合物のC–Xという結合がホモリシスを受けると，炭素ラジカル(またはラジカル)が生成する．ホモリシスによって引き起こされる反応を**ラジカル反応**という．

$$\overset{|}{-}\overset{|}{C}\!\!-\!\!X \longrightarrow -\overset{|}{C}\!\cdot + \cdot X$$
炭素ラジカル
（またはラジカル）

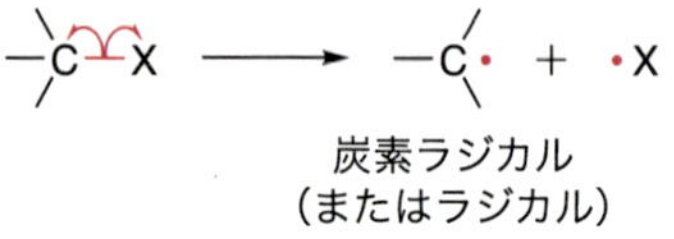

多くの有機化学反応はヘテロリシスによって起こるイオン反応である．本書でもおもにイオン反応を扱い，ラジカル反応は第16章で詳しく説明する．

設問 9.1 次の反応の結合開裂に伴う電子の動きを巻矢印で表し，その開裂はホモリシスかヘテロリシスかを示しなさい(開裂する結合をルイス構造式で示して考えよ)．

(a) $CH_3-CH_3 \longrightarrow H_3C\cdot + \cdot CH_3$

(b) $H_3C-\underset{CH_3}{\overset{CH_3}{|}}{C}-Br \longrightarrow H_3C-\underset{CH_3}{\overset{CH_3}{|}}{C}^+ + Br^-$

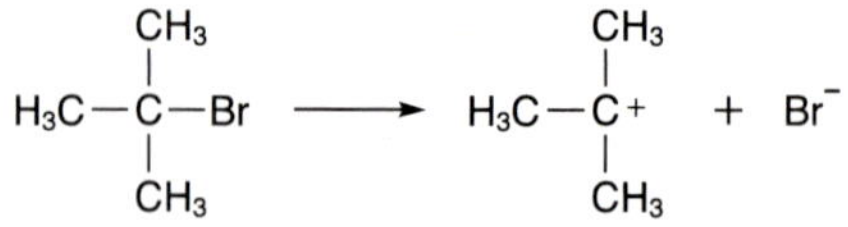

(c) $H_3C-\overset{O-H}{\underset{O}{C}} \longrightarrow H_3C-\overset{O^-}{\underset{O}{C}} + H^+$

(d) $H_3C-\underset{CH_3}{\overset{CH_3}{C}}-O-O-\underset{CH_3}{\overset{CH_3}{C}}-CH_3 \longrightarrow H_3C-\underset{CH_3}{\overset{CH_3}{C}}-O\cdot + \cdot O-\underset{CH_3}{\overset{CH_3}{C}}-CH_3$

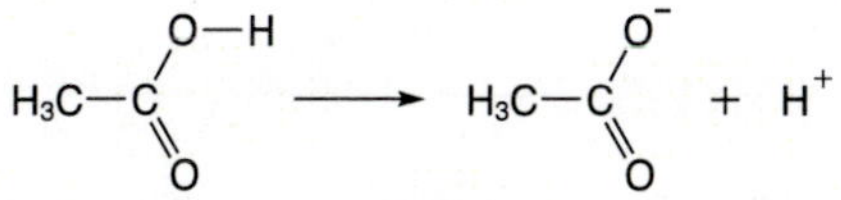

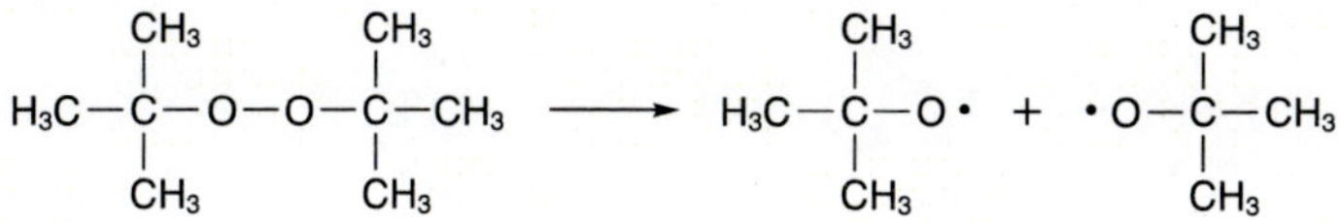

(2) 結合の生成様式

イオン反応では，電子対をもった(あるいは電子が豊富な)求核剤と，電子対をもたない(あるいは電子が不足した)求電子剤との間で結合が生成する．これは開裂の逆反応であるが，次の2通りに分類できる．

化学反応で，化学変換を主体的に受ける分子を**基質**というが，有機化学反応の主役は有機化合物であるので，基質は有機化合物である．基質が反応相手(反応剤)から電子対を受け取ることによって起こる反応を，**求核反応**という．逆に基質から反応相手(反応剤)へ電子対を供与することによって起こる反応を，**求電子反応**という(図9.1)．

> **こう考えるとわかりやすい**
>
> **反応の主役(基質)を見極めよ**
> 求核反応と求電子反応はあくまで基質から見た言い方であり，反応剤側から見ると逆になる．たとえば，求電子反応では基質は求核的に求電子剤を攻撃している．主役である有機化合物をしっかりと見極めよう．

図9.1 求核反応と求電子反応の違い

9.1.2 反応様式による分類

有機化合物は非常にたくさんあり，それぞれがさまざまな反応を行うので，その反応も無数にあるように感じるかもしれない．しかし，基本的な反応は，**置換**，**脱離**，**付加**，**転位**の四種類に分類でき，ほとんどの反応はこれらの反応の組合せとして整理できる．また，これらの反応は，上で述べた結合の生成様式によって，求電子反応と求核反応に分類される．

(1) 置換反応

基質がもつ一つの原子(または原子団)が，反応剤のもつ原子(または官能基)によって置き換えられる反応を**置換反応**という．反応する反応剤の性質に依存して，求核置換反応と求電子置換反応とに分類される．

(a) 求核置換反応 求電子的な炭素をもつブロモメタン(臭化メチル，CH_3Br)に求核剤である水酸化物イオン(HO^-)を作用させると，BrがOHに置き換わり，メタノール(CH_3OH)が生成する(第10章で述べる)．

[反応式: HO⁻ + H₃C–Br → HO–CH₃ + Br⁻]

水酸化物イオン　　　　ブロモメタン
（求核剤）　　　　　　（求電子的基質）

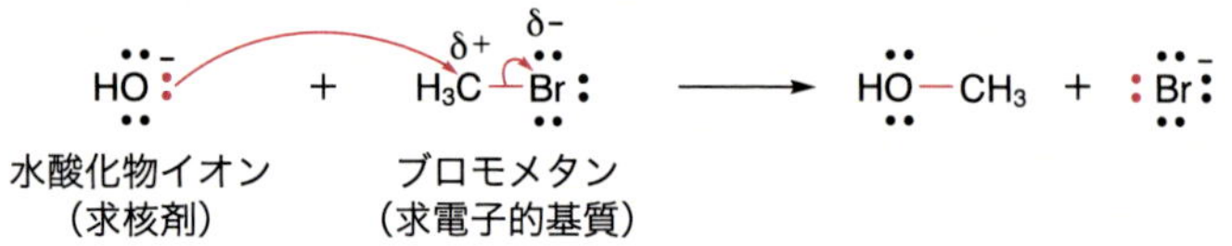

（b）求電子置換反応　この反応については（5）の（b）で述べる．

（2）脱離反応

基質から比較的小さい分子がはずれて（脱離という），π結合をもつ生成物を与える反応を**脱離反応**という．ハロゲン化アルキルに塩基を作用させると，ハロゲン化水素が脱離してアルケンを生成する（第10章で述べる）．

[反応式: R-CH(H)-CH(Br)H —塩基→ RCH=CHH + HBr]

ハロゲン化アルキル　　　　　　　　　　アルケン
（基質）

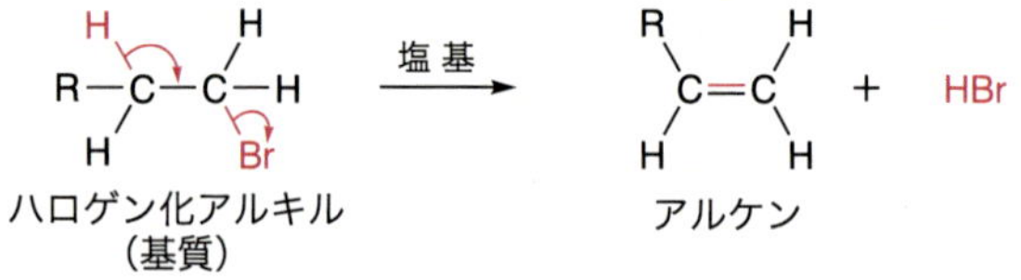

（3）付加反応

二重結合や三重結合のπ結合に反応剤が攻撃し，σ結合をもつ生成物を与える反応を**付加反応**という．これは脱離反応の逆反応である．この反応も基質に攻撃する反応剤の性質に依存して，求電子付加反応と求核付加反応とに分類される．

（a）求電子付加反応　アルケンの二重結合にハロゲン化水素が付加する反応が代表例である．この場合，まずプロトンがアルケン（基質）に求電子的に付加して反応が起こる（第11章で述べる）．

[反応式: アルケン + HBr → カルボカチオン中間体 → 生成物]

アルケン　　　　　　臭化水素
（求核的基質）　　　（求電子剤）

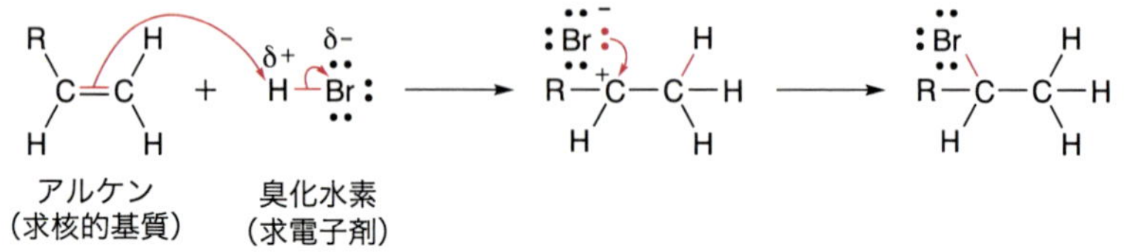

☞ **one point**

基質はこれだ

有機化学反応では基質は有機化合物であると述べた．下の反応では，グリニャール試薬も有機（炭素）化合物であるが，反応を受けるのはケトンなので，これが基質となる．

（b）求核付加反応　代表例はケトンの求電子的なカルボニル炭素に求核剤であるグリニャール試薬（$H_3C^{\delta-}-MgBr^{\delta+}$）が付加し，アルコールを与える反応である（第13章で述べる）．

[反応式: H₃C-MgBr + R₂C=O → H₃C-C(O⁻MgBr⁺)R₂ —H⁺/H₂O→ H₃C-C(OH)R₂ + HOMgBr]

グリニャール試薬　　　　ケトン
（求核剤）　　　　　　　（求電子的基質）

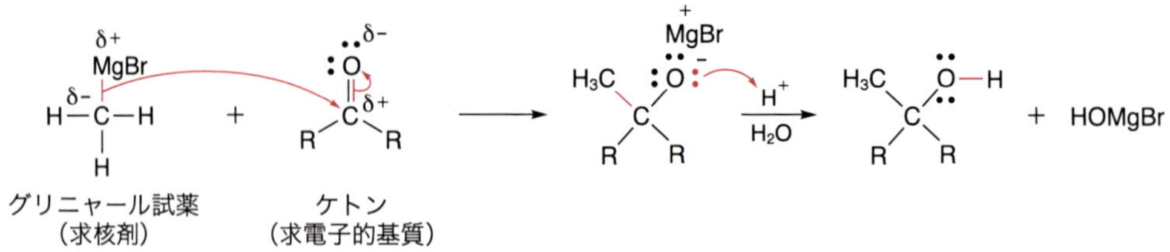

（4）転位反応

結合の組み換えが起こり，異なった原子または結合の配列をもつ生成物を与える反応を**転位反応**という．ピナコールは酸で処理すると，ピナコロンを与える．この反応ではメチル(CH₃)基が隣の炭素へ転位している．転位反応は置換反応や付加反応に伴って起こる場合があり，詳しくは第13章で述べる．

$$\text{ピナコール} \xrightarrow{H^+} \text{ピナコロン} + H_3O^+$$

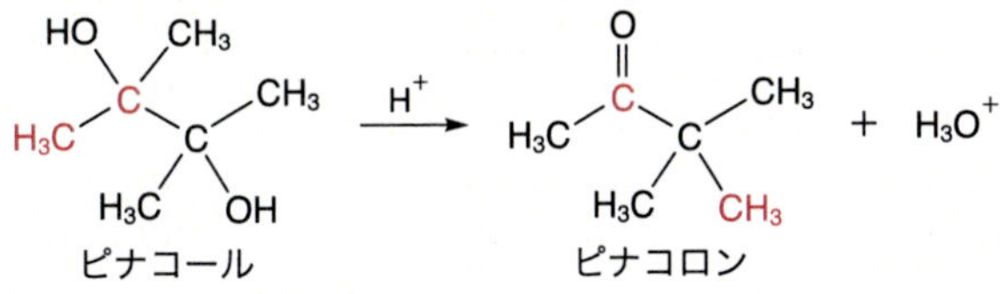

（5）付加-脱離による置換反応

付加反応に続いて脱離反応が起こり，結果的に置換反応になるものがある．最初の付加が求核的であるか，求電子的であるかによって，求核置換反応と求電子置換反応とに分類される．

（a）求核付加-脱離による求核置換反応　酸塩化物の求電子的なカルボニル炭素にグリニャール試薬が求核付加したのち，付加生成物（アルコキシドイオン）から塩化物イオンが脱離する．反応全体を見ると，Clが CH₃ に置き換わっている（第14章で述べる）．

グリニャール試薬（求核剤） ＋ 酸塩化物（求電子的基質） →（求核付加）→ 付加生成物（アルコキシドイオン） →（脱離）→ 生成物 ＋ MgBrCl

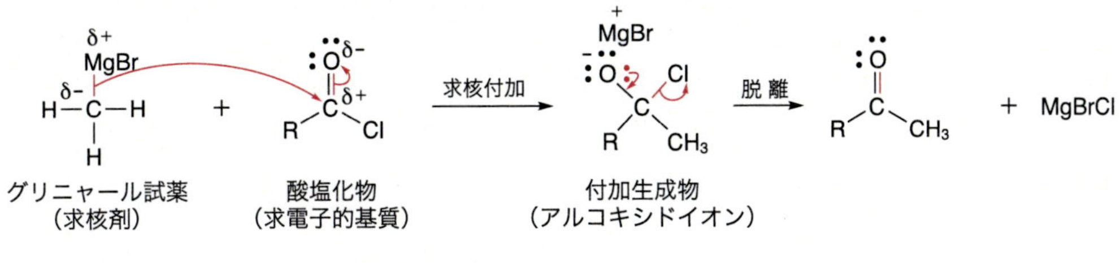

（b）求電子付加-脱離による求電子置換反応　ベンゼンのニトロ化反応は典型的な例である．この場合，最初にニトロニウムイオン（求電子剤）がベンゼン（求核的基質）に求電子付加し，付加生成物からプロトンが脱離する．反応全体を見ると，ベンゼン環上のHが NO₂ に置き換わっている（第15章で述べる）．

ベンゼン（求核的基質） ＋ ニトロニウムイオン（求電子剤） →（求電子付加）→ 付加生成物 →（H⁺の脱離）→ ニトロベンゼン ＋ H⁺

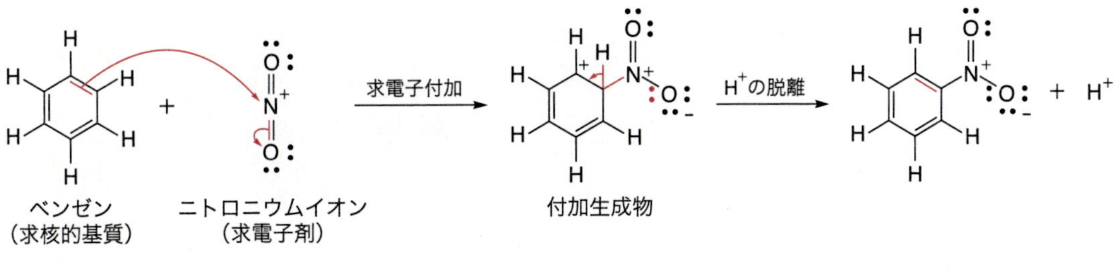

設問 9.2 次の反応は，置換，脱離，付加，転位のいずれの反応に分類されるかを答えなさい．

(a) $(CH_3)_3C-Br + H_2O \longrightarrow (CH_3)_3C-OH + HBr$

(b) $CH_3-CH_2Br + CH_3-O^-Na^+ \longrightarrow CH_2=CH_2 + NaBr + CH_3-OH$

(c) $CH_2=CH_2 + Br_2 \longrightarrow Br-CH_2-CH_2-Br$

(d) $CH_3-C(OH)=NH \longrightarrow CH_3-C(=O)-NH_2$

9.2 有機化学反応とエネルギー

化学反応では，結合が開裂して新しい結合が生成する．最初の結合の開裂は大きなエネルギーを必要とするが，最終的に新しい結合の生成によってより大きなエネルギーが得られる．結果的に，生成物の全エネルギーは反応物質のそれより低くなる．したがって，反応が進むにつれて，反応のエネルギーは図 9.2 のように変化する．この図で縦軸はエネルギーを，横軸は反応物質(基質)から生成物に至る反応の進行度を示す．これは，**反応のエネルギー図**と呼ばれる．エネルギーの最も高い所を**遷移状態**(TS)という．反応が起こるためには，この遷移状態を越えるだけのエネルギーが必要であり，これを**活性化エネルギー**と呼ぶ．活性化エネルギーが大きいと反応が起こりにくく，小さいと起こりやすい．

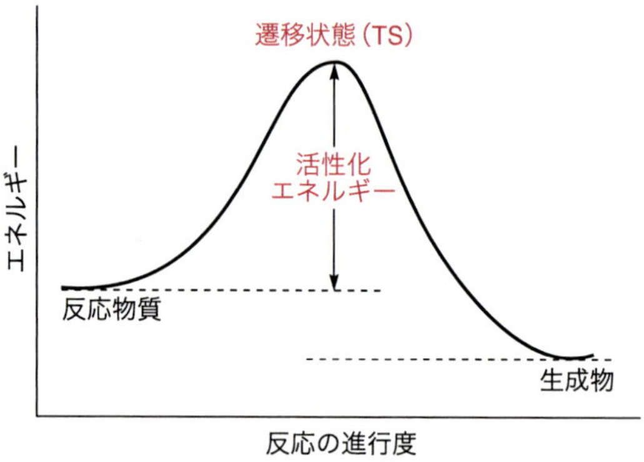

図 9.2 一段階反応のエネルギー図

9.2.1 一段階反応と二段階反応

化学反応には，一段階で進む場合と，段階的に進む場合がある．図9.2のように，ただ一つの遷移状態を経て進む反応を，**一段階反応**（または**協奏反応**[†]）という．求核置換で述べた，水酸化物イオン（HO^-）とブロモメタン（CH_3Br）の反応はその代表例である（第10章で詳しく説明する）．

これに対して，求電子付加で述べた，アルケンへの臭化水素の付加反応では，最初にアルケンにプロトンが付加してカルボカチオンが生成し，これが臭化物イオンと反応し，最終生成物を与える（第12章で詳しく説明する）．このような反応は**二段階反応**（または**段階的反応**）という．

二段階反応のエネルギーの変化を図9.3(a)に示す．このエネルギー曲線には二つの極大点と，一つの極小点がある．二つの極大点は，それぞれの段階の遷移状態1と2（それぞれ TS_1 と TS_2 と略記）を示す．極小点は反応の中間に生じる不安定な化学種の存在を示し，これを**中間体**と呼ぶ．アルケンと臭化水素との反応の場合は，アルケンとプロトンの反応の遷移状態が TS_1 で，極小点は中間体のカルボカチオンである．カルボカチオンと臭化物イオンとの反応の遷移状態が TS_2 である（第12章参照）．

二段階反応の場合，より高いエネルギーの遷移状態をもつ段階が，全体の反応の速度を決定する．この段階を**律速段階**という．アルケンと臭化水素との反応では，アルケンとプロトンの反応の遷移状態（TS_1）が律速段階である．

二段階反応でも，図9.3(b)に示すように二段階目の反応の遷移状態（TS_2）のほうが，一段階目の遷移状態（TS_1）より高い場合もある．この場合，律速段階は TS_2 である．

用語解説

協奏反応
結合の開裂と生成が別べつに起こるのではなく，電子的に深いかかわりをもちながら同時に起こる反応を協奏反応という．

こう考えるとわかりやすい

活性化エネルギーと律速段階
反応の進行は登山とよく似ている．図9.3(a)を見てみよう．まず，出発地（反応物質）から目の前の山（遷移状態1）に登り始める．山登りには頂上に到達できるだけの体力（活性化エネルギー）が必要である．頂上に着いたら谷（中間体）まで降り，次の山（遷移状態2）に登る．二つ目の山は一つ目の山より低いので，少ない体力で速く登れる．最後に麓（生成物）まで下山する．最も時間を要するのは高い山（律速段階）のほうであり，この登山（反応全体）の所要時間を左右する．

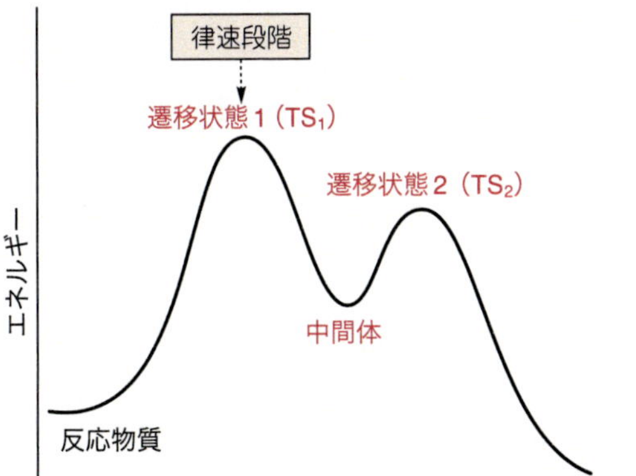

図9.3(a) 二段階反応のエネルギー図

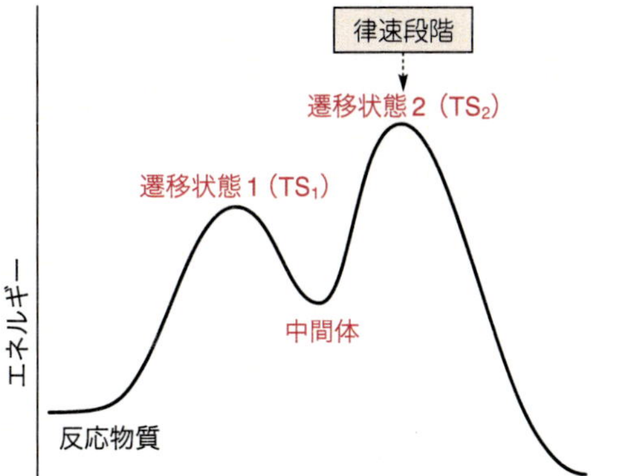

図9.3(b) 二段階反応のエネルギー図

9.2.2 反応速度と律速段階

反応物質から生成物が得られる速さを**反応速度**と呼ぶ．これは実験的に測定することができる．反応速度は「衝突」，「エネルギー」，「確率」の三種類の因子の積で表現される．

$$反応速度 = (衝突因子) \times (エネルギー因子) \times (確率因子)$$

2個の分子が衝突して反応する場合を考えよう．**衝突因子**は単位時間・単位体積当たりの衝突回数である．また，**エネルギー因子**は十分なエネルギーもって衝突が起こる割合であり，**確率因子**は反応するように配向して衝突が起こる割合である．分子の衝突は濃度が高いほど起こりやすい．したがって，衝突因子は反応物質の濃度に依存する．一方，エネルギー因子と確率因子は濃度には依存せず，反応の温度，圧力，溶媒などに依存する．したがって，一定条件下での反応速度は反応物質の濃度と，濃度には依存しない値(k)との積で示される．kは**反応速度定数**と呼ばれ，反応に固有の値である．反応物質の濃度を[反応物質]で示すと，反応速度は下式で表される．

$$反応速度 = k \times [反応物質]$$

一定の温度で反応速度を測定し，反応物質の濃度を増加させると，反応速度も増大する．しかし，必ずしもそうならないケースもある．なぜであろうか．それは，実験的に観測される反応速度は，反応のエネルギー図で一番高い段階(律速段階)の速度だからである．

たとえば，分子Aと分子Bが反応して生成物Cを与える反応を考えてみよう．

$$A + B \longrightarrow C$$

図9.2のように，反応が一段階反応の場合は，速度を測定する段階は一つだけであり，ここにはA，Bともに含まれるので，速度はA，Bの両方の濃度に比例する．このような反応を**二次反応**といい，反応速度は下式で表される．

$$反応速度 = k \times [A][B]$$

二段階反応の場合はどうであろうか．この場合，まずAから**中間体** A^* を生成する一段階目と，A^* がBと反応し，生成物Cを与える二段階目があると仮定しよう．

$$A \longrightarrow A^*$$
$$A^* + B \longrightarrow C$$

ここで，一段階目の反応の遷移状態のほうが二段階目の遷移状態より高

☞ **one point**

反応速度について

化学反応の速さ(反応速度)は，単位時間当たりに消費される反応物質の物質量(モルという単位で表される)，または生成する生成物の物質量で定義される．反応速度は実験的に求めることができるので，反応物質の濃度，反応温度，添加物などの条件を変化させながら反応速度を調べることによって，反応の様式，活性化のエネルギーの大きさ，触媒効果，遷移状態の性質など多くの有用な情報が得られる．

い(すなわち，図9.3(a)に示すように，一段階目の反応が律速段階である)場合は，この段階にはAしか含まれていないので，速度はAの濃度のみに比例する(Bは律速段階後の反応に含まれるので，濃度を増加しても，全体の反応速度には影響しない)．このような反応を**一次反応**といい，反応速度は下式で表される．

$$反応速度 = k \times [A]$$

二段階反応でも，二段階目の反応の遷移状態のほうが，一段階目のそれより高い(すなわち，図9.3(b)に示すように，二段階目の反応が律速段階である)場合は，速度はA，Bの両方に比例する(反応速度はA^*とBの濃度に依存するが，A^*はAの濃度に依存する)．

このように，反応速度の濃度依存性を求めることによって，律速段階に含まれる反応物質がわかり，それをもとに，反応の経路を詳しく知ることができる．

設問9.3 9.1.2項(5)の(b)で示したベンゼンのニトロ化は二段階で進行することが知られている．したがって，この反応のエネルギー図は2通り書ける．それぞれのエネルギー図を書き，反応の律速段階を説明しなさい．

【この章のまとめ】

(1) 有機化学反応で結合が開裂する様式は，ヘテロリシスかホモリシスのいずれかであり，それぞれの反応をイオン反応とラジカル反応と呼ぶ．
(2) 有機化学反応は，置換，脱離，付加，転位の四種類の反応の組合せとして整理される．これらはさらに，基質から見た結合の生成様式によって，求核反応と求電子反応とに分類される．
(3) 有機化学反応はエネルギーの高い遷移状態を経て進行する．
(4) 有機化学反応は，協奏的に一段階で起こる反応と，中間体を経由して段階的に進む反応に分類される．

章末問題

問 9.1 有機化学反応は四種類の基本的な反応に分類できる．それらの反応例を示して説明しなさい．

問 9.2 求電子的な反応と求核的な反応の特徴を述べなさい．

問 9.3 一段階反応と二段階反応の特徴を述べなさい．

問 9.4 次の化合物の指定した結合が，巻矢印のようにヘテロリシスが起こったときに生成する化合物を書きなさい．また，ホモリシスした際に生成する化合物も書きなさい．

(a) $CH_3-C(CH_3)(CH_3)-CH_3$
(b) $CH_3CH_2-N(CH_3)-CH_3$
(c) $CH_3-C(CH_3)(CH_3)-O-CH_3$
(d) CH_3CH_2-Cl

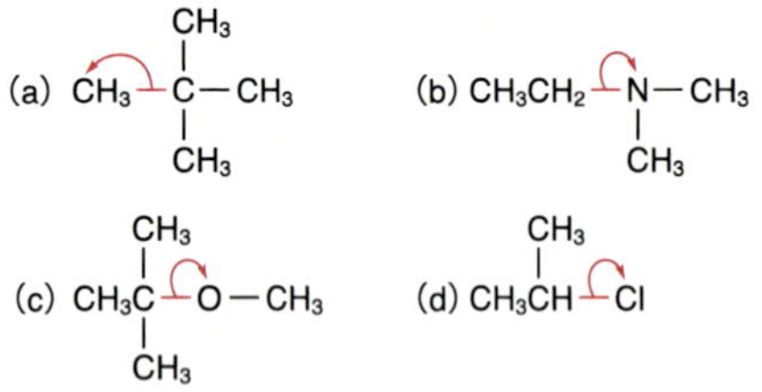

問 9.5 次の化合物に指定した反応が起こったときに得られる生成物の構造を書きなさい．

(a) $CH_3-CHCl-CH_2CH_3$　Cl^- を MeO^- で置換

(b) $CH_3CH_2CH_2-\overset{+}{O}H_2$　H_2O を Br^- で置換

(c) $CH_3-CO-Cl$　Cl^- を MeO^- で置換

(d) $(H_3C)_2C=CH_2$　Br_2 が付加

(e) $CH_3-C\equiv C-CH_3$　H_2 (2当量) が付加

(f) $(H_3C)_2C=NH$　H_2 が付加

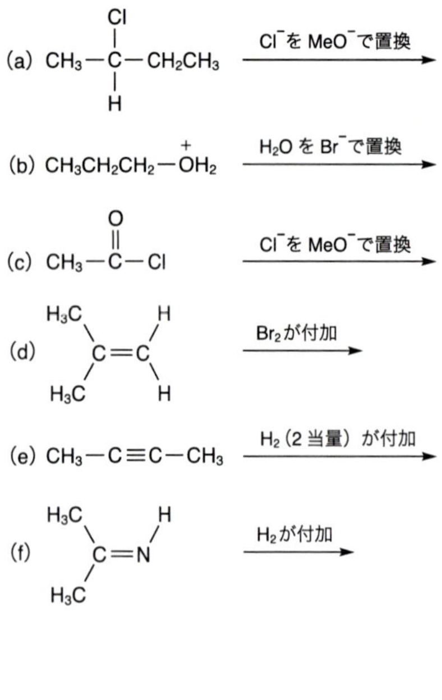

問 9.6 次の反応のうち転位反応はどれか示しなさい．

(a) $C_6H_5-CH=CH_2 \longrightarrow C_6H_5-CHCl-CH_3$

(b) $H_2C=CH-O-CH=CH_2 \longrightarrow H_2C=CH-CH_2-CHO$ (的)

(c) フェニル アリル エーテル $\longrightarrow$ 2-アリルフェノール

(d) $CH_3-C(NH_2)(CH_3)-CH(CH_3) \longrightarrow CH_3-C(=NH)-CH(CH_3)_2$ 相当

(e) $CH_3-\overset{+}{C}(CH_3)-CH(CH_3) \longrightarrow CH_3-C(CH_3)_2-\overset{+}{C}H(CH_3)$ 相当

(f) $CH_3CH_2-CO-CH_2CH_3 \longrightarrow CH_3CH_2-C(OH)H-CH_2CH_3$ 相当

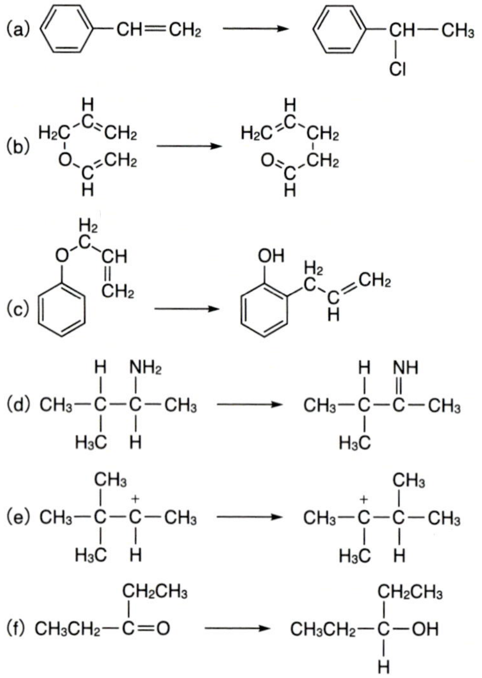

問 9.7 下に示したブロモアルカンとメタノールの求核置換反応では，まず，ブロモアルカンから臭化物イオンが脱離してカルボカチオンが発生し，これにメタノールが求核攻撃する二段階の反応である．この場合の律速段階は一段階目であることがわかっている．この反応のエネルギー図を書きなさい．

$(CH_3)_3C-Br + CH_3OH \longrightarrow$

$(CH_3)_3C^+ + Br^- + CH_3OH \longrightarrow$

$(CH_3)_3C-\overset{+}{O}(H)-CH_3 + Br^-$

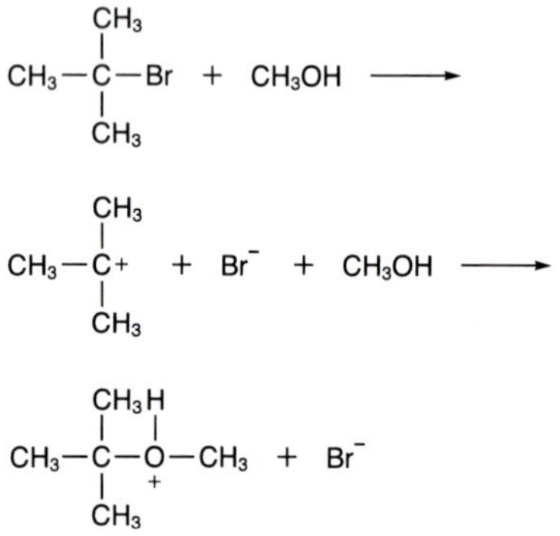

第10章

求核置換反応
電気陰性な原子が結合した炭素の反応性

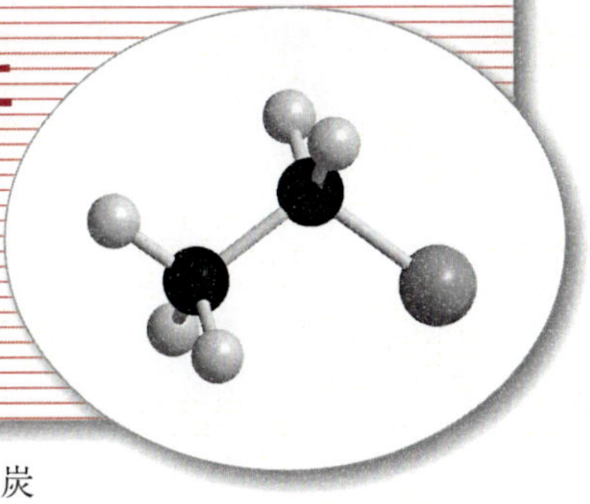

第6章で学んだように炭素に電気陰性度の大きい原子が結合すると、炭素は正電荷を帯びる。たとえば、ハロゲン化アルキルでは、電気陰性度の大きいハロゲンが結合した炭素は正電荷を帯びており、求核剤の攻撃を受ける。この章では**求核置換反応**について学ぶ。

電子不足で求核剤の攻撃を受ける

$$-\overset{\delta+}{C}-\overset{\delta-}{X}$$

ハロゲン化アルキル
X = Cl, Br, I

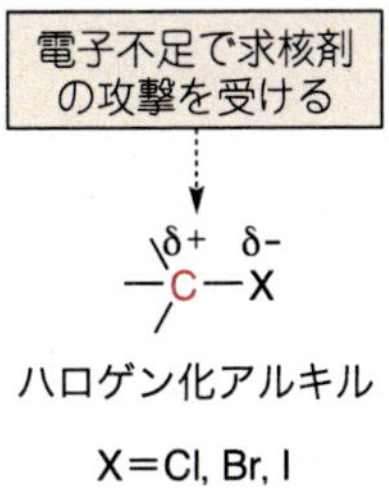

10.1　2分子求核置換反応

代表的な例は、ブロモメタン(CH_3Br)と水酸化物イオン(HO^-)との反応によるメタノール(CH_3OH)の生成である。

$$HO^- + CH_3Br \xrightarrow{S_N 2} HO-CH_3 + Br^-$$

水酸化物イオン　　ブロモメタン　　　　　　　　メタノール
（求核剤）　　　（求電子的基質）

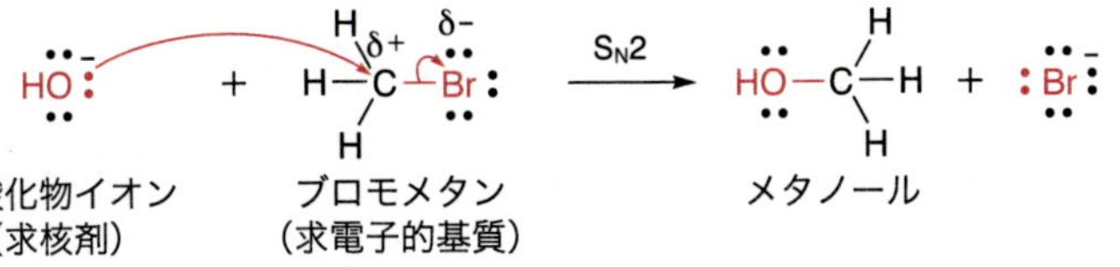

この反応の速度は、CH_3Br と HO^- の両方の濃度に依存する。

$$反応速度 = k[CH_3Br][HO^-]$$

反応は一段階反応であり、遷移状態にはブロモメタンと水酸化物イオンの二つの分子が含まれている。反応に伴うエネルギーは第9章の図9.2のように変化する。この反応は、**置換**(**s**ubstitution)が求核的(**n**ucleophilic)に起こり、律速段階に **2** 分子を含むことから **S_N2 反応**と呼ばれる。反応の特徴について詳しく見てみよう。

10.1.1　反応の立体化学——立体配置の反転

この反応では、負電荷をもつ HO^- が CH_3Br の部分正電荷を帯びたCを攻撃するが、このとき HO^- は、離れていくBrから180°離れた背面方向からCに接近する。HO^- の接近につれて、C–Br結合は延びて長くなり、

☞ **one point**

立体化学の重要性

第9章で述べたように、反応が二段階で起こり、図9.3(b)のように進むときは、反応の速度は、基質と反応剤の両方の濃度に依存する。しかし、以下に述べるように、この反応では立体配置が反転することから、二段階反応ではない。

遷移状態では図10.1に示したように，HO$^{\delta-}$……C……Br$^{\delta-}$は一直線上に並ぶ．

図10.1の遷移状態の構造をもう少し詳しく見てみよう．ここでの点線は，C……Br結合が部分的に開裂するとともに，新しいO…C結合が部分的に生成しはじめていることを表す．すなわち，結合の生成と開裂は連動して起こっている（**協奏反応**という）．このように遷移状態では，置換を受けるCには5個の置換基が配位している．最終的にBrはアニオンとして追いだされ，O−C結合が生成する（図10.1）†．

この経路を目で追っていくと，反応の進行とともに，置換を受けるCの立体配置が反転していくことがわかる．これは，強風にあおられて反転する傘の様子をイメージすると理解しやすい．

用語解説
反応機構
図10.1に示すように，反応物質が反応して生成物を与える際にたどる結合の開裂と生成の経路を，段階的に詳しく記述したものを反応機構という．

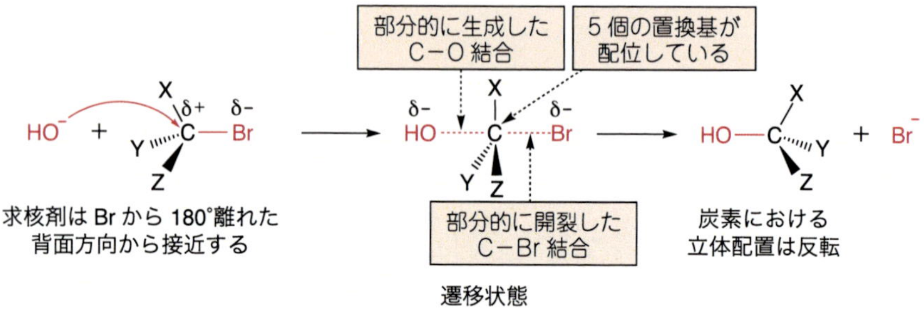

図10.1 S$_N$2反応の起こる経路
（赤い点線は部分的に生成しているO−C結合と，部分的に開裂するC−Br結合を示す）

この反応経路は，どのような実験をすれば確かめられるだろうか．第8章でキラル分子について学んだ．図10.1に示した反応物質と生成物の立体配置を見ると，この二つは実像と鏡像の関係にあることがわかる．したがって，キラル中心をもつハロゲン化アルキルを用いてS$_N$2反応を行えば，生成物は反応物質の鏡像体と同じ立体配置をもつはずである．

2-ブロモブタン（**1**）はキラル中心をもつので，鏡像関係にある立体配置異性体（エナンチオマー）**1a**と**1b**が存在する．

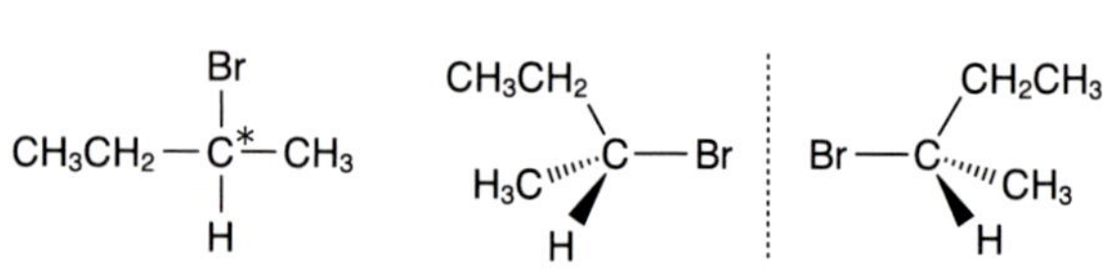

2-ブロモブタン（**1**）　　**1a**　　**1b**
　　　　　　　　　　　　エナンチオマー

1を水酸化物イオンと反応させると，生成物として2-ブタノール（**2**）が得られるが，**2**もキラル中心をもつので，エナンチオマー**2a**と**2b**が存在する．

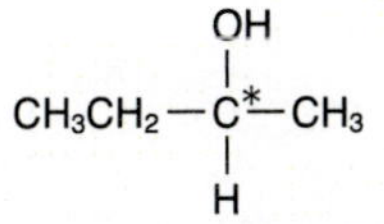

2-ブタノール(2)　　エナンチオマー

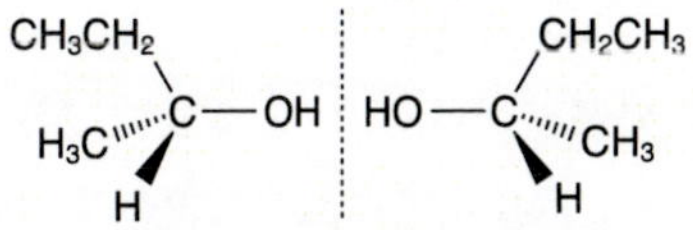

エナンチオマー **1a** を用いて水酸化物イオンと S_N2 反応をさせたところ，得られた 2-ブタノールは **2** の一方のエナンチオマーのみであった．その立体配置は **2b** であり，反応物質 **1a** の立体配置が反転したエナンチオマー(**1b**)と同じである．このことから，反応物質(**1a**)に HO^- が攻撃するとき，HO^- は Br^- を背面から押しだして反応していることが確認された．

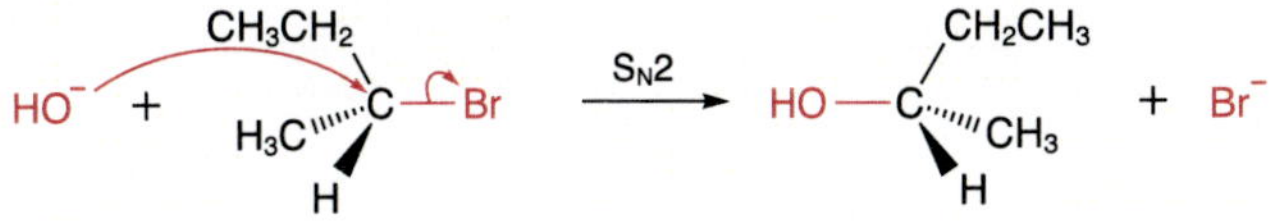

2-ブロモブタン(**1a**)　　2-ブタノール(**2b**)

例題 10.1　2-ヨードブタンの一方のエナンチオマーと水酸化物イオンとの S_N2 反応では下に示した立体構造をもつ 2-ブタノールが生成した．反応物質の 2-ヨードブタンの立体構造を示しなさい．

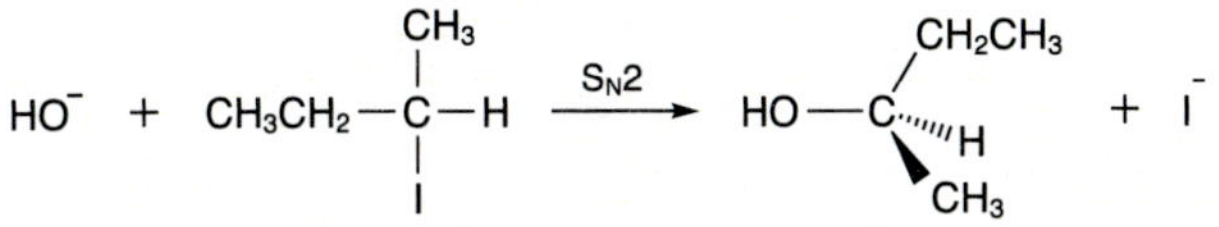

2-ヨードブタン　　2-ブタノール

【解答】　反応を生成物から逆にたどればよい．生成物の 2-ブタノールに I^- を作用させて，HO^- を脱離させる S_N2 反応式を書いてみよう(実際にはこの反応は起こらない)．強風にあおられて傘が反転する様子をイメージしながら，立体配置を反転させてみるとわかりやすい．

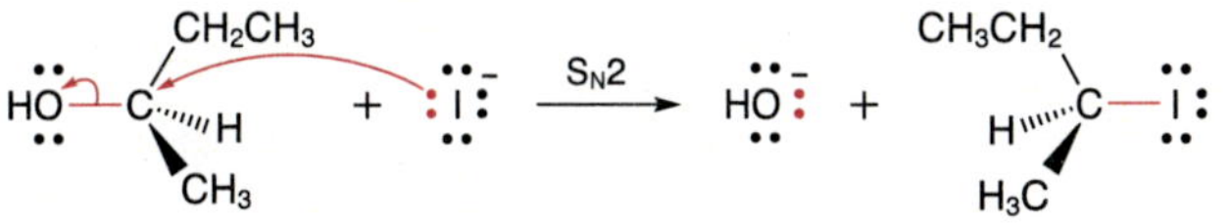

設問 10.1　次の S_N2 反応の生成物を立体構造で示しなさい．

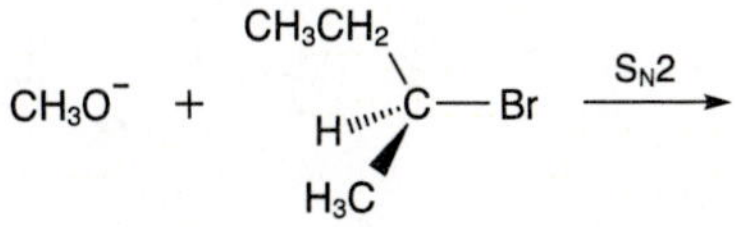

10.1.2 アルキル置換基の効果

S_N2 反応の遷移状態では，攻撃を受ける炭素のまわりには，部分的な結合も含めると，5 個の置換基が配位している（図 10.1）．炭素には最高 4 個の置換基しか結合できないので，この遷移状態は立体的に非常に混み合っている．このことから，攻撃を受ける炭素に結合する置換基が大きくなると，この反応の速度は遅くなると予想される．

ブロモメタン（CH_3Br）の 3 個の水素をすべてメチル基（$-CH_3$）で置き換えると，2-ブロモ-2-メチルプロパン（**3**）になる．**3** の攻撃を受ける炭素はブロモメタンの炭素に比べ，立体的に非常に混雑している．ブロモメタンの S_N2 反応を基準（$k = 1$）にして，水酸化物イオン（HO^-）との S_N2 反応の相対的速度定数（k）を比べると，**3** のそれは 1/3,000,000 である（すなわち，反応はほとんど起こらない）．

$$HO^- + CH_3Br \xrightarrow[k=1]{S_N2} CH_3OH + Br^-$$

ブロモメタン　　　　　　メタノール

立体的に混雑！

$$HO^- + (CH_3)_3CBr \xrightarrow[k=1/3,000,000]{S_N2} (CH_3)_3COH + Br^-$$

2-ブロモ-2-メチルプロパン　　　　2-メチル-2-プロパノール
　　　　　（**3**）　　　　　　　　　　　　　（**4**）

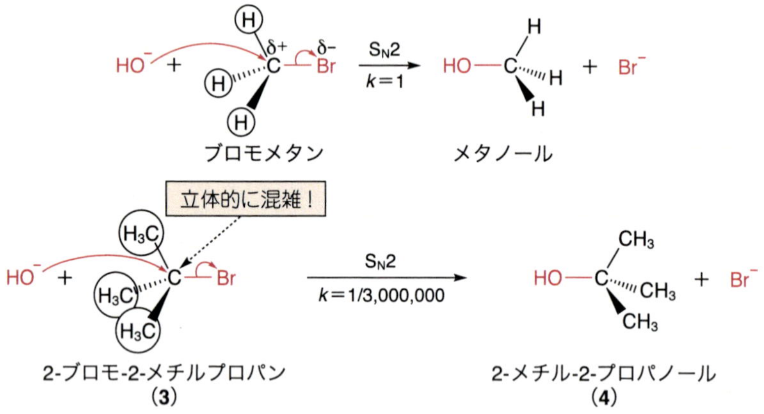

このように求核置換を受ける炭素上のアルキル置換基の数が増えるほど，また，その大きさが大きくなるほど，炭素のまわりの混み具合が増大するため，S_N2 反応の反応性は低下する．

ハロゲン化アルキルは，ハロゲンをもつ炭素に注目して，これが何個のアルキル（R）基と結合しているかによって，以下のように第一級から第三級に分類できる（図 10.2）．1 個の R としか結合していないものを**第一級ハロゲン化アルキル**といい，以下，2 個の R と結合しているものを**第二級ハロゲン化アルキル**，3 個の R と結合しているものを**第三級ハロゲン化アルキル**という．ハロゲン化メチル（ハロメタン）はいずれにも分類されない．

　　H　　　　　　　H　　　　　　　R　　　　　　　R
　　|　　　　　　　|　　　　　　　|　　　　　　　|
H—C—X　　　R—C—X　　　R—C—X　　　R—C—X
　　|　　　　　　　|　　　　　　　|　　　　　　　|
　　H　　　　　　　H　　　　　　　H　　　　　　　R

ハロゲン化メチル　第一級ハロゲン化　第二級ハロゲン化　第三級ハロゲン化
　　　　　　　　　　　アルキル　　　　　アルキル　　　　　アルキル

X=F, Cl, Br, I　　R=CH_3, CH_2CH_3 など

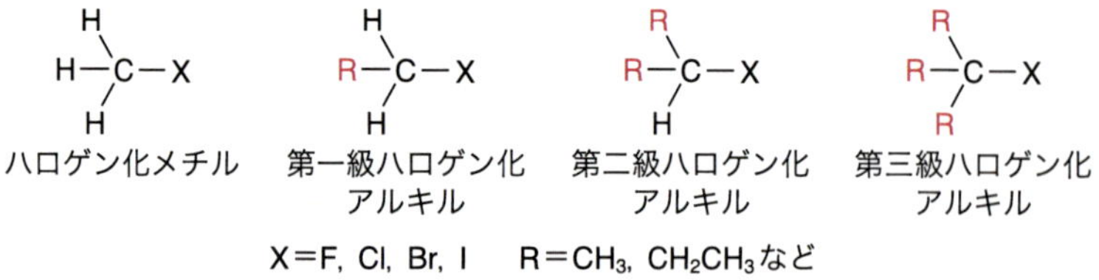

図 10.2 ハロゲン化アルキルの分類

この分類を用いると，S_N2 反応の反応性は，ハロゲン化メチル > 第一級ハロゲン化アルキル > 第二級ハロゲン化アルキル > 第三級ハロゲン化アルキルの順に低下する．

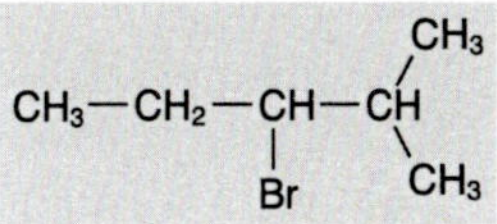

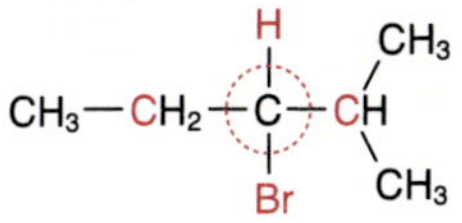

例題 10.2 右のハロゲン化アルキルの級数を示しなさい．

【解答】 ほかの部分に惑わされず，ハロゲン（この場合は Br）の結合しているCにだけ注目し（右図），そのCの残りの結合3本が何に結合しているかをみる．慣れない間は，ケクレ構造式に書き直してみるとよい．1本はHであり，残りの2本がCに結合しているので，第二級ハロゲン化アルキルであることがわかる．

設問 10.2 次のハロゲン化アルキルの級数を示しなさい．

(a) CH_3-CH_2-I

(b) $H_3C-\underset{\underset{F}{|}}{\overset{\overset{CH_3}{|}}{CH}}$

(c) $H_3C-\underset{\underset{CH_3}{|}}{\overset{\overset{CH_2OCH_3}{|}}{C}}-Br$

(d) ⌬$-CH_2CH_2-Cl$

(e) $CH_3-CH_2-\underset{\underset{Br}{|}}{\overset{\overset{CH_3}{|}}{C}}-\underset{\underset{CH_3}{|}}{\overset{\overset{CH_3}{|}}{CH}}$

(f) $H_3C-\underset{\underset{CH_3}{|}}{\overset{\overset{CH_3}{|}}{C}}-CH_2-I$

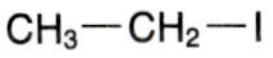

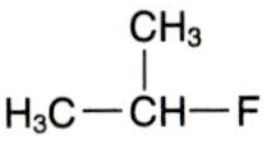

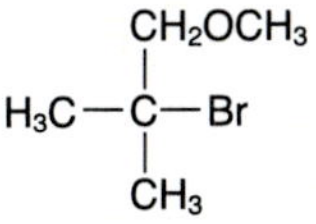

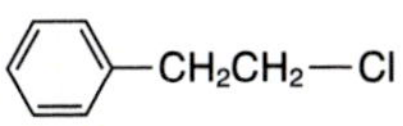

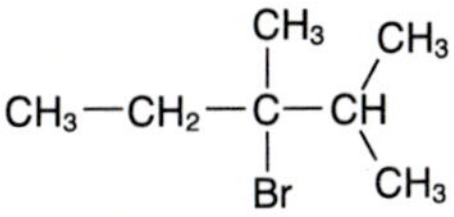

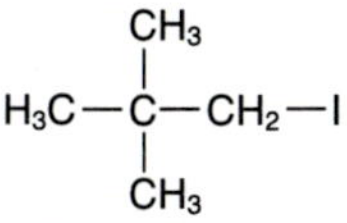

例題 10.3 次のハロゲン化アルキルの組合せのうち，S_N2 反応の受けやすいものはどちらかを示し，その理由を述べなさい．

CH_3-CH_2-Br と $CH_3-\overset{\overset{CH_3}{|}}{CH}-Br$

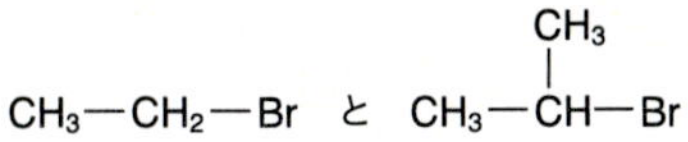

【解答】 臭素の結合している炭素の級数を比較すればよい．例題 10.2 の解答を参考にすると，前者は第一級で，後者は第二級であることがわかる．S_N2 反応は立体的に混み合ったハロゲン化アルキルでは起こりにくいので，前者のほうが S_N2 反応を受けやすい．

設問 10.3 次のハロゲン化アルキルの組合せのうち，S_N2 反応の受けやすいものはどちらかを示し，その理由を述べなさい．

(a) $H_3C-\overset{\overset{CH_3}{|}}{CH}-Br$ と $H_3C-\overset{\overset{CH_3}{|}}{CH}-CH_2-Br$

(b) $H_3C-\underset{\underset{CH_3}{|}}{\overset{\overset{CH_3}{|}}{C}}-Br$ と $H_3C-\underset{\underset{CH_3}{|}}{\overset{\overset{CH_3}{|}}{C}}-CH_2-Br$

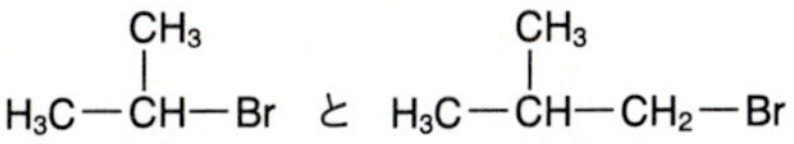

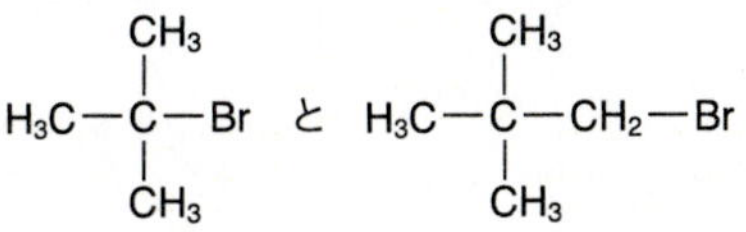

10.1.3 求核剤の効果

ハロゲン化アルキルに対してS_N2反応を行う求核剤は，水酸化物イオンだけではない．第6章で述べた求核剤のほとんどはS_N2反応を行う．表10.1にいくつかの例を示した．S_N2反応は非常に一般的なものであることがわかる．

求核剤は律速段階に含まれるので，その強さ（求核性）はS_N2反応の速度に影響する．たとえば，表10.1の反応で，水酸化物イオン（HO^-）は酢酸イオン（CH_3COO^-）より求核性が大きい（第6章参照）ので，ブロモメタンとより速く反応する．

表10.1 ブロモメタン（CH_3-Br）とさまざまな求核剤とのS_N2反応

$$Nu:^-（またはNu:）+ H_3C-Br \xrightarrow{S_N2} Nu-CH_3 + Br^-$$

求核剤	生成物	求核剤	生成物
$H:^-$	$H-CH_3$	$CH_3S:^-$	CH_3S-CH_3
$HO:^-$	$HO-CH_3$	$N\equiv C:^-$	$N\equiv C-CH_3$
$CH_3O:^-$	CH_3O-CH_3	$:N=N^+=N:^-$	N_3-CH_3
$H_3C-C(=O)(O^-)$	$H_3C-C(=O)(O-CH_3)$	$H_3N:$	$H_3N^+-CH_3 (Br^-)$
$HS:^-$	$HS-CH_3$	$(CH_3)_3N:$	$(CH_3)_3N^+-CH_3 (Br^-)$

設問 10.4 次のS_N2反応の経路を巻矢印で示し，生成物を書きなさい．キラル中心をもつ場合は，それぞれのエナンチオマーについて反応式を書きなさい．

(a) $H_3C-C(=O)(O^-)$ + $CH_3CH_2-CH(CH_3)(I)$ $\xrightarrow{S_N2}$

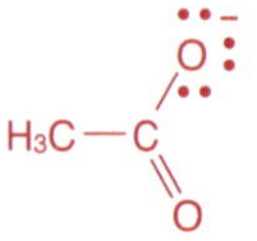

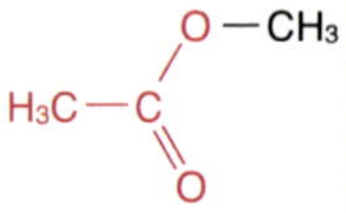

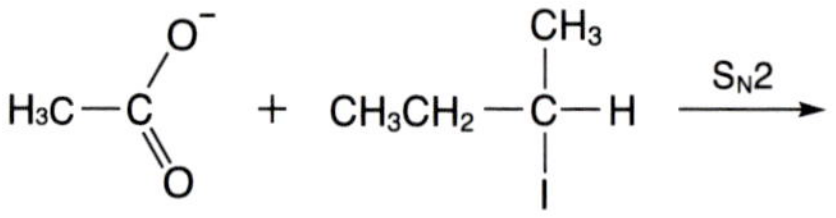

(b) $N\equiv C^-$ + $H_3C-CH(CH_3)-Br$ $\xrightarrow{S_N2}$

(c) $(CH_3)_3N$ + CH_3-CH_2-Br $\xrightarrow{S_N2}$

10.1.4 脱離基の効果

ハロゲン化アルキルの求核置換反応で，ハロゲンは求核剤によってハロゲン化物イオンとして押しだされ，脱離する．脱離する置換基(X^-)を**脱離基**という．脱離基はハロゲン化物イオン(Cl^-, Br^-, I^-)だけではなく，$RS(O)_2O^-$などもある．

$$Nu^- + \overset{\delta+}{C}\overset{\delta-}{-X} \longrightarrow Nu-C + X^- \quad \text{脱離基}$$

$$X^- = Cl^-, \ Br^-, \ I^-, \ RS(O)_2O^-$$

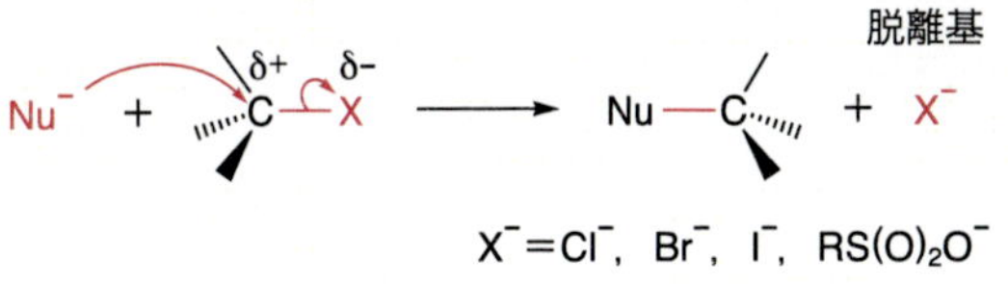

脱離のしやすさ(**脱離能**という)にも序列がある．脱離基は負電荷をもって離れるので，負電荷を安定化できるものほど，優れた脱離基である．酸の強さを理解するとき，アニオンの安定性について学んだ(第5章参照)．たとえば，酸(HX)は共役塩基(X^-)が安定なほど強い酸性を示す．HXからX^-が生じる傾向は，C-X結合からX^-が生成する傾向と同じである．したがって，共役酸の酸性度を比較することによって，脱離基としての序列を知ることができる．

ハロゲン化水素(HX)の酸性度(pK_a)を比較すると，ハロゲンの脱離のしやすさを判断できる．HXのpK_aはHIが最小であるので，I^-が一番脱離しやすく，周期表を上へいくにつれて脱離能は低下する．HFは最も大きいpK_a値をもつので，F^-は脱離基として非常に劣っていると予想される．実際に，フッ化アルキルは求核置換反応を受けない．

共役酸(HX)の酸性度(pK_a)：
$$HI(-10) > HBr(-9) > HCl(-7.2) > HF(3.2)$$
ハロゲン化物イオン(X^-)の脱離能： $I > Br > Cl \gg F$

強い酸性を示すのはハロゲン化水素だけではない．したがって，脱離基になるのはハロゲン化物イオンだけではない．ほかの強酸の共役塩基もよい脱離基になる．たとえば，ベンゼンスルホン酸($C_6H_5-S(O)_2OH$)はかなり強い酸($pK_a = -2.6$)なので，その共役塩基($C_6H_5-S(O)_2O^-$)はよい脱離基となる．

例を示そう．化合物(**5**)からは強酸の共役塩基(**6**)が容易に脱離できるので，**5**は求核置換反応を受ける．

$$CH_3CH_2O^- + \underset{\mathbf{5}}{H_3C-C(H)(H)-O-SO_2-C_6H_5} \xrightarrow{S_N2} CH_3CH_2O-C(CH_3)(H)(H) + \underset{\mathbf{6}}{{}^-O-SO_2-C_6H_5}$$

これとは反対に，弱酸の共役塩基はよい脱離基とはならない．水のpK_a

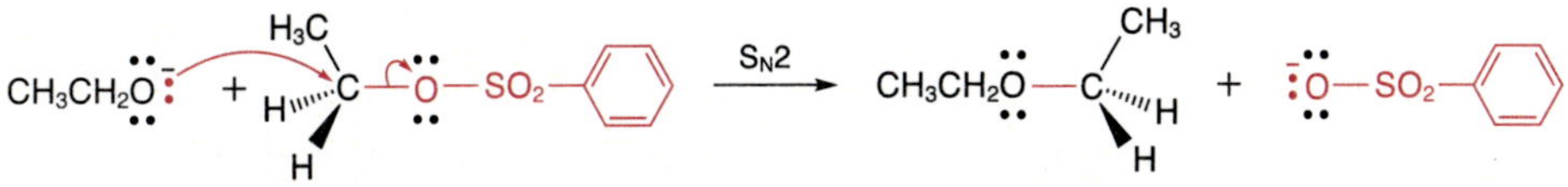

は 16 なので，その共役塩基(HO⁻)は脱離基にはなりえない．たとえば，エタノールに求核剤(Nu:⁻)を作用させても反応は起こらない．

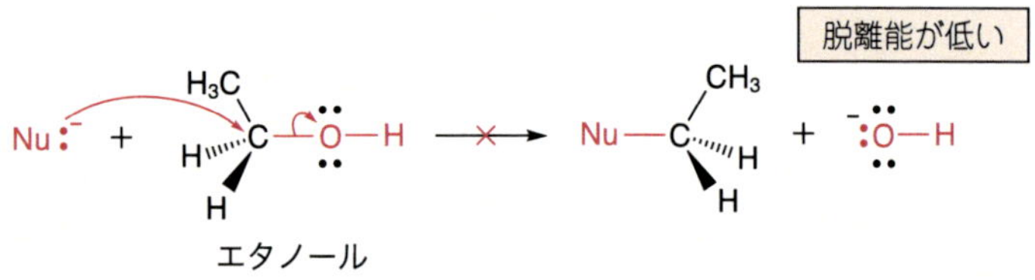

[脱離能が低い]

ところが，水がプロトン化されて生じる H_3O^+ の pK_a は -1.74 で，これは強酸である．このことは，その共役塩基(H_2O)はよい脱離基になることを意味している．したがって，アルコールの OH 基をまずプロトン化しておくと，容易に求核置換反応が起こる．

アルコールとハロゲン化水素(HX)の反応によるハロゲン化アルキルの生成は，このような反応の代表例である．ここでは，まずアルコールの OH 基は HX によってプロトン化され，$R-OH_2^+$ となる．これは優れた脱離基(H_2O)を放出できるので，X^- とスムーズに求核置換反応を起こす．エタノールと臭化水素の反応を以下に示す．

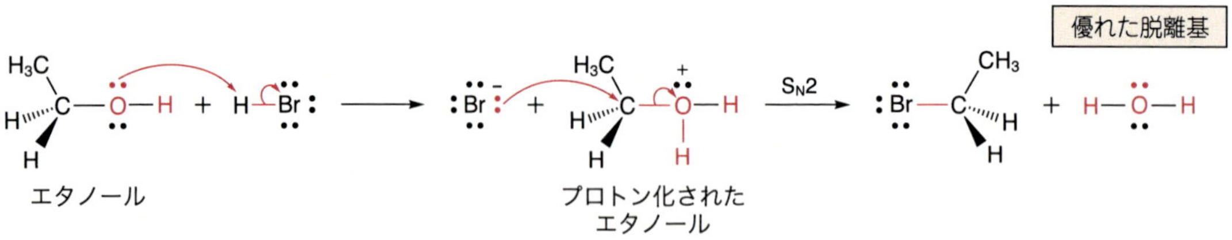

[優れた脱離基]

例題 10.4 次の組合せのうち，どちらが水酸化物イオン(HO⁻)と速く反応するかを予想し，その理由を述べなさい．

$$CH_3-CH_2-Br$$
と
$$CH_3-CH_2-O-\underset{\underset{O}{\|}}{C}-CF_3$$

【解答】 考えられる反応は以下のような求核置換反応であり，この場合，脱離基はそれぞれ臭化物イオン(Br⁻)とトリフルオロ酢酸イオン(CF_3COO^-)である．

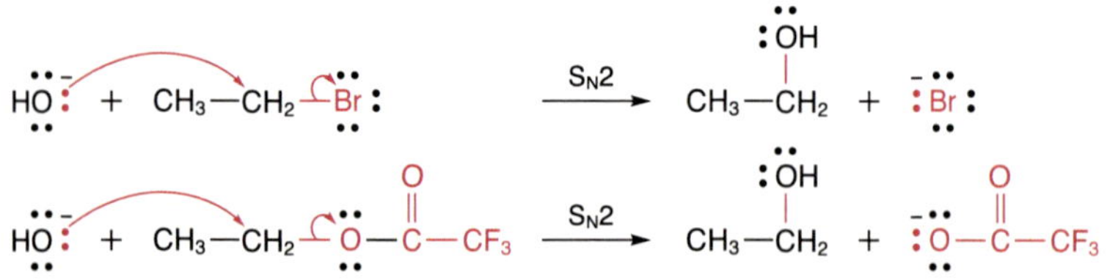

反応のほかの部分は同じであるので，反応の起こりやすさは，脱離基の脱離のしやすさで決まる．どちらが脱離しやすいかは，対応する共役酸のpK_aを比較すればよい．臭化物イオンの共役酸(HBr)のpK_a(−9)は，トリフルオロ酢酸イオンの共役酸(CF_3COOH)のそれ(−0.6)より小さいので，前者のほうが優れた脱離基である．したがって，前者のほうが速く反応すると考えられる．

設問 10.5 次の組合せのうち，どちらが水酸化物イオン(HO^-)と速く反応するかを予想し，その理由を述べなさい．

(a) CH_3-CH_2-Cl と $CH_3-CH_2-OC(CF_3)_3$ と $CH_3-CH_2-O-C_6H_5$

(b) $CH_3-CH_2-O-C_6H_5$ と $CH_3-CH_2-O-C_6H_4-NO_2$ と $CH_3-CH_2-O-C_6H_3(NO_2)_2(NO_2)$

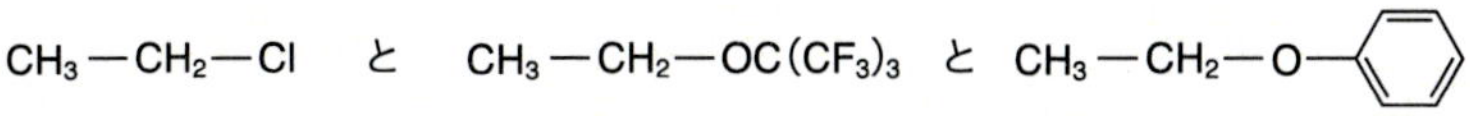

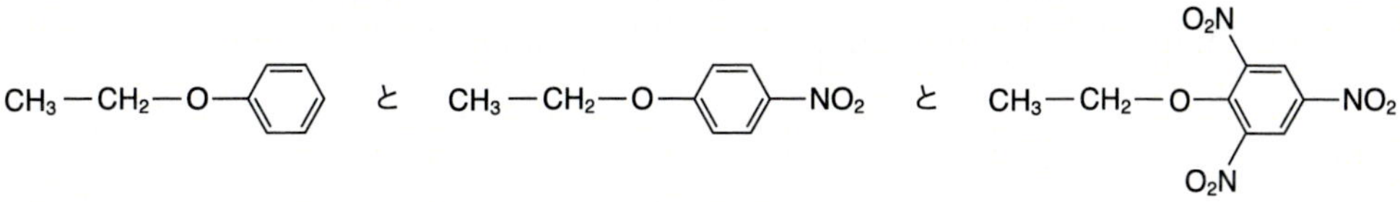

10.2　1分子求核置換反応

S_N2反応はアルキル置換基の影響が大きく，第三級ハロゲン化アルキルである2-ブロモ-2-メチルプロパン(**3**)と水酸化物イオン(HO^-)のS_N2反応は，ほとんど進まないことを学んだ．ところが，**3**は水酸化物イオンより求核性の小さい水と反応し，求核置換生成物である2-メチル-2-プロパノール(**4**)を与える．反応性の低い基質(**3**)が，求核性の小さい反応剤(H_2O)と反応するということは，これまでの説明では理解できない．

$$H_2O + H_3C-\underset{\underset{CH_3}{|}}{\overset{\overset{CH_3}{|}}{C}}-Br \longrightarrow HO-\underset{\underset{CH_3}{|}}{\overset{\overset{CH_3}{|}}{C}}-CH_3 + H-Br$$

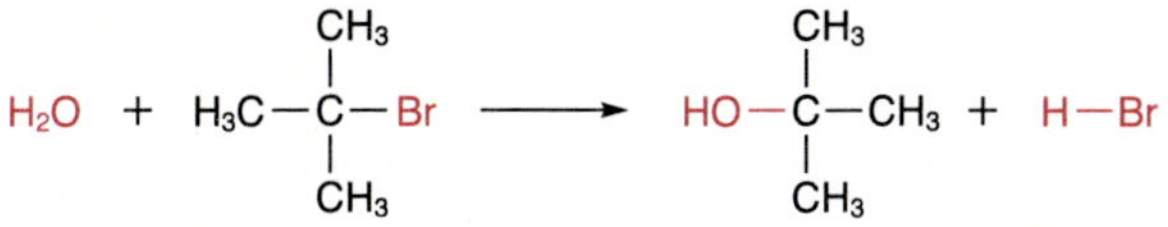

　　　　　　　　　　3　　　　　　　　　　**4**

この反応の速度を測定すると，**3**の濃度のみに依存し，求核剤の濃度には関係しないことがわかった．

$$反応速度 = k[2\text{-ブロモ-2-メチルプロパン}]$$

このことは，この反応が律速段階に求核剤を含まないことを意味し，前述したS_N2反応とは異なる経路で進んでいることを示す．どのような経路が考えられるだろうか．それは，**3**が求核剤の攻撃を受ける前にC−Br結合がヘテロリシスを起こす経路であり，この段階が律速段階になると考えることである．この経路で，カルボカチオン(**7**)と臭化物イオンが生成するが，カルボカチオンは速やかに水と反応するので，反応速度は水の濃

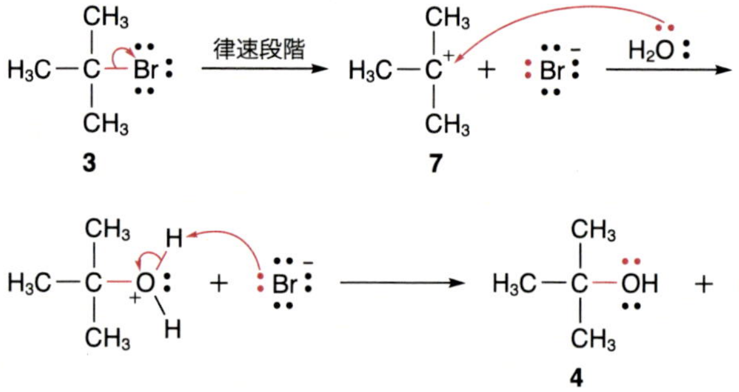

図 10.3 S_N1 反応の起こる経路

度には依存しない．すなわち，この反応は二段階で進行する（図 10.3）．

この反応に伴うエネルギーは，第 9 章の図 9.3(a) のように変化する．C−Br 結合が切れる段階が律速段階（遷移状態 1）で，エネルギー的に極小にある中間体はカルボカチオン (**7**) である．そして，カルボカチオンに水分子が攻撃する段階はエネルギーの低い遷移状態 2 であり，反応速度には影響しない．

この反応は置換（**s**ubstitution）が求核的（**n**ucleophilic）に起こり，律速段階に **1** 分子しか含まないことから，S_N1 **反応**と呼ばれる．

10.2.1 反応の立体化学

この反応では中間体としてカルボカチオンが生成するので，反応の立体化学は S_N2 反応のそれとはまったく異なる．カルボカチオンの炭素は sp^2 混成した平面構造をもち（第 7 章，図 7.13），電子をもたない空の p 軌道は分子平面の上下に広がっている．この場合，求核剤（Nu:）は分子平面の上下どちらの面からでも攻撃できる．したがって，エナンチオマーの一方の異性体を用いて反応させても，生成物は反応物質での立体配置が反転したもののほかに，保持されたものも等量生成する（**ラセミ化**†という）と予想される（図 10.4）．

用語解説
ラセミ化
第 8 章で述べたが，エナンチオマーの 50：50 混合物を**ラセミ体**といい，一方のエナンチオマーからラセミ体が生成する反応をラセミ化という．

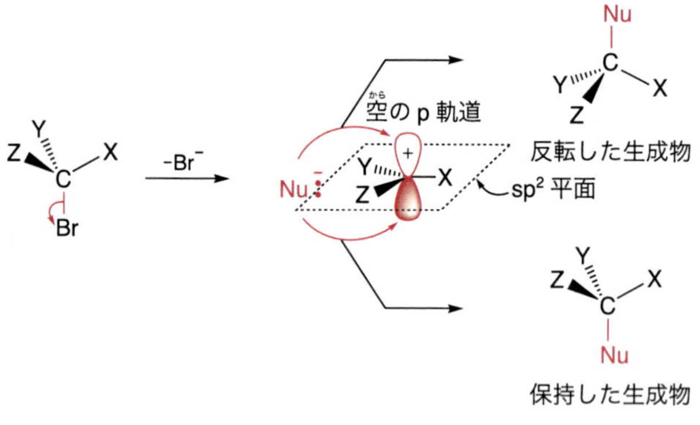

図 10.4 S_N1 反応の立体化学

この経路も，キラル中心をもつハロゲン化アルキルを用いて確かめられている．たとえば，キラルな分子である6-クロロ-2,6-ジメチルオクタンの一方のエナンチオマー(**8**)を水とS_N1反応させると，アルコール**9**が得られる．**9**の立体配置を調べると，立体配置の反転した生成物(**9a**)とともに，保持された生成物(**9b**)も得られる．このことは図10.4の予想と一致している．しかし，実際には反転した生成物**9a**がやや多く生成する．これは，脱離基(この場合はCl^-)が炭素から完全に離れる前に，求核剤が攻撃するので，脱離基側からの反応がやや阻害されるためである．

6-クロロ-2,6-ジメチルオクタン (**8**)

脱離したCl^-より阻害される

反転生成物 (**9a**, 60%)

保持生成物 (**9b**, 40%)

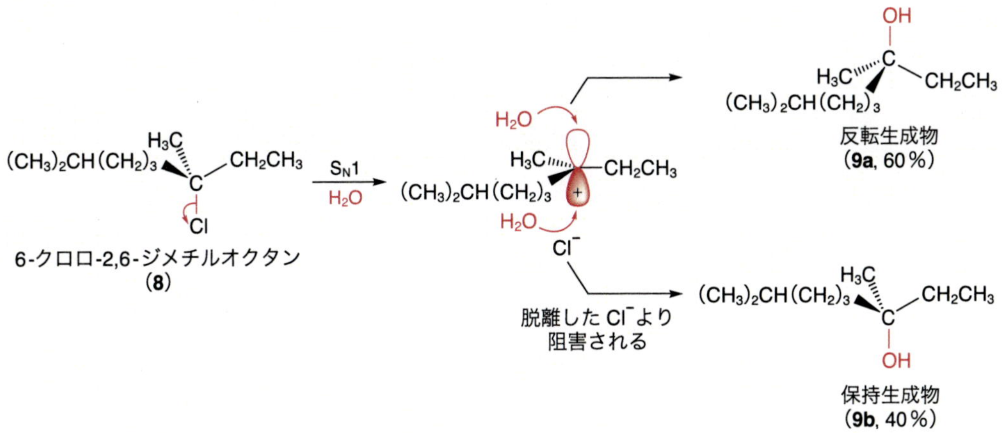

10.2.2 アルキル置換基の効果

S_N1反応では中間体としてカルボカチオンが生成するので，カルボカチオンが安定化するほど，反応しやすくなると考えられる．カルボカチオンは，電子供与性の誘起効果(表3.2)をもつアルキル基が増えるほど安定化する(Box ❾，図10.5)．

したがって，S_N1の反応性は，ハロゲン化メチル < 第一級ハロゲン化

Box ❾ カルボカチオンの級数と安定性

ハロゲン化アルキルの場合と同じように，カルボカチオンも正電荷をもつ炭素に注目し，これが何個のアルキル(R)基と結合しているかによって，第一級から第三級に分類できる(図10.5)．1個のRとしか結合していないものを第一級カルボカチオンといい，以下，2個のRと結合しているものを第二級，3個のRと結合しているものは第三級という．メチルカチオンはいずれにも分類されない．アルキル基は電子供与性の置換基なので，カルボカチオンは級数の大きいものほど安定である．

メチルカチオン < 第一級カルボカチオン < 第二級カルボカチオン < 第三級カルボカチオン

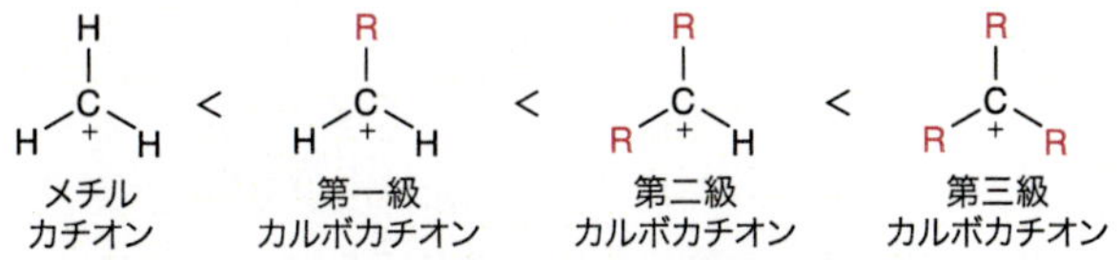

図10.5 カルボカチオンの級数と安定性

アルキル＜第二級ハロゲン化アルキル＜第三級ハロゲン化アルキルの順に増大する．これはS_N2の反応性とは正反対の傾向である．

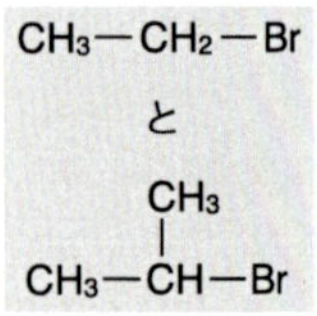

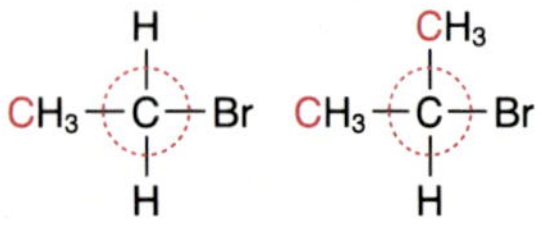

例題 10.5 左のブロモアルカンの組合せのうち，S_N1反応の速度が速いのはどちらかを予想し，その理由を述べなさい．

【解答】 脱離基は同じであるので，臭素の結合している炭素に注目して，その級数を例題10.2を参考にして見分ければよい．それぞれ第一級と第二級であることがわかる．S_N1反応は中間体のカルボカチオンの安定なほうが起こりやすいので，後者の第二級ハロゲン化アルキルのほうが反応しやすいと考えられる．

設問 10.6 次のブロモアルカンの組合せのうち，S_N1反応の速度が速いのはどちらかを予想し，その理由を述べなさい．

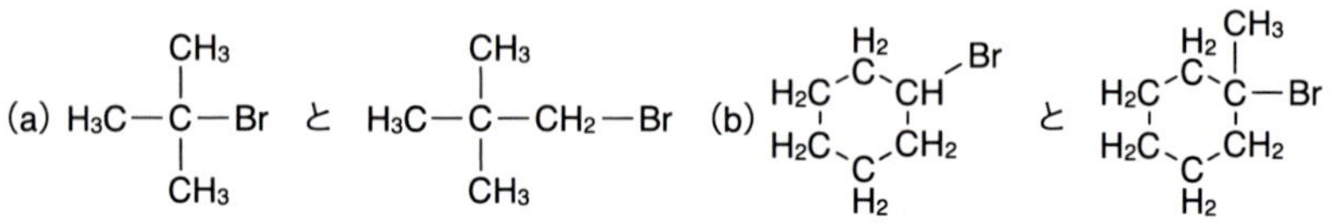

10.2.3 求核剤と脱離基の効果

S_N1反応では，求核剤の攻撃は律速段階には含まれないので，求核性は反応の速度にはほとんど影響しない．一方，S_N1反応でも脱離基の脱離は律速段階に含まれるので，脱離能はS_N2反応と同様，反応性に大きな影響を及ぼす．

設問 10.7 次のハロゲン化物の組合せのうち，S_N1反応の速度が速いのはどちらかを示し，その理由を述べなさい(例題10.4参照)．

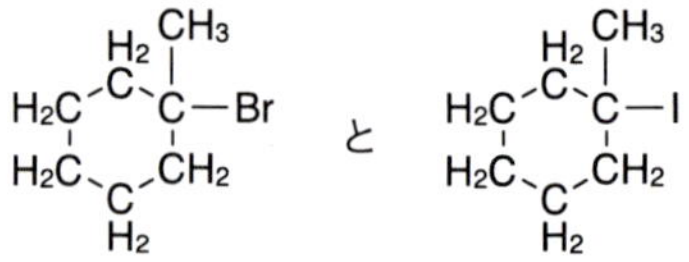

【この章のまとめ】

（1）ハロゲン化アルキルなど電気陰性度の大きい原子または官能基と結合した炭素をもつ化合物は求核置換反応を受ける．

（2）求核置換反応には2分子的に一段階で起こるS_N2反応と，1分子的に段階的に起こるS_N1反応とがある．

（3）S_N2 反応は基質の立体配置の反転を伴って起こり，また置換を起こす炭素の級数が大きくなるほど，反応性は低下する．

（4）S_N1 反応ではカルボカチオンを経由して起こるので，基質の立体配置は失われ，また置換を起こす炭素の級数が大きくなるほど，反応性は増大する．

（5）求核置換反応は非常に一般的な反応で，多くの化合物がこの反応を用いて合成される．

章末問題

問 10.1 S_N2 反応と S_N1 反応の共通点と相違点を述べなさい．

問 10.2 ブロモアルカン（C_4H_9Br）の構造異性体をすべて書き，それらの化合物を S_N2 反応の起こりやすい順に並べなさい．

問 10.3 1-ブロモ-2-メチルブタンと NC^- の反応速度は，以下のように実験条件を変えると，どう変化するか．

（a）NC^- の濃度を2倍にする．

（b）NC^- の濃度を半分にし，1-ブロモ-2-メチルブタンの濃度を2倍にする．

（c）NC^- の濃度と 1-ブロモ-2-メチルブタンの濃度をともに4倍にする．

問 10.4 以下の二つのハロゲン化アルキルのうち，どちらの化合物がより速く S_N2 反応を起こすかを示し，その理由を述べなさい．

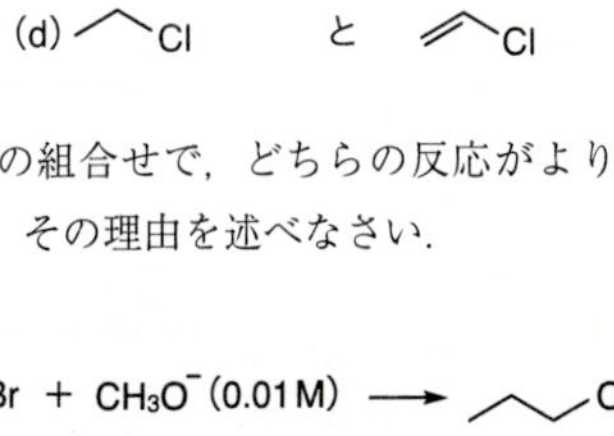

問 10.5 次の組合せで，どちらの反応がより速く反応するかを答え，その理由を述べなさい．

(a)
a-1 〜Br + CH_3O^- (0.01 M) → 〜OCH_3 + Br^-
a-2 〜Br + CH_3O^- (0.001 M) → 〜OCH_3 + Br^-

(b)
b-1 〜I + HO^- → 〜OH + I^-
b-2 〜I + H_2O → 〜OH + HI

(c)
c-1 〜Cl + NaCN → 〜CN + NaCl
c-2 〜I + NaCN → 〜CN + NaI

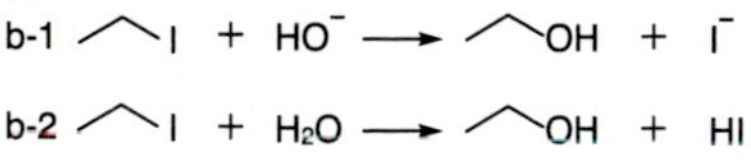

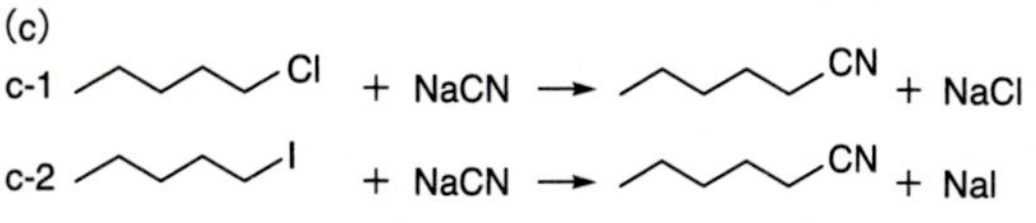

問 10.6 2-ブロモオクタンはキラル中心を一つもつのでエナンチオマーがある．次に示すエナンチオマーに求核剤 (a) CH_3S^-，(b) NC^-，(c) $CH_3CO_2^-$ を反応させたときに予測される生成物を書きなさい．

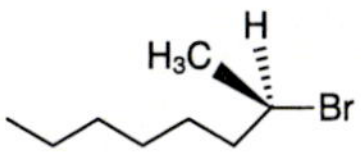

問 10.7 臭化ベンジルと臭化 p-メトキシベンジルをエタノール中で反応させると，相当するエチルエーテルが生じる．どちらが速く反応するかを答え，その理由を述べなさい．

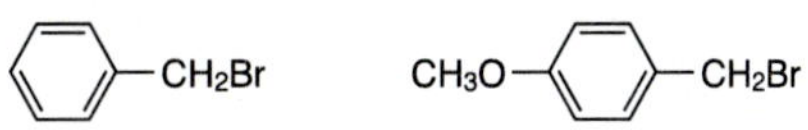

臭化ベンジル　　　臭化 p-メトキシベンジル

問 10.8 次の化合物は S_N1，S_N2 のいずれの反応においても反応性はきわめて乏しい．その理由を説明しなさい．

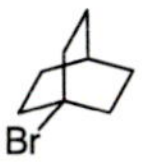

補講 3　酸化反応と還元反応

酸化と還元は最もポピュラーな化学反応の一つであり，電子の授受で定義される．電子を失って酸化数が増大する過程が酸化，電子を受け取って酸化数が減少する過程が還元である．しかし，共有結合を含む有機化合物の反応では電子の授受がはっきりしないので，酸素を得る（または水素を失う）反応を酸化，その逆の反応を還元という．本書に登場するものも含めて，一般的な酸化反応と還元反応を以下にまとめて示す．

■ 酸化反応 ■

（1）アルコールの酸化

アルコールは酸化されてカルボニル化合物を与える．第一級アルコールはアルデヒドを与えるが，これは酸化されやすくカルボン酸になる．第二級アルコールはケトンを与えるが，第三級アルコールは酸化されない．

第一級アルコール →（CrO_3, H^+）→ アルデヒド →（CrO_3, H^+）→ カルボン酸

第二級アルコール →（CrO_3, H^+）→ ケトン

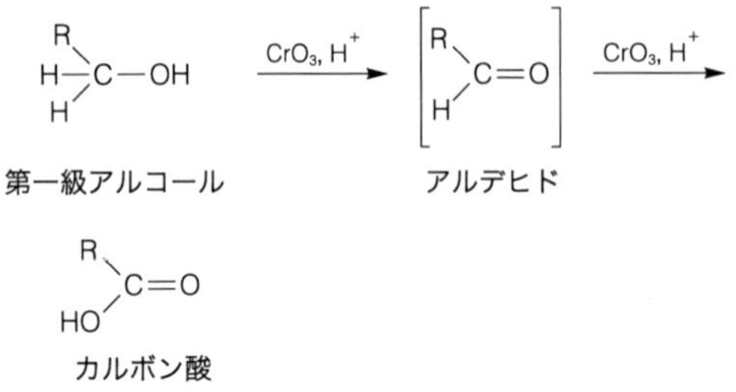

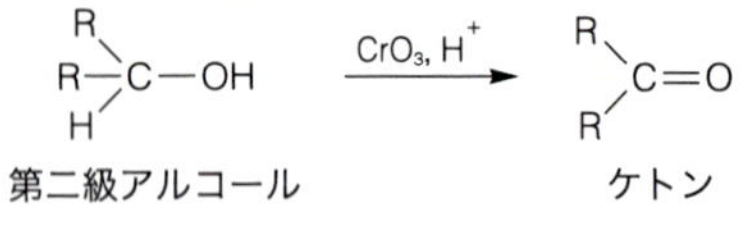

（2）アルキルベンゼンの酸化

芳香環に結合したアルキル基（R）は強い酸化剤で酸化され，カルボン酸を与える．アルキル基の長さに関係なく，芳香族カルボン酸が生成する．

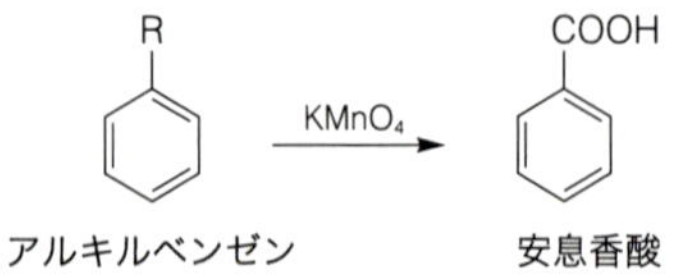

アルキルベンゼン →（$KMnO_4$）→ 安息香酸　（第15章）

■ 還元反応 ■

（1）アルケン，アルキンの還元

アルケンは還元されてアルカンを，またアルキンはアルケンを与える．この条件下ではアルケンは還元され，最終的にアルカンを与える．

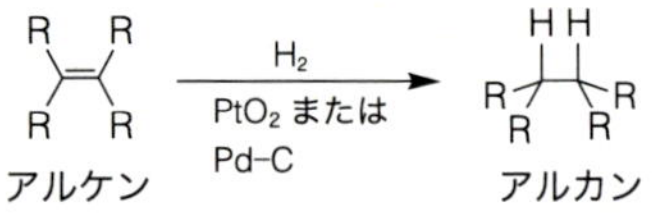

アルケン →（H_2, PtO_2 または Pd-C）→ アルカン　（第12章）

アルキン →（H_2, PtO_2 または Pd-C）→ [アルケン] →（H_2, PtO_2 または Pd-C）→ アルカン

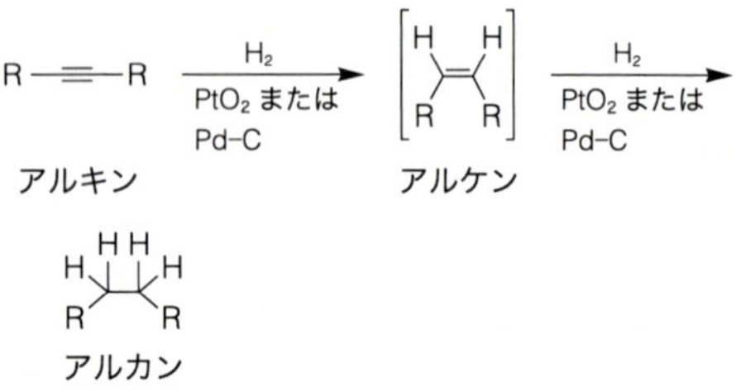

（2）カルボニル化合物の還元

アルコールの酸化の逆反応である．エステルは強い還元剤を用いないと還元されない．芳香族ケトンはアルカンまで還元できる．

ケトン →（1) $LiAlH_4$ または $NaBH_4$，2) H/H_2O^+）→ 第二級アルコール　（第13章）

エステル →（1) $LiAlH_4$，2) H/H_2O^+）→ 第一級アルコール　（第13章）

芳香族ケトン →（Zn/Hg, HCl）→ アルキルベンゼン　（第15章）

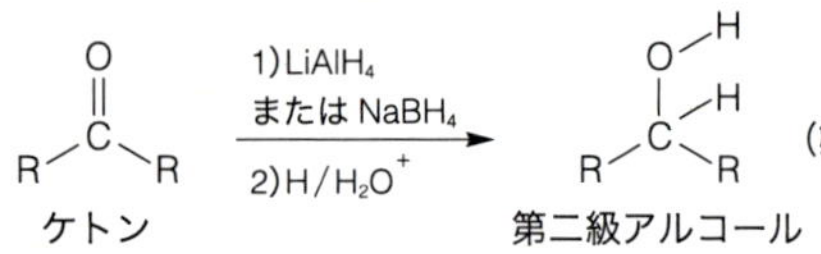

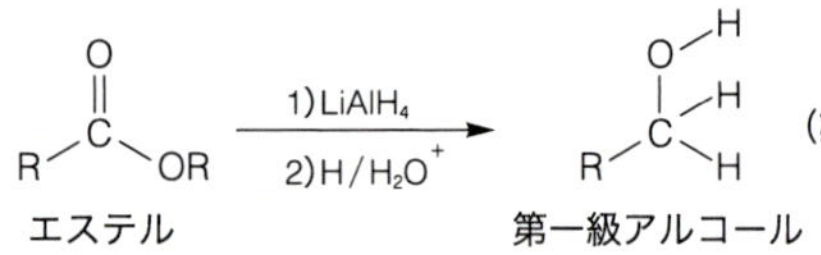

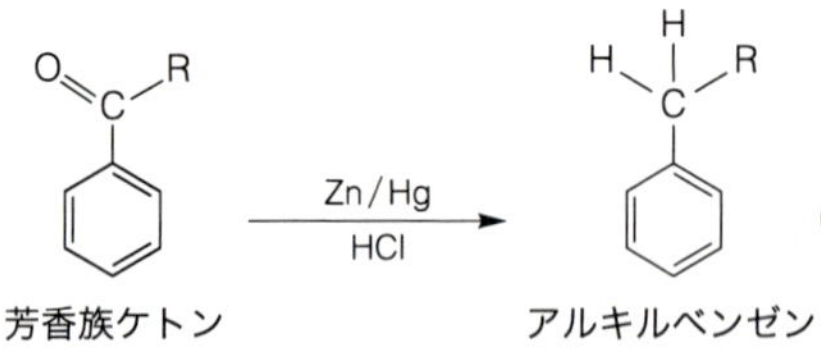

第11章

脱離反応
π結合が生成する反応

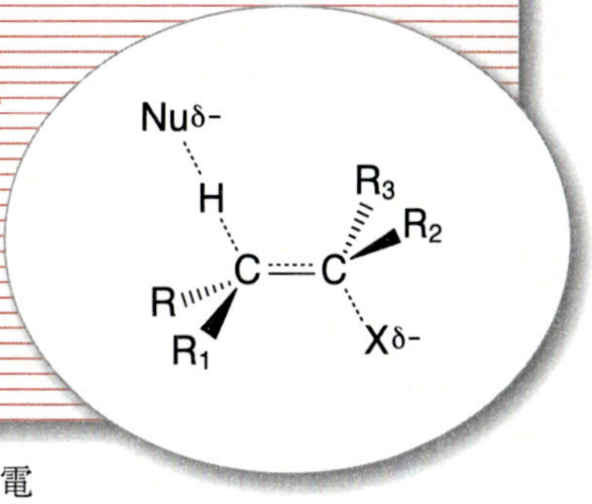

　求核剤は塩基でもあるので，ハロゲン化アルキルと反応するとき，求電子性の炭素(C−X)だけでなく，分子内にある水素も攻撃できる．しかし，第5章で学んだように，電気陰性度の差が小さい炭素に結合した水素は多くの場合，酸性を示さないので，この反応は考えなくてもよい．ところが，ハロゲン(X)の結合した炭素の隣の炭素上に水素がある場合，求核剤はこの水素(H−C−C−X)を攻撃する．それに伴って，ハロゲン化物イオン(X^-)が脱離して二重結合(C＝C)が生成する．

　たとえば，1-ブロモプロパン(**1**)に求核剤としてエトキシドイオン($CH_3CH_2O^-$)を反応させると，求核置換生成物である1-エトキシプロパン(**3**)とともに，プロペン(**2**)も生成する．このプロペン(**2**)は，求核剤が1-ブロモプロパン(**1**)の水素を攻撃し，結果的に HBr が脱離して生成する．この反応は**脱離反応**と呼ばれる．この場合も，第10章で学んだ求核置換反応と同じように，2分子的に進行する脱離(elimination)反応(**E2 反応**)と，1分子的に進行する脱離反応(**E1 反応**)とがある．

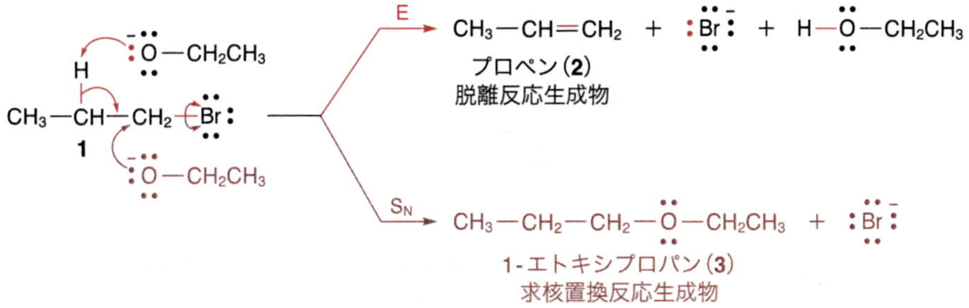

11.1　2分子脱離反応

　1-ブロモプロパン(**1**)とエトキシドイオンとの反応速度は，それぞれについて一次，全体では二次反応である．このことは，反応は一段階反応で

あり，律速段階にはハロゲン化アルキル（この場合 **1**）と求核剤（この場合エトキシドイオン）の二つの分子が含まれることを示す．すなわち，反応に伴うエネルギーは第9章の図9.2のように変化する．これは律速段階に2分子を含む脱離反応であることから，E2反応という．この反応は多くの点でS_N2反応によく似ている．反応の特徴を説明しよう．

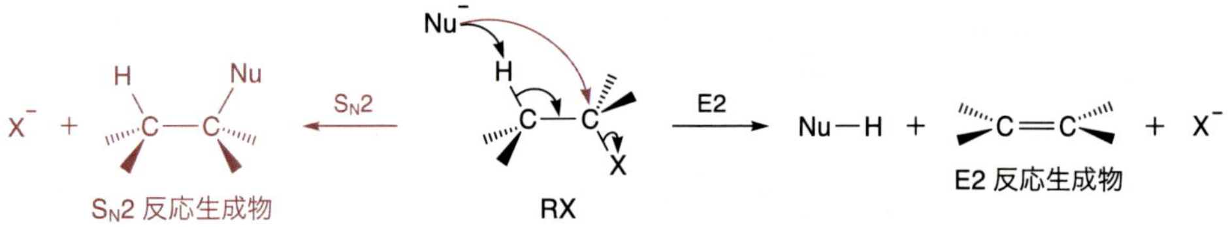

反応速度 $= k[\text{RX}][\text{Nu}^-]$

11.1.1 反応の立体化学——立体配置の保持

E2反応では，求核剤($\text{Nu}:^-$)は，ハロゲン化アルキルのハロゲンが結合した炭素(C–X)の隣にある炭素上の水素(H–C–C–X)を攻撃する．この場合もNu^-は，Hが脱離するXから最も離れた配座をとるように接近する．それは，図11.1に示すように，H–C結合がC–X結合と同じ平面で反対方向にある配座である．Nu^-が近づくとともに，H–CとC–X結合は長くなり，遷移状態では$\text{Nu}^{\delta-}\cdots\text{H}\cdots\text{C}\cdots\text{C}\cdots\text{X}^{\delta-}$の5個の原子が同一平面上に並ぶ†．

図11.1に示した遷移状態では，点線は部分的に開裂するか，部分的に生成している結合を表す．すなわち，H$\cdots$CとC$\cdots$X結合が部分的に開裂すると同時に，NuとHとの間の結合が部分的に生成し，また，C–C上に部分的な二重結合も生成している．

このように，E2反応もS_N2反応と同様に，結合の生成と開裂が連動して起こる協奏反応である．この結果，脱離を受ける炭素上での立体配置は，生成物のアルケンに保持される．

用語解説
アンチペリプラナー
図11.1のように，脱離するHとXが互いに反対方向にあり，5個の原子が同一平面に並ぶ遷移状態をアンチペリプラナー形の遷移状態という．ニューマン投影図（**Box ⑤**, p.86参照）を用いるとわかりやすい．

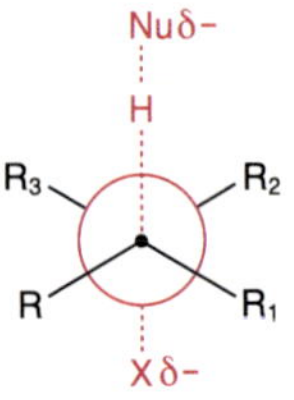

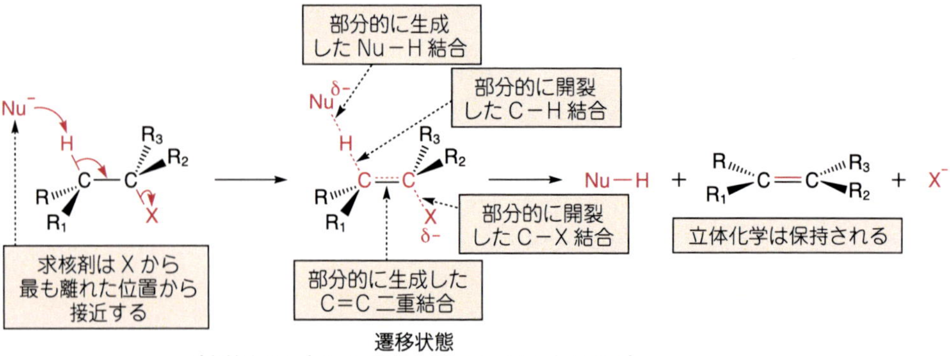

遷移状態
（点線上の5個の原子はすべて同一平面上にある）

図11.1 E2反応の起こる経路
（赤い点線は部分的に開裂するか，部分的に生成している結合を示す）

E2 反応が図 11.1 のような遷移状態をとって進むことは，基質であるハロゲン化アルキルのジアステレオマーを用いて確かめられている．たとえば，1-ブロモ-1,2-ジフェニルプロパン(**4**)を用いた実験について説明しよう．**4** はキラル中心を 2 個もち，ジアステレオマー(**4a** と **4b**)が存在する．**4a** とメトキシドイオン(CH_3O^-)との E2 反応の遷移状態を図 11.1 にならって書くと，下に示したようになる．この状態からは E 異性体(**5a**)しか得られないと予想され，実際に **5a** しか得られない．

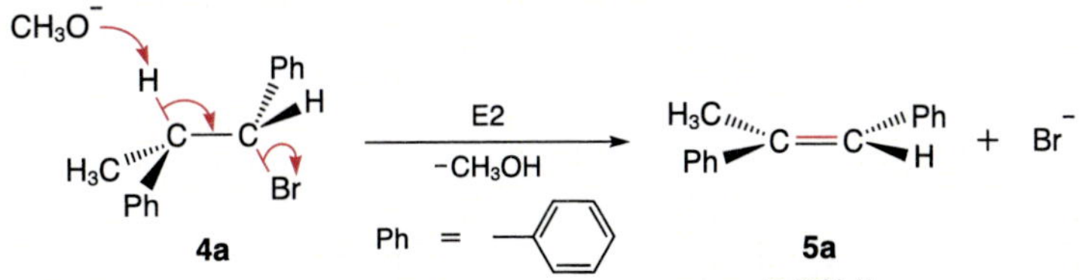

☞ **one point**
置換基を記号で略す
左の反応式でフェニル基を Ph で示した．有機化合物はさまざまな置換基を含むので，これらの置換基を記号で表すのが普通である．以下にいくつかの例を示す(第 5 章，p.50 参照)．

記号	構造式
Ph	—⌬
Me	—CH_3
Et	—C_2H_5
Pr	—C_3H_7
Bu	—C_4H_9

もう一方のジアステレオマー(**4b**)の E2 反応の遷移状態は以下のようになり，これからは Z 異性体(**5b**)しか生成しない．

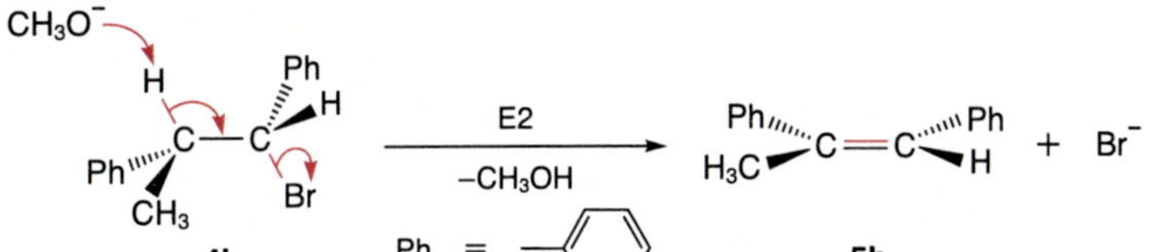

このように，E2 反応によって生成するアルケンの立体配置は，基質の立体配置によって決まる．

設問 11.1 次の E2 反応の遷移状態から生成するアルケンの構造を書きなさい．

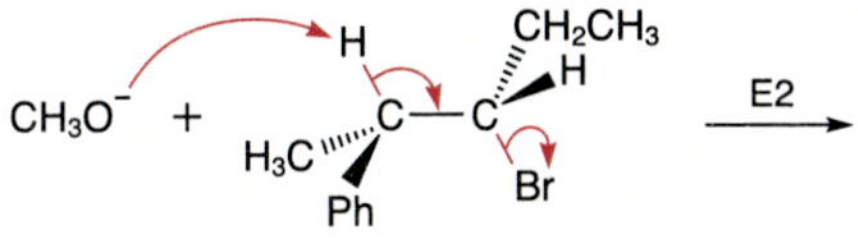

11.1.2 脱離反応の位置選択性

脱離可能な水素が二種類ある場合，どちらの水素が引き抜かれるのであろうか．それに関して選択性†がある．たとえば，2-ブロモペンタン(**6**)とメトキシドイオン(CH_3O^-)との E2 反応では，C_1 に結合した水素への攻撃によって 1-ペンテン(**7**)を，また C_3 の水素への攻撃によって 2-ペンテン(**8**)を与える．

アルケンの安定性は置換の様式で決まっており，二重結合の炭素がアル

用語解説
位置選択性
二つ以上の異性体が生成する可能性のある反応で，一方の異性体が多く生成する特性を位置選択性という．

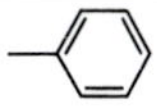

用語解説
ザイツェフ則
脱離反応では，置換基をより多くもつアルケンが優先的に生成する．これをザイツェフ則と呼ぶ．

キル置換基を多くもつほど，安定になる．**6**のE2反応でも，アルキル置換基の多い**8**が**7**より多く生成する（**ザイツェフ則**[†]）．E2反応の遷移状態では，部分的に二重結合が生成しているので，より安定なアルケンを与える経路の遷移状態のほうが，好ましいことを示している．

$$\text{CH}_3\text{CH}_2-\overset{3}{\text{CH}}-\overset{2}{\text{CH}}-\overset{1}{\text{CH}_2}$$
（H, Br, H）
$\text{H}_3\text{C}-\text{O}^-$
2-ブロモペンタン（**6**）

→ CH₃CH₂—CH₂—CH=CH₂　28％
1-ペンテン（**7**）
（一置換アルケン）

→ CH₃CH₂—CH=CH—CH₃　72％
2-ペンテン（**8**）
（二置換アルケン）

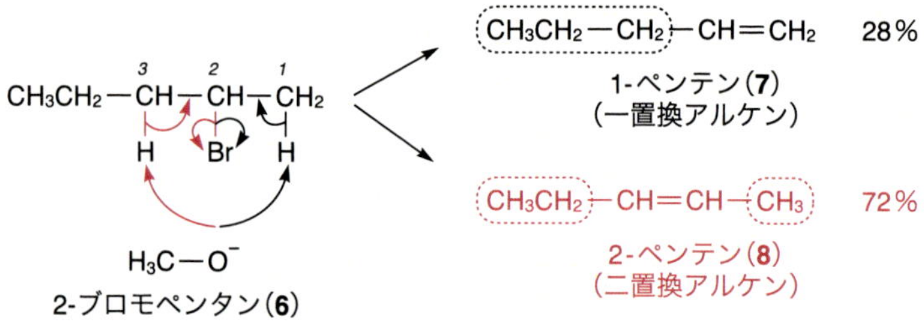

例題 11.1 次のE2反応では二種類のアルケンが得られる．それぞれの生成経路を巻矢印で示し，どちらのアルケンが多く生成するかを予想しなさい（二重結合の立体化学は無視せよ）．

$$\text{CH}_3\text{O}^- + \text{CH}_3-\text{CH}_2-\underset{\underset{\text{Br}}{|}}{\text{CH}}-\text{CH}_3 \xrightarrow{\text{E2}}$$

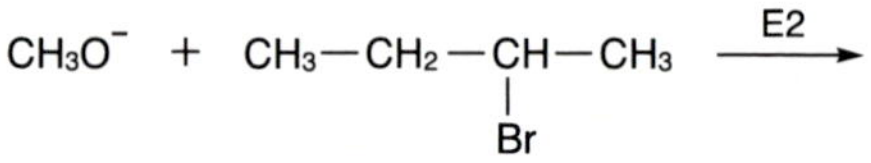

【解答】 まず塩基に攻撃される水素をケクレ構造式で示して，明確にしておこう．脱HBrを行うと二種類のアルケンが得られる．二重結合の2個のCに結合したアルキル基の数を数えると，一置換と二置換であることがわかる．二置換アルケンのほうが安定なので，こちらが主生成物と予想される．

CH₃O⁻
CH₃—CH—CH—CH₂ (H, H, Br) —E2→ CH₃—CH=CH—CH₃ ＋ CH₃—CH₂—CH=CH₂
　　　　　　　　　　　　　　　　二置換アルケン　　　　　一置換アルケン
　　　　　　　　　　　　　　　　（主生成物）

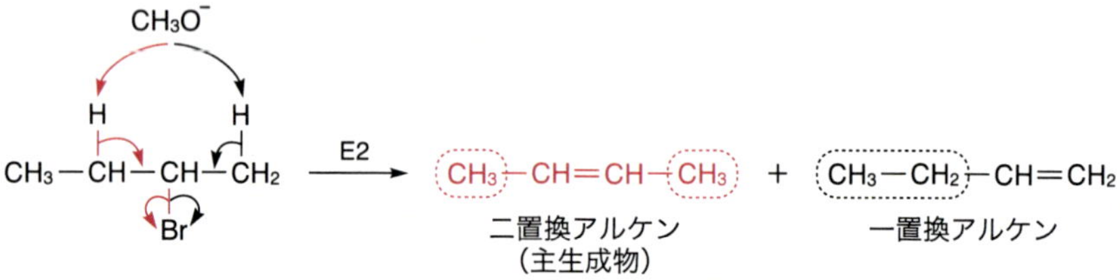

Box 10　アルケンの安定性

アルケンは二重結合の炭素がもつ置換基の数によって，以下のように一置換体から四置換体まである．アルキル置換基が多いアルケンは少ないものより安定である．

これは，電子供与性のアルキル置換基（アルキル基の炭素はsp^3混成）から，電子求引性のアルケン炭素（sp^2混成）へ電子が供与されることによって，アルケンの安定化が起こる，と考えると説明できる．

一置換アルケン ＜ 二置換アルケン ＜ 三置換アルケン ＜ 四置換アルケン

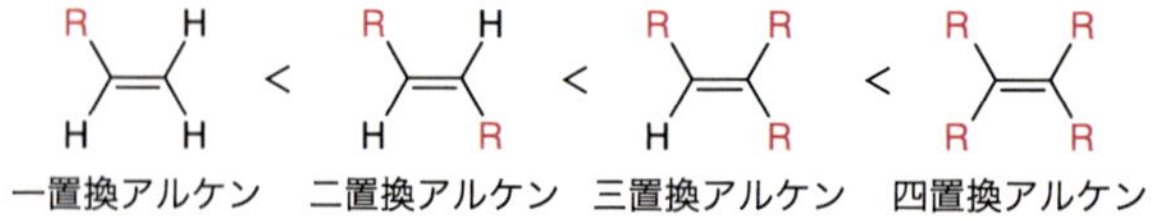

設問 11.2 次の E2 反応では二種類のアルケンが得られる．それぞれの生成経路を巻矢印で示し，どちらのアルケンが多く生成するかを予想しなさい（アルケンの立体化学は無視せよ）．

(a) CH_3O^- + $CH_3-CH_2-CH_2-CH(Br)-CH_3$ $\xrightarrow{E2}$

(b) CH_3O^- + $CH_3-CH_2-CH(Br)-CH(CH_3)_2$ $\xrightarrow{E2}$

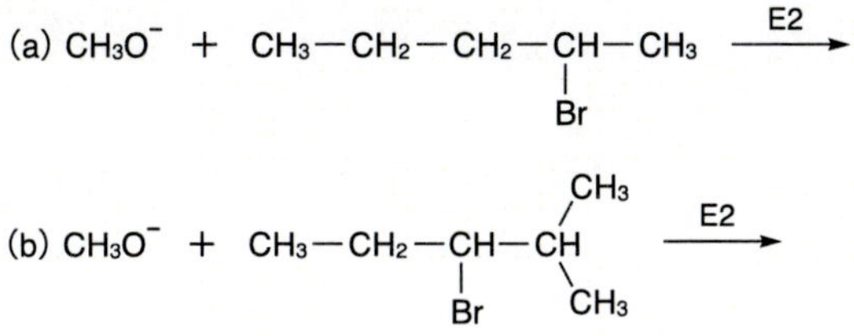

11.2　1分子脱離反応

第10章で2-ブロモ-2-メチルプロパン(**9**)は水と反応し，S_N1反応を受けてアルコール(**11**)を与えることを学んだ．この場合も求核置換生成物(**11**)だけではなく，脱離反応生成物である2-メチルプロペン(**12**)も生成する．この脱離反応の速度も，**9**の濃度だけに依存し，求核剤の濃度を変えても変化しない．すなわち，**12**を生成する反応は，律速段階に1分子しか含まない脱離反応である．これは二段階反応であり，E1反応という．

律速段階に求核剤が含まれていないことから，E1反応は，S_N1反応と同様に，求核剤が攻撃する前に，律速段階で**9**のC-Br結合がヘテロリシスを起こして，カルボカチオン(**10**)を与える機構で進行する．**10**は，カチオン中心の炭素が水(求核剤)の攻撃を受け，求核置換反応(S_N1)生成物(**11**)を与える．同時に，水(塩基)が臭素の結合した炭素(C-Br)の隣にあるメチル基の水素(H-C-C-Br)を攻撃し，脱離反応(E1)生成物(**12**)が得られる．この反応に伴うエネルギーも，第9章の図9.3(a)のように変化する．すなわち，C-Br結合が切れる段階(遷移状態1)が律速段階で，エネルギー的に極小にある中間体はカルボカチオン(**10**)である．カルボカチオンに水分子が攻撃する段階はエネルギーの低い遷移状態2であり，反応速度に影響しない．

反応速度 = $k[\text{RX}]$

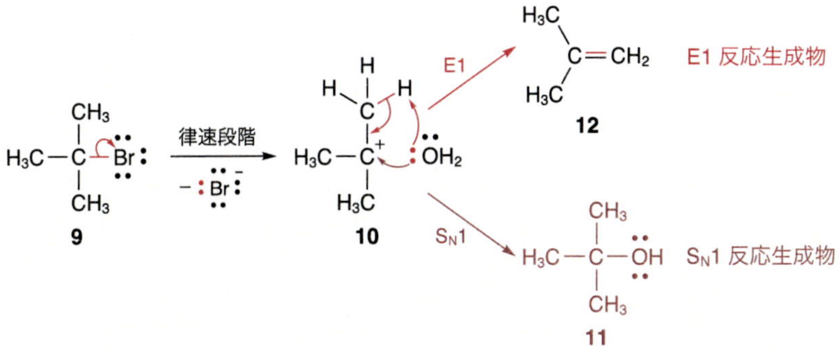

11.2.1 反応の立体化学

E1反応の場合は，まずC−Br結合が開裂し，カルボカチオンが生成したのちに，プロトンが脱離する．カルボカチオンの置換基はすべて単結合であるので，プロトンが脱離する前に，その結合は回転できる．したがって，生成するアルケンの立体化学は基質のハロゲン化アルキルの立体配置に影響されない．

たとえば，1-ブロモ-1,2-ジフェニルプロパン(**4**)の反応を見てみよう．ジアステレオマー(**4a**)をE1反応条件下で反応させると，脱離生成物 **5** が得られるが，この場合 E 異性体(**5a**)だけではなく，Z 異性体(**5b**)も生成する．最初に生成するカルボカチオン(**13a**)において，そのままプロトンが脱離すると E 異性体(**5a**)が生成する．しかし，カルボカチオン **13a** の C$^+$−C 単結合は回転できるので，回転後に生じたカルボカチオン(**13b**)からプロトンが脱離すると，Z 異性体(**5b**)が生成する．

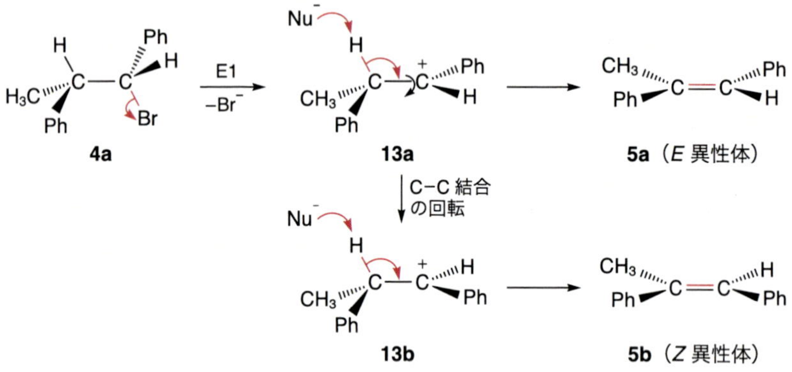

11.2.2 脱離反応の位置選択性

カルボカチオンから脱離可能な水素が二種類ある場合，いずれの水素が脱離するかに関しては，E2反応と同じ選択性が見られる．すなわち，より多くの置換基をもつ，より安定なアルケンを多く生成する．

たとえば，2-ブロモ-2-メチルブタン(**14**)のE1反応でも三置換アルケン(**16**)が二置換アルケン(**17**)より多く生成する．E1反応では，脱プロトン化は律速段階後に起こる反応であるが，それでもより安定なアルケンを与える経路のほうが好まれることを示している．

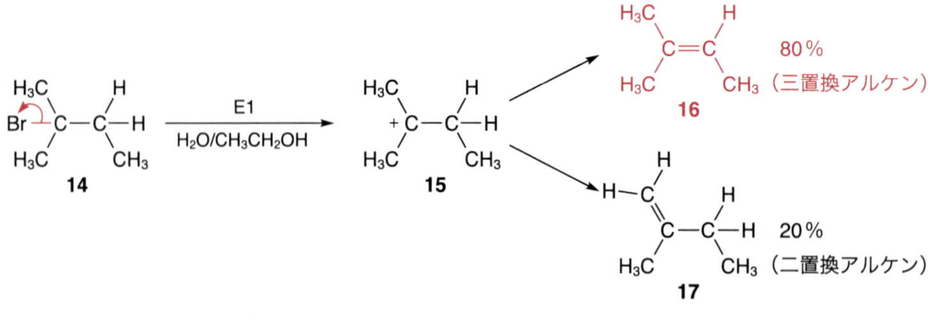

11.2 1分子脱離反応

設問 11.3 次のE1反応では二種類のアルケンが得られる．それぞれのアルケンの構造を示し，その生成経路を巻矢印で示しなさい．また，どちらのアルケンが多く生成するか予想しなさい(例題11.1参照)．

(a) [1-bromo-1-methylcyclopentane] $\xrightarrow[\text{H}_2\text{O/CH}_3\text{CH}_2\text{OH}]{\text{E1}}$

(b) $CH_3-CH_2-CH_2-\underset{\underset{CH_3}{|}}{\overset{\overset{CH_3}{|}}{C}}-Br \xrightarrow[\text{H}_2\text{O/CH}_3\text{CH}_2\text{OH}]{\text{E1}}$

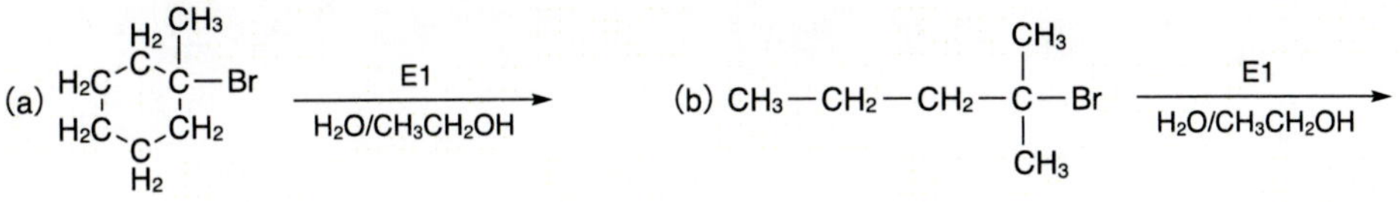

11.2.3 アルコールの脱水反応

以上，ハロゲン化アルキルの脱離反応について述べたが，適当な脱離基をもつ化合物も同様な反応を行う．代表的な反応はアルコールの脱水によるアルケンの生成である．たとえば，アルコールに少量の硫酸を加えて加熱すると，水とともにアルケンが得られる．

$$\underset{\underset{CH_3}{|}}{\overset{\overset{H}{|}}{C}H}-\underset{\underset{CH_3}{|}}{\overset{\overset{OH}{|}}{C}H} \xrightarrow{H^+} CH_3CH=CHCH_3 + H_2O$$

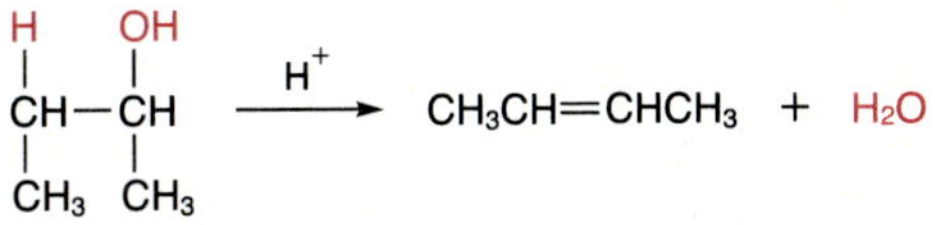

第10章で述べたように，アルコールのヒドロキシ基は脱離基にはなりにくいが，プロトン化されると脱離基は水になる．水は容易に脱離し，カルボカチオンを与える．このカルボカチオンはプロトンを脱離することによって，アルケンを与える．

[mechanism diagram showing the E1 dehydration of 2-butanol through protonation, loss of water to form carbocation, then loss of proton]

$$\longrightarrow CH_3CH=CHCH_3 + H_2O + H^+$$

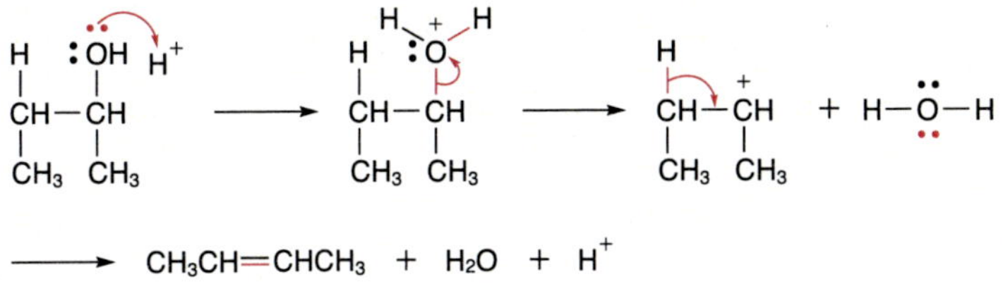

この反応もE1反応なので，級数の大きいアルコールほど反応性が高く，第一級アルコールは脱水しにくい．

設問 11.4 なぜ級数の大きいアルコールほど反応性が高いのかを説明しなさい．

設問 11.5 以下のアルコールの脱水反応で得られるアルケンの構造を書きなさい．二種類以上生成する場合は，主生成物を予想しなさい．

(a) 1-メチルシクロペンタノール　(b) 2-メチルシクロヘキサノール　(c) 2-メチル-2-ペンタノール

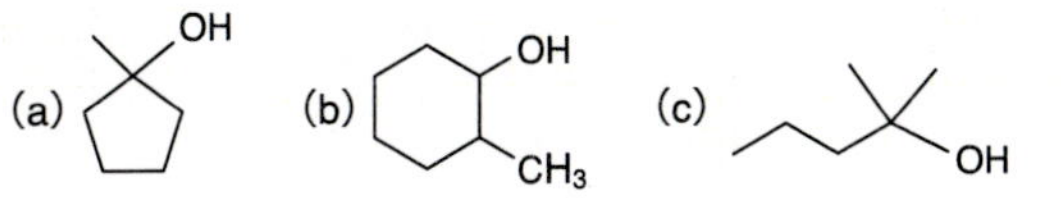

> **one point**
> **アルコールの級数による分類**
> ハロゲン化アルキルと同様，アルコールもヒドロキシ(OH)基の炭素に結合したアルキル基(R)の数によって，以下のように分類される．
>
> $H-\underset{\underset{H}{|}}{\overset{\overset{H}{|}}{C}}-OH$ メタノール
>
> $R-\underset{\underset{H}{|}}{\overset{\overset{H}{|}}{C}}-OH$ 第一級アルコール
>
> $R-\underset{\underset{H}{|}}{\overset{\overset{R}{|}}{C}}-OH$ 第二級アルコール
>
> $R-\underset{\underset{R}{|}}{\overset{\overset{R}{|}}{C}}-OH$ 第三級アルコール

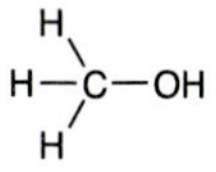

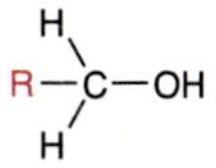

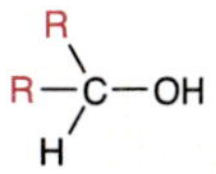

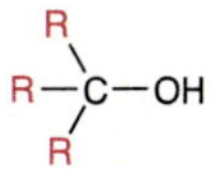

【この章のまとめ】

（1）ハロゲン化アルキルなど電気陰性度の大きい原子または官能基と結合した炭素をもつ化合物は，求核置換反応とともに脱離反応を起こし，アルケンを与える．

（2）脱離反応には2分子的に一段階で起こるE2反応と，1分子的に段階的に起こるE1反応とがある．

（3）E2反応ではハロゲン化アルキルの立体配置に依存して，一方の立体配置をもつアルケンしか生成しない．

（4）E1反応ではハロゲン化アルキルの立体配置に影響されず，アルケンの立体異性体が生成する．

（5）E2反応もE1反応も，置換基をより多くもつアルケンが主生成物となる．

章末問題

問11.1 求核置換反応と脱離反応の違いを述べなさい．

問11.2 次のハロゲン化アルキルと水酸化物イオンとの脱離反応で得られる生成物の構造を書きなさい．二種類以上生成する場合は，主生成物を示し，その理由を述べなさい．

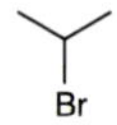

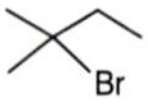

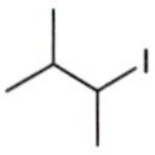

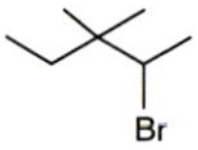

問11.3 以下の2組のハロゲン化アルキルのE2反応で，反応性の高いのはどちらかを示し，その理由を述べなさい．

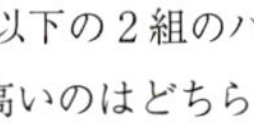

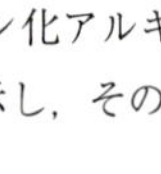

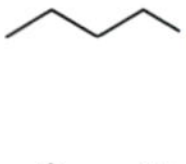

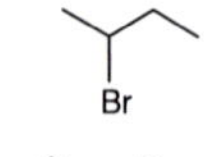

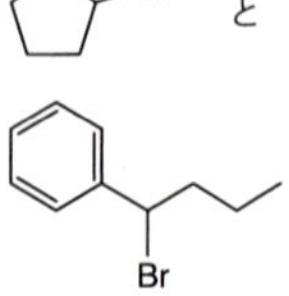

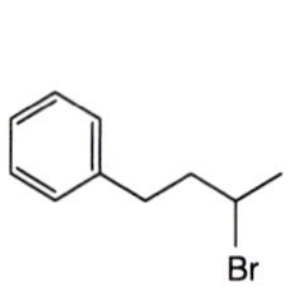

問11.4 以下に示す化合物はE2反応によって，トランス-1,2-ジフェニルエチレンを与える．この反応の経路をニューマン投影図を用いて説明しなさい．

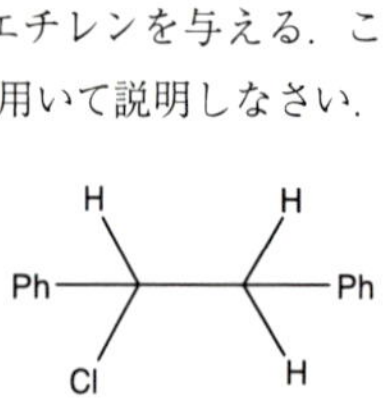

問11.5 次のハロゲン化アルキルのE1反応により得られる生成物の構造を書き，主生成物を予想しなさい．

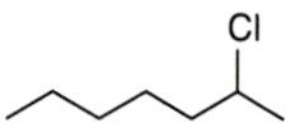

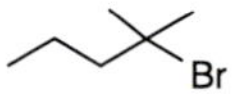

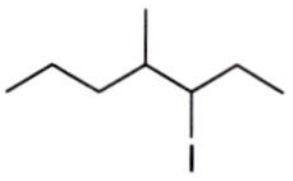

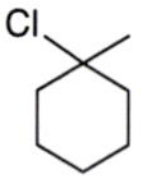

問11.6 E1反応によって次のアルケンを与える第二級臭化アルキルの構造をすべて書きなさい．

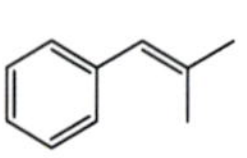

問11.7 以下のアルコールに少量の硫酸を加えて加熱すると得られる生成物の構造を書きなさい．二種類以上の生成物が得られる場合は，主生成物を予想し，その理由を述べなさい．

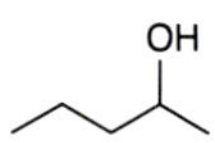

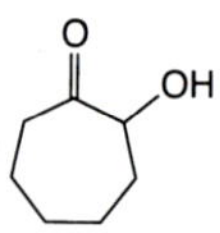

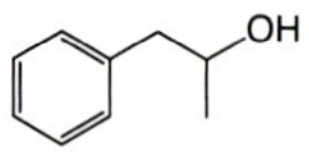

第12章

求電子付加反応
π結合の切断とσ結合の生成

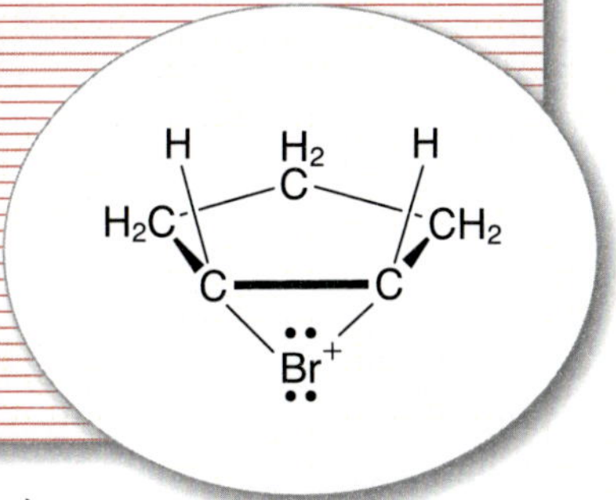

　第7章で学んだように，アルケンの炭素-炭素二重結合は分子平面の上下に広がるπ電子をもっている（図7.14）ので，電子の不足した反応剤（**求電子剤**）にこの電子を与える．たとえば，エテンの二重結合のπ結合は，求電子剤（E^+）へπ電子を与え，C-E間にσ結合が生成する．このとき，二重結合のもう一方の炭素上に正電荷が発生し，カルボカチオンになる．このカルボカチオンは求核剤（$Nu:^-$）から電子対を受け取り，C-Nu間にσ結合が形成される．この反応は，アルケンの炭素-炭素二重結合への求電子攻撃によって始まり，π結合が切断され，最終的に2個の新しいσ結合（C-E結合とC-Nu結合）が生成する．この反応を**求電子付加反応**と呼ぶ．反応は二段階で進み，最初の段階が律速である．

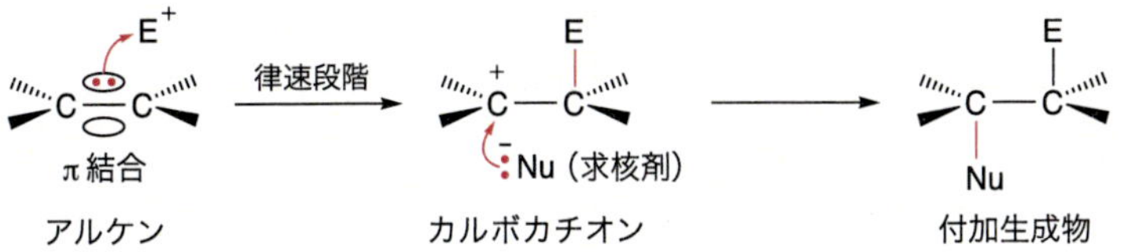

12.1 ハロゲン化水素の付加反応

　代表的な反応として，アルケンへのハロゲン化水素（HX，X = Cl, Br, I）の付加がある．この場合，求電子剤はHXから解離するプロトン（H^+）であり，これに二重結合のπ軌道の電子が攻撃し，カルボカチオンが生成する．このカルボカチオンをHXから解離したハロゲン化物イオン（X^-）が攻撃し，最終生成物としてハロゲン化アルキルが生成する＊．

＊反応は二段階で進み，最初のプロトン化が律速段階である．

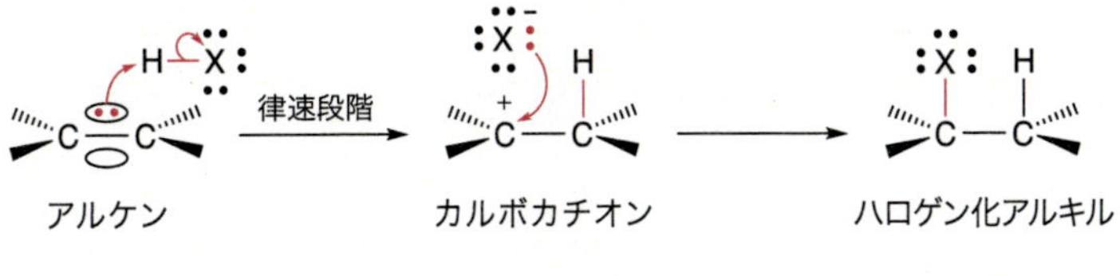

設問 12.1 前ページの反応のエネルギー変化を，エネルギー図を用いて説明しなさい．

非対称に置換されたアルケンを用いると，二種類の付加生成物が得られる可能性がある．2-メチルプロペン(**1**)への HCl の付加反応を見てみよう．H$^+$ が **1** の右側の炭素(C_1)に結合すると付加生成物(**2**)が得られる．一方，H$^+$ が左側の炭素(C_2)に結合すると，付加生成物(**3**)が得られる．しかし，実際に生成するのは **2** だけである．

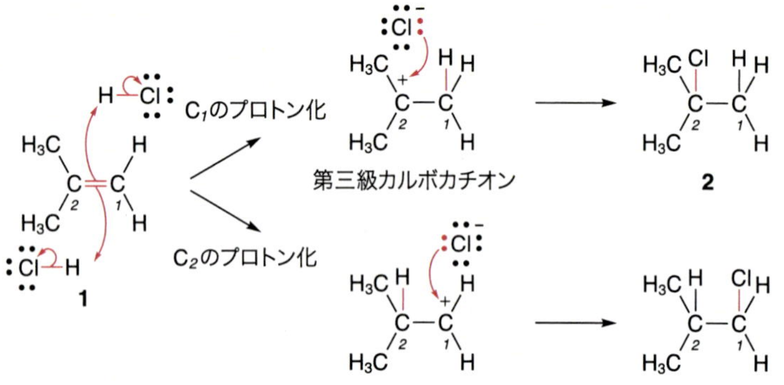

用語解説
マルコウニコフ則

多くのアルケンの付加反応の配向性を調べたロシアの化学者マルコウニコフは，以下の経験則を提案している．「ハロゲン化水素(HX)がアルケンに付加する場合，水素はアルキル基の数が少ない炭素に結合し，Xはアルキル基の多いほうに結合する」．これは**マルコウニコフ則**と呼ばれ，途中で生成するカルボカチオンの安定性の差によって，付加生成物の生成割合が決まることを言い換えたものである．

なぜだろうか．途中で生成するカルボカチオンの安定性を考えるとよい．カルボカチオンはアルキル基が多いほど安定であることを第 10 章で学んだ(**Box ❾**，p.115 参照)．H$^+$ が C_1 炭素と結合して生成するカルボカチオンは第三級カルボカチオンであるが，C_2 炭素と結合して生成するのは第一級カルボカチオンである．第三級カルボカチオンは第一級カルボカチオンより非常に安定なので，**2** が選択的に生成する†．

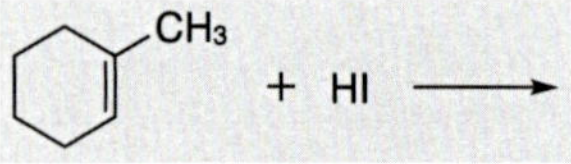

例題 12.1 左の反応で二種類の付加生成物が得られる可能性がある．それぞれの生成物を与える経路を巻矢印で示し，その構造を書き，どちらが主生成物になるかを予想しなさい．

【解答】骨格構造式で示されているので，反応に関与する部分はケクレ構造式で書き直しておくとよい．そのうえで，それぞれの炭素(C_1 と C_2)へまず H$^+$ を結合させてカルボカチオンを書き，次に C$^+$ と I$^-$ を結合させる．

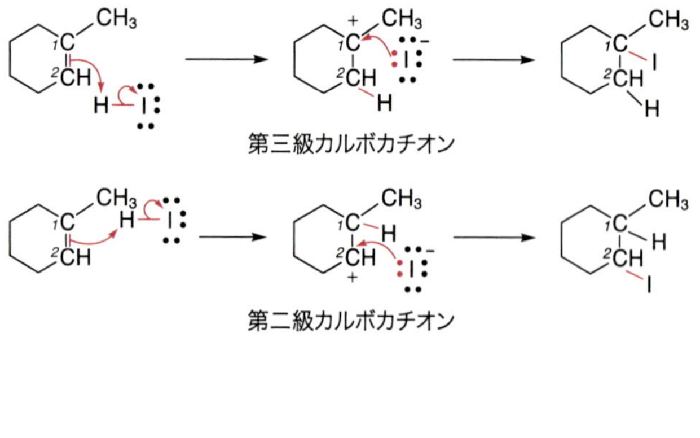

それぞれのカルボカチオンの級数を判定すると，第三級と第二級なので，C_2 炭素へプロトンが付加した生成物がおもに得られると予想される．

下の反応では，生成するカルボカチオンの安定性にあまり差がないので，両方の生成物(**4** と **5**)が得られる．

H₃C\C=C/CH₂CH₃ + HBr ⟶ H₃C–C(H)(Br)–C(H)(H)–CH₂CH₃ の生成物 **4** および H₃C–C(H)(H)–C(Br)(H)–CH₂CH₃ の生成物 **5**

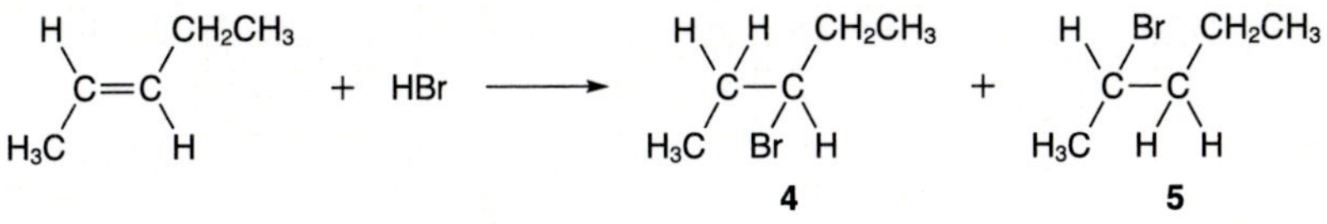

設問 12.2 上の反応で二種類のカルボカチオンが生成するが，その反応経路を巻矢印で示し，かつそれらの安定性に差がないことを確かめなさい．

設問 12.3 次の各反応では二種類の生成物が得られる可能性がある．それぞれの生成物を与える反応経路を巻矢印で示し，どちらが主生成物になるかを予想しなさい．

(a) (H₃C)(H₃C)C=C(CH₂CH₃)(H) + HBr ⟶

(b) (CH₃CH₂)(H₃C)C=C(H)(H) + HBr ⟶

(c) シクロヘキシリデン=CH₂ + HCl ⟶

(d) (H₃C)(C₆H₅)C=C(H)(H) + HI ⟶

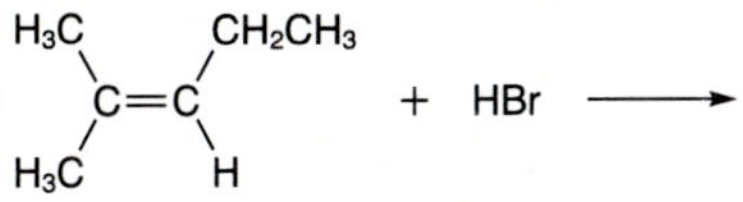

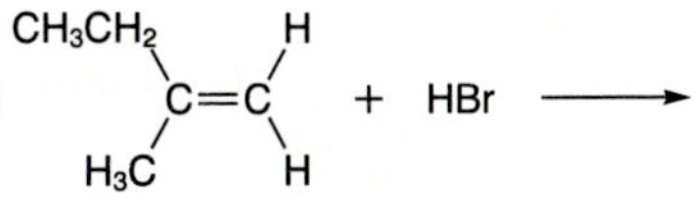

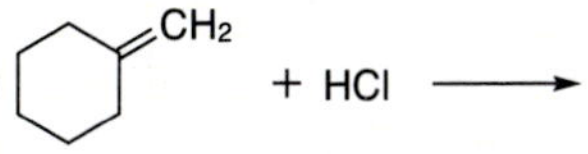

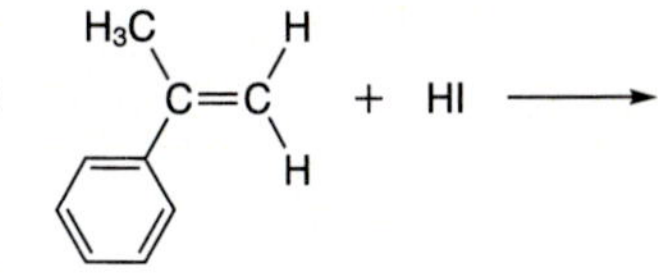

カルボカチオンは転位反応を起こす．付加反応の途中で生成するカルボカチオンも，できるだけ安定な構造になるように転位する．たとえば，アルケン(**6**)への HCl の付加反応で，正常なマルコウニコフ型付加生成物(**7**)のほかに，明らかにメチル基($-CH_3$)の転位を伴った付加生成物(**8**)が得られる．**6** は C_2 炭素がプロトン化を受けて第二級カルボカチオン(**7a**)を与え，これを塩化物イオン(Cl^-)が攻撃して **7** が得られる．このカルボカチオン **7a** では，隣の炭素からメチル基がカチオン炭素 C_2 へ転位する．転位する理由は，より安定な第三級カルボカチオン(**8a**)が生成するからである．転位によって得られた **8a** から **8** が生成する．

第12章 求電子付加反応

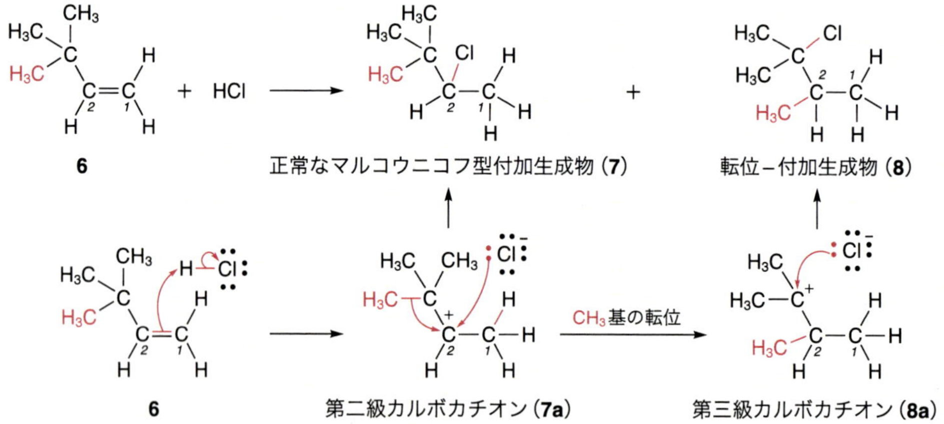

例題 12.2 次の反応では水素が転位した生成物が得られる．上式を参考にして，この反応の経路を説明しなさい．

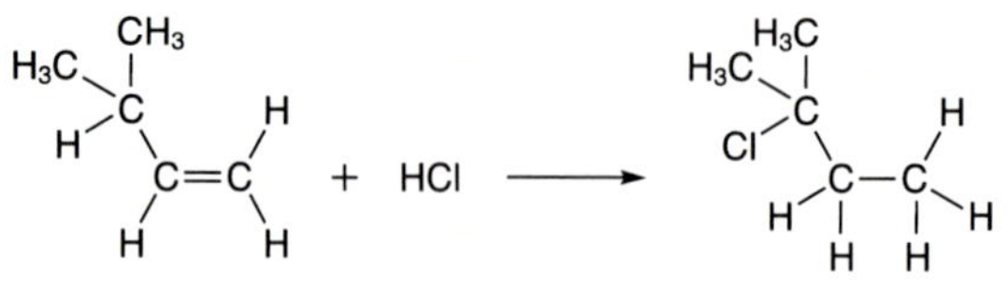

【解答】 生成物から逆に反応を考えてみよう．生成物からClを取り去った第三級カルボカチオンがCl⁻と反応していると考えられる．一方，アルケンのプロトン化で生成するのは第二級カルボカチオンである．第二級カルボカチオンから第三級カルボカチオンを与えるように，Hを転位させればよい．

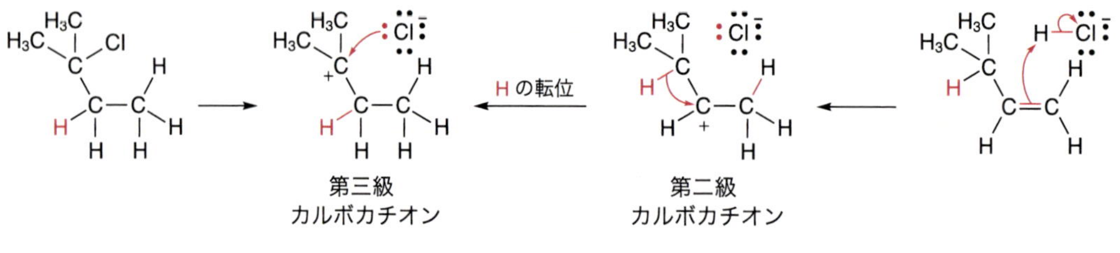

設問 12.4 上の反応で，なぜCH_3基が転位しないのかを説明しなさい．

12.2 ハロゲンの付加反応

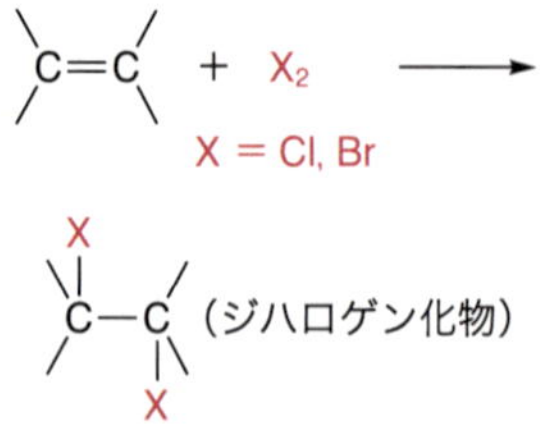

塩素(Cl_2)や臭素(Br_2)もアルケンへ付加し，ジハロゲン化物を生成する（左反応式）．フッ素(F_2)は反応性が高く，爆発的に反応するので，室温で付加反応は制御できない．一方，ヨウ素(I_2)は反応性が低く，安定な生成物は得られない．

この付加反応は，どのような経路で起こっているのであろうか．臭素と

の反応について考えてみよう.

臭素(Br–Br)は無極性分子(3.2節参照)であるが, 非常に分極しやすい性質をもっている. そのためアルケンのような求核的な性質をもつ基質が接近すると, 臭素は$Br^{\delta+}-Br^{\delta-}$のように分極する. ここで, アルケンのπ電子は正に部分電荷をもった$Br^{\delta+}$を攻撃し, 臭化物イオン(Br^-)を押しだす経路が考えられる. この結果, カルボカチオンが生成し, これが臭化物イオン(Br^-)と反応すると生成物(二臭化物)を与える.

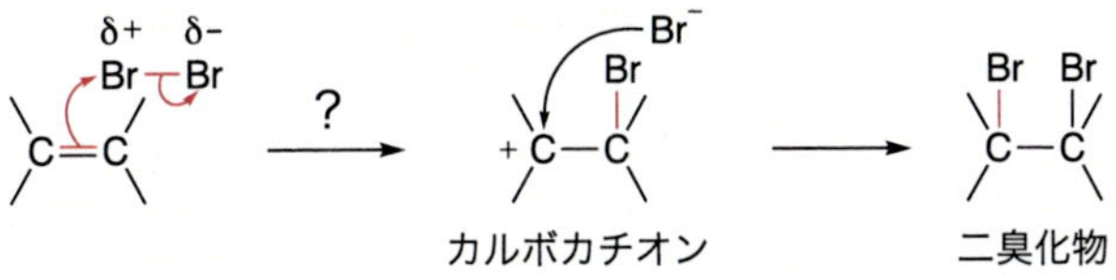

この経路は, アルケンにハロゲン化水素(HX)が付加する経路と似ており, 一見合理的に見える. しかし, 臭素の付加反応の立体的な経路を詳しく調べると, この機構では説明できない結果が得られた.

第7章でアルケンは二重結合の二つの炭素と, それぞれの炭素に結合している四つの置換基は同一平面に存在する構造をもつことを学んだ(図7.14b). したがって, 臭素の付加反応が起こる場合, 2個のBrはこの面に関して異なる側(上下両側)から付加する場合と, 同じ側(上側あるいは下側のみ)から付加する場合の2通りが考えられる. 上下の両側から反応する場合を**アンチ付加**, 同じ側から反応する場合を**シン付加**という(図12.1).

環状化合物のシクロペンテンへ臭素が付加反応する場合を考えてみよう. 環を平面と考えると, 2個のBrが環の上下から入るアンチ付加生成物(**10a**)と, 下側(上側でもよい)のみから入るシン付加生成物(**10b**)の生成が可能である.

臭素の付加が, 中間体のカルボカチオン(**9**)を経由して起こるとすると, 臭化物イオン(Br^-)の攻撃は, 平面構造のカルボカチオン炭素がもつ空のp軌道の上下どちらの側からも可能であるので, 下式に示すように両方の

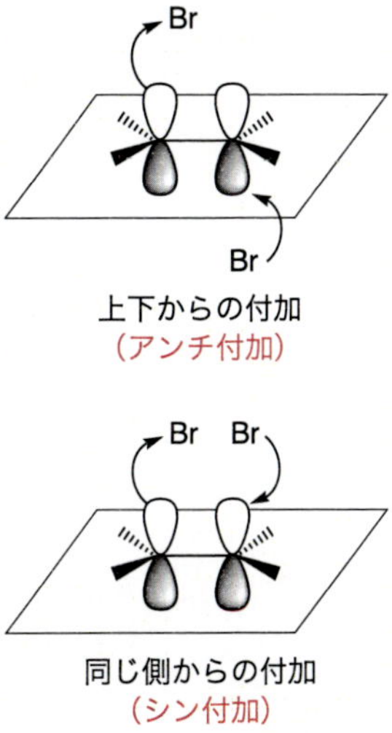

図12.1 アルケンへの臭素の付加反応(アンチ付加とシン付加)

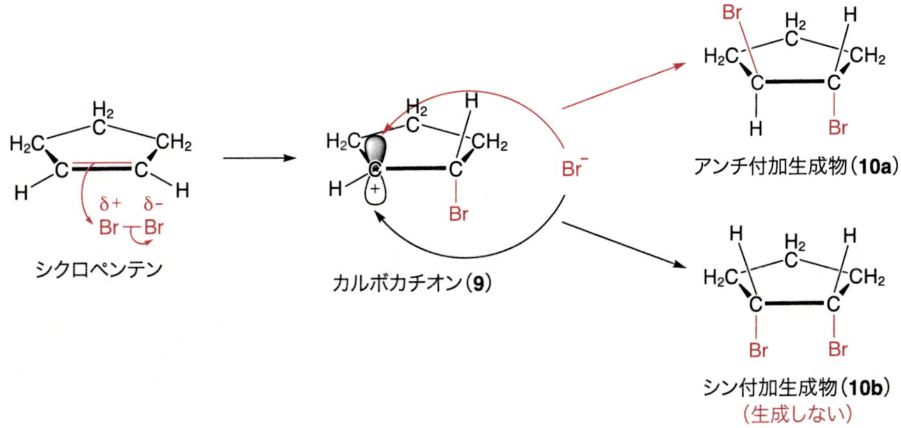

生成物(**10a** と **10b**)が得られるはずである．しかし，実際の反応では，Brが環の上下に入ったアンチ付加生成物(**10a**)しか得られない．この結果は，カルボカチオン **9** を中間体として考えたのでは説明できない．

この結果を説明するために考えだされたのが，**環状ブロモニウムイオン**(**11**)である．**11** では，臭素が二重結合の二つの炭素の両方にまたがって(架橋して)結合しており，臭素が正に荷電している．**11** を臭化物イオン(Br⁻)が攻撃する場合，下側からの接近は架橋したBr⁺によって妨げられるので不可能である．したがって，環の上側からしか接近できない．その結果，Brが環の上下に位置するアンチ付加生成物(**10a**)しか生成しない．

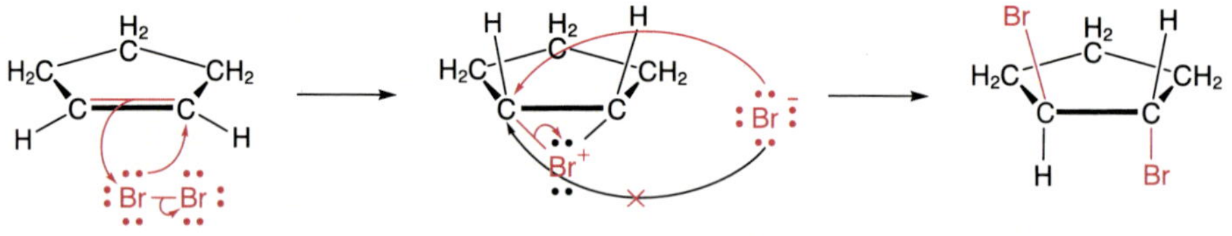

シクロペンテン　　　　環状ブロモニウムイオン(**11**)　　　　アンチ付加生成物(**10a**)

11 の生成は，臭素はアルケンのπ結合へ求電子攻撃すると同時に，臭素上の非共有電子対が正電荷を帯びつつあるアルケン炭素を求核攻撃することを意味している．**11** は **9** と比べて結合の数が多く，すべての原子がオクテット則を満たしており，より安定である(4.4節参照).

設問 12.5 環状ブロモニウムイオンの形式電荷を求めなさい．

こう考えると わかりやすい

環状ブロモニウムイオン生成の電子の動きには，やや戸惑うかもしれない．反応を段階的に考えて，最初に生成したカルボカチオンの正電荷(空のp軌道)と臭素の非共有電子対が相互作用した，と考えるとわかりやすい．

例題 12.3 次の反応の経路を巻矢印で示し，生成物の構造を書きなさい．

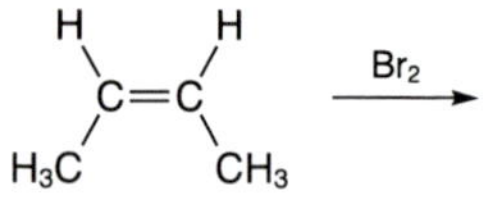

【解答】 環状ブロモニウムイオンを経由して反応が進行する経路を書くと，以下のようになる．

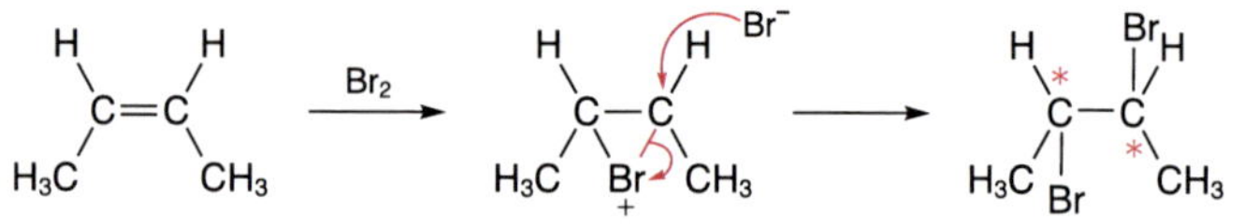

生成物は*印で示したようにキラル中心を2個もつので，立体配置異性体が存在する．したがって，反応を三次元的に考えよう．まず，アルケンは平面構造をもつので，紙面上にあるように書いておく．環状ブロモニウムイオンは立体的にわかりやすいように，アルケンの置換基は紙面上に，Brは紙面の下に書く(Brは紙面の下方にあるので，Brへの結合は点線で

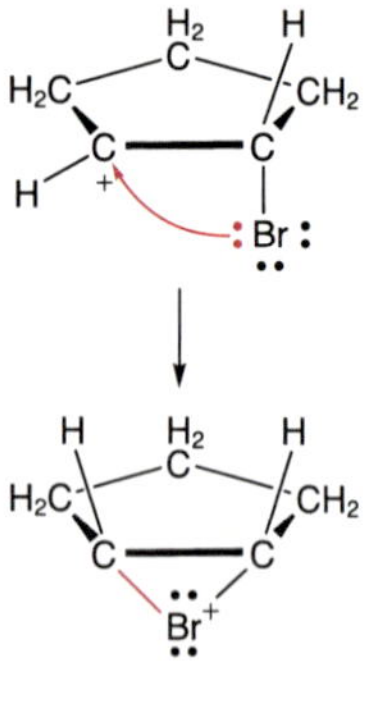

示した).次のBr⁻の攻撃は，(1)右側の炭素に起こる場合と，(2)左側の炭素に起こる場合の2通りある．

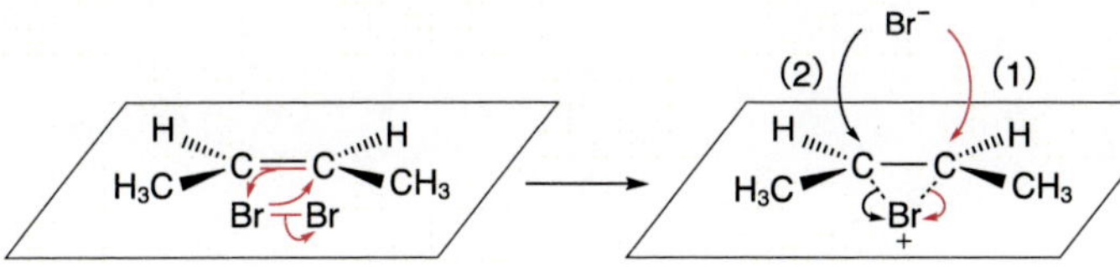

> **one point**
>
> **環状ブロモニウムイオンの証明**
>
> 環状ブロモニウムイオンは，通常は不安定で単離できないが，工夫をすると単離することができる．下に示したアダマンチリデンアダマンタンという二重結合部位が非常に混み合ったアルケンへの臭素の反応で生成する環状ブロモニウムイオンは，かさ高いアダマンチル基のために，臭化物イオン（Br⁻）が三員環(元のアルケン)炭素を攻撃できないので単離される．

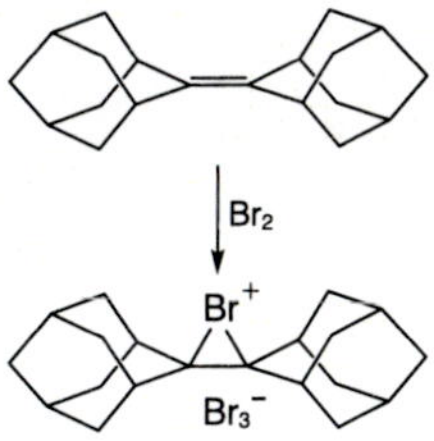

(1)の場合，C–Br結合の形成に伴って，攻撃を受ける炭素上の置換基は紙面より下方へ，反対側の炭素上の置換基は紙面の上方へ移動する．生成物は三次元構造式で示した（赤い線と原子は同じ平面にある）．

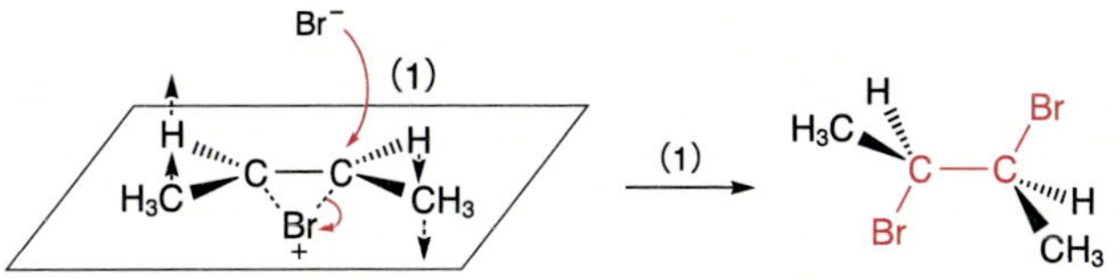

(2)の場合も同様に考えると，以下のようになる．

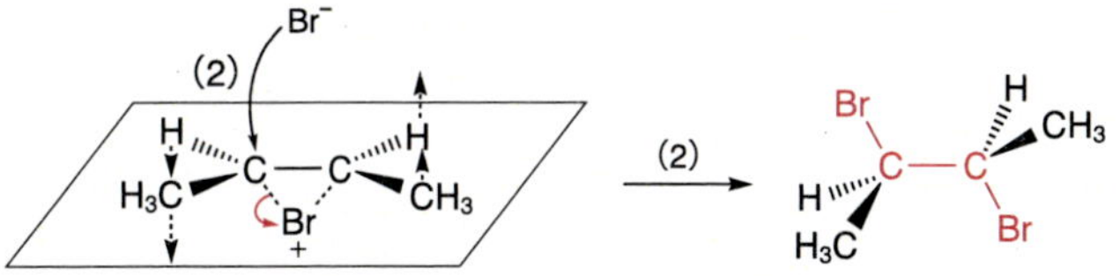

(1)と(2)の経路で得られる生成物は互いに立体配置異性体であり，鏡像関係にあるエナンチオマーである．しかし，この二つの反応経路の間にはエネルギー的な差はないので，両生成物は等量生成する（ラセミ体である）．

設問 12.6 次の反応の経路を巻矢印で示し，生成物の構造を書きなさい．

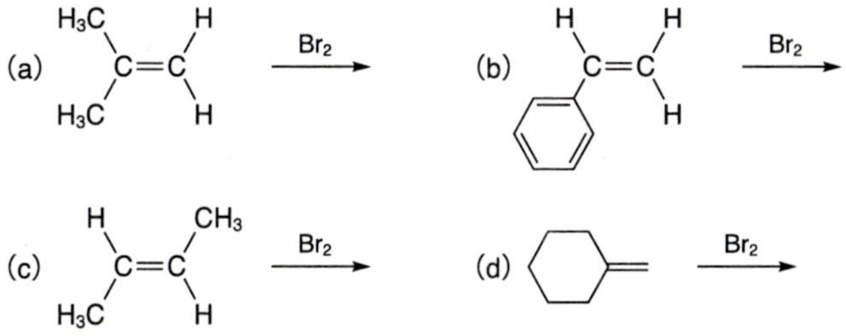

(a), (b), (c), (d) + Br₂ →

12.3 水の付加反応

水もアルケンに付加してアルコールを与える．これは**水和反応**と呼ばれる．しかし，水はアルケンを求電子攻撃するほど強い酸性は示さないので，触媒として強い酸が必要である．たとえば，硫酸（H_2SO_4）を用いると，解

離したプロトン(H^+)がアルケンと反応し，カルボカチオンが生成する．このカルボカチオンが，溶媒として多量に存在する水の求核攻撃を受けてアルコールが得られる．

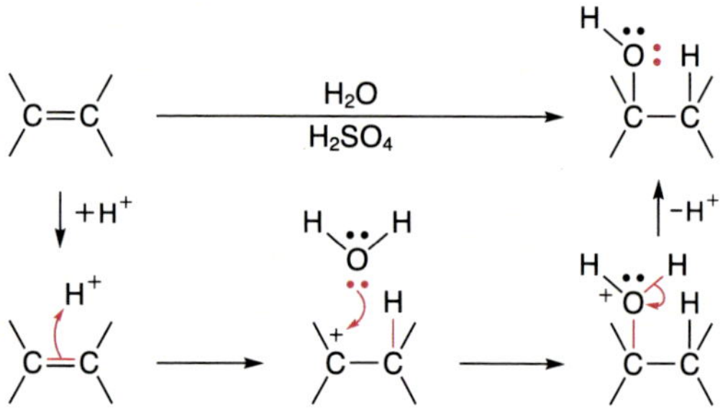

この反応も，カルボカチオンを経由する反応であるので，マルコウニコフ則に沿った位置選択性を示す．以下に 2-メチルプロペンの水和反応を示した．この反応では，第三級カルボカチオンを経由して生成する 2-メチル-2-プロパノールしか得られない．

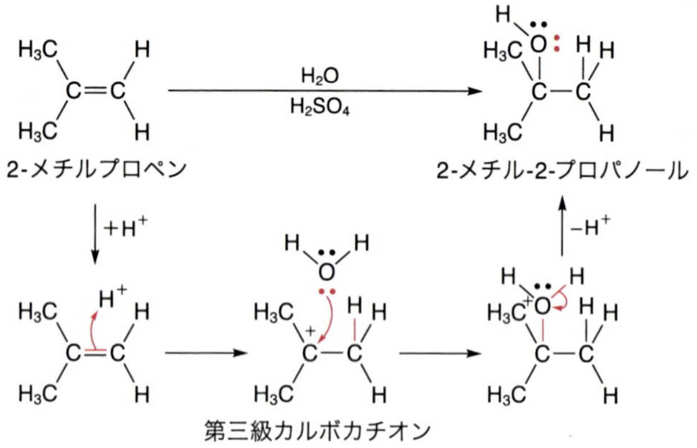

設問 12.7 硫酸からは共役塩基(HSO_4^-)が解離するが，これはカルボカチオンとは反応しない．その理由を，pK_a を用いて説明しなさい．

しかし，この水和反応は，第三級カルボカチオンなど安定なカルボカチオンが生成する場合にしか用いられない．一般的に使われるのは次に示す**オキシ水銀化反応**である．これは，アルケンを水中で酢酸水銀(II)$[Hg(OAc)_2]$($Ac = CH_3CO-$)と反応させたのち，還元剤($NaBH_4$)で処理する反応である．この反応では，まず酢酸水銀(II)の求電子性水銀がアルケンの二重結合に求電子付加し，環状水銀イオン(**12**)を生成する．**12** は水の攻撃を受けて OH 基をもつ水銀化合物(**13**)を与える．**13** の C–Hg 結合は，NaBH$_4$ によって C–H 結合へ還元されて，最終生成物としてアルコールが生成する．環状ブロモニウムイオンの反応を思いだすとわかるように，**12** も水銀の反対側から水の求核的な攻撃を受けて **13** を与える

12.3 水の付加反応

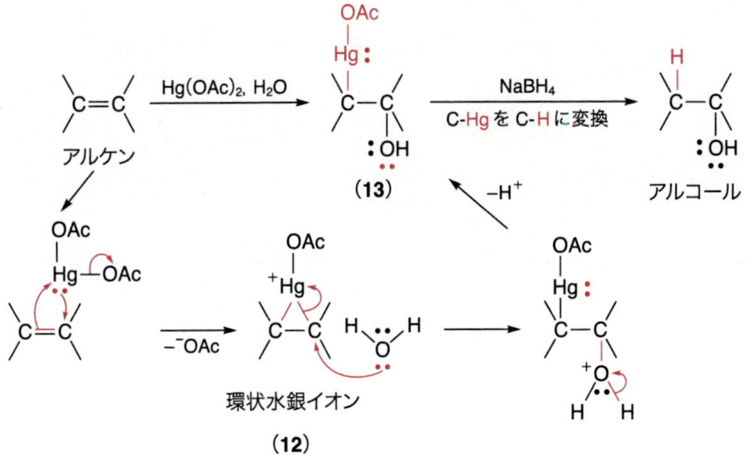

> **one point**
> **環状イオンと転位反応**
> ハロゲン化水素の付加反応ではカルボカチオンが介在するので，転位生成物が生じることを述べた．環状ブロモニウムイオンや環状水銀イオンを介在する反応ではカルボカチオンは発生しないので，転位生成物は生じない．

(すなわちアンチ付加である).

非対称アルケンとして 2-メチルプロペンを用いると，付加は位置選択的に起こり，マルコウニコフ則に沿った生成物(2-メチル-2-プロパノール)が得られる．すなわち，OH 基はアルキル基がより多く置換された炭素原子に結合する．

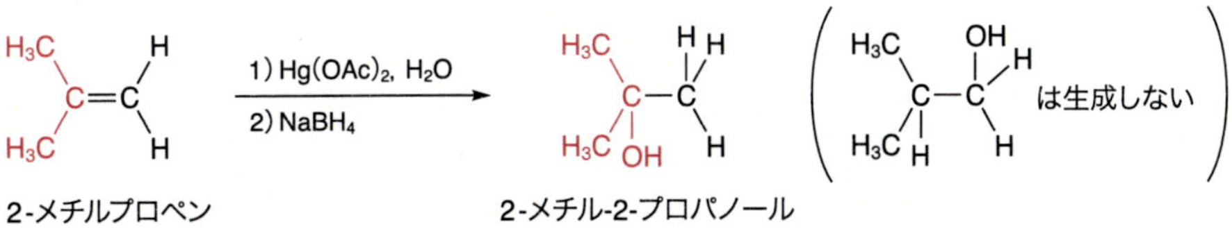

環状水銀イオンの炭素を水が攻撃すると，部分正電荷が発生するが，これはメチル基を二つもつ第三級炭素上において，より安定化される．このため，水の攻撃は級数の大きい炭素上で起こる．

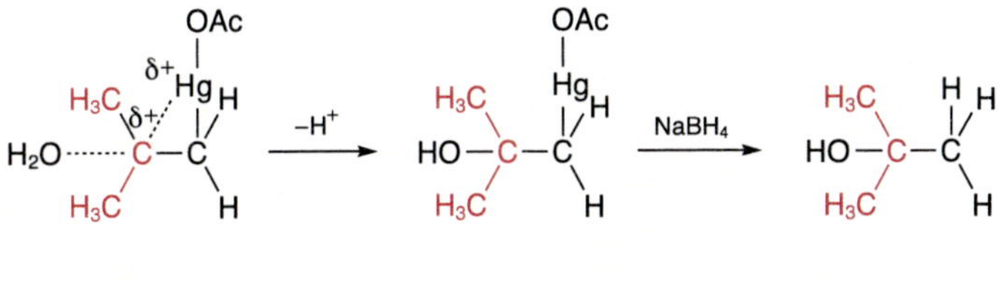

設問 12.8 上の反応でメチル基をもたない側の炭素へ水が攻撃する場合の反応式を書きなさい．

反応がアンチ付加であることは，1,2-ジメチルシクロペンテンを用いた以下の反応で得られた生成物から確められている．

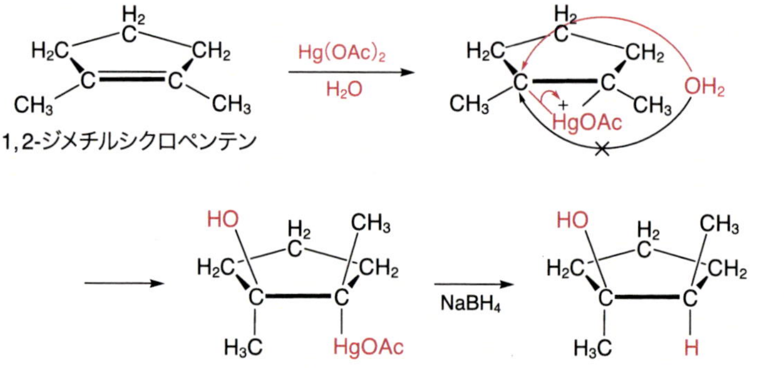

12.4 ヒドロホウ素化反応

マルコウニコフ則とは逆の位置選択性を示すアルコールの合成法もある．それはボラン（BH_3）を用いる方法である．

ボラン（BH_3）のB–H結合もアルケンへ付加する．第5章で学んだように，BH_3のBは最外殻に電子を6個しかもっておらず，オクテット則を満たしていない．したがって，ボランはルイス酸（5.2節）であり，求電子剤（6.1.2項）でもあるので，B–H結合は速やかに二重結合に付加し，付加生成物（**14**）を与える．

付加生成物（**14**）は，まだB–H結合を2個もつので，さらにもう2分子のアルケンに付加し，最終的にトリアルキルボラン（**15**，BR_3）が生成する．

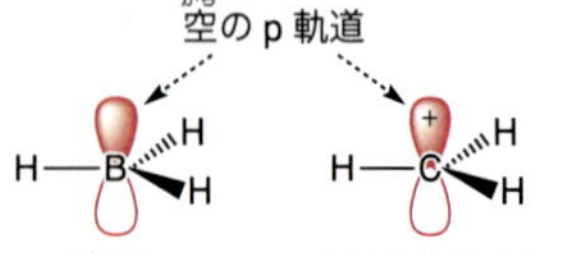

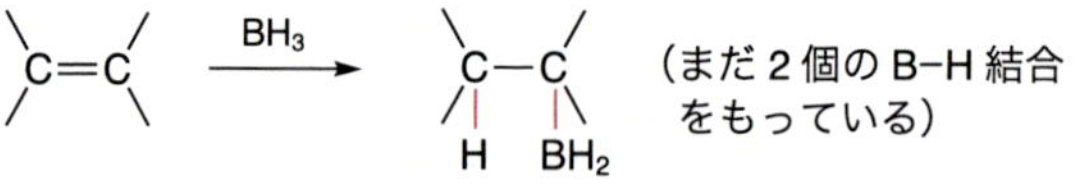

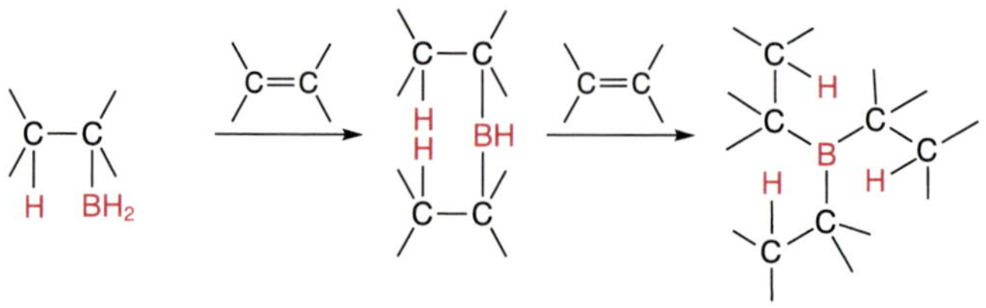

この反応は**ヒドロホウ素化反応**と呼ばれる．最終生成物のトリアルキルボラン（**15**）をアルカリ溶液中，過酸化水素で処理すると，C–B結合がC–OH結合に変換され，アルコールを与える．反応を全体として見ると，ヒドロホウ素化はアルケンの水和反応と同じ結果を与える．

☞ **one point**
ボランの構造
ボランはカルボカチオンと同じように，電子対を受け入れることのできる空のp軌道をもっている．

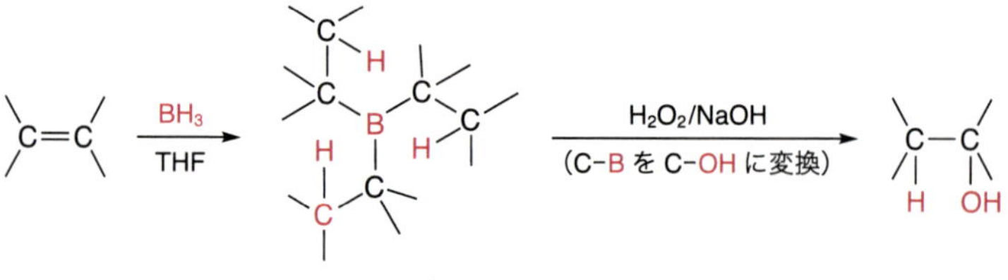

12.4 ヒドロホウ素化反応

面白いことに，この反応で得られるアルコールのOH基の位置は，水和反応でのそれとは逆になる．たとえば，2-メチルプロペンを用いると，アルキル置換基の少ないほうの炭素にOH基が結合したアルコールが得られる．これは，前述のマルコウニコフ則から予想されるものとは逆であり，**逆マルコウニコフ型生成物**という．

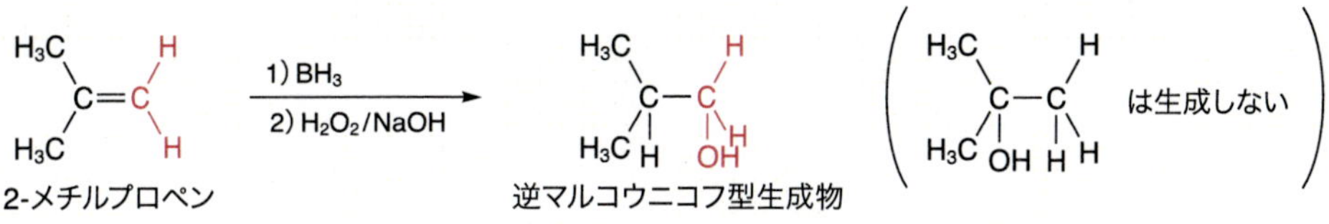

なぜだろうか．C–OH結合はC–B結合から導かれている．このことは，ボランの付加で，ホウ素(B)はアルキル置換基の少ないほうの炭素に結合し，一方水素(H)はアルキル基の多いほうの炭素と結合したことを示している．

この反応では，求電子剤として最初にアルケンのπ電子と反応するのは，水素ではなく，ホウ素である．このとき，水素より大きいホウ素は，立体的により混み合っていない(アルキル基の少ない)側の炭素と反応する．このため，ホウ素はアルキル置換基の少ないほうの炭素に結合する．

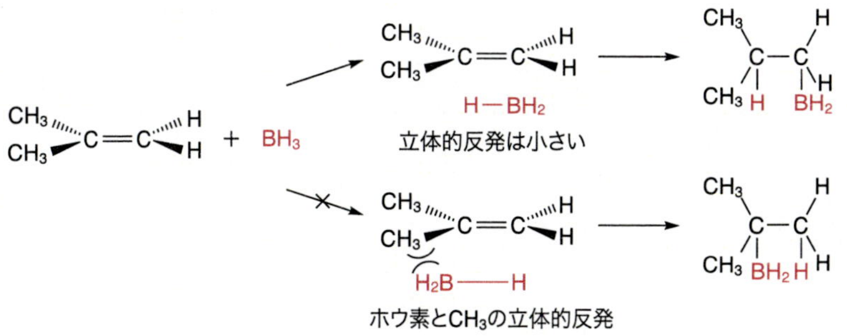

これまで述べた求電子付加反応は二段階反応であったが，BH_3の付加反応は一段階反応である．反応の経路をもう少し詳しく解説しよう．

ホウ素はπ電子を受け取るので負に荷電し，アルケンの炭素はホウ素に電子を与えるので正に荷電する．ここでホウ素に結合している水素がすぐ近くに存在するので，炭素はこの水素と結合を始める．これは四員環の遷移状態で表すことができる(点線は部分的に開裂するか，部分的に生成しはじめている結合を示す)．このように二重結合の同じ側からC–H結合とC–B結合が形成される(すなわち，シン付加である)．

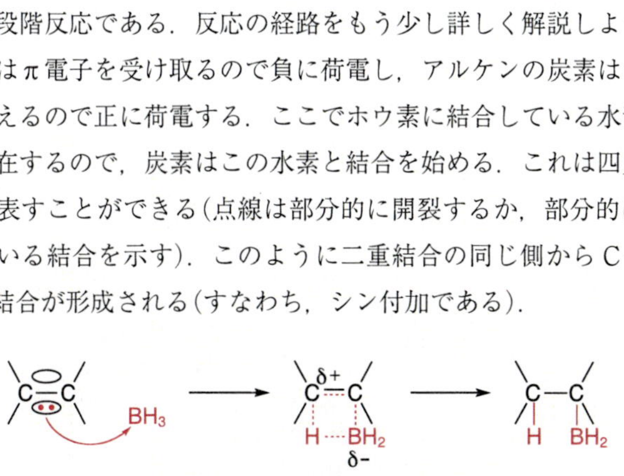

四員環遷移状態では，アルケンの炭素に部分的な正電荷が発生する．この場合，より多く置換された炭素上に正の部分電荷をもつほうが安定である．これは前に述べたように，ホウ素がアルキル置換基の少ないほうの炭素に結合するのと同じ方向である．

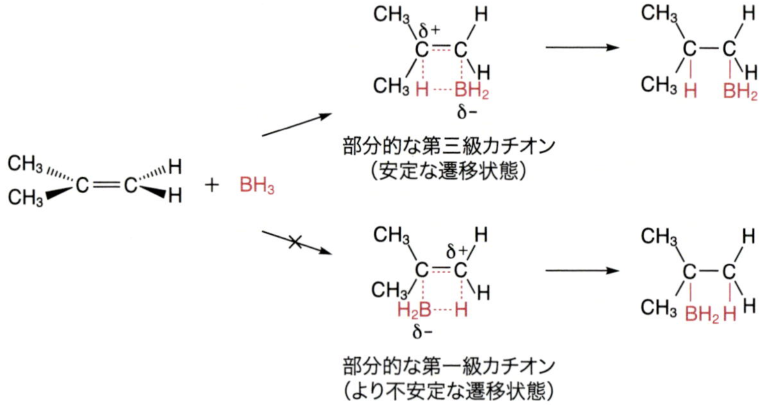

部分的な第三級カチオン
（安定な遷移状態）

部分的な第一級カチオン
（より不安定な遷移状態）

この反応がシン付加であることは，環状アルケンを用いた実験から示すことができる．先に示した臭素や酢酸水銀(II)の付加と比較してほしい．付加の立体化学が，正反対であることがわかる．

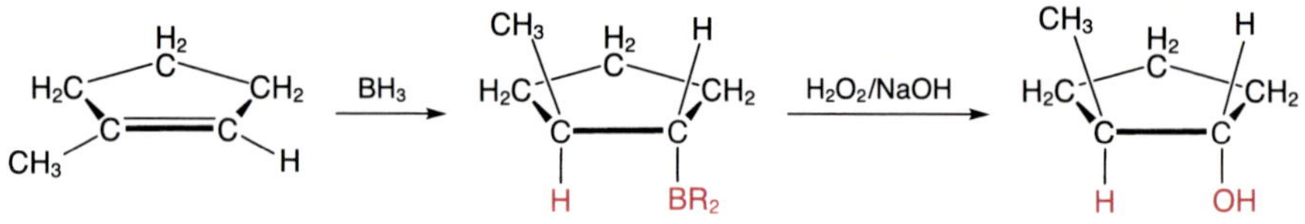

例題12.4 次の反応経路を巻矢印で示し，生成物の構造を書きなさい．

$$CH_3CH_2-CH=CH_2 \xrightarrow[\text{2) } H_2O_2/NaOH]{\text{1) } BH_3}$$

Box 11 水素分子もシン付加をする

求電子付加ではないが，水素分子もシン付加を起こす．アルケンを触媒（PtO_2 または Pd/C）存在下で水素分子と反応させると，二重結合への水素の付加が起こり，アルカンが生成する．この場合もシス異性体のみ生成する．

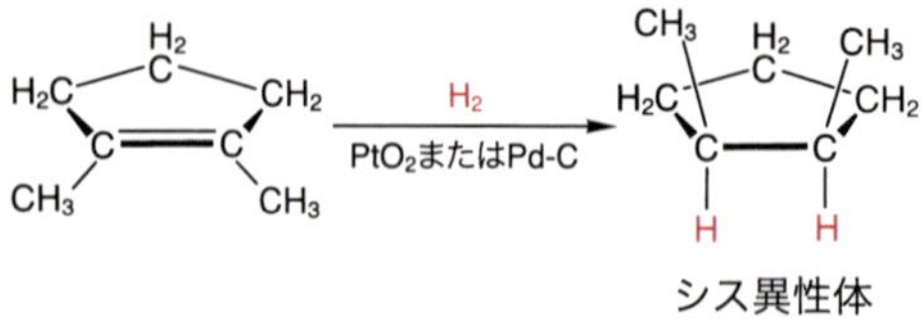

この反応では，水素分子が触媒上で水素原子に開裂し，下図のように活性化された水素原子が触媒表面上に生じる．これにアルケンが接近してシン付加が進行する．

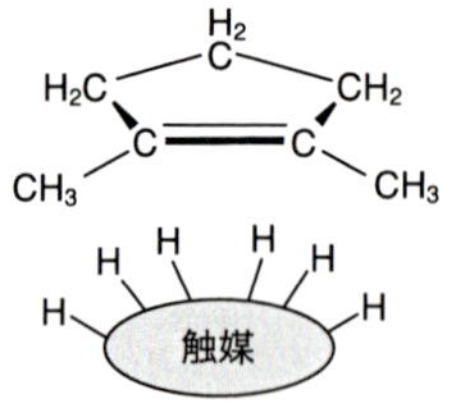

シス異性体

【解答】 BH₃ のホウ素を立体的により混み合っていない（より置換基の少ない）炭素上に結合するように付加させると，以下のように末端炭素にOH基が結合したアルコールが得られる．

$$CH_3CH_2-\overset{\delta+}{CH}=CH_2 \quad\longrightarrow\quad CH_3CH_2-\underset{H}{CH}-\underset{BH_2}{CH_2} \quad\xrightarrow{CH_3CH_2CH=CH_2}$$
$$\underset{H}{\overset{}{}}\cdots\underset{\delta-}{BH_2}$$

$$CH_3CH_2-\underset{H}{CH}-\underset{BR_2}{CH_2} \quad\xrightarrow{H_2O_2}_{NaOH}\quad CH_3CH_2-\underset{H}{CH}-\underset{OH}{CH_2}$$

R＝CH₂CH₂CH₃

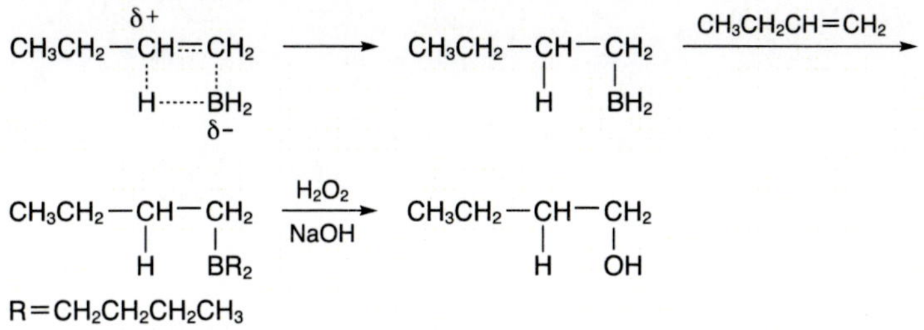

設問 12.9 2-メチルプロペンと BH₃ との反応で得られるトリアルキルボランの構造を書きなさい．

設問 12.10 次の反応の経路を巻矢印で示し，生成物の構造を書きなさい．

(a) $\underset{CH_3}{\overset{H}{}}C=CH_2 \quad\xrightarrow[2) H_2O_2/NaOH]{1) BH_3}$

(b) $\underset{CH_3}{\overset{H}{}}C=\underset{H}{\overset{CH_3}{}}C \quad\xrightarrow[2) H_2O_2/NaOH]{1) BH_3}$

(c) $\underset{Ph}{\overset{CH_3}{}}C=\underset{H}{\overset{H}{}}C \quad\xrightarrow[2) H_2O_2/NaOH]{1) BH_3}$

(d) (1,2-ジメチルシクロペンテン) $\xrightarrow[2) H_2O_2/NaOH]{1) BH_3}$

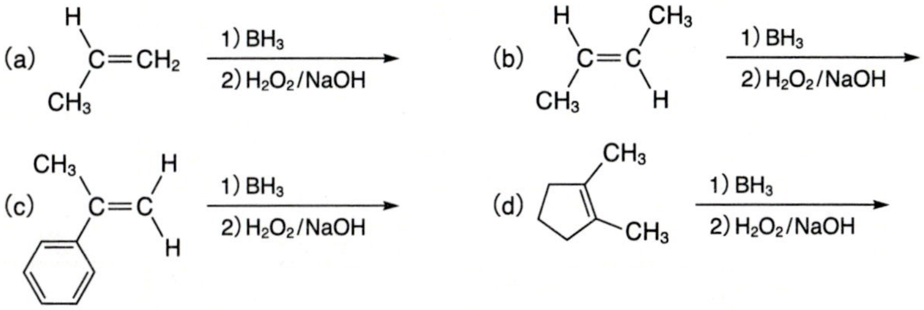

【この章のまとめ】

（1）アルケンの二重結合は，求電子剤の攻撃を受け，カルボカチオンを経て，付加生成物を与える．

（2）付加によって二つ以上の付加生成物が得られる場合，安定なカルボカチオンからの生成物が優先的に生成する（マルコウニコフ則）．

（3）臭素は環状ブロモニウムイオンを経て，アンチ付加する．

（4）水は酸触媒によって付加反応を起こし，マルコウニコフ則に沿ったアルコールを与える．

（5）水存在下で，酢酸水銀(II)は環状水銀イオンを経て，マルコウニコフ則に沿ったアルコールを与える．

（6）ボランはアルケンにシン付加する．得られたトリアルキルボランはアルコールへ変換できるが，得られるアルコールは逆マルコウニコフ型である．

章末問題

問 12.1 求電子付加反応の特徴を述べなさい.

問 12.2 1-ペンテンが以下の反応剤と反応したときに得られる生成物の構造を書きなさい.
（a）HCl
（b）HBr
（c）Br$_2$
（d）BH$_3$, ついで H$_2$O$_2$/NaOH
（e）D$_2$/PtO$_2$
（f）Hg(OAc)$_2$, H$_2$O ついで NaBH$_4$

問 12.3 シクロヘキセンおよび 1-メチルシクロヘキセンに HBr が付加して得られる生成物の構造を書きなさい. また, この反応はどちらが速く起こるか示し, その理由を述べなさい.

問 12.4 以下の四つのアルケンを HBr と反応させたとき, 得られる生成物の構造を書きなさい. また, アルケンを反応速度の大きい順に並べ, その理由を述べなさい.

(a), (b), (c), (d)

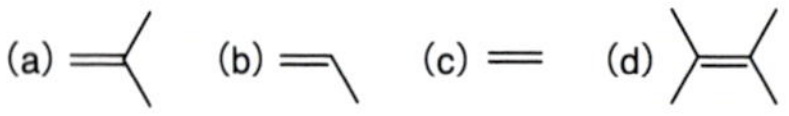

問 12.5 （a）3-メチル-1-ブテンを硫酸を触媒として水和反応を起こさせたときに生成するアルコールの構造を書きなさい. また, その生成経路を巻矢印で示しなさい.
（b）このアルケンから, 3-メチル-2-ブタノールを合成するにはどうしたらよいかを述べなさい.

問 12.6 12.1 節で述べたようにアルケン(**6**)への HCl の付加では, 転位した付加生成物が与えられる. しかし **6** への Br$_2$ の付加では, 正常な付加生成物のみが得られる. その理由を述べなさい.

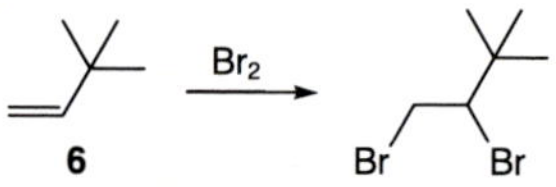

問 12.7 オキシ水銀化反応により, 次のアルケンを水和反応させたときの生成物の構造を書きなさい.

(a), (b), (c)

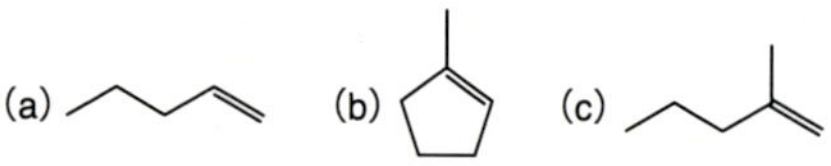

問 12.8 ヒドロホウ素化反応を用いて以下のアルコールを合成するには, どのような構造のアルケンを用いたらよいか.

(a), (b), (c), (d)

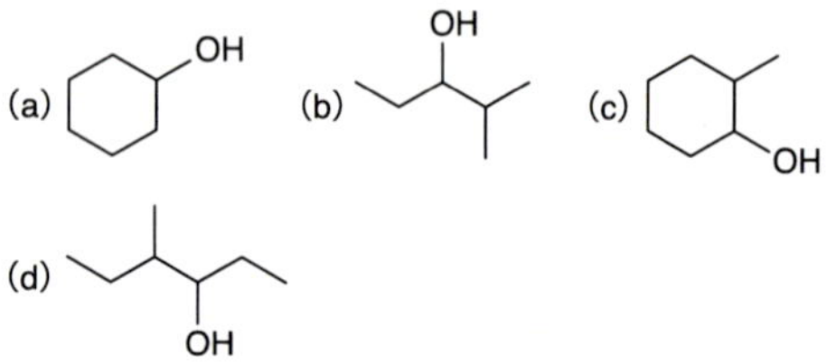

問 12.9 次のカルボカチオンの組合せでどちらがより安定かを示し, その理由を述べなさい.

(a), (b), (c), (d)

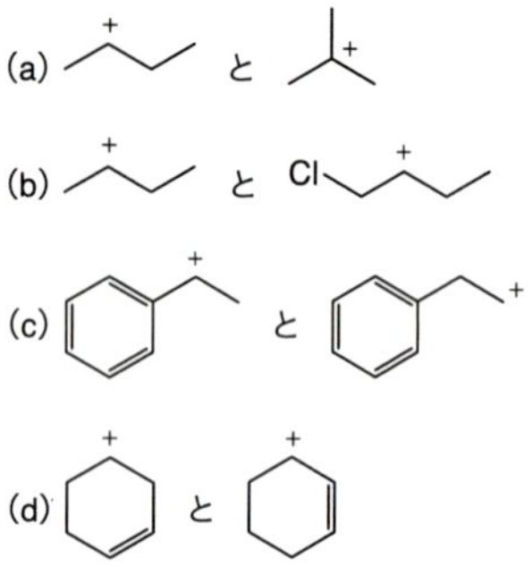

第13章

求核付加反応
カルボニル基がもたらす多様な反応

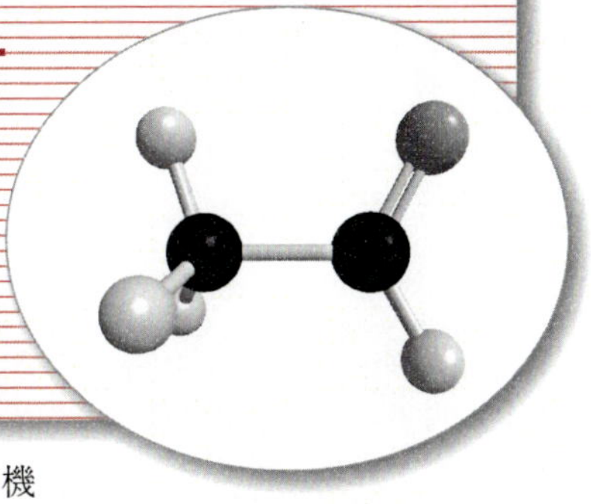

炭素-酸素二重結合(C=O)を**カルボニル基**といい，この結合をもつ有機化合物を**カルボニル化合物**†という．カルボニル基の炭素-酸素二重結合は，多くの点でアルケンの炭素-炭素二重結合と似ているが，非常に異なる点もある．たとえば，酸素は2対の非共有電子対をもっている．また，酸素の電気陰性度が炭素より大きいために，カルボニル基のπ電子は酸素のほうに引きつけられ，酸素に部分負電荷，炭素に部分正電荷をもつ分極した構造をもっている．

用語解説
カルボニル化合物
カルボニル基をもつ化合物は，カルボニル炭素に結合する二つの原子の種類によって，アルデヒド，ケトンおよびカルボン酸誘導体に分類される．ケトンは二つとも炭素が結合しているが，アルデヒドは一つが炭素，もう一つは水素である．カルボン酸誘導体は一つが炭素で，もう一つはハロゲン，酸素，窒素などである．カルボン酸誘導体は第14章で述べる．

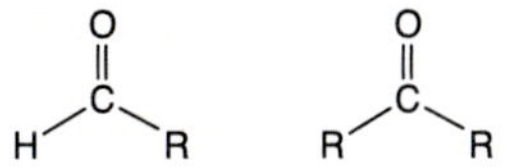

アルデヒド ケトン
（第13章で述べる）

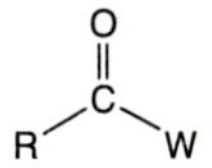

カルボン酸誘導体
（第14章で述べる）

W = Cl, O-C(=O)R, OR, NR$_2$

カルボニル基のもつこのような分極構造は，二つの重要な性質を導く．一つは，カルボニル基の炭素（**カルボニル炭素**という）が求電子的であり，求核剤の攻撃を受けることである（アルケンが求電子剤の攻撃を受けたことと対照的）．もう一つは，カルボニル基の隣（α位という）の炭素（**α炭素**）に結合した水素（**α水素**）が酸性を示すことである．この章では，アルデヒドとケトンについて，この二つの性質から導かれる反応を学ぶ．

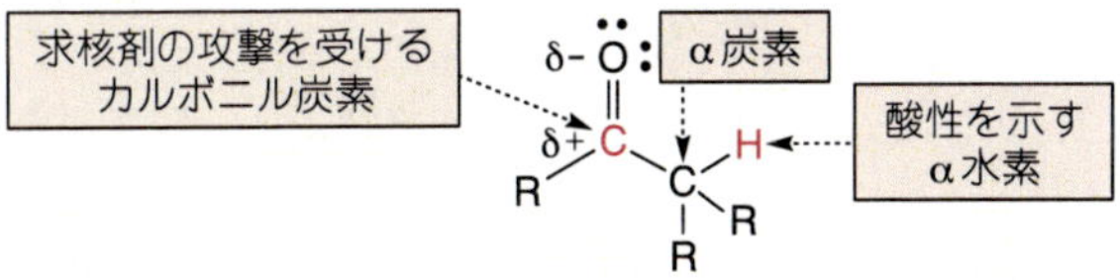

求核剤の攻撃を受ける カルボニル炭素 → δ−O, α炭素, δ+C−H ← 酸性を示す α水素

13.1 求核付加反応

カルボニル炭素は部分正電荷をもつので，求電子的となり，求核剤(Nu:⁻)の攻撃を受ける．その結果，Nu−C結合が形成され，カルボニル基の酸素（カルボニル酸素という）は負電荷を帯び，アルコキシドイオンが

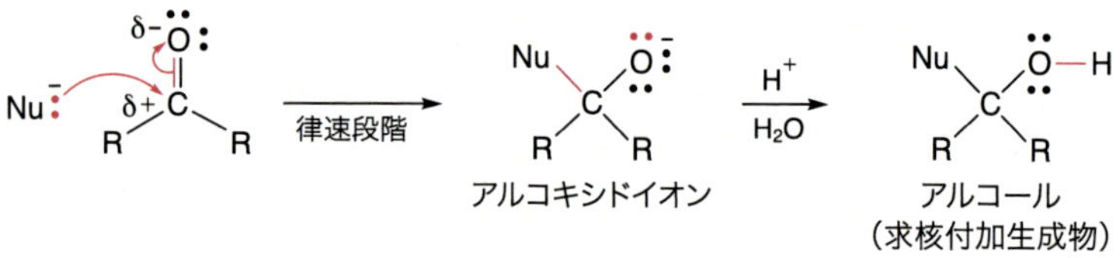

☞ one point
アルデヒドとケトンの求核付加反応性の違い

アルデヒドとケトンはどちらがより求核付加の反応性が高いのであろうか．右の反応式を見ると，カルボニル炭素の部分正電荷が強いほど反応性が高いと推測できる．アルデヒドは電子供与基であるアルキル基が一つ，ケトンはアルキル基が二つ置換しているので，ケトンではアルデヒドに比べてこの部分正電荷がより緩和されていると考えられる．カルボニル炭素周辺の立体的な環境も反応に影響する．水素はアルキル基より小さいので，求核剤はケトンよりもアルデヒドに近づきやすい．このように，電子的にも立体的にもアルデヒドのほうが，ケトンより求核付加の反応性が高いことがわかる．

生成する．これは反応終了後に加える弱酸性水溶液からプロトンを受け取り，生成物としてアルコールを与える．この反応は，カルボニル基の炭素-酸素二重結合への求核剤の攻撃によって始まり，π結合が消滅し，最終的に2個の新しいσ結合(Nu−C結合とO−H結合)を形成する．これを**求核付加反応**という．反応は二段階で進み，最初が律速段階である．

13.1.1 シアン化物イオンの付加

典型的な反応は，シアン化物イオン(NC^-)の付加によるシアノヒドリンの生成である．この反応では，まずNC^-の炭素上の負電荷が，カルボニル炭素を求核的に攻撃してC−C結合が生じ，同時にC=O結合のπ電子対が酸素のほうへ押しだされ，アルコキシドイオンが生成する．アルコキシドイオンは，HCNによってプロトン化されて，シアノヒドリンと呼ばれる化合物を与える．

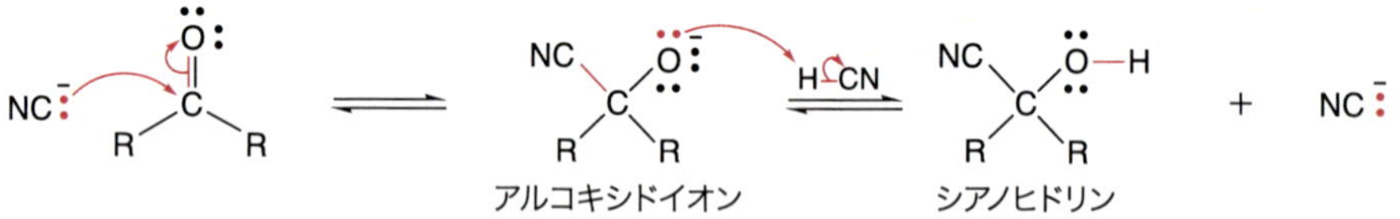

アセトアルデヒドからは，アセトシアノヒドリンが生成する．

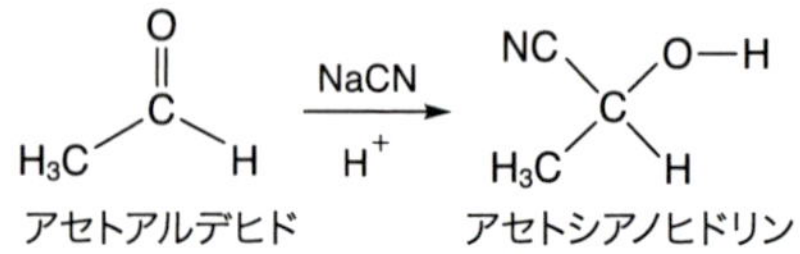

設問 13.1 次の反応の経路を巻矢印で示し，生成物の構造を書きなさい．

(a) ベンズアルデヒド + NaCN/H^+ →
(b) アセトン + NaCN/H^+ →

用語解説
グリニャール試薬

グリニャール試薬はジエチルエーテル($CH_3CH_2-O-CH_2CH_3$ = Et_2O)中で有機ハロゲン化物(R−X : X = Cl, Br, I)を金属マグネシウム(Mg)と反応させて得られる化合物で，一般式RMgXで示される．

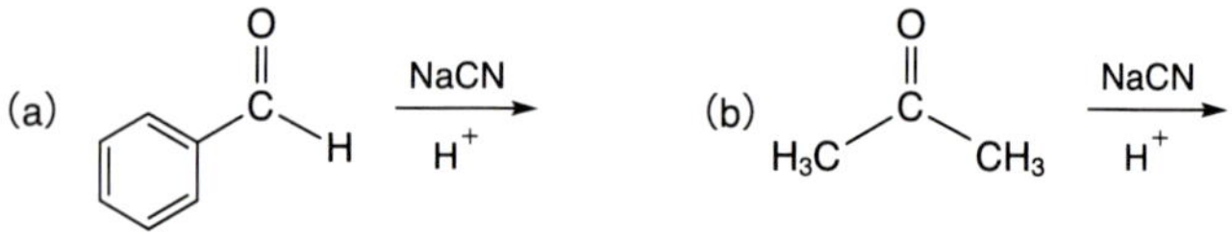

13.1.2 グリニャール試薬の付加

有機合成上非常に重要な反応として，カルボニル化合物と**グリニャール試薬**†との反応がある．グリニャール試薬はC−Mg結合をもっているが，マグネシウムは炭素より電気陰性度が小さいので，炭素は負電荷を帯び，

この結合は $C^{\delta-}-Mg^{\delta+}$ のように分極している.

$$-\underset{|}{\overset{|}{C}}-X + Mg \xrightarrow[\text{(Et}_2\text{O)}]{\text{ジエチルエーテル}} -\underset{|}{\overset{|}{\overset{\delta-}{C}}}-\overset{\delta+}{Mg}X \qquad Et_2O = CH_3CH_2\text{-}O\text{-}CH_2CH_3$$

(X = Cl, Br, I) グリニャール試薬
(炭素は負電荷を帯びる)

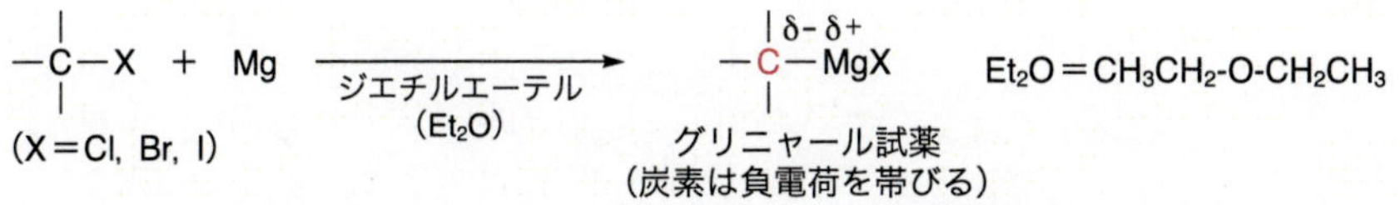

したがって，グリニャール試薬の部分負電荷をもつ炭素が，正電荷を帯びたカルボニル炭素を求核的に攻撃し，C–C 結合が形成される．正電荷を帯びた金属部分は，負電荷を帯びたカルボニル酸素へ結合し，アルコールのマグネシウム塩が生成する．これは反応ののち，弱酸性水溶液を加えると加水分解され，最終的にアルコールが得られる．

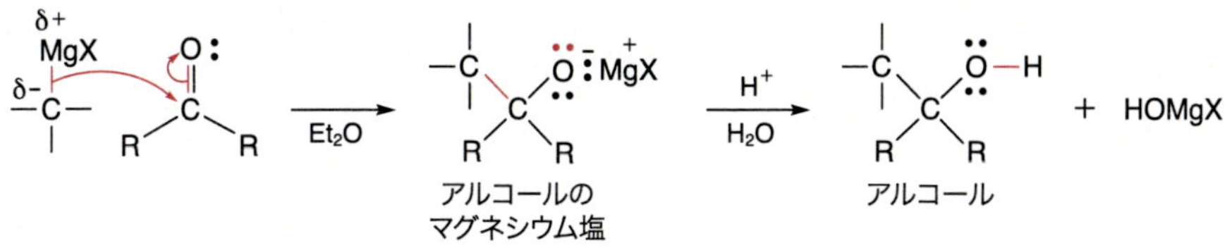

グリニャール試薬を用いると，アルデヒドやケトンからさまざまな構造のアルコールを合成することができる．いくつかの例を下に示す．

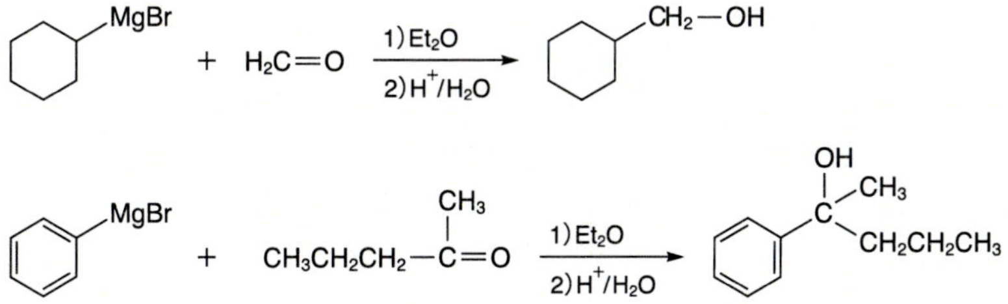

例題 13.1 次の反応の経路を巻矢印で示し，生成物の構造を書きなさい．

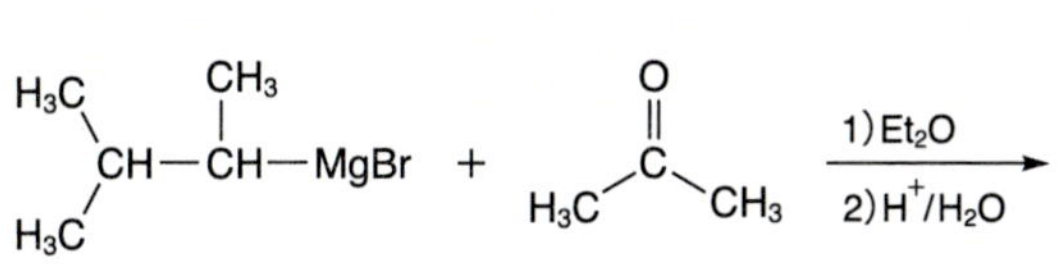

【解答】 鍵となる結合である C–Mg と C=O での分極構造をしっかりと認識し，電子豊富な結合(原子)から，電子の不足した結合(原子)へ矢印を書いていく．そうすれば自然に生成物にたどり着く．

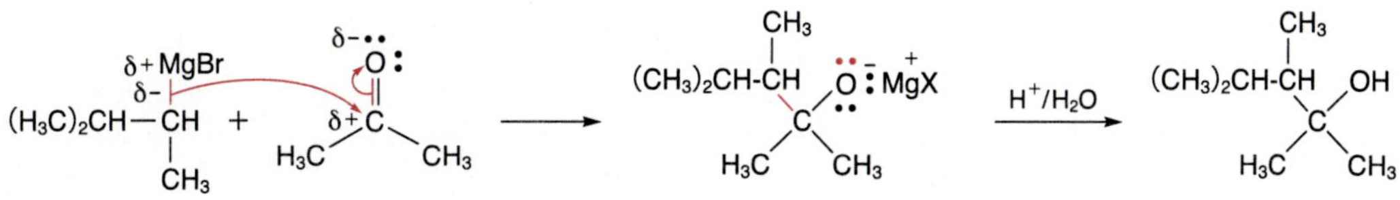

第13章 求核付加反応

設問 13.2 次の反応の経路を巻矢印で示し，生成物の構造を書きなさい．

(a) CH_3CH_2-MgBr + シクロヘキサノン $\xrightarrow[\text{2) }H^+/H_2O]{\text{1) }Et_2O}$

(b) PhMgBr + ベンズアルデヒド $\xrightarrow[\text{2) }H^+/H_2O]{\text{1) }Et_2O}$

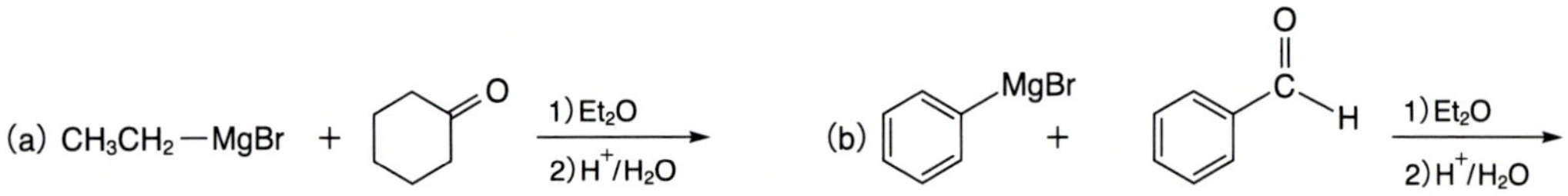

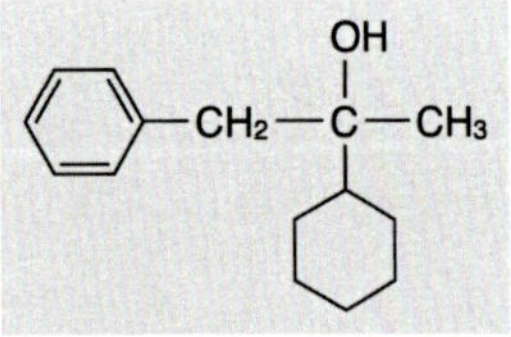

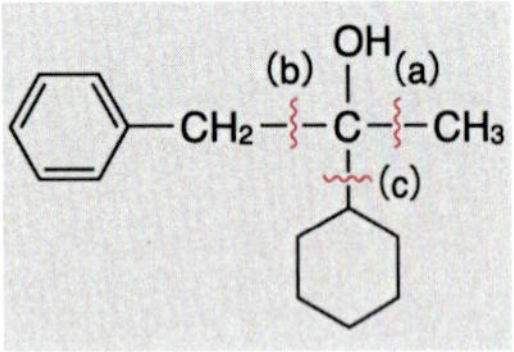

例題 13.2 左のアルコールを合成する場合，グリニャール試薬とカルボニル化合物の組合せは3通りある．それらをすべて示しなさい．

【解答】 生成物からさかのぼって反応を考えるとよい．この反応では，ケトンに新たにグリニャール試薬から1本のC–C結合が提供されている．したがって，OH基をもつ炭素の3本のC–C結合を1本切断し，切断された基をグリニャール試薬に，残ったC–OH基をもつ断片をカルボニル化合物 (C=O) にすればよい．

C–C結合の切断には(a)～(c)の3通りの方法が可能であり（左図参照），以下の三種類の組合せがあることがわかる．

(a) $H_3C-MgBr$ + PhCH$_2$–CO–C$_6$H$_{11}$

(b) PhCH$_2$–MgBr + H_3C–CO–C$_6$H$_{11}$

(c) C$_6$H$_{11}$–MgBr + PhCH$_2$–CO–CH$_3$

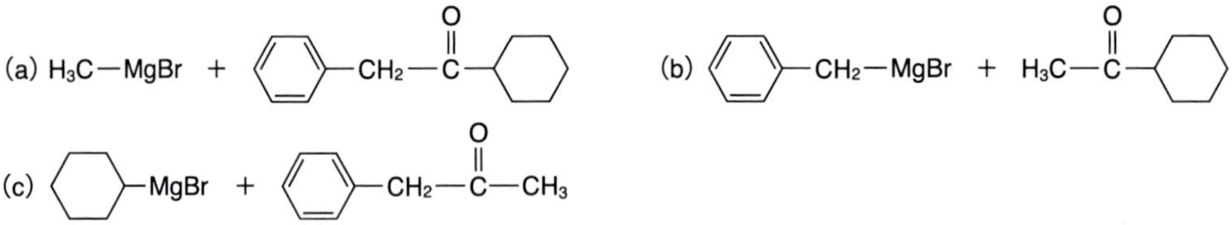

☞ one point
合成経路の選択

この問題のように，いくつかの合成経路が可能な場合は，原料の入手のしやすさや反応性などを考慮して決める．

設問 13.3 次のアルコールを合成する場合，グリニャール試薬とカルボニル化合物の組合せは3通りある．それらをすべて示しなさい．

(a) HO–C(CH$_3$)(Ph)(C$_6$H$_{11}$)

(b) HO–C(CH$_3$)(C$_6$H$_{11}$)(CH$_2$CH$_2$CH$_3$)

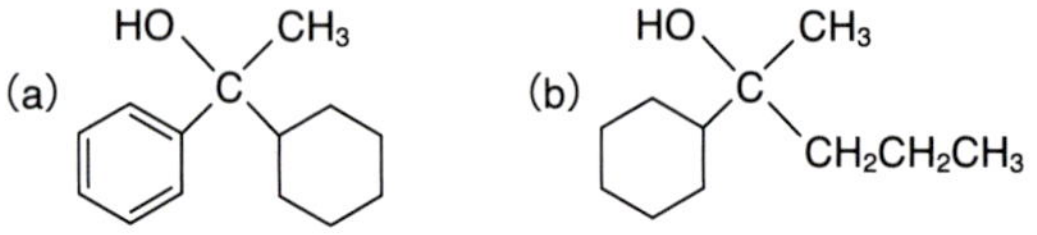

13.1.3 金属水素化物による還元

カルボニル化合物を水素化アルミニウムリチウム (LiAlH$_4$)，あるいは水素化ホウ素ナトリウム (NaBH$_4$) と反応させたのち，弱酸性水溶液で加水分解すると，アルコールが得られる．すなわち，カルボニル基に2個の水素* が付加してカルボニル基は還元される．

* 生成物のアルコールの2個のHのうち，1個は金属水素化物から，もう1個は水から与えられている．

$R-CO-R \xrightarrow[\text{2) }H^+/H_2O]{\text{1) LiAlH}_4 \text{ または NaBH}_4} R-CH(OH)-R$

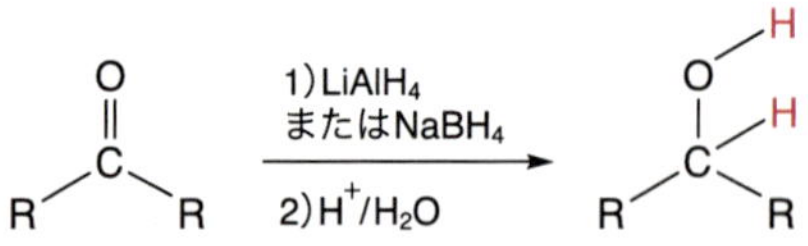

LiAlH₄ や NaBH₄ は，アルミニウムやホウ素の水素化物アニオン（AlH₄⁻ または BH₄⁻）のアルカリ金属塩である．そこに含まれる Al−H 結合や B−H 結合の水素は部分的に負電荷を帯びており，**ヒドリドイオン**（H⁻）を供与する反応剤として作用する．

$$\text{MH}_4^- \longrightarrow \text{MH}_3 + :H^- \quad (M = Al, B)$$

> **one point**
> **水素の部分電荷の転換**
> 炭素と同様，水素も電気陰性度の小さい原子である．したがって，これまでに学んだ多くの化合物（H₂O, ROH など）に含まれる X−H 結合では，水素は正電荷を帯び，プロトン（H⁺）の供給源として作用していた．しかし，金属水素化物に含まれる Al−H, B−H などの金属-水素結合は，金属の電気陰性度が水素より小さいために水素は負電荷を帯び，ヒドリドイオン（H⁻）の供給源として作用することに注目しよう．

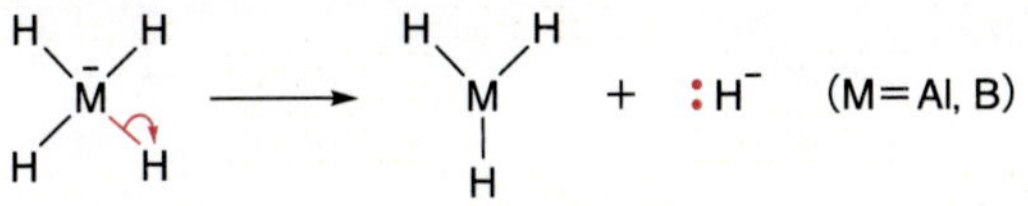

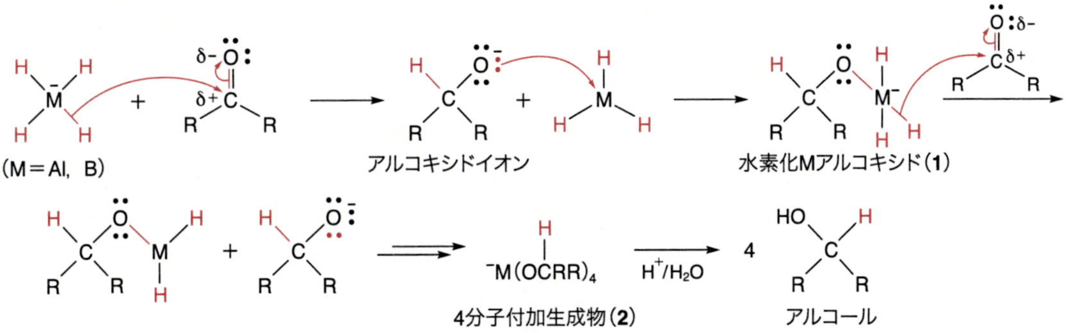

これらの反応剤をカルボニル化合物と反応させると，H⁻ は正電荷を帯びたカルボニル炭素を求核的に攻撃し，アルコキシドイオンが生成する．これは，すぐに MH₃(M = Al, B)と反応し，最初の付加生成物である水素化Mアルコキシド(**1**)を与える．**1** はまだ3個の M−H 結合をもっているので，もう1分子のカルボニル炭素を攻撃する．同様な反応が3回起こり，最終的に4分子のカルボニル基が付加した生成物(**2**)が得られる．これを酸性水溶液で加水分解するとアルコールが得られる．このようにして，1分子の水素化物で，最大4個のカルボニル基を還元できる．

例を示そう．

シクロヘキサノン $\xrightarrow{\text{1) LiAlH}_4}{\text{2) H}^+/\text{H}_2\text{O}}$ シクロヘキサノール

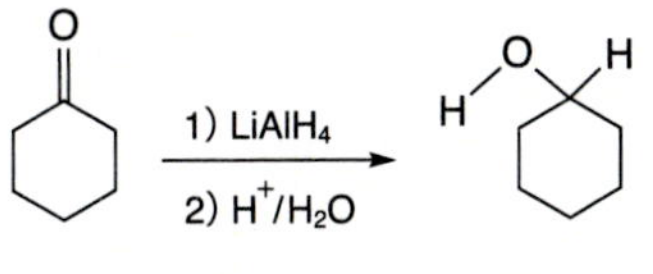

例題 13.3 右の反応の経路を巻矢印で示し，生成物の構造を書きなさい．

$\text{Ph-CO-CH}_3 \xrightarrow{\text{1) NaBH}_4}{\text{2) H}^+/\text{H}_2\text{O}}$

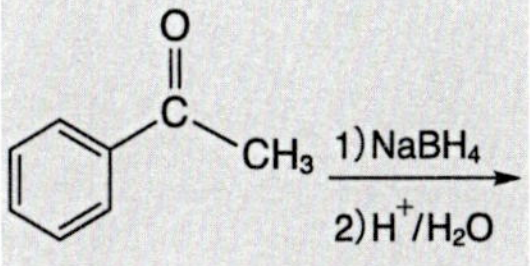

【解答】 各化合物の結合の分極をしっかりと認識して反応式を書いていく（フェニル基は記号 Ph で示す）．以下のアルコールが得られる．

（反応機構図：BH₄⁻ → ⁻B[OCCH₃Ph]₄ → H⁺/H₂O → Ph-CH(OH)-CH₃）

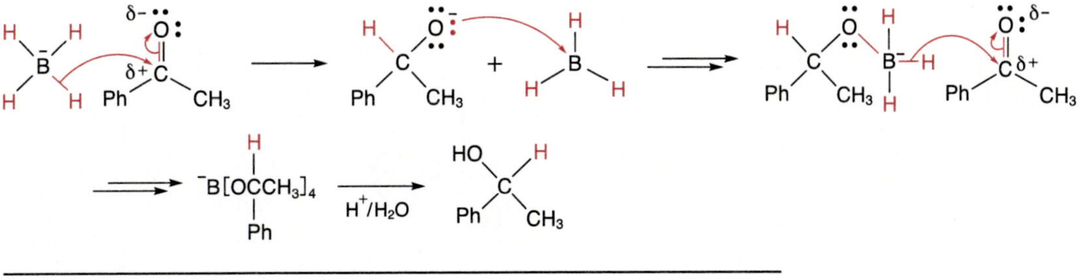

146　第13章　求核付加反応

設問 13.4　次の反応の経路を巻矢印で示し，生成物の構造を書きなさい．

(a) CH₃CH₂CH₂―C(=O)―CH₃　1) NaBH₄　2) H⁺/H₂O

(b) シクロヘキセノン　1) LiAlH₄　2) H⁺/H₂O

(c) フェニル シクロヘキシル ケトン　1) NaBH₄　2) H⁺/H₂O

(d) 3-メトキシベンズアルデヒド　1) LiAlH₄　2) H⁺/H₂O

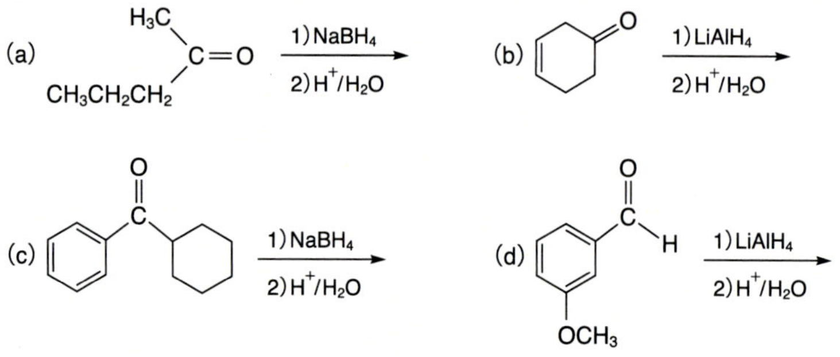

13.2　酸触媒による求核付加反応

これまでの反応は，求核性の大きい反応剤によるカルボニル基への付加であった．アルコール，アミンなど非共有電子対をもつ化合物も求核剤 (6.1節)なので，カルボニル炭素を求核的に攻撃する．しかしこれらの反応剤は求核性が小さいために，反応が遅い．この場合，酸(H^+)を触媒として添加することによって，反応を促進することができる．

H^+はカルボニル酸素上の非共有電子対と反応して，プロトン化する．プロトン化されたカルボニル化合物では，カルボニル炭素上に正電荷をもつ共鳴構造から予想されるように，カルボニル炭素の正電荷が増大し，弱い求核剤の攻撃を容易にする．

R―C(=O)―R + H⁺ ⇌ R―C(=O⁺H)―R ↔ R―C⁺(―ÖH)―R
　　　　　　　　　　　　　　　　　　　　　　　カルボニル炭素に正電荷

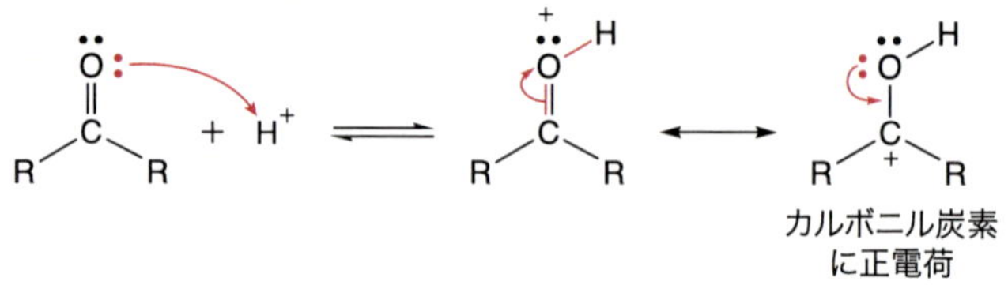

設問 13.5　カルボニル基はプロトン化されると，プロトン化されていないものに比べてなぜ求電子性が増大するのか，説明しなさい（第4章参照）．

13.2.1　アルコールの付加

アルコールは酸触媒存在下にアルデヒドに求核付加して，ヘミアセタールを経て，アセタールと呼ばれる付加生成物を与える．

R―CHO　→(R'O―H, H⁺)　R―C(OR')(OH)H (ヘミアセタール)　→(R'O―H, H⁺)　R―C(OR')(OR')H (アセタール)

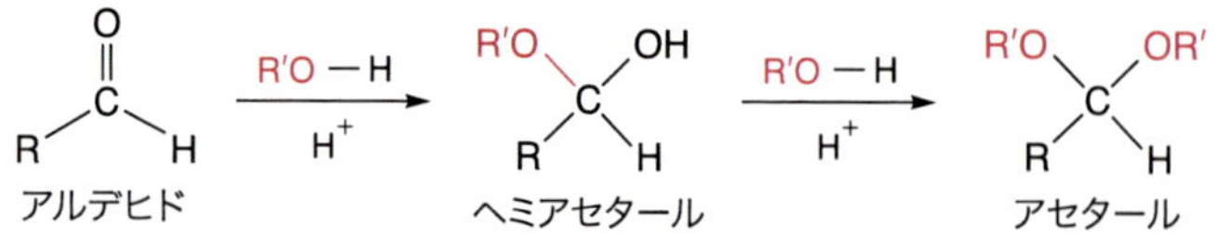

アルコールとしてメタノールを用いた場合について，この反応を詳しく

見てみよう．まず，プロトン化されたアルデヒドのカルボニル炭素へメタノールが求核的に攻撃し，付加生成物(**3**)が得られる．

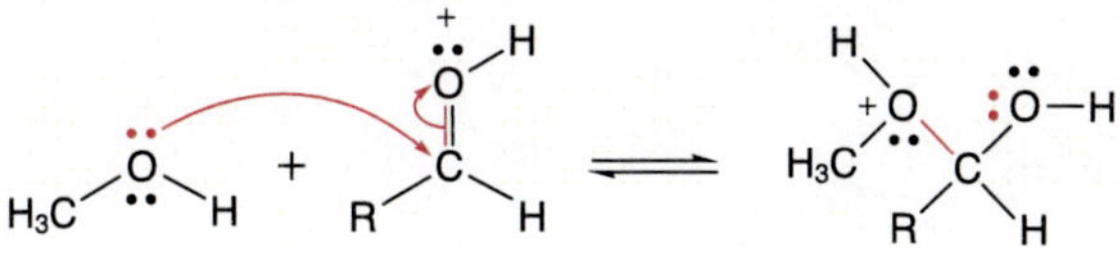

3からプロトン(H^+)が脱離すると，ヘミアセタールが生成する．

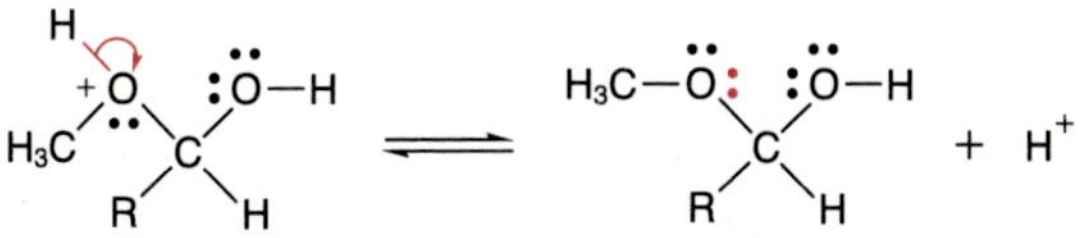

この反応ではヘミアセタールが生成するとともに，酸(H^+)が再び生成している．ヘミアセタールは酸素を2個もつので，その非共有電子対がさらにプロトン化を受ける．CH_3O基の酸素がプロトン化を受けると**3**が再び生成する逆反応になるが，OH基の酸素がプロトン化を受けると**4**となる．**4**からは水が容易に脱離し，カルボカチオン(**5**)が生成する．**5**は隣接する酸素の非共有電子対によって共鳴安定化されているので，とくに生成しやすい．

用語解説
可逆反応
原系から生成系へ向かう正反応が進むと同時に，生成系から原系に向かう逆反応が起こる場合，この反応を**可逆反応**という．正方向へ変化する量と逆方向へ変化する量が等しくなり，見かけ上反応が止まっている状態を**平衡**という．

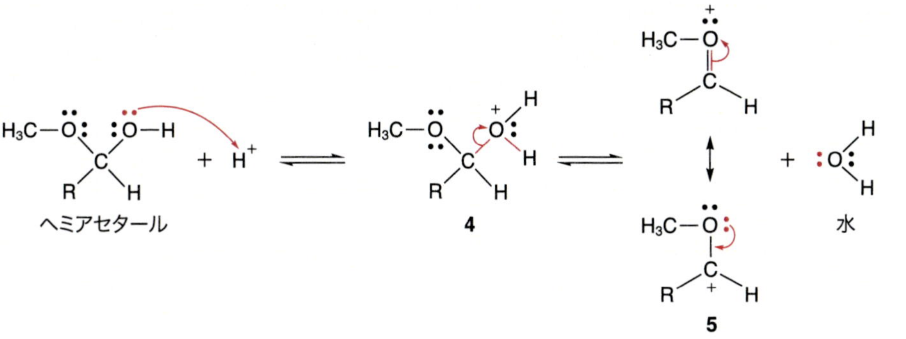

5はもう1分子のメタノールの攻撃を受けて，最終生成物であるアセタールを与える．

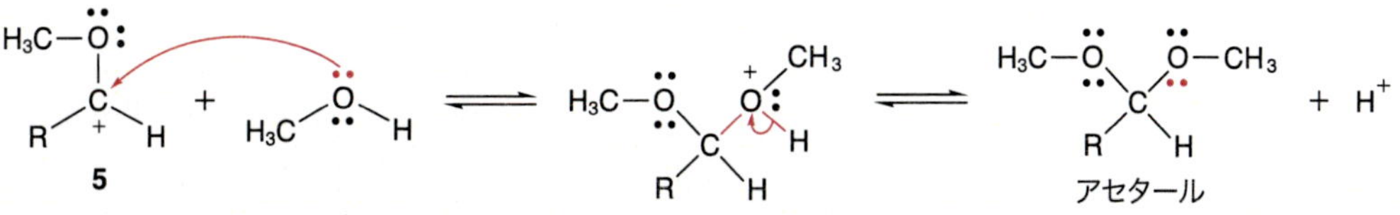

最後の段階で酸(H^+)が再び生成するので，この反応は酸触媒反応である．すべての段階が可逆的†である．したがって，アセタールを得るためには，過剰のアルコール(メタノール)を用いたり，副生する水をとり除く

必要がある．アセタールは酸存在下で過剰の水と反応させると，上式の逆反応が起こり，アルデヒドが再び生成する．

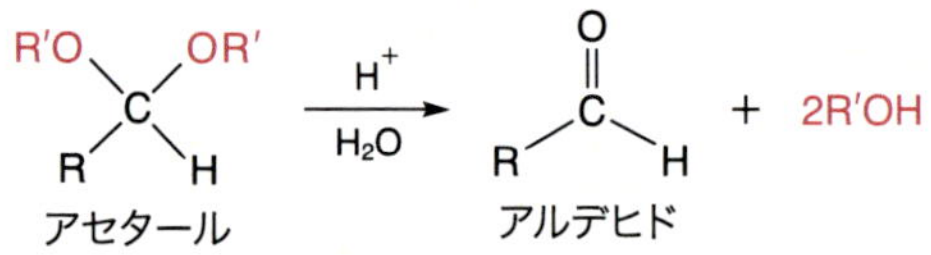

ケトンも同じようにアルコールと反応してアセタールを与える．

例題 13.4 分子内に2個のヒドロキシ(OH)基をもつアルコールとして1,2-エタンジオールを用いて，ケトン(シクロヘキサノン)をアセタール化すると，以下に示した生成物(**6**)が得られる．**6** の生成経路を示しなさい．

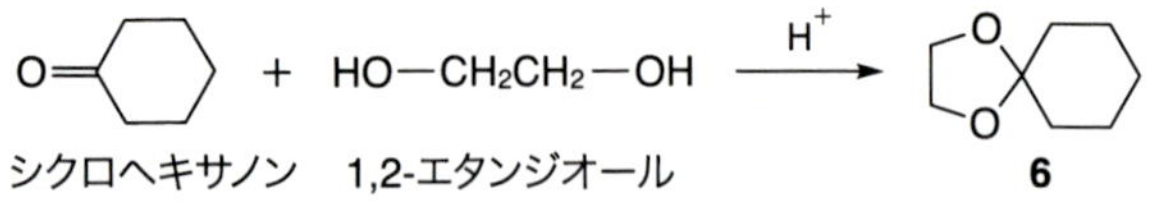

【解答】 基本的には最初に生成したヘミアセタールへ，2個目のOH基も，同じ分子内から供給される式を導けばよい．プロトン化されたケトンへ最初のOH基が攻撃する反応を下に示した．4段階目の反応式に注目してほしい．

....

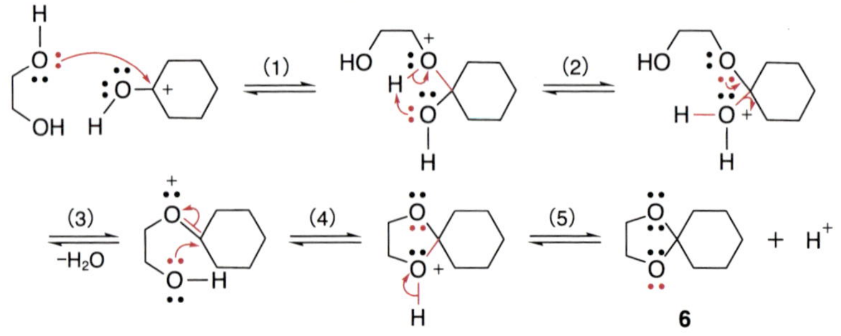

設問 13.6 次の反応の経路を巻矢印で示し，生成物の構造を書きなさい．

(a) シクロヘキサノン + CH_3CH_2-OH $\xrightarrow{H^+}$

(b) ベンズアルデヒド + CH_3-OH $\xrightarrow{H^+}$

....

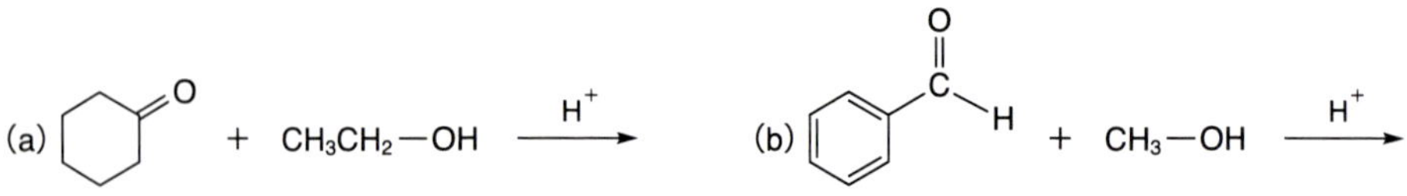

13.2.2 アミンの付加

第一級アミンは，酸触媒存在下でアルデヒドやケトンのカルボニル基(C=O)に求核付加し，イミンと呼ばれる炭素-窒素二重結合(C=N)をもつ化合物を与える．

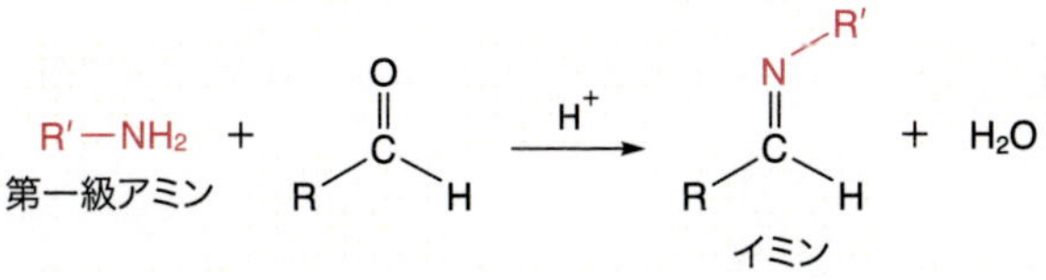

$$R'-NH_2 + \underset{R}{\overset{O}{\|}}\!\!-\!\!H \xrightarrow{H^+} \underset{R}{\overset{N-R'}{\|}}\!\!-\!\!H + H_2O$$

第一級アミン　　　　　　　　　　イミン

この反応の経路を詳しく見てみよう．第一級アミンはプロトン化されたカルボニル基に付加して，最初にアミノアルコールを与える．

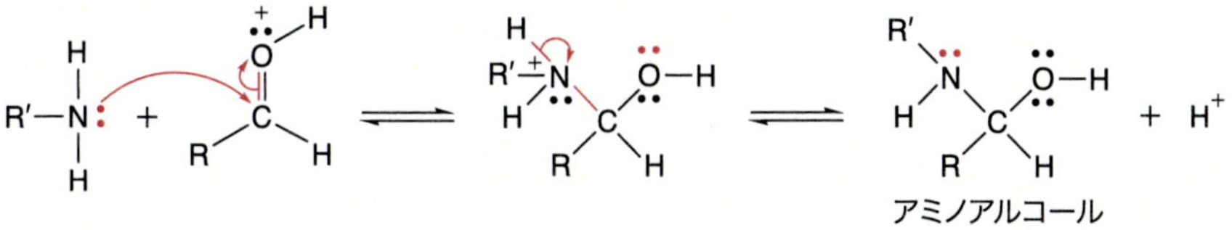

[機構図：第一級アミンがプロトン化カルボニルに付加してアミノアルコールを生成する]

アミノアルコール

このアミノアルコールは不安定であり，酸触媒によって脱水され，カルボカチオン (**7**) となる．ここまでは前項で述べたアルコールの付加反応と同じである．

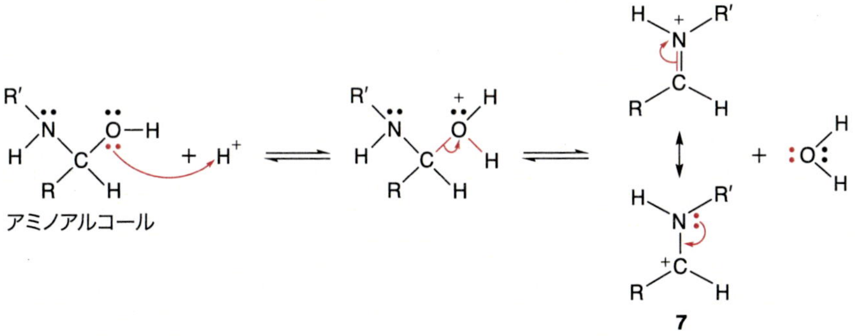

[機構図：アミノアルコールの脱水によるカルボカチオン 7 の生成]

アミノアルコール　　　　　　　　　　　　　　　　　**7**

アルコールの付加反応の場合と異なり，**7** は窒素上にプロトンとして外れやすい水素をもち，また系内に塩基(アミン)が存在するので，この水素が引き抜かれ，最終生成物として炭素‒窒素二重結合をもつイミンを与える．

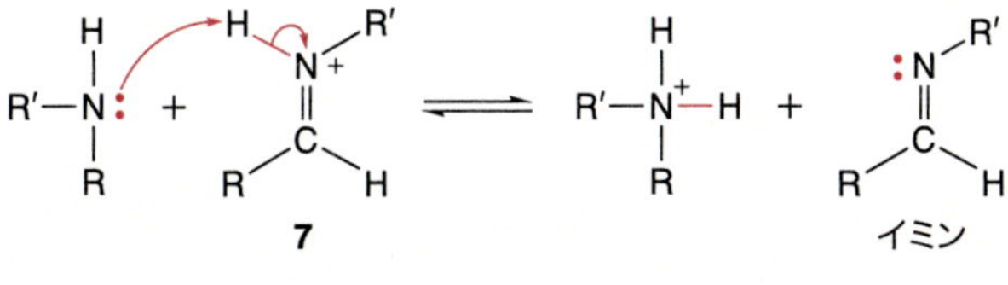

[機構図：アミンが 7 のN‐Hを引き抜きイミンを生成]

7　　　　　　　　　　　　　　　　　イミン

この反応でイミンを与えるためには，アミンの窒素上の水素が2個プロトンとして外れる必要がある．言い換えると，イミンを生成するためには，窒素上に2個以上の水素が必要なので，第二級アミンや第三級アミンとの反応ではイミンは得られない．

☞ **one point**

アミンの級数

ハロゲン化アルキルやアルコールでは，官能基をもつ炭素に注目し，それに結合するアルキル基の数によって級数に分類した．しかし，アミンの場合は窒素に注目し，それに結合するアルキル基の数によって級数を分類する．

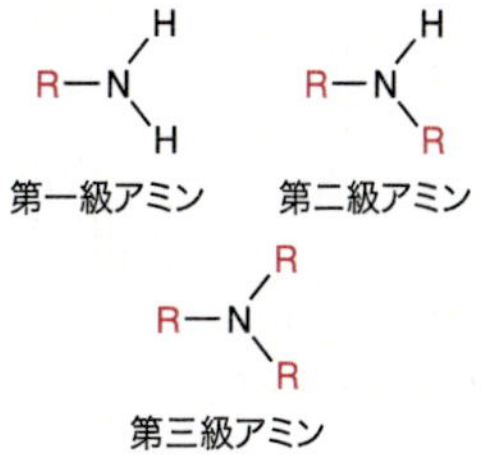

第一級アミン　第二級アミン

第三級アミン

例題 13.5 次の反応の経路を巻矢印で示し，生成物の構造を書きなさい．

$$\text{Ph-CO-CH}_3 + \text{NH}_2\text{-OH} \xrightarrow{\text{H}^+}$$

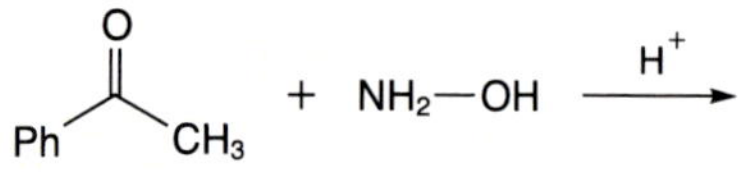

【解答】 前ページの式を参照しながら，正しく電子を動かしていく．生成物のイミンはオキシムと呼ばれる．

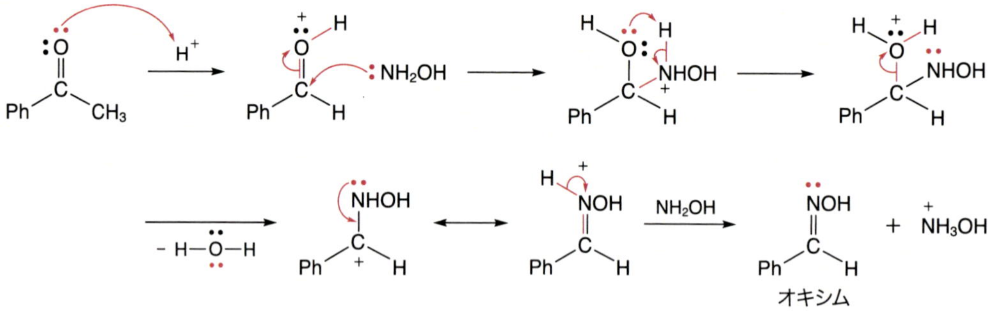

(反応機構の図：プロトン化 → NH₂OH の求核攻撃 → プロトン移動 → 水の脱離 → カルボカチオン中間体 ↔ 共鳴構造 → 脱プロトン化によりオキシム生成 + NH₃OH⁺)

オキシム

設問 13.7 次の反応の経路を巻矢印で示し，生成物の構造を書きなさい．

(a) $\text{PhCHO} + \text{NH}_2\text{-NHCONH}_2 \xrightarrow{\text{H}^+}$

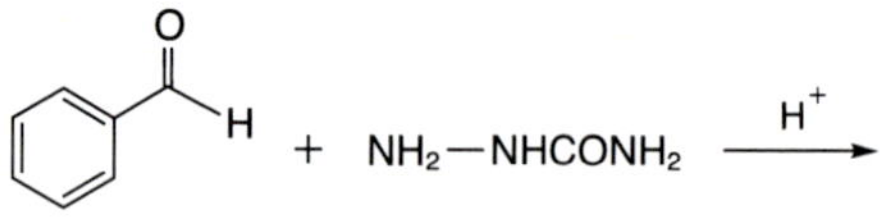

(b) シクロヘキサノン + $\text{NH}_2\text{-NH-}$(2,4-ジニトロフェニル) $\xrightarrow{\text{H}^+}$

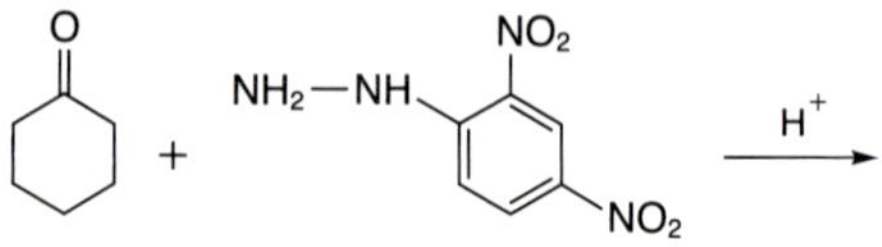

13.3 α水素を含む反応

最初に述べたが，カルボニル炭素の隣の炭素をα炭素といい，その炭素に結合した水素をα水素という．α水素は，カルボニル基の影響を強く受けている．それを明確に表しているのが，α水素の酸性度である．アルカンの pK_a が約 50 であるのに対して，アルデヒドやケトンのα水素の pK_a は 15～20 であり，C-H 結合の示す酸性度としては非常に高い (p.62 参照)．たとえば，プロパンとアセトンの pK_a を比較してみよう．

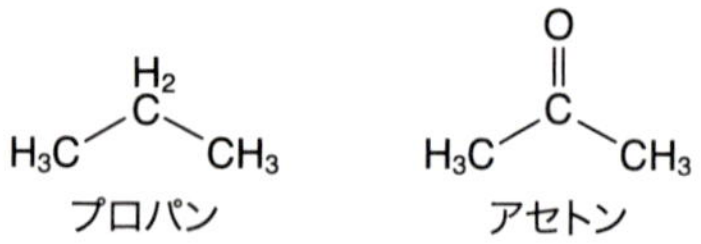

	プロパン	アセトン
pK_a	～50	19.3

酸性度の強さは，その共役塩基がどれほど安定化されるかに依存している（第5章参照）．カルボニル化合物のα水素の場合，共役塩基であるアニオンの負電荷はカルボニル基に隣接した炭素上にあり，これは，次に示すように，カルボニル基に伝達されて非局在化する．この共鳴構造では，電気陰性な酸素原子上に負電荷がやどっており，共鳴安定化の効果が大きい．

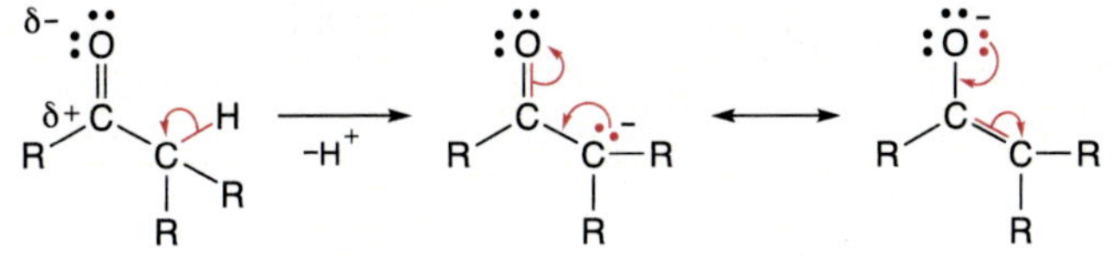

このアニオンは，アルケン（alk<u>ene</u>）とアルコール（alcoh<u>ol</u>）の構造を併せもつエノール（ene + ol）のアニオンという意味から，**エノラート**（enolate）**イオン**と呼ばれる．この共鳴安定化効果のため，アルデヒドやケトンのα水素は酸性を示し，比較的弱い塩基によって解離させることができる．生成したエノラートイオンは求核剤として作用するので，これを利用して新しい反応経路を開拓できる．

13.3.1 アルドール反応

エノラートイオンを利用する代表的な反応はアルドール反応である．アセトアルデヒドに薄い水酸化ナトリウム水溶液を加えると，アルデヒド2分子が化合した生成物（**8**）が得られる．**8** は，その構造にアルデヒド（<u>ald</u>ehyde）とアルコール（alc<u>ol</u>ol）の部分構造を併せもつので，**アルドール**（ald + ol）という．この反応は**アルドール反応**と呼ばれる．

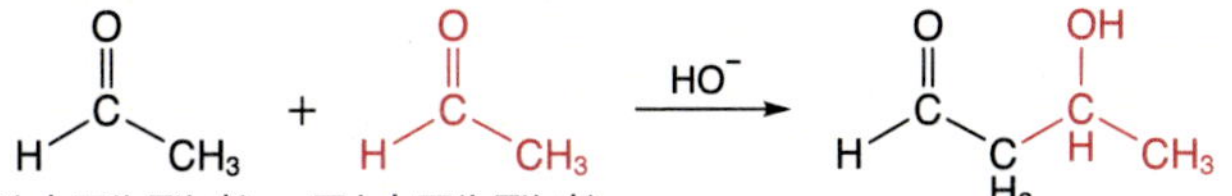

反応経路を説明しよう．まず水酸化物イオン（HO⁻）が，α水素をプロトンとして取り去り，エノラートイオンが生成する．

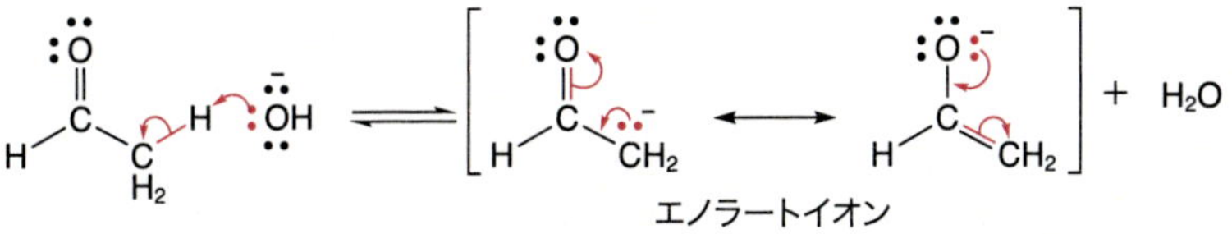

反応系内には求電子性のカルボニル炭素をもつアセトアルデヒドが存在するので，優れた求核剤であるエノラートイオンはこれを求核的に攻撃し，C–C結合を形成する．同時にC=O結合のπ電子対を酸素のほうへ押しだし，アルコキシドイオン（**9**）が生成する．**9** は水によってプロトン化され，最終生成物のアルドール（**8**，3-ヒドロキシブタナール）が生成する．

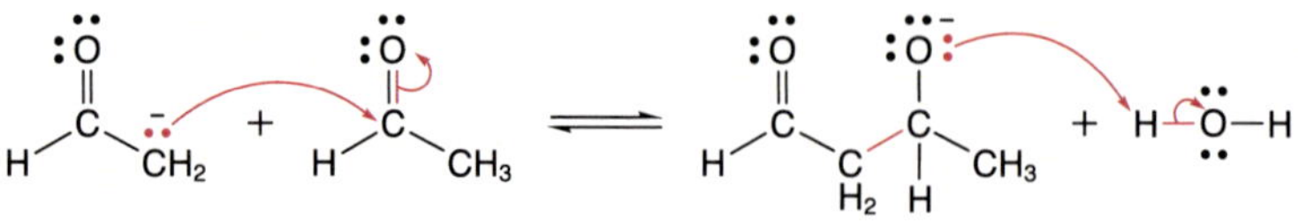

反応経路を見るとわかるように，二段階目と三段階目の反応は，13.1節で説明した求核付加反応そのものである．この反応では求核付加を受けるアルデヒド自身が，求核剤の発生源にもなっている．

α水素をもつケトンでも同様な反応が起こり，これもアルドール反応と呼ばれる．その例をアセトンの反応で示す．

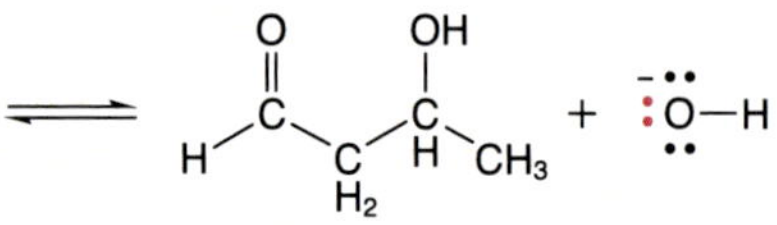

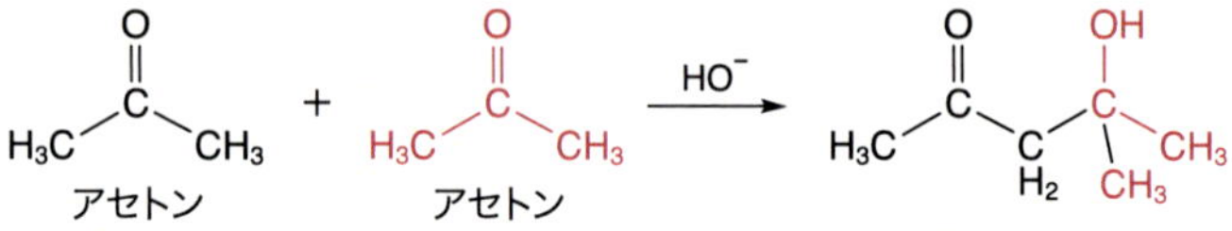

設問 13.8　アセトンのアルドール反応の生成物を与える経路を，巻矢印で説明しなさい．

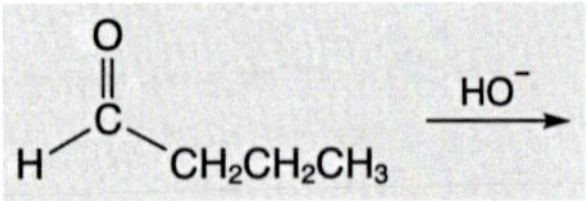

例題 13.6　左の反応の経路を巻矢印で示し，生成物の構造を書きなさい．
【解答】　反応の鍵となるポイントをしっかり押さえておこう．一つはα水素である．この問題のようにカルボニル基に多くのC−H結合をもつアルキル基がつくと，α水素の位置を判定しにくくなる．α水素はカルボニル基のすぐ隣の炭素上の水素である．もう一つのポイントはカルボニル基の分極である．これさえ間違わなければ，電子の豊富なところから，不足しているところへ，確実に矢印を書いていけば，生成物にたどり着く．

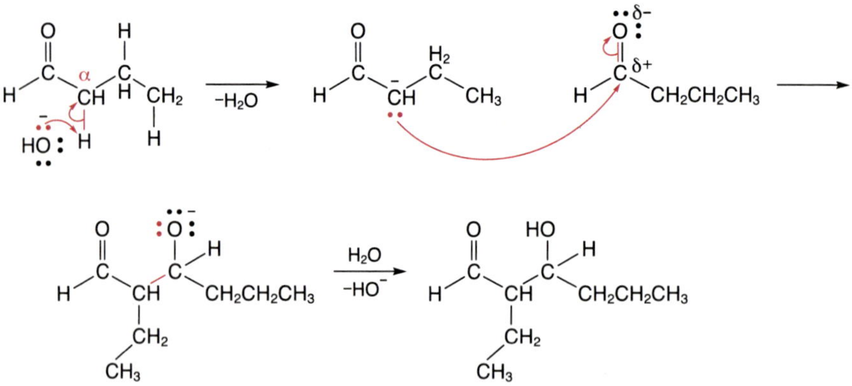

設問 13.9 次の反応の経路を巻矢印で示し,生成物の構造を書きなさい.

(a) PhCH₂-CHO + HO⁻ →
(b) Ph-CO-CH₃ + HO⁻ →
(c) シクロヘキサノン + HO⁻ →

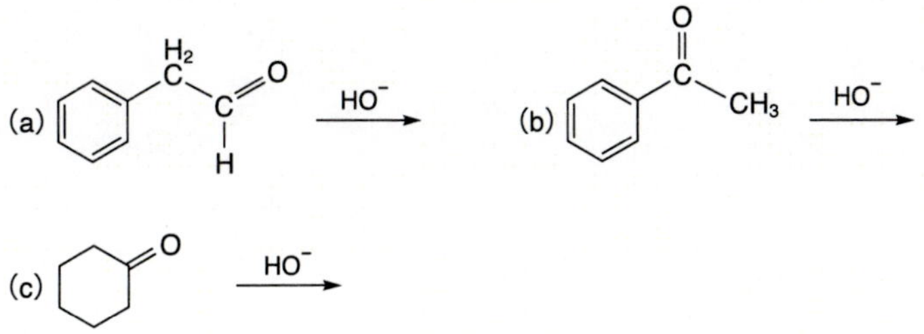

【この章のまとめ】

(1) カルボニル炭素は部分正電荷をもつので,求電子的となり,さまざまな求核剤(シアン化物イオン,グリニャール試薬,ヒドリドイオンなど)の攻撃を受けて付加生成物を与える.
(2) 求核性の小さい反応剤(アルコールやアミン)との反応では酸触媒が必要である.
(3) カルボニル基のα水素は酸性を示し,容易にエノラートイオンが生成する.エノラートイオンは求核剤として作用し,カルボニル基に求核付加する.

章末問題

問 13.1 求核付加反応と求電子付加反応の共通点と相違点を述べなさい.

問 13.2 次の二種類のカルボニル化合物と水素化ホウ素ナトリウムとの反応で得られる生成物の構造を書きなさい.また,どちらの化合物がより反応性が高いかを示し,その理由を述べなさい.

(a) シクロペンタノン (b) 2-メチルブタナール

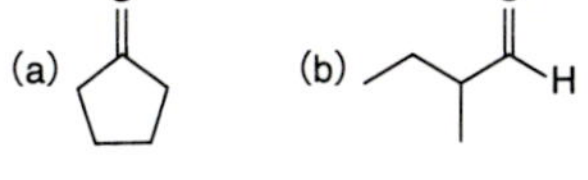

問 13.3 グリニャール反応について次の問いに答えなさい.
(a) 2-ブロモプロパンからグリニャール試薬を調製する反応式を書きなさい.
(b) このグリニャール試薬とアセトフェノン(Ph-CO-CH₃)の反応の経路を巻矢印で示し,生成物の構造を書きなさい.

問 13.4 次の二種類のケトンとシアン化物イオンの反応で得られる生成物の構造を書きなさい.また,どちらの化合物がより反応性が高いかを示し,その理由を述べなさい.

(a) 3-ヘキサノン (b) 2,2,4-トリメチル-3-ヘキサノン

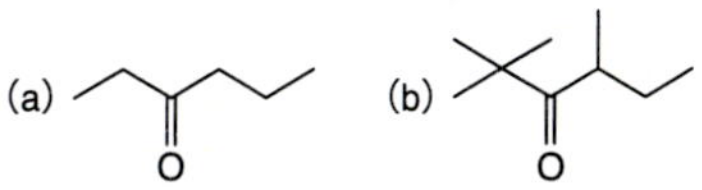

問 13.5 以下に示す化合物は分子内にケトンとアルデヒドを合わせもつ.酸触媒を用いてこの化合物を1当量の1,2-エタンジオール(HO-CH₂CH₂-OH)と反応させたときに得られる生成物の構造を書きなさい.またその理由を述べなさい.

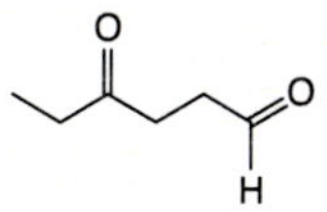

問 13.6 アセトフェノンのアルドール反応〔設問 13.9(b)〕

で生成したアルドールは，酸性条件下ですぐにアルケンへ変換される．その理由を述べなさい．

問 13.7 異なるアルデヒドどうしの反応を交差アルドール反応と呼ぶが，以下の反応はその例である．この反応では四種類の生成物が得られる．これらの生成物の構造を書きなさい．

$$\text{CH}_3\text{CHO} + \text{CH}_3\text{CH}_2\text{CHO} \xrightarrow{\text{HO}^-}$$

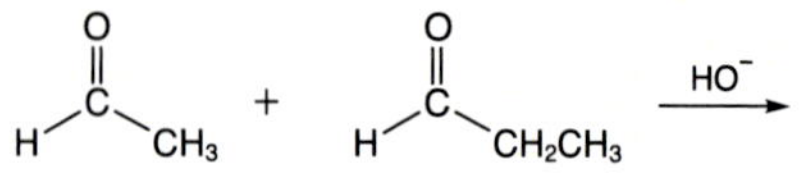

問 13.8 分子内に2個のカルボニル基が存在する場合は，分子内アルドール反応が起こるが，以下の反応はその例である．この反応の経路を説明しなさい．

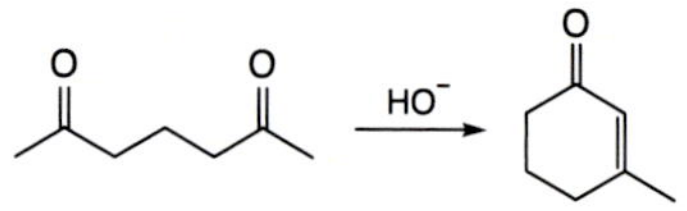

問 13.9 カルボニル化合物と第一級アミンとの反応によるイミンの生成反応は可逆反応である．イミンの加水分解によってカルボニル化合物とアミンが生成する反応経路を書きなさい．

第14章

付加-脱離による求核置換反応
カルボニル基のもう一つの重要な反応

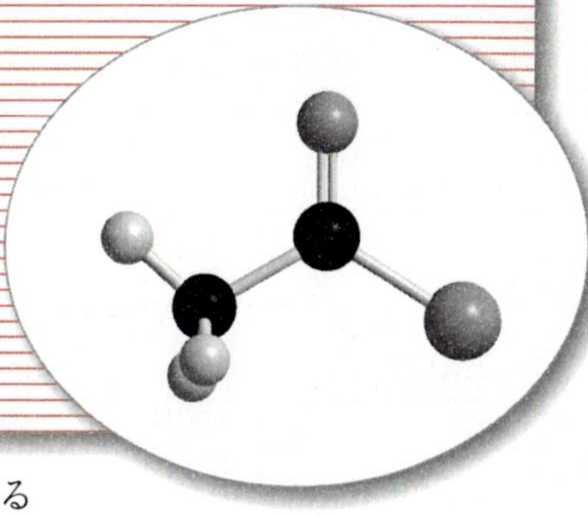

カルボン酸[R−C(=O)OH]は，酸性を示す代表的な有機化合物であることを第5章で学んだ．カルボン酸のOH基を電気陰性な置換基(W)で置き換えた化合物[R−C(=O)W]は，**カルボン酸誘導体**と呼ばれる．WはCl，OC(=O)R，OR，NR_2 などで，それぞれ酸塩化物，酸無水物，エステル，アミドという．

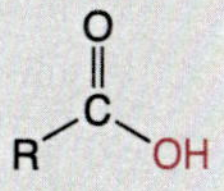

酸塩化物　　酸無水物　　エステル　　アミド

カルボン酸誘導体

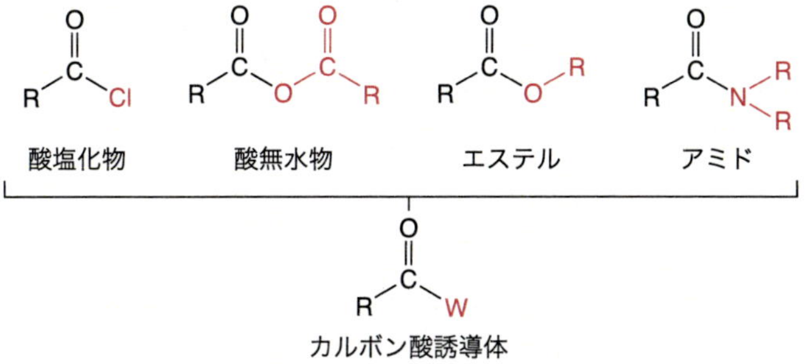

カルボン酸誘導体も第13章で学んだアルデヒド，ケトンと同様，カルボニル炭素での求核剤との反応と，α水素の脱離によって発生する求核剤による反応を起こす．本章では，これらについて順番に説明する．

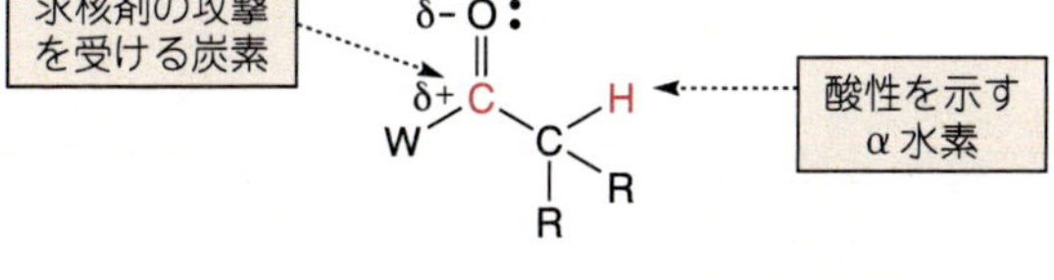

求核剤の攻撃を受ける炭素　　　　酸性を示すα水素

なお，アルデヒド，ケトンの炭素-酸素二重結合をカルボニル基といったが，カルボン酸誘導体の炭素-酸素二重結合を含む構造は**アシル基**と呼ばれる．

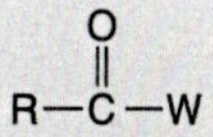

カルボン酸

アシル基

14.1 求核アシル置換反応

カルボン酸誘導体もアシル(カルボニル)炭素をもつので,求核剤(Nu:⁻)の攻撃を受けて,アルコキシドイオン(**1**)が生成する.ここまでは,アルデヒド,ケトンの場合の反応と同じである.アルデヒドとケトンの場合,アルコキシドイオン(**1**)はそのままプロトン化されて付加生成物を与えた.一方カルボン酸誘導体では,**1**から置換基Wがアニオン(W⁻)として脱離し,置換基Wが求核剤(Nu)に置き換わった生成物を与える.反応全体としては求核置換である.しかし,第10章で学んだ直接的な置換反応とは異なり,最初に求核付加反応が起こり,続いて脱離反応が起こる様式の求核置換反応である.この反応は第10章の反応と区別して,**求核アシル置換反応**と呼ばれる.

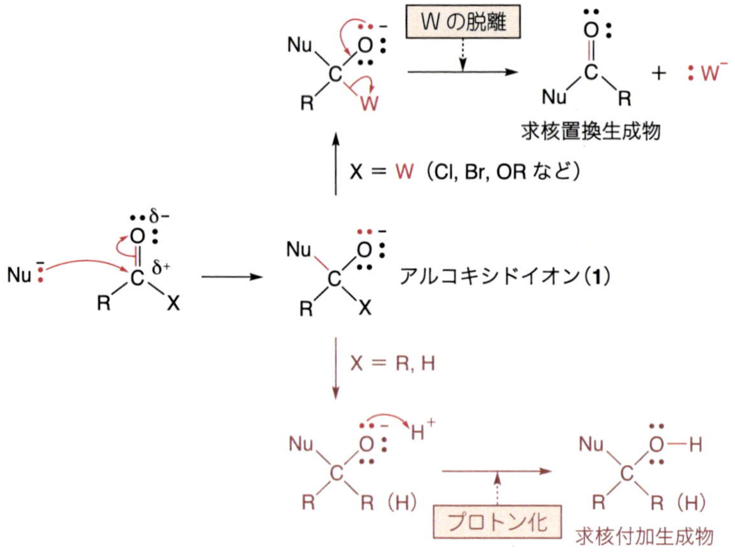

反応例を示す前に,アルデヒド,ケトンとカルボン酸誘導体とでは,なぜこのような違いが起こるのかを考えてみよう.

上式を見るとわかるように,求核付加と求核アシル置換の違いは途中で生成するアルコキシドイオン(**1**)で起こる反応である.アルデヒド,ケトンから生成するアルコキシドイオンでは,アルキル基(R)または水素(H)が脱離せず残るのに対して,カルボン酸誘導体から生成するアルコキシドイオンでは,置換基Wがアニオン(W⁻)として脱離する.この違いは,第10章で学んだ脱離のしやすさに関係している.

たとえば,塩化アセチル(酸塩化物)とアセトンの反応を比較してみよう.

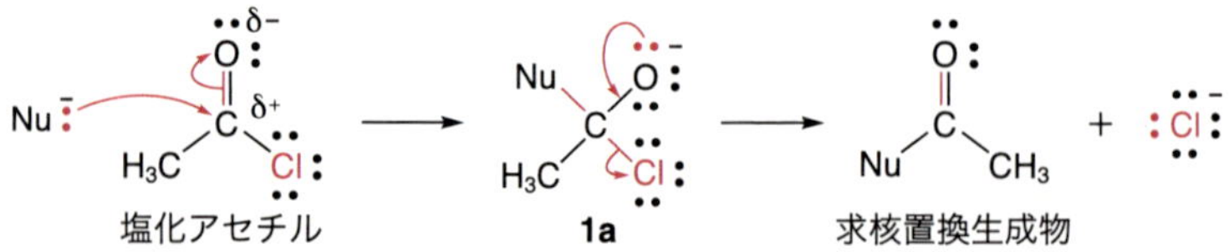

14.1 求核アシル置換反応

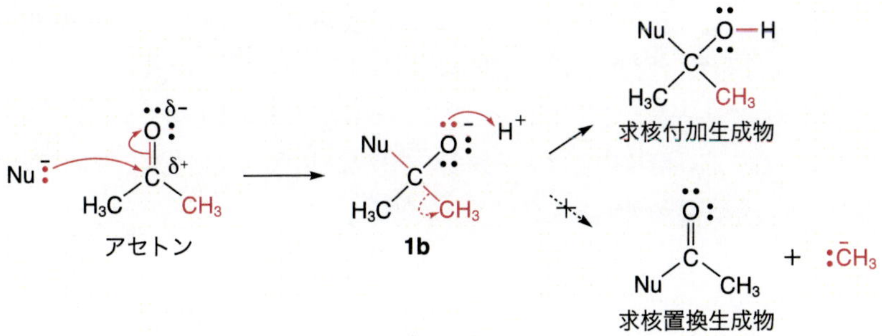

求核アシル置換反応では，塩化アセチルへの求核剤($Nu:^-$)の攻撃によって生成したアルコキシドイオン(**1a**)から脱離するアニオンは Cl^- である．一方，アセトンから生成するアルコキシドイオン(**1b**)からは H_3C^- が脱離しなければならない．それぞれの共役酸は HCl と CH_4 であり，その pK_a は -7.2 と 48 である．このことは，Cl^- は安定な共役塩基のため優れた脱離基であるが，H_3C^- は不安定な共役塩基のため脱離できないことを示す．優れた脱離基をもつ塩化アセチルでは，最初に生成した **1a** はプロトン化される前に，Cl^- がスムーズに脱離して求核置換生成物を与える．一方，アセトンから生成した **1b** からは，アニオンとして非常に不安定な H_3C^- は脱離できず，プロトン化して付加生成物を与える経路しか残されていない．

共役酸	HCl		CH_4
pK_a	-7.2		48
アニオンの安定性 (脱離のしやすさ)	Cl^-	$\gg$	H_3C^-

このような考え方は，カルボン酸誘導体の間での求核アシル置換の反応性の違いもうまく説明できる．求核アシル置換反応に対するカルボン酸誘導体の反応性は，W によって変化し，W が $Cl > OC(=O)R > OR > NR_2$ の順に低下する(図 14.1)．

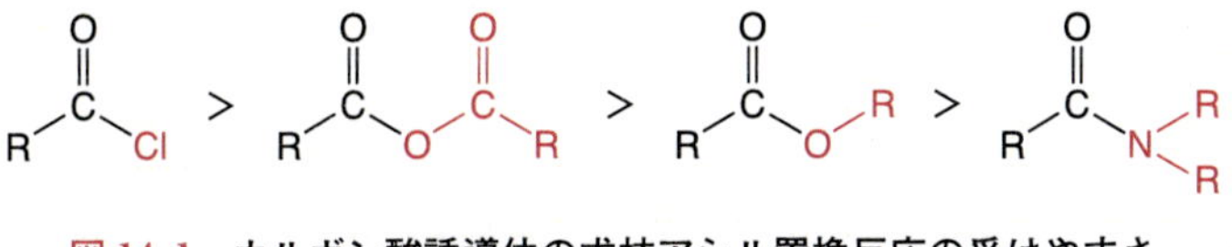

図 14.1 カルボン酸誘導体の求核アシル置換反応の受けやすさ

この傾向もアニオンの共役酸の pK_a から予想されるものと一致している．それぞれの共役酸の pK_a を下に示したので，比較して確認しよう．

共役酸	HCl		$HOC(=O)CH_3$		$HOCH_3$		NH_3
pK_a	-7.2		4.76		15.5		35
アニオンの安定 (脱離のしやすさ)	Cl^-	$>$	$^-OC(=O)CH_3$	$>$	$^-OCH_3$	$>$	$^-NH_2$

14.1.1 水，アルコール，アミンとの反応

図 14.1 に示したカルボン酸誘導体における置換の反応性の違いは，弱い求核剤である水，アルコール，アミンとの反応を見るとよくわかる．最も反応性の高い酸塩化物は，これらの求核剤と容易に反応して，それぞれカルボン酸，エステルおよびアミドが生成する．

$$H_2O + RCOCl \longrightarrow RCOOH + HCl$$
酸塩化物　　　　カルボン酸

$$R'OH + RCOCl \longrightarrow RCOOR' + HCl$$
酸塩化物　　　　エステル

$$R'R''NH + RCOCl \longrightarrow RCON(R')(R'') + HCl$$
酸塩化物　　　　アミド

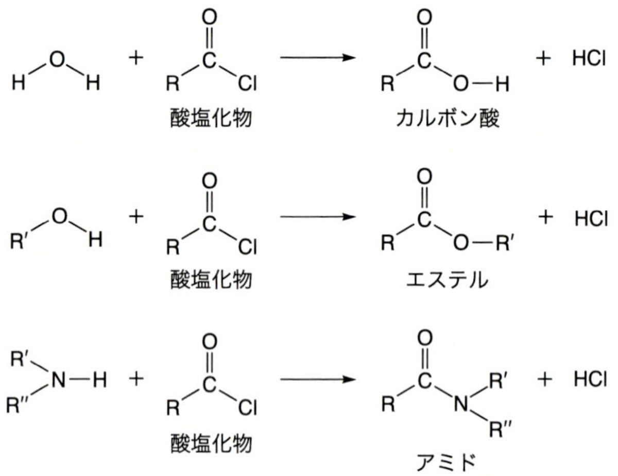

アルコールと酸塩化物との反応で，エステルが生成する経路を示す．

[反応機構の図：中間体 **2** を経由]

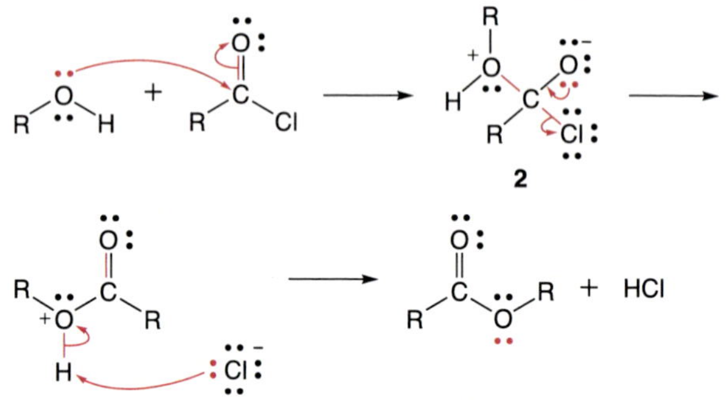

2 から脱離した Cl^- は，酸素上のプロトンと反応して塩化水素を発生する．実際の反応では，塩化水素を中和するために塩基を加える．塩基としてはあとで述べる理由によって，第三級アミンがよく用いられる．

$$PhCOCl + CH_3CH_2CH_2CH_2OH \xrightarrow{R_3N} PhCOOCH_2CH_2CH_2CH_3 + R_3\overset{+}{N}HCl^-$$
塩化ベンゾイル　　ブタノール　　第三級アミン　　安息香酸ブチル

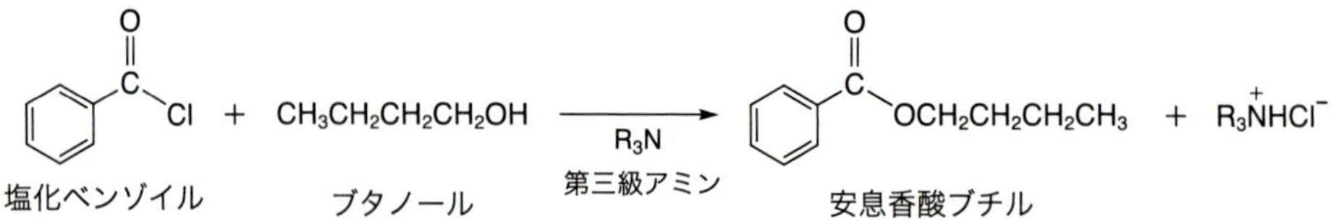

アミンとの反応も同様に進行する．この場合，塩化水素を除去するために，アミンを 2 当量用いる．

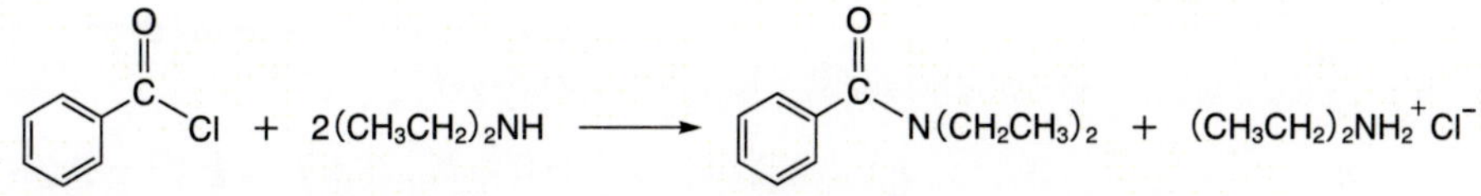

14.1 求核アシル置換反応

塩化ベンゾイル + 2(CH₃CH₂)₂NH ⟶ N,N-ジエチルベンズアミド + (CH₃CH₂)₂NH₂⁺Cl⁻

設問 14.1 上の反応の経路を巻矢印を用いて説明しなさい.

この反応が起こるためには，アミンの窒素上に1個以上の水素が必要なので，第三級アミンは反応しない．このために，第三級アミンは副生する塩化水素を中和する塩基として用いられる．

酸無水物（W＝OCOR）も酸塩化物と同様に，水，アルコール，アミンと反応して，それぞれカルボン酸，エステルおよびアミドを与える．しかし，反応は酸塩化物に比べると，かなり遅い．

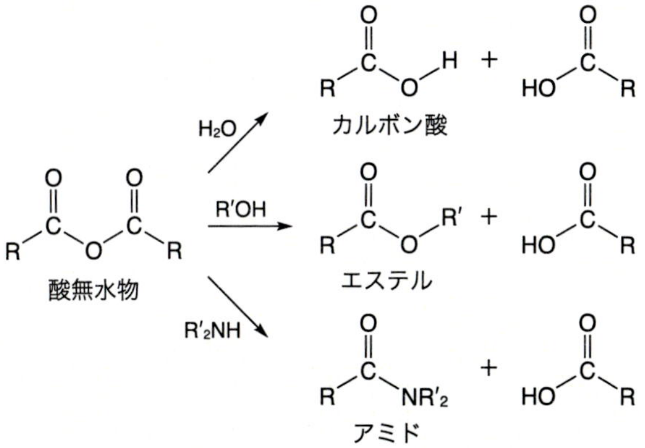

例題 14.1 酸無水物と水との反応の経路を巻矢印を用いて説明しなさい.
【解答】 水と酸塩化物との反応式を参照して，順番に電子を動かしてゆけばよい．

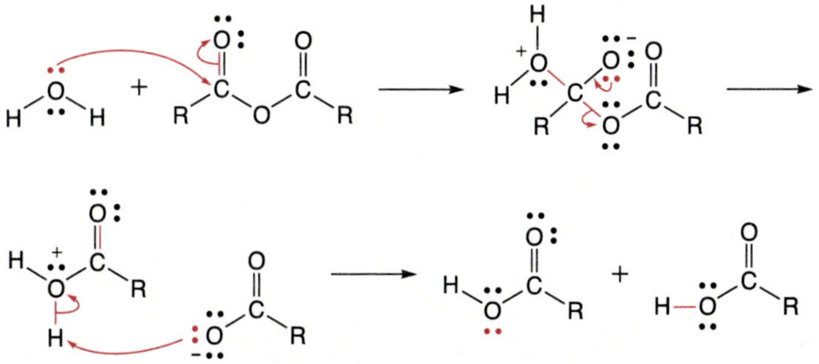

設問 14.2 酸無水物とアルコールおよびアミンとの反応の経路を巻矢印を用いて説明しなさい．

エステル(W = OR)は酸塩化物や酸無水物より求核置換反応性が低下するので、弱い求核剤との反応では、触媒が必要になる．酸(H^+)を触媒として加えると，アシル酸素がプロトン化され，アシル炭素上に正電荷をもつ共鳴構造が書ける．この結果，エステルの求核剤に対する反応性が増大し，比較的弱い求核剤の攻撃も受けやすくなる．

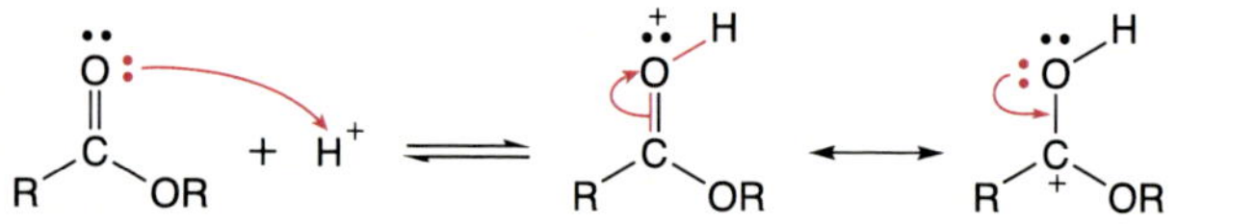

アシル炭素に正電荷

たとえば，酸触媒存在下でエステルと水を反応させると，カルボン酸とアルコールが生成する．この反応は酸触媒加水分解と呼ばれる．安息香酸メチルの酸触媒加水分解を以下に示す．

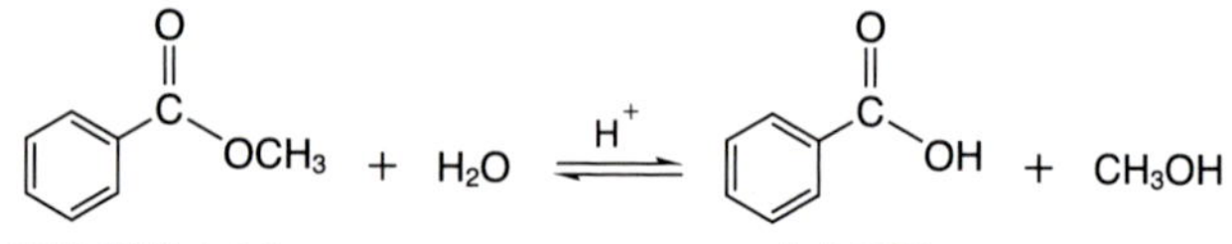

安息香酸メチル　　　　　　安息香酸

詳しい反応経路を以下に示す．

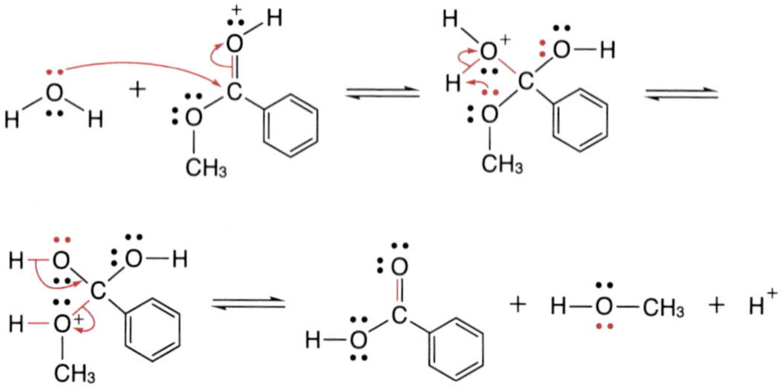

> **one point**
>
> **セッケンの製造に用いられるアルカリ加水分解**
> この反応は油脂(分子量の大きいカルボン酸のエステル)からセッケン(分子量の大きいカルボン酸のナトリウム塩)を製造するのに用いられる反応で，**ケン化**と呼ばれる．
>
> 油脂
> (グリセリンとステアリン酸のエステル)
>
> グリセリン　ステアリン酸ナトリウム
> 　　　　　　　(セッケン)

すべての段階は可逆的であるので，安息香酸を得るためには水を過剰に用いたり，副生するメタノールをとり除く必要がある．また，安息香酸を酸触媒下で過剰のメタノールと反応させると，逆反応が起こり，安息香酸メチルが生成する．

エステルは塩基(たとえば，水酸化ナトリウム)存在下でも加水分解を受け，カルボン酸のナトリウム塩とアルコールを与える．この場合，求核剤は求核性の大きい水酸化物イオン(OH^-)であり，この反応を**アルカリ加水分解**という．

安息香酸メチルのアルカリ加水分解の例を示す．カルボン酸とアルコールが生成するが，前者は後者より酸性度が高いので，平衡はカルボン酸イオンのほうへ偏っている．したがって，反応は不可逆になる．

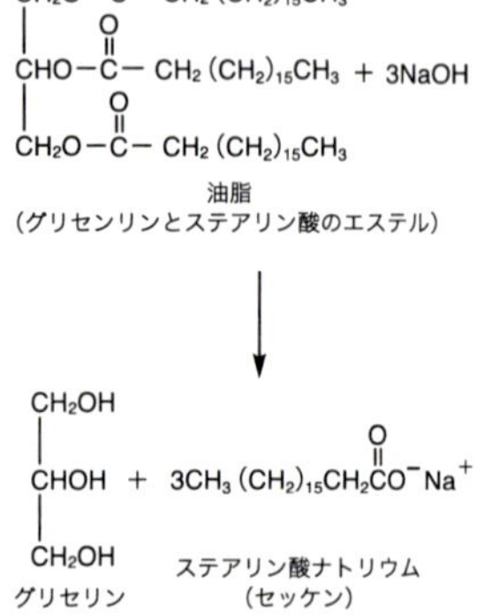

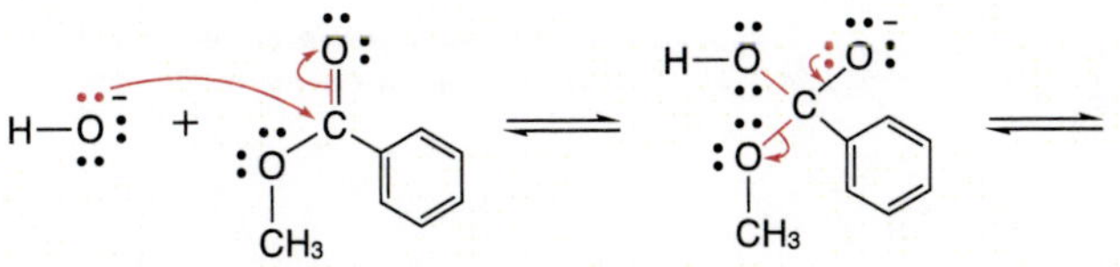

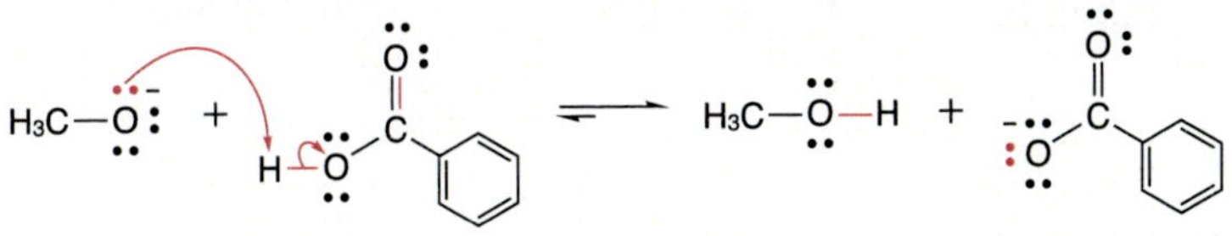

アミド($W = NR_2$)も酸性水溶液または塩基性水溶液中で，カルボン酸へ加水分解されるが，加熱が必要であり，エステルの加水分解に必要な条件よりずっと厳しい．このように，アミドは，カルボン酸誘導体のなかで最も求核置換反応を受けにくい．

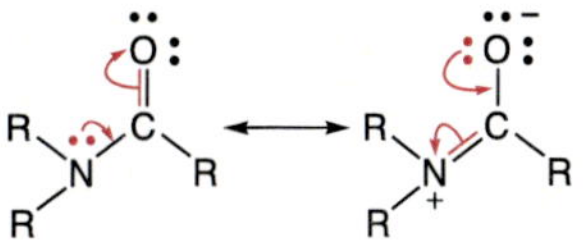

14.1.2 グリニャール試薬との反応

カルボン酸誘導体とグリニャール試薬との反応は有機合成反応として重要である．グリニャール試薬の炭素の負電荷がアシル炭素を求核的に攻撃してC-C結合が形成され，アルコキシドイオン(**3**)が生成する．この段階までは，第13章で学んだグリニャール試薬とアルデヒド，ケトンとの反応と同じであるが，ここから先の経路が異なる．カルボン酸誘導体の場合は，**3**から置換基(W)が脱離するので，生成物はケトンになる．

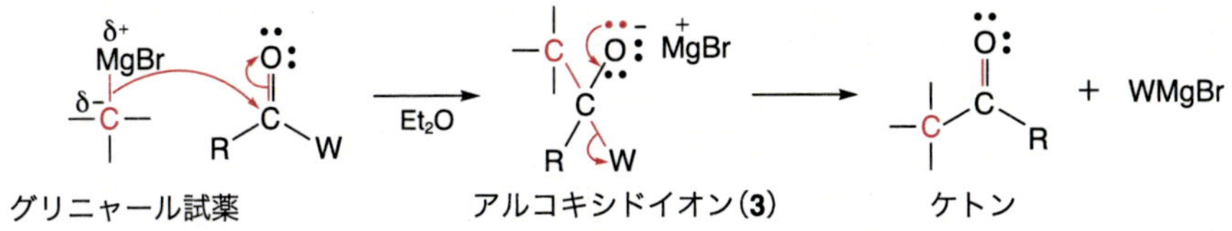

求核アシル置換反応はここで完結する．しかし，第13章で学んだように，ケトンはグリニャール試薬と求核付加反応を行い，アルコールを与える．したがって，この反応では求核アシル置換反応の生成物(ケトン)の段階で反応をとめることはできず，生成物であるケトンがさらにグリニャール試薬による求核付加を受け，最終生成物としてアルコールを与える．このようにして得られたアルコールは3個の置換基をもつが，そのうちの2個はグリニャール試薬に由来している．

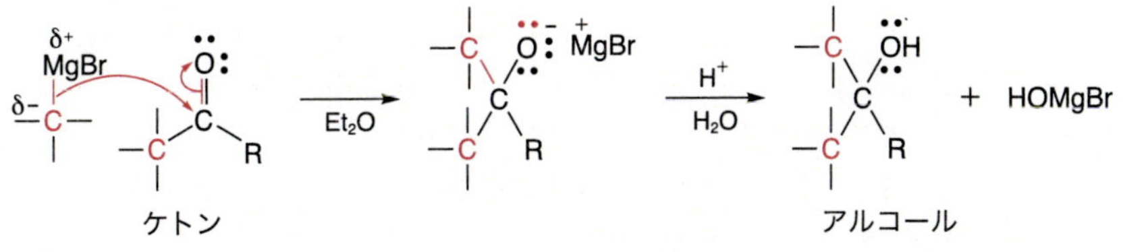

例を示そう．安息香酸エチルとCH_3MgBrとの反応でアルコールが得ら

☞ **one point**

自然界に存在する安定なアミド結合

アミド結合が安定なのは下式のような共鳴によってNとCの間の結合が二重結合性をもつからである．この安定性のためアミド結合を含む化合物はアミノ酸，ペプチド，タンパク質など自然界に多く存在する．

第 14 章　付加-脱離による求核置換反応

☞ **one point**
この場合、基質は反応性の低いエステル（安息香酸エチル）であるが、グリニャール試薬は強い求核剤なので触媒は必要ない．

れるが，これはグリニャール試薬由来の置換基（この場合は CH_3 基）を2個もっている．

安息香酸エチル $\xrightarrow{\text{1) 2CH}_3\text{MgBr/Et}_2\text{O}}{\text{2) H}^+/\text{H}_2\text{O}}$ 生成物

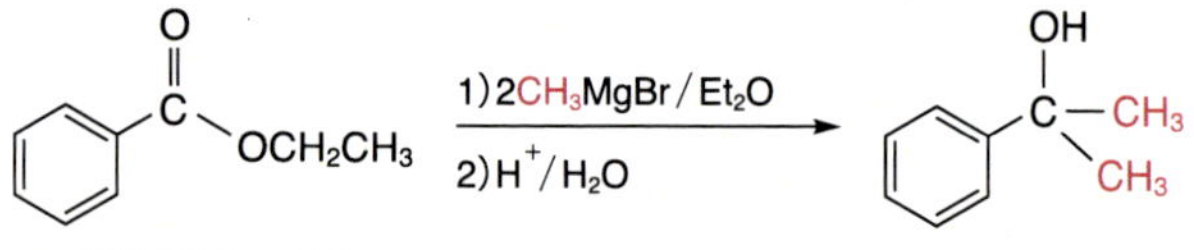

例題 14.2　次の反応の経路を巻矢印で示し，生成物の構造を書きなさい．

シクロヘキサンカルボン酸メチル $\xrightarrow{\text{1) 2CH}_3\text{CH}_2\text{MgBr/Et}_2\text{O}}{\text{2) H}^+/\text{H}_2\text{O}}$

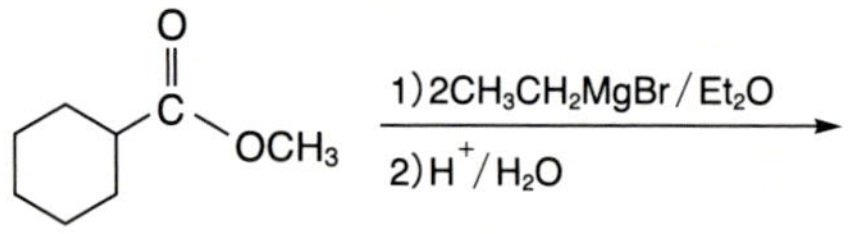

【解答】　結合の分極を書き入れ，電子の流れる方向に正しく巻矢印を書いていく．最初の求核アシル置換反応でケトンが生成する．ケトンは求核付加反応でアルコールへ変換される．生成したアルコールがグリニャール試薬の置換基（CH_3CH_2 基）を2個もっていることを確認しよう．

（機構図：ケトン生成 → アルコール ＋ (HO)MgBr）

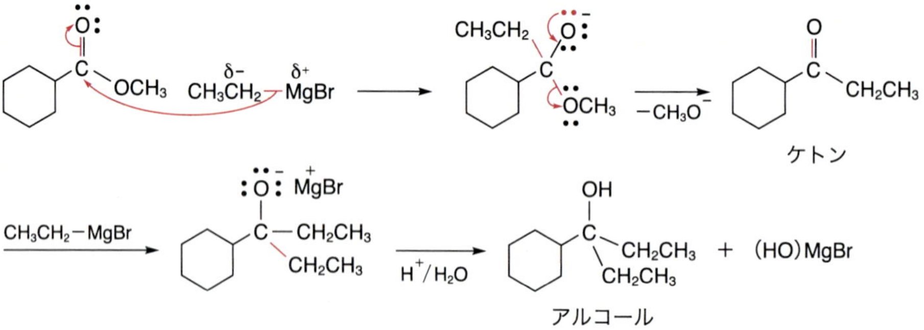

設問 14.3　次の反応の経路を巻矢印で示し，生成物の構造を書きなさい．

(a) $C_6H_5\text{COCl}$ $\xrightarrow{\text{1) 2CH}_3\text{CH}_2\text{MgBr/Et}_2\text{O}}{\text{2) H}^+/\text{H}_2\text{O}}$

(b) $(CH_3)_2CHCOOCH_3$ $\xrightarrow{\text{1) 2CH}_3\text{MgBr/Et}_2\text{O}}{\text{2) H}^+/\text{H}_2\text{O}}$

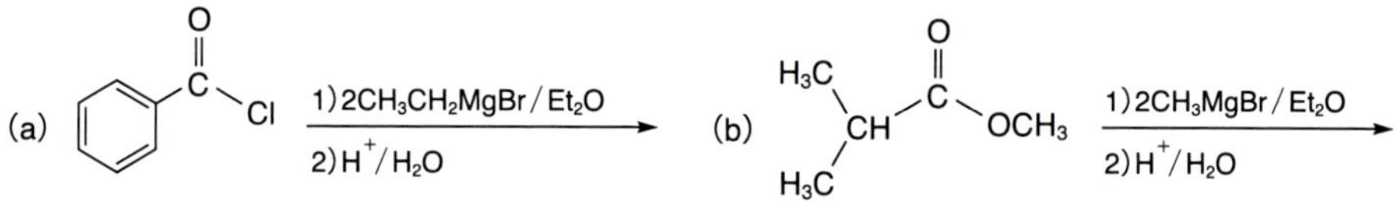

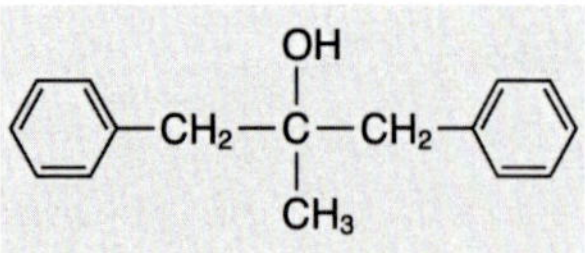

例題 14.3　グリニャール試薬とエステルを用いて，左のアルコールを合成する場合，基質と反応剤の組合せを示しなさい．

（左の構造：$C_6H_5CH_2-C(OH)(CH_3)-CH_2C_6H_5$）

【解答】　エステルとグリニャール試薬との反応で生成するアルコールの炭素は2個の同じ置換基をもち，それがグリニャール試薬に由来していることを思いだそう．同じ置換基を探せば，それがグリニャール試薬由来の部

分であり，残った部分がエステルである．

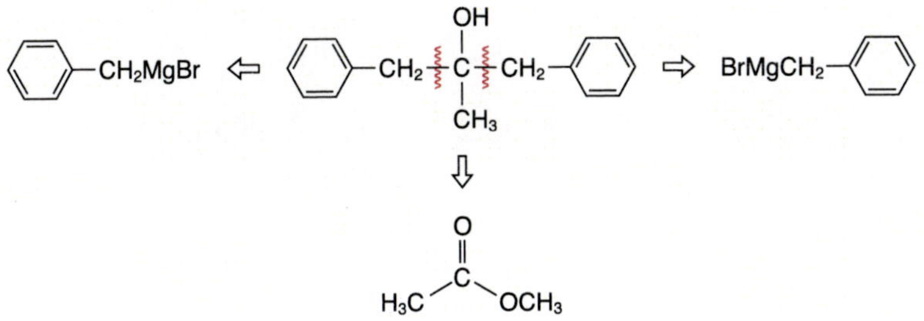

設問 14.4 グリニャール試薬とエステルを用いて，右に示すアルコールを合成する場合，基質と反応剤の組合せを示しなさい．

設問 14.5 例題 14.3 と設問 14.4 に示したアルコールを，グリニャール試薬とアルデヒドまたはケトンを用いて合成する場合，基質と反応剤の組合せを示しなさい．

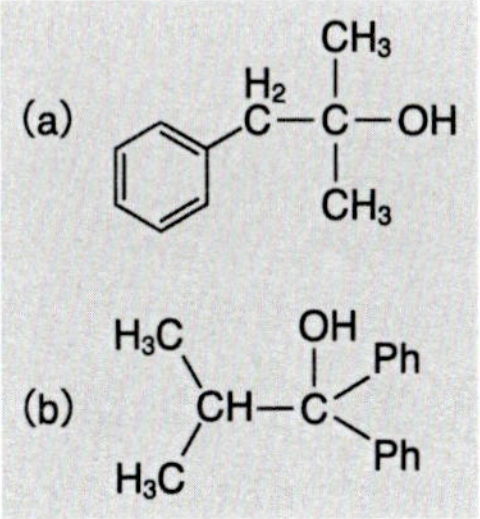

14.1.3 金属水素化物との反応

金属水素化物（$LiAlH_4$）との反応も，グリニャール試薬との反応と同様に進行する．すなわち，最初にヒドリドイオン（H^-）がアシル炭素に求核付加し，アルコキシドイオン（**4**）を与える．**4** からWが脱離するので，WがHで置き換わり，アルデヒドが生成する．

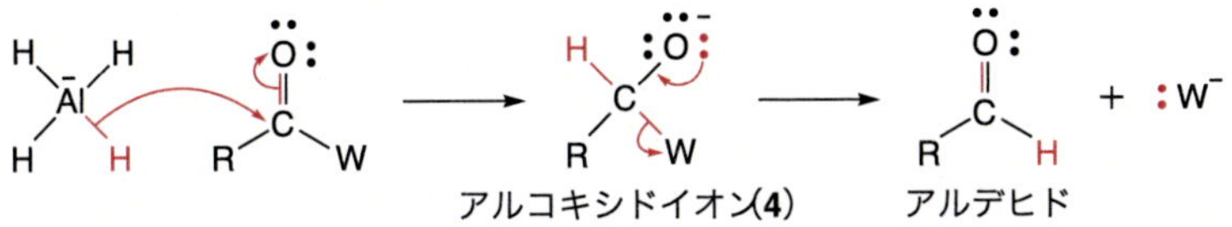

求核アシル置換反応はここで完結する．しかし，第 13 章で学んだように，生成物のアルデヒドは容易に金属水素化物によるヒドリドの求核付加を受けるので，反応はさらに進んで，最終生成物としてアルコールを与える（右反応式）．アルコール炭素は金属水素化物に由来する 2 個の水素をもつ第一級アルコールである．

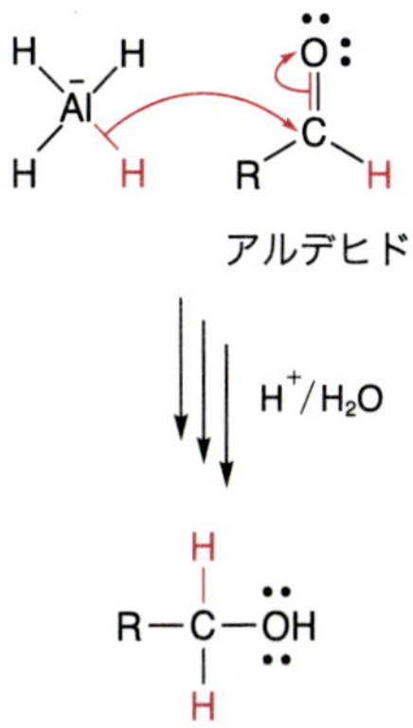

例を示そう．安息香酸エチルからはベンジルアルコールが生成する．

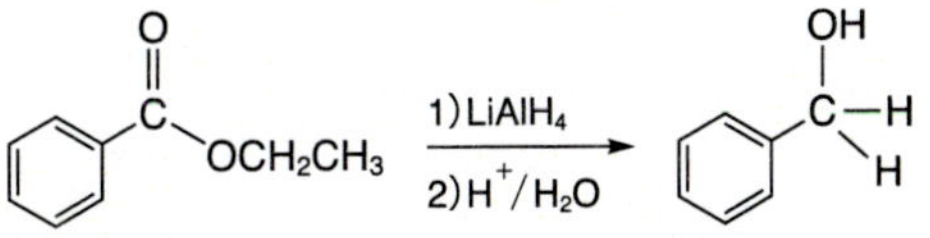

安息香酸エチル → ベンジルアルコール
1) $LiAlH_4$
2) H^+/H_2O

$NaBH_4$ は $LiAlH_4$ より還元力が弱く，カルボン酸誘導体を還元できない．

設問 14.6 次の反応の経路を巻矢印で示し，生成物の構造を書きなさい．

(a) ベンゾイルクロリド $\xrightarrow[2)H^+/H_2O]{1)LiAlH_4}$

(b) (CH$_3$)$_2$CHCOOCH$_3$ $\xrightarrow[2)H^+/H_2O]{1)LiAlH_4}$

(c) 3-オキソシクロヘキサンカルボン酸メチル $\xrightarrow[2)H^+/H_2O]{1)LiAlH_4}$

(d) 3-ホルミル安息香酸メチル $\xrightarrow[2)H^+/H_2O]{1)LiAlH_4}$

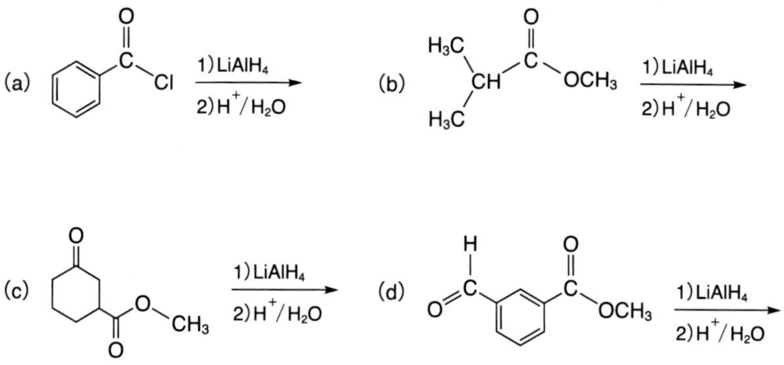

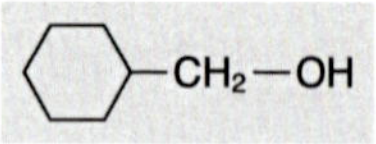

例題 14.4 エステルと LiAlH$_4$ との反応によって左のアルコールを合成する場合，反応物質となるエステルの構造を示しなさい．

【解答】 例題 14.3 と同じように考えればよい．この場合はアルコール炭素の 2 個の水素が還元剤に由来しているので，それをとり除いた部分がエステルである．

シクロヘキシル-CH(H)(H)-OH ⇒ シクロヘキシル-C(=O)-OCH$_3$

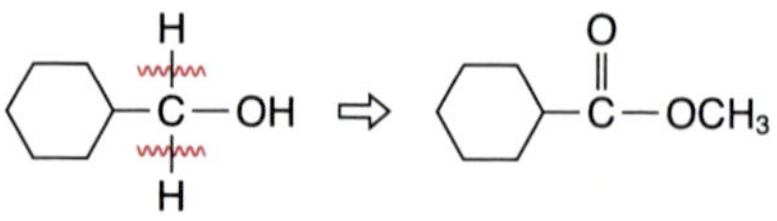

設問 14.7 エステルと LiAlH$_4$ との反応によって次のアルコールを合成する場合，反応物質となるエステルの構造を示しなさい．

(a) C$_6$H$_5$-CH$_2$CH$_2$CH$_2$OH
(b) H$_3$C-CH(OH)-CH$_2$CH$_2$OH

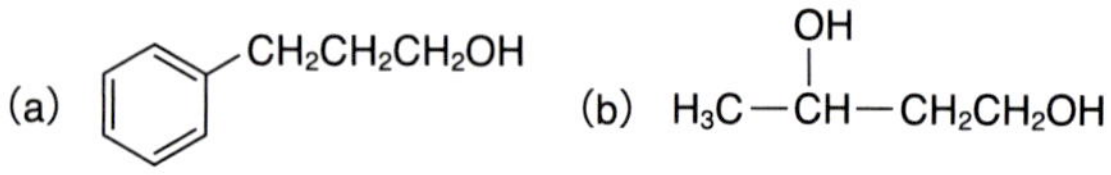

14.2　α水素を含む反応

　代表的なカルボン酸誘導体である酢酸エチル($CH_3-COOEt$)の α 水素の pK_a は 25.6 であり，アルデヒド，ケトンの pK_a よりやや大きい（酸性度は低い）．それでも，酢酸エチルは塩基によって脱プロトン化され，エノラートイオンが生成する．エノラートイオンは求核剤としてカルボン酸誘導体に作用して，求核アシル置換反応を行う．

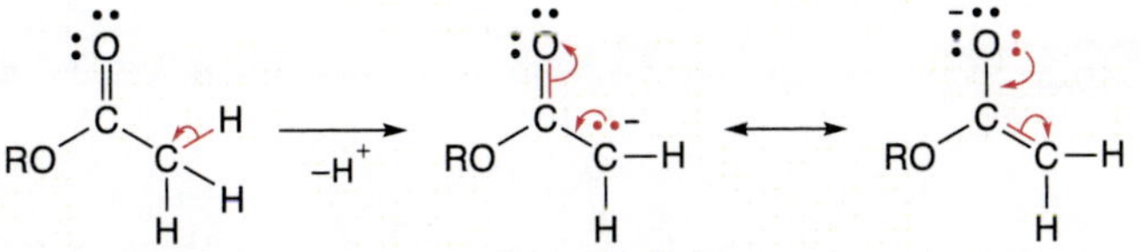

14.2 α水素を含む反応

$pK_a = \sim 26$ →(−H$^+$) エノラートイオン

14.2.1 クライゼン縮合反応

酢酸エチルに塩基としてナトリウムエトキシド($CH_3CH_2O^-Na^+$ = EtO^-Na^+)を反応させると，アセト酢酸エチルが得られる．

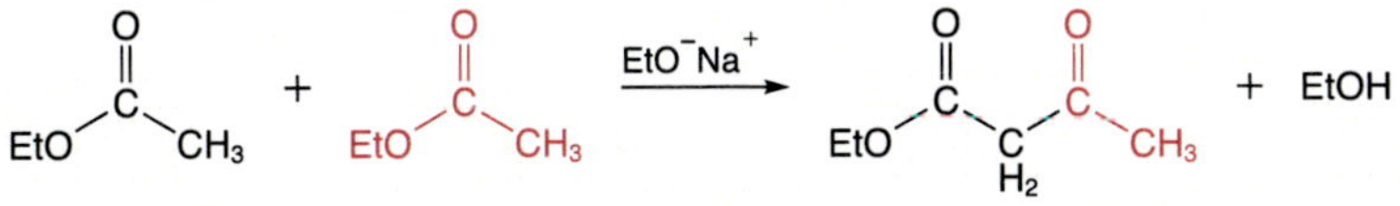

酢酸エチル + 酢酸エチル →(EtO^-Na^+) アセト酢酸エチル + EtOH

EtO = CH_3CH_2O

この反応を詳しく説明しよう．まず，塩基(ナトリウムエトキシド)が酢酸エチルのα水素を引き抜き，エノラートイオン(**5**)が発生する．

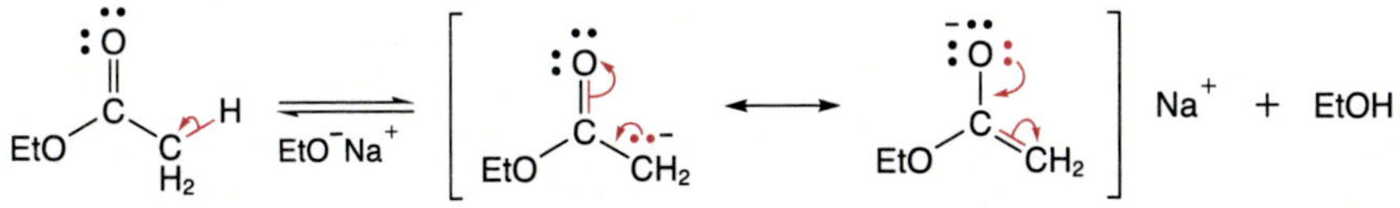

エノラートイオン(**5**) Na^+ + EtOH

5は酢酸エチルのアシル炭素に求核的に攻撃して，アルコキシドイオン(**6**)を生成する．ここまでは，第13章で学んだアルドール反応と同じである．しかし，酢酸エチルの場合は，脱離しやすいエトキシ基(CH_3CH_2O = EtO)をもっているので，**6**から EtO^- が脱離し，アセト酢酸エチルを与える．この反応を**クライゼン縮合反応**[†]という．

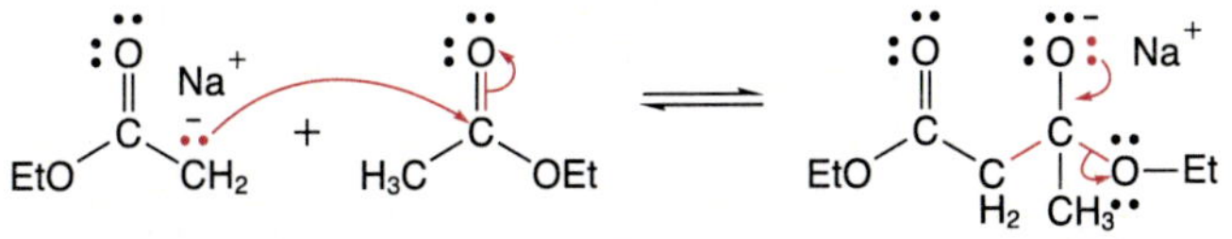

エノラートイオン(**5**) + アルコキシドイオン(**6**)

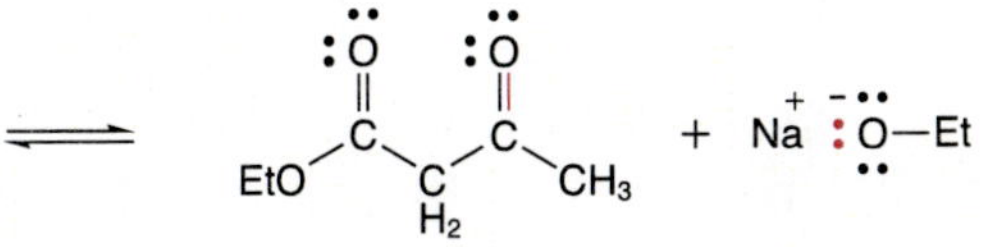

⇌ アセト酢酸エチル + Na^+ $:O-Et$

用語解説

クライゼン縮合反応

水やアルコールのような小分子の脱離を伴って，2個の分子が結合する反応を縮合反応という．異なるエステルどうしの反応を**交差クライゼン縮合**と呼ぶ(設問14.8と章末問題14.9参照)．また，分子内の2個のエステル部分が縮合し，環状化合物を与える反応を**分子内クライゼン縮合**と呼ぶ(章末問題14.10参照)．

例題 14.5 次の反応の経路を巻矢印で示し，生成物の構造を書きなさい．

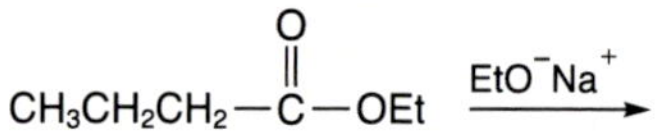

$$CH_3CH_2CH_2-\overset{O}{\underset{\|}{C}}-OEt \xrightarrow{EtO^-Na^+}$$

【解答】 一番の問題はα水素を正しく見つけることである．

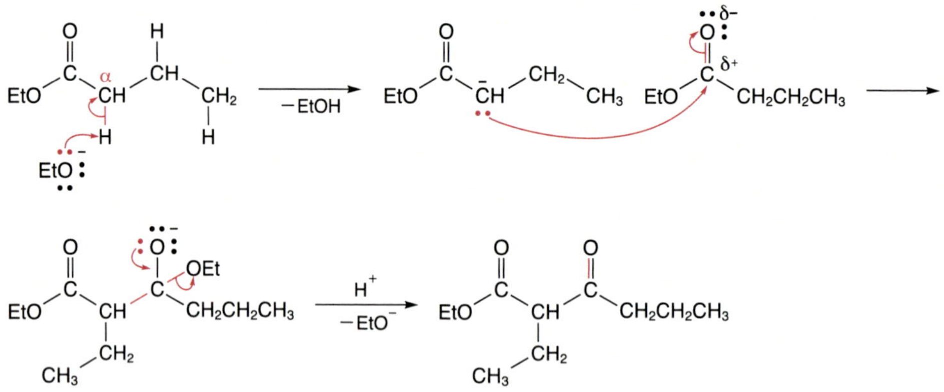

[反応機構の図：EtO⁻によるα水素の引き抜き，エノラートイオンの生成，別のプロピオン酸エチル分子への求核攻撃，四面体中間体の形成，EtO⁻の脱離，H⁺による中和を経て縮合生成物を与える．]

設問 14.8 酢酸エチルとプロピオン酸エチルの混合物をクライゼン縮合反応させると，四種類の生成物が得られる．これらの生成物を与える経路を巻矢印で示し，その構造を書きなさい．

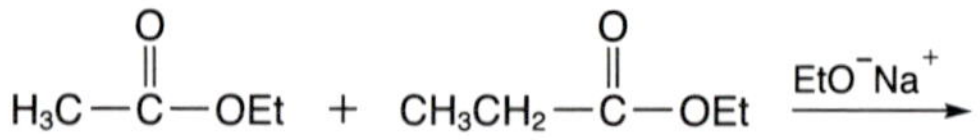

$$\underset{\text{酢酸エチル}}{H_3C-\overset{O}{\underset{\|}{C}}-OEt} + \underset{\text{プロピオン酸エチル}}{CH_3CH_2-\overset{O}{\underset{\|}{C}}-OEt} \xrightarrow{EtO^-Na^+}$$

【この章のまとめ】

（1）カルボン酸誘導体[R−C(=O)W]のアシル炭素は部分正電荷をもつので，求電子的となり，さまざまな求核剤の攻撃を受けてアルコキシドイオンが生成する．ここで脱離能が高い置換基(W)が脱離し，最終的に置換生成物を与える．この反応を求核アシル置換反応という．

（2）グリニャール試薬や金属水素化物による求核アシル置換反応の生成物はアルデヒド，ケトンなので，それらは引き続き求核剤の付加を受けて，最終生成物としてアルコールを与える．

（3）アシル基のα水素は酸性を示し，容易にエノラートイオンが生成する．エノラートイオンはカルボン酸誘導体に対して求核剤として作用し，求核アシル置換反応を行う．最終的に縮合反応生成物を与える．

章末問題

問 14.1 カルボン酸誘導体の求核アシル置換反応と第 10 章で学んだ求核置換反応との共通点と相違点を述べなさい.

問 14.2 カルボン酸誘導体は求核剤に対してケトンやアルデヒドとは異なる反応をする. 酢酸エチルとアセトンに対するヒドリドイオンの反応を例に, この理由を説明しなさい.

問 14.3 求核アシル置換反応における, 酢酸塩化物, 無水酢酸, 酢酸エチル, N,N-ジメチルアセトアミドを反応性の高い順に並べ, その理由を述べなさい.

問 14.4 以下の問いに答えなさい.
  （a）ブタノール（C_4H_9OH）の構造異性体をすべて書きなさい. また, 各アルコールの級数を示しなさい.
  （b）ブタノールと塩化ベンゾイル（Ph−CO−Cl）との反応で生成する化合物の構造をすべて書きなさい.

問 14.5 塩化ベンゾイルから N-メチルベンズアミド（Ph−CO−NHMe）を合成する際に, 2 当量のメチルアミンを用いる. その理由を説明しなさい.

問 14.6 次の反応の経路を巻矢印で示し, 生成物の構造を書きなさい.

(a) [構造式: 2-ヒドロキシ安息香酸 + (CH₃CO)₂O / NR₃]

(b) [構造式: 4-アミノ安息香酸メチル + (CH₃CO)₂O / NR₃]

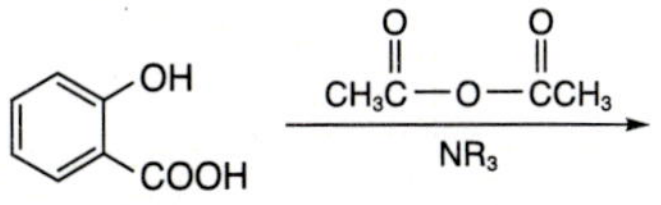

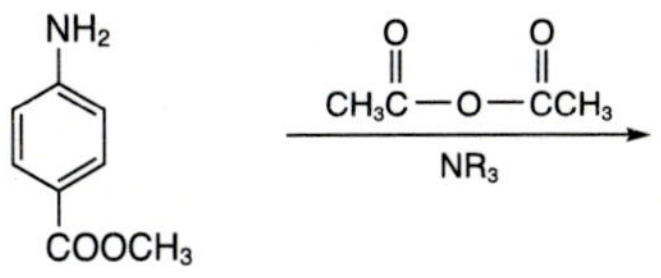

問 14.7 水酸化ナトリウム水溶液による安息香酸エチルの加水分解反応は可逆か不可逆か, その理由とともに答えなさい.

問 14.8 次の反応の経路を巻矢印で示し, 生成物の構造を書きなさい.

(a) [γ-ブチロラクトン] 1) H_3C−MgBr（2 当量） 2) H^+/H_2O

(b) [γ-ブチロラクトン] 1) $LiAlH_4$ 2) H^+/H_2O

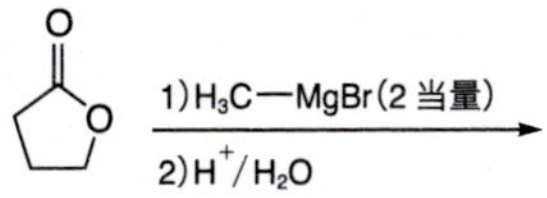

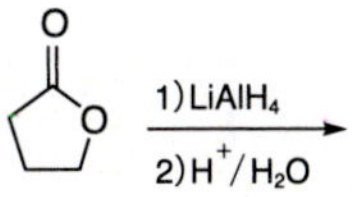

問 14.9 以下の問いに答えなさい.
  （a）アセトフェノン（Ph−CO−CH₃）から得られるエノラートイオンの共鳴構造を書きなさい.
  （b）上で得られたエノラートイオンとギ酸エチル（H−COOEt）との反応の経路を巻矢印で示し, 生成物の構造を書きなさい.
  （c）ギ酸エチルはクライゼン縮合反応を起こさない. その理由を述べなさい.

問 14.10 分子内に 2 個のエステル構造が存在する場合は, 分子内クライゼン縮合反応が起こるが, 以下の反応はその例である. 反応経路を巻矢印を用いて説明しなさい.

[構造式: ジエチルアジペート 1) ⁻OEt 2) H^+/H_2O → 2-オキソシクロペンタンカルボン酸エチル]

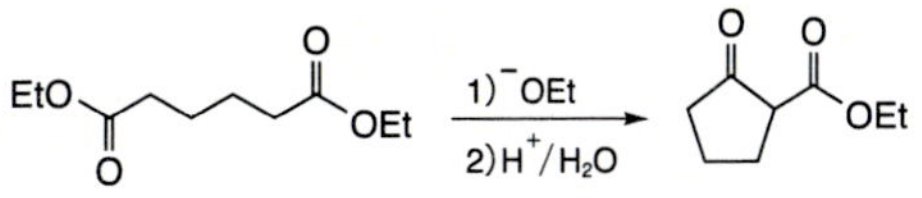

補講 ❹ 球棒分子模型で見る有機分子の形

　章のタイトルの右脇には，関連する有機分子の模型を添えてある．ここでは，それらも含めて本書に登場するいろいろな形の有機分子を球棒分子模型で示す（比較的身近な有機分子を取りあげた）．実際には分子模型を使って一つひとつ組み立てるのだが，最近では構造式を入力するだけで即座に作図できる便利なソフトもある．以下に示した有機分子は，作図ソフトの代表格である Chem3D（ケム 3D）で作図したものである（原子の大きさを無視して表示）．有機分子に慣れ親しむことは有機化学への"はじめの一歩"でもある．

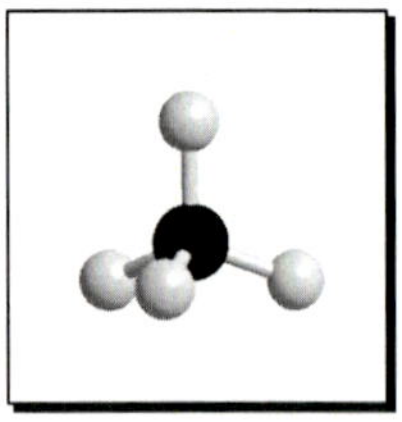

メタン（第1章）	エタノール（第1章）	オクタン（第1章）
プロパン（第1章）	クロロメタン（第2章）	ギ酸（第4章）	アセトアルデヒド（第5章）
フェノール（第5章）	メタノール（第5章）	酢酸（第5章）	アニリン（第5章）
メチルアミン（第6章）	エチレン（第7章）	アセチレン（第7章）	2-メチルプロパン（第12章）
アセトン（第13章）	酢酸エチル（第14章）	ベンゼン（第15章）	ナフタレン（第15章）

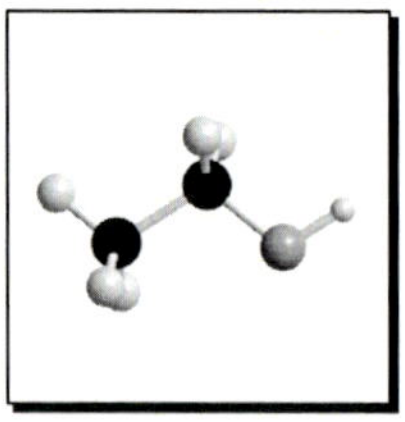

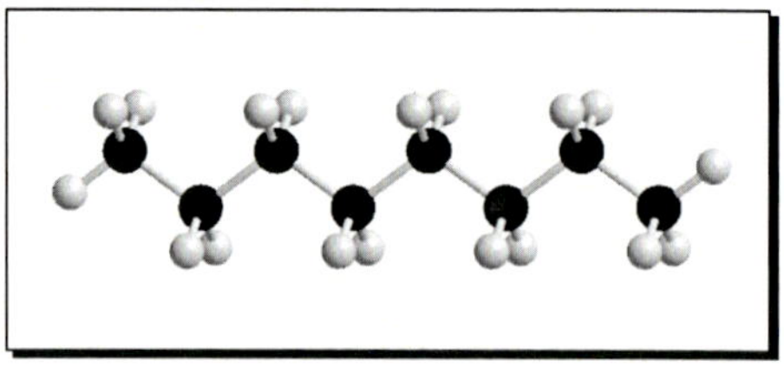

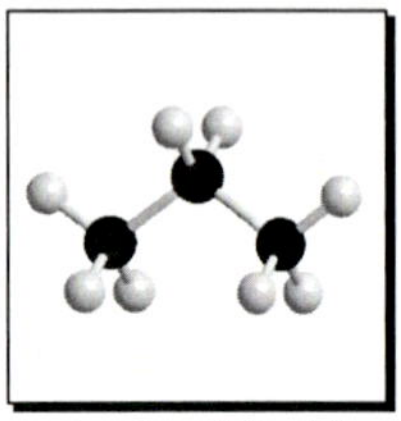

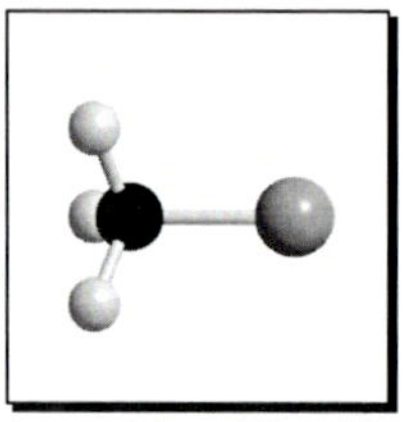

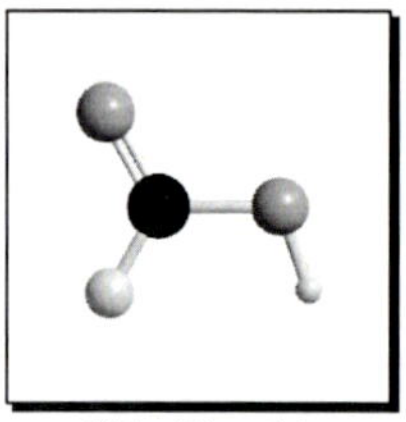

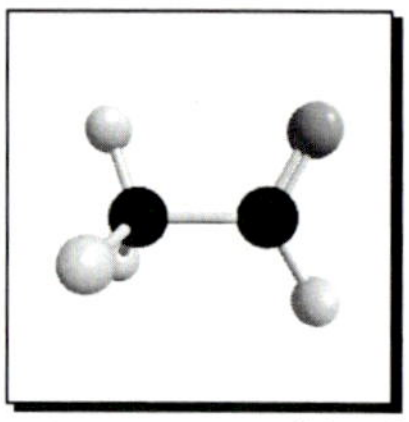

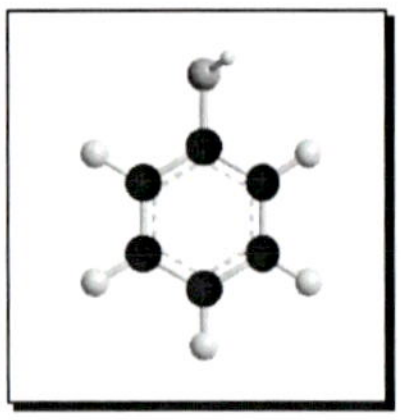

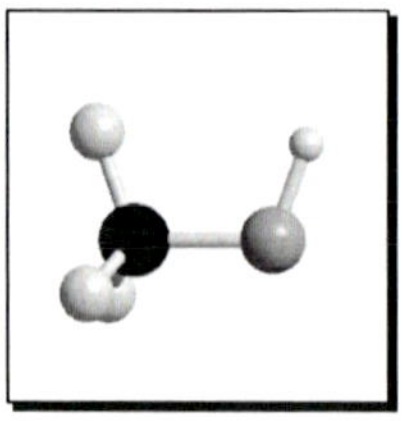

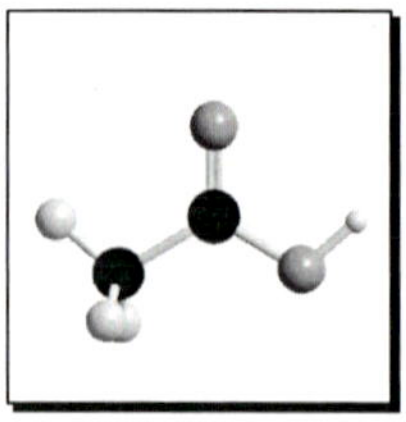

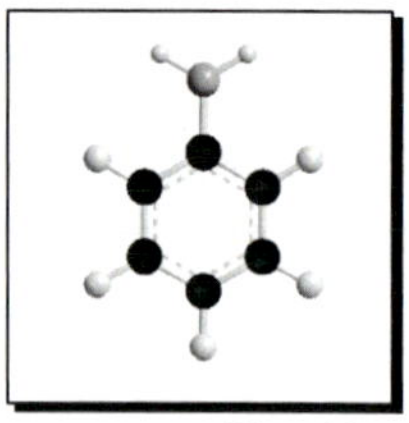

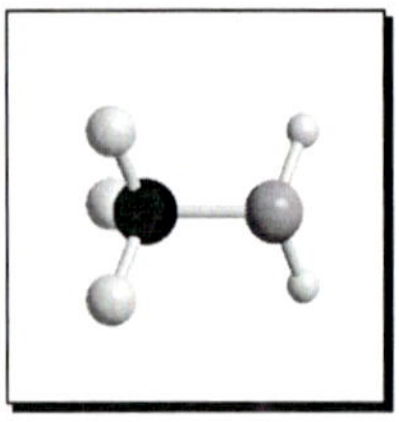

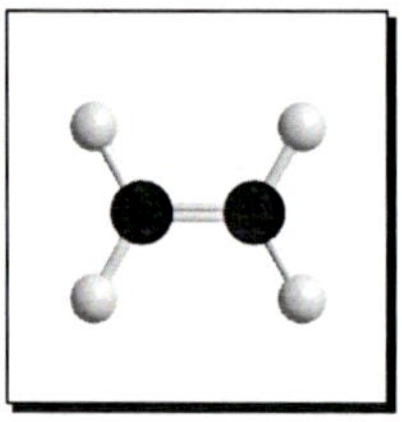

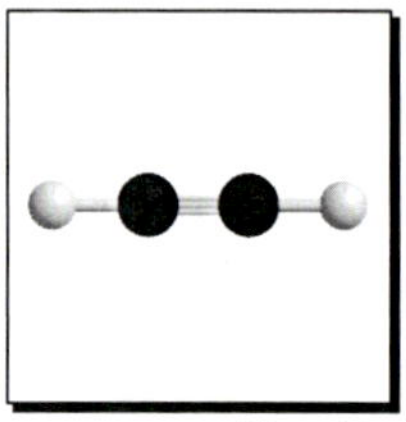

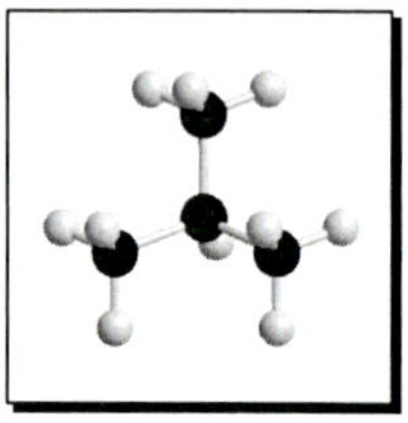

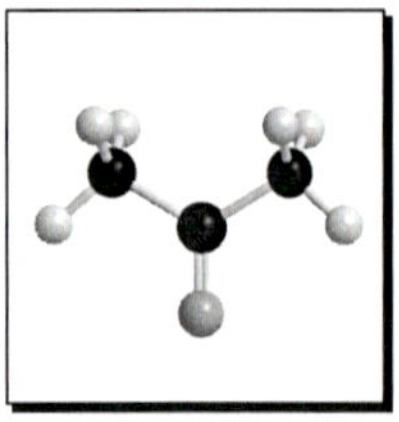

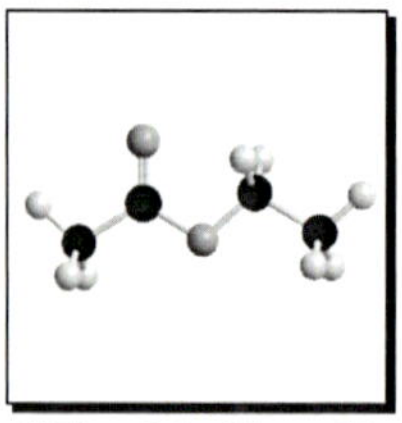

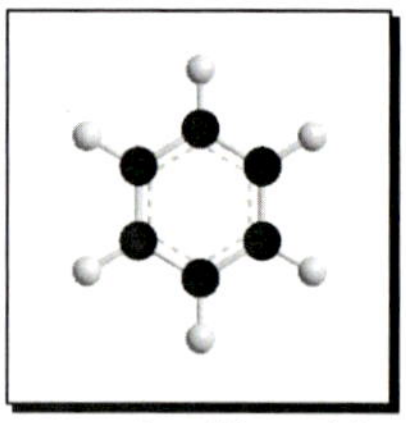

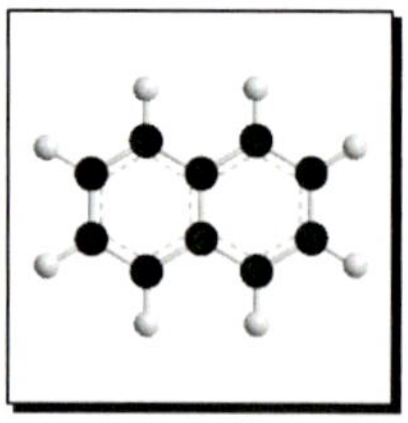

第15章

付加‐脱離による求電子置換反応
芳香族化合物の反応性と配向性

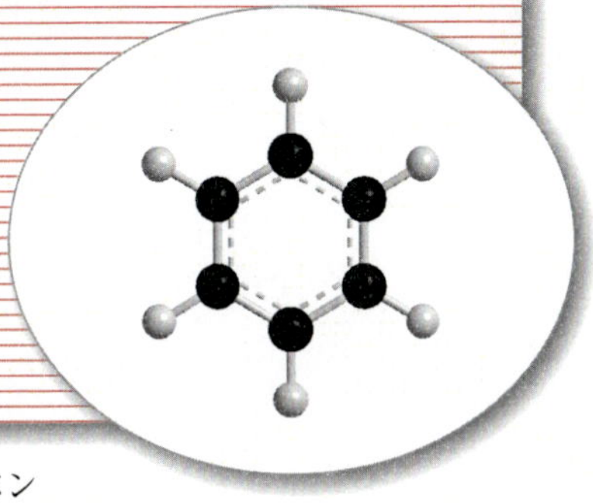

二重結合は付加反応を行うことを第12章で学んだ．この章で学ぶベンゼンは二重結合を3本もつ六員環化合物として書くことができる．しかし，ベンゼンに含まれる二重結合は，これまでに学んだ二重結合とは異なり，付加反応を受けない．ベンゼンは下式のようにさまざまな求電子剤（E^+）と反応し，その1個の水素がEに置き換わる置換反応を行う．この反応では，最初に求電子付加反応が起こり，続いて脱離反応が起こる．つまり，この反応は直接的な置換反応ではなく，二つの経路を経る求電子置換反応である．

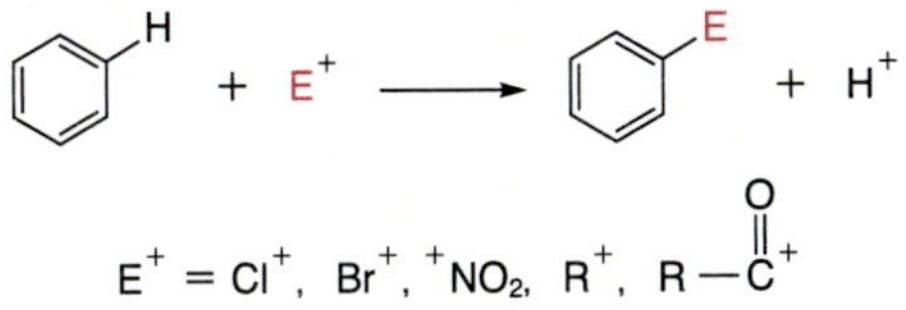

$$E^+ = Cl^+,\ Br^+,\ {}^+NO_2,\ R^+,\ R-\overset{O}{\underset{\|}{C}}{}^+$$

15.1 ベンゼンの性質

ベンゼンは6個のπ電子が六員環の上下に広がって分布しているので（右図），求核性基質である．適当な求電子剤（E^+）が接近すると，ベンゼンはπ電子を与えてC–E間にσ結合を形成し，カルボカチオン中間体（**1**）を生成する（段階1）．段階1は，求電子剤によるアルケンへの付加反

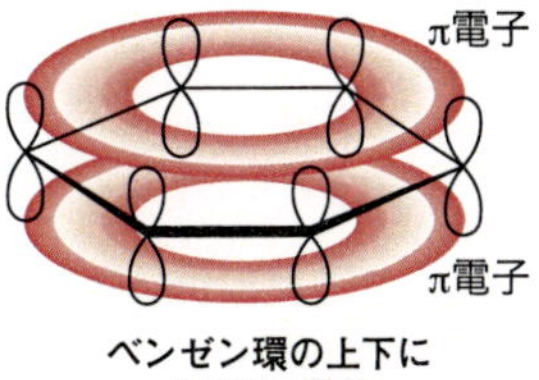

ベンゼン環の上下に広がるπ電子

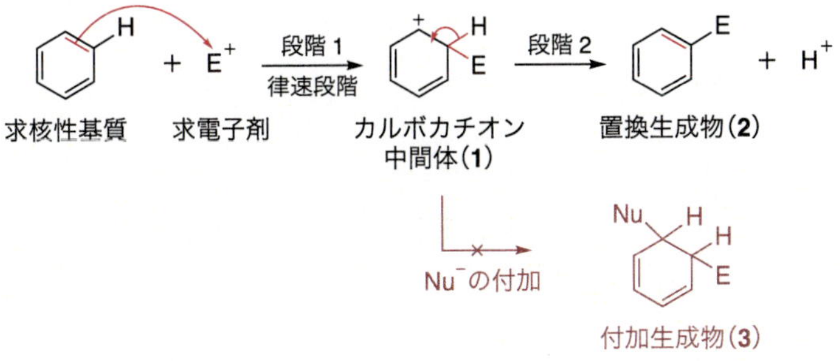

求核性基質　求電子剤　段階1　カルボカチオン　段階2　置換生成物（**2**）
　　　　　　　　　　律速段階　中間体（**1**）

Nu^-の付加

付加生成物（**3**）

応の最初の段階と類似している．アルケンへの求電子付加の場合は，カルボカチオン中間体に求核剤(Nu^-)が攻撃して付加生成物を与えたが，この場合のカルボカチオン中間体はプロトン(H^+)を放出する(段階2)．その結果，ベンゼン環の1個の水素が求電子剤(E^+)に置き換わった生成物(**2**)を与える．なお，付加生成物(**3**)は生成しない．ベンゼンはなぜ付加反応を受けないのであろうか．

第4章で2個以上の安定で等価な共鳴構造が書ける分子は，共鳴安定化の程度が大きいことを学んだ．ベンゼンは3個の二重結合が互いに隣接した構造をもっており，下式に示す2個の安定で等価な共鳴構造が書ける．このため，ベンゼンはきわめて安定な分子である．

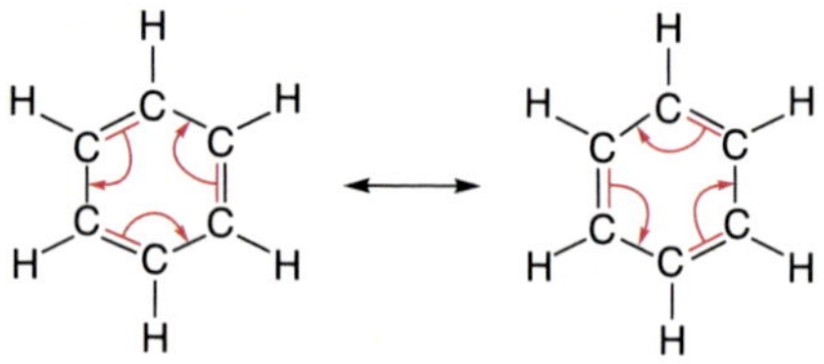

ベンゼン
(二つの等価な共鳴構造)

ベンゼンのように，六員環状で二重結合が交互に並んでいる化合物は，とくに大きな**共鳴安定化エネルギー**(約 152 kJ/mol)をもち，**芳香族化合物**†と呼ばれる．もしベンゼンが付加反応を行うと，この安定な構造はくずれ，それに伴い大きな共鳴安定化エネルギーを失うことになる(**芳香族性**†を失う)．このような不利な経路を取らなくても，上に示した中間体のカルボカチオンからプロトンが脱離すれば，もとの共鳴安定化した芳香族化合物の構造が再び得られる．したがって，ベンゼンは置換反応を行う．

段階1では，大きな共鳴安定化を失うため高い活性化エネルギーが必要であり，これが律速段階となる．段階2では，芳香環が再び生成され，共鳴安定化エネルギーを獲得するので，低い活性化エネルギーで反応は進行する．

用語解説

芳香族化合物と脂肪族化合物
ベンゼン環が複数縮合した化合物もベンゼンと同じ性質をもつ芳香族化合物である．

ベンゼン　ナフタレン
アントラセン　フェナントレン

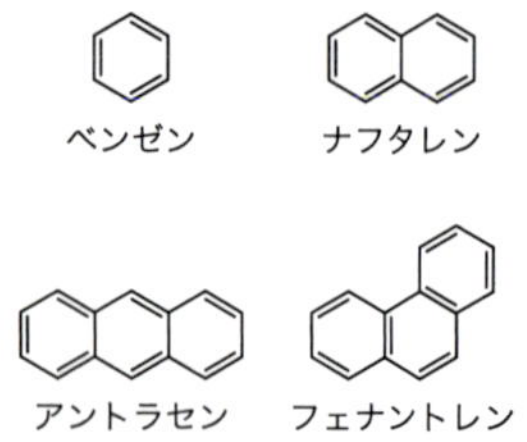

これに対して，これまで学んできた芳香族化合物以外の有機化合物は**脂肪族化合物**と呼ばれる．

用語解説

芳香族性とは
環状の共役化合物(第4章参照)でベンゼンのように異常な安定性をもつものを芳香族化合物といい，その性質を芳香族性と呼ぶ．安定性にはπ電子の数が関係している．芳香族化合物は付加反応より置換反応を起こしやすい．

設問 15.1　ベンゼンの求電子置換反応のエネルギー変化を，エネルギー図を用いて示しなさい．

ベンゼンの求電子置換反応は，最初に求電子付加反応が起こり，続いて脱離反応が起こる様式の置換反応で，**芳香族求電子置換反応**と呼ばれる．具体的な反応を例に説明する．

15.2　芳香族求電子置換反応の求電子剤

求電子剤(E^+)は，さまざまな反応剤の組合せによって発生させることができる．代表的な反応剤を図15.1にまとめた．求電子剤ごとに，この反応を紹介する．

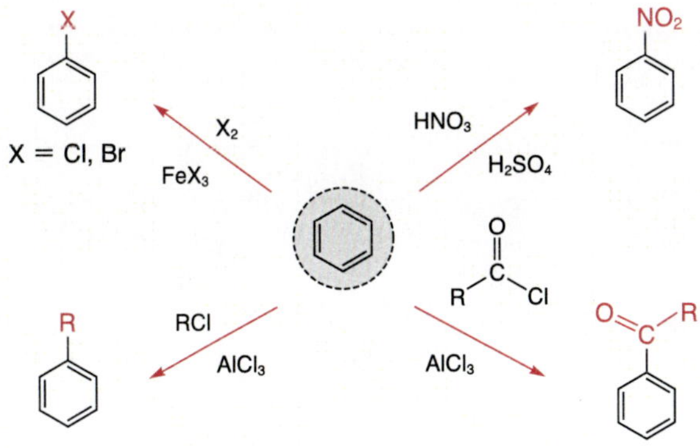

図 15.1 ベンゼンの求電子置換反応に用いられる反応剤

15.2.1 ハロゲン化（塩素化と臭素化）

アルケンの場合はハロゲン分子をそのまま用いても付加反応が起こった．しかし，ベンゼンの場合は芳香族性の消失に伴う高い活性化エネルギーが必要なため，ハロゲン分子だけでは反応せず，ハロゲン化鉄（FeX_3，X = Cl, Br）などのルイス酸が必要である．ルイス酸は最外殻が満たされていないので，ハロゲン分子と錯体をつくる．この結果，ハロゲン-ハロゲン結合が分極し，ハロゲン分子だけの場合より強い求電子性の反応剤になる．なお，フッ素化とヨウ素化はこの方法では行えない．

☞ **one point**

ハロゲン化にフッ素とヨウ素が使えないわけ

塩素と臭素は塩化鉄（Ⅲ）と臭化鉄（Ⅲ）により活性化されてベンゼンと反応する．しかし，ヨウ素化とフッ素化は同様の条件では反応を実行できない．ヨウ素はヨードニウムイオン（I^+）に酸化してから反応させる．また，フッ素は反応性が高すぎるため使用に適さない．

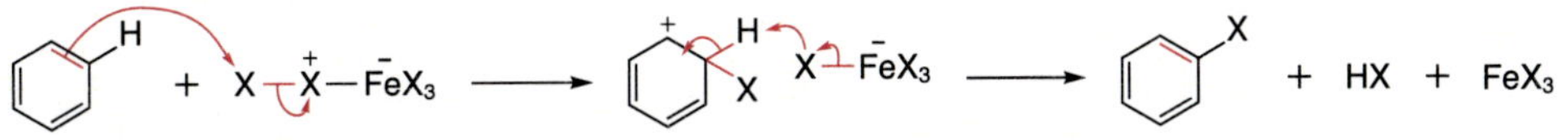

15.2.2 ニトロ化

濃硝酸（HNO_3）と濃硫酸（H_2SO_4）の混酸を用いる．二つの酸が下式のように反応して，ニトロニウムイオン（$^+NO_2$）が発生し，これが求電子剤として作用する．

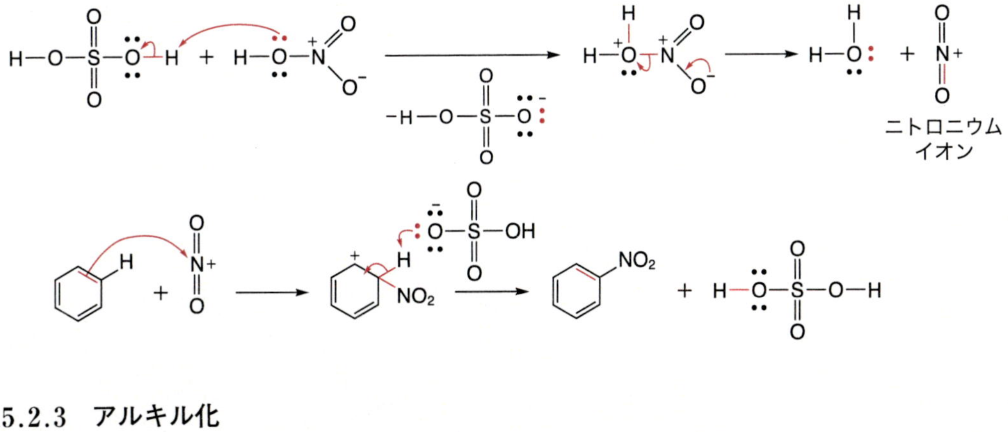

ニトロニウムイオン

15.2.3 アルキル化

塩化アルキル（R-Cl）にルイス酸である塩化アルミニウム（$AlCl_3$）を作用させると，塩素の非共有電子対がアルミニウムに配位して錯体が生成す

る．次に，C–Cl 結合が開裂して，カルボカチオンが発生する．これが求電子剤として作用し，ベンゼンのアルキル化が起こる．

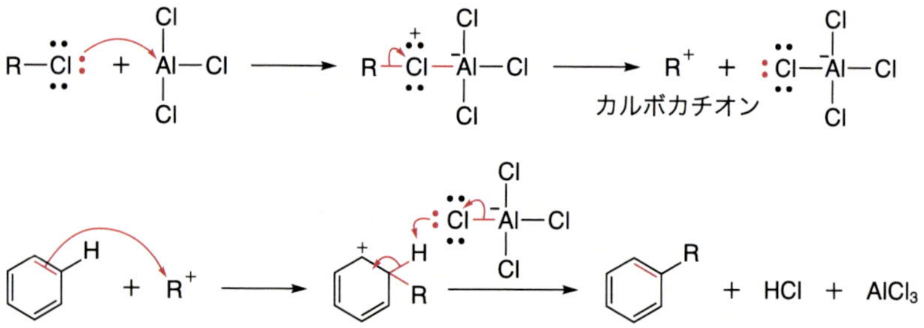

カルボカチオンが転位しやすいことを第 12 章で学んだ．第一級や第二級のカルボカチオンは，隣の炭素上に水素やアルキル基が存在すると転位反応を起こす．たとえば，1-クロロブタンを用いると，まず第一級カルボカチオンが生成し，ついで安定な第二級カルボカチオンへ転位する．

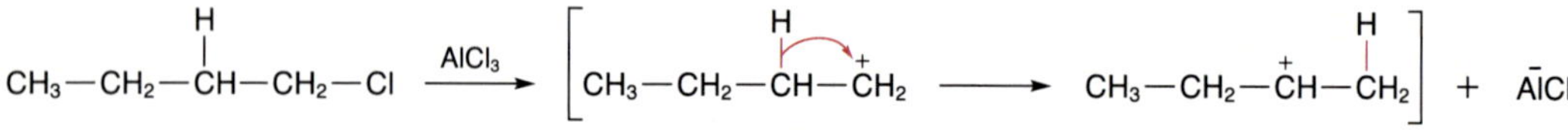

転位で生じたカルボカチオンもアルキル化に用いられるので，この場合は二種類のアルキルベンゼンが得られるが，より安定なカルボカチオンからの生成物が多く得られる．

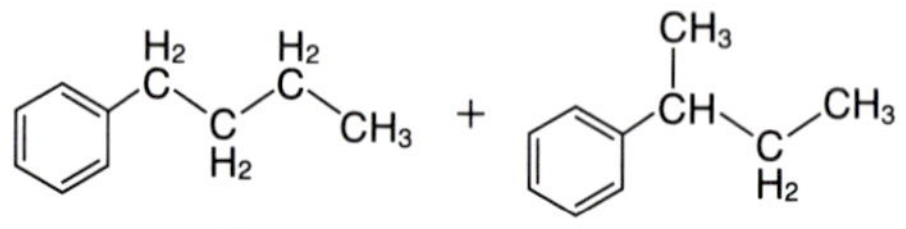

この反応は**フリーデル–クラフツ アルキル化反応**と呼ばれる．

例題 15.1 次の反応の経路を巻矢印で示し，生成物の構造を書きなさい．ただし，複数の生成物が得られる場合はそれらをすべて書き，主生成物を予想しなさい．

【解答】 フリーデル–クラフツ アルキル化反応の場合は，カルボカチオンが転位可能かどうかを調べる必要がある．(a) の場合，AlCl$_3$ との相互作用によって発生するカルボカチオンは第一級であり，しかも隣の炭素上に転位可能な H があるので，転位してより安定な第二級カルボカチオンが発生

する．したがって，生成物は二種類できる．

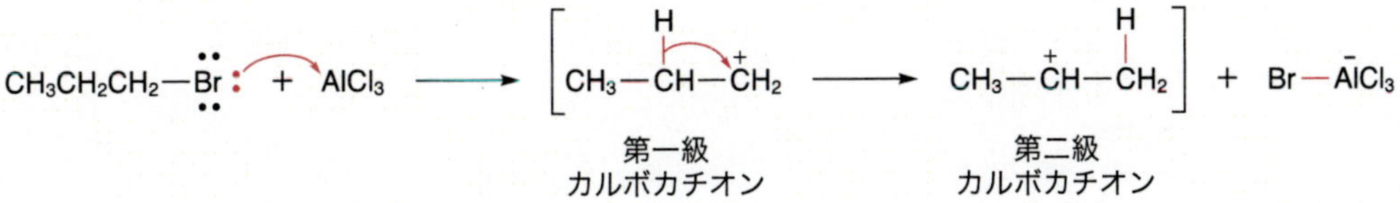

$$CH_3CH_2CH_2-\ddot{Br}: + AlCl_3 \longrightarrow [CH_3-\overset{H}{\underset{}{CH}}-\overset{+}{CH_2} \longrightarrow CH_3-\overset{+}{CH}-\overset{H}{\underset{}{CH_2}}] + Br-\bar{Al}Cl_3$$

第一級カルボカチオン　　第二級カルボカチオン

ベンゼンと第二級カルボカチオンが反応すると，以下のように反応が進み，主生成物を与える．

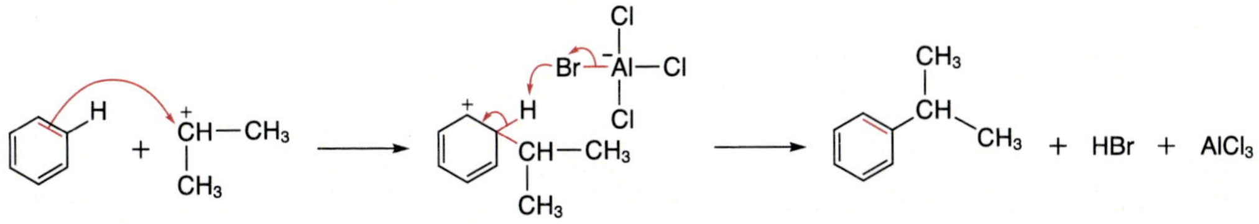

より不安定な第一級カルボカチオンも同様に反応し，右の生成物を与える．

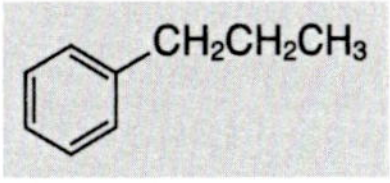

(b)の場合，発生するカルボカチオンは安定な第三級なので，これ以上転位は起こらず，そのままベンゼンと反応し，一種類の生成物を与える．

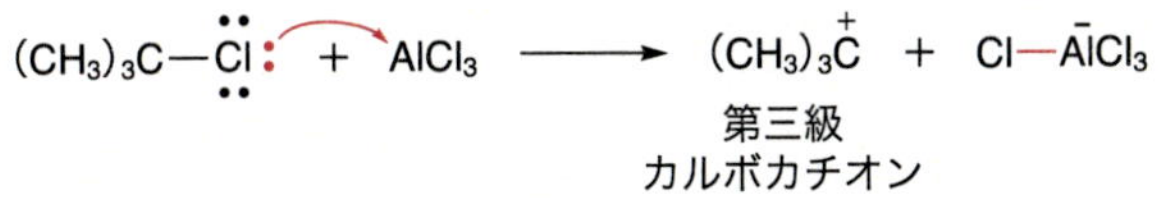

$$(CH_3)_3C-\ddot{Cl}: + AlCl_3 \longrightarrow (CH_3)_3\overset{+}{C} + Cl-\bar{Al}Cl_3$$

第三級カルボカチオン

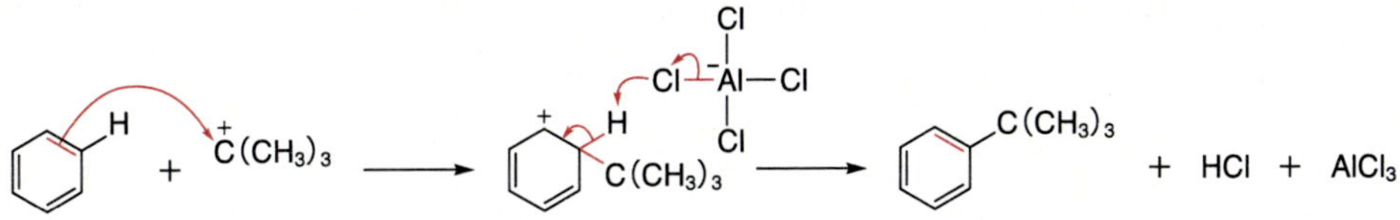

設問 15.2 次の反応の経路を巻矢印で示し，生成物の構造を書きなさい．ただし，複数の生成物が得られる場合はそれらをすべて書き，主生成物を予想しなさい．

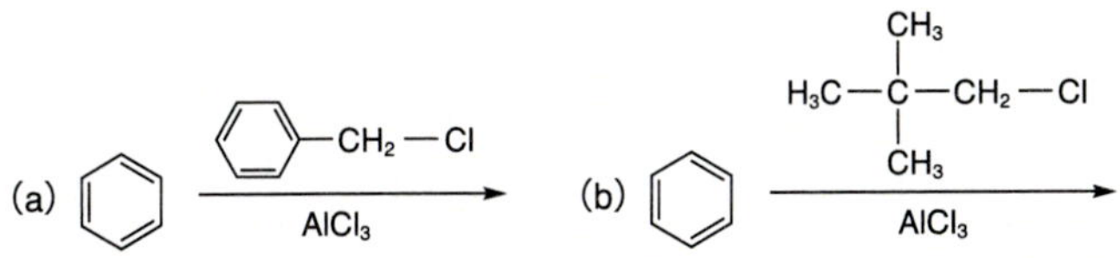

(a) ベンゼン + $C_6H_5CH_2-Cl$ →（$AlCl_3$）

(b) ベンゼン + $(CH_3)_3C-CH_2-Cl$ →（$AlCl_3$）

15.2.4 アシル化

カルボン酸塩化物（R−CO−Cl）に塩化アルミニウム（$AlCl_3$）を作用させると，**アシリウムイオン**（R−$\overset{+}{C}$=O）が発生する．これはベンゼンと反応し，ケトンを生成する．

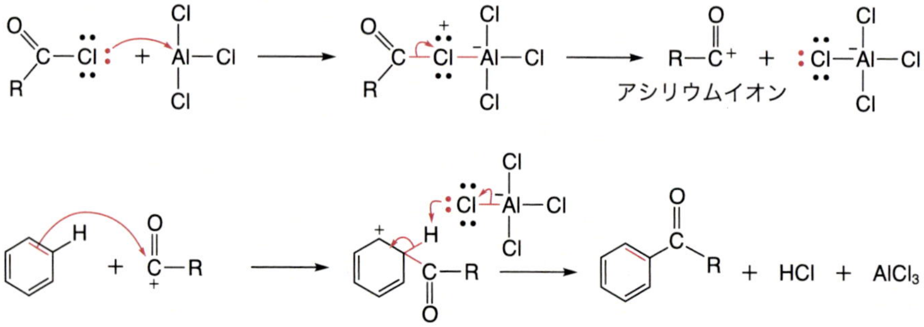

アシリウムイオンは共鳴安定化された安定なカチオンであり，転位を起こさない（4.4節参照）．

$$R-\overset{+}{C}=O: \longleftrightarrow R-C\equiv O:^+$$

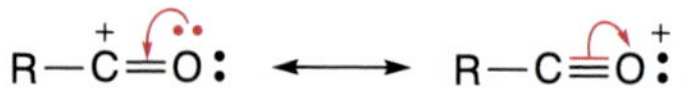

この反応は**フリーデル–クラフツ アシル化反応**と呼ばれ，芳香族ケトンの合成法として有用である．

設問 15.3 次の反応の経路を巻矢印で示し，生成物の構造を書きなさい．

(a) ベンゼン + CH₃CH₂-C(=O)-Cl / AlCl₃

(b) ベンゼン + C₆H₅-C(=O)-Cl / AlCl₃

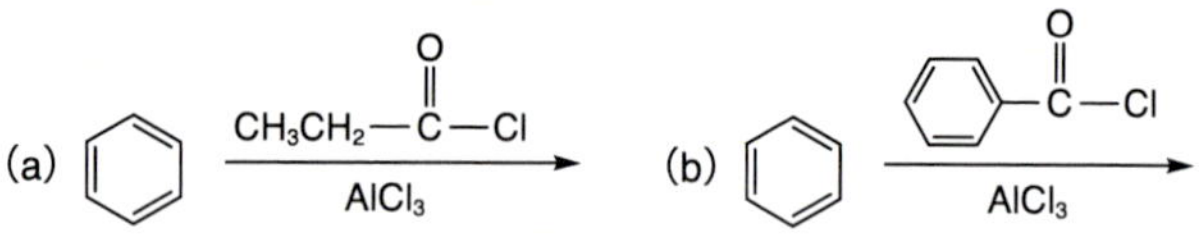

15.3 置換ベンゼンの反応性と配向性

置換基をもっているベンゼン環が求電子置換反応を起こす場合，ベンゼン環上の置換基は，反応の起こりやすさ（反応性）と，反応によって新たに導入される求電子剤の入る位置（配向性）の両方に影響を及ぼす．

15.3.1 反応性——活性化基と不活性化基

さまざまな置換基をもつベンゼンのニトロ化の起こりやすさを，置換基をもたないベンゼンを基準にした相対速度で以下に示した．相対速度には大きな差があり，置換基によって反応性が大きく変化する．

ニトロ化の相対速度	OH	CH₃	H	Cl	NO₂
	1000	24.5	1.00	0.033	0.0000001

高い ← ニトロ化の反応性 → 低い

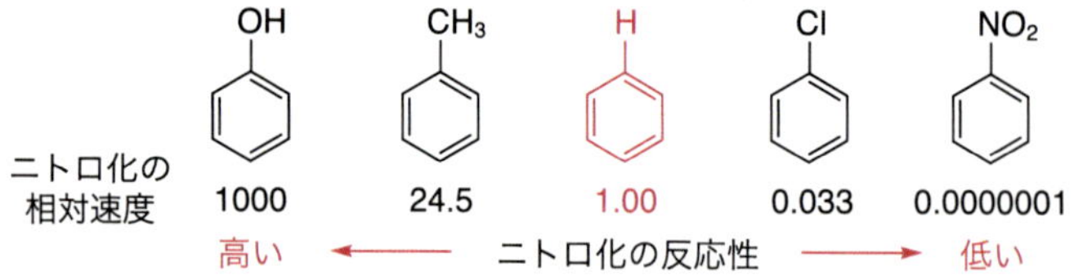

基準の置換基（H）より相対速度が大きい置換基（OH，CH₃）と小さい置換基（Cl，NO₂）に分類でき，前者を**活性化基**，後者を**不活性化基**と呼ぶ．活性化基を表15.1に，不活性化基を表15.2にまとめた．

表 15.1　求電子置換反応の反応性を増大させる活性化基

反応性	活性化基	（誘起効果，共鳴効果）	配向性
高 ↑	$-NH_2, -NHR, -NR_2$	（電子求引性，電子供与性）	
	$-OH, -OR$	（電子求引性，電子供与性）	
	$-NH-\overset{O}{\underset{\|\|}{C}}-R$	（電子求引性，電子供与性）	オルト，パラ配向
	アルキル($-R$)	（電子供与性）	

表 15.2　求電子置換反応の反応性を減少させる不活性化基

反応性	不活性化基	（誘起効果，共鳴効果）	配向性
	$-Cl, -Br, -I$	（電子求引性，電子供与性）	オルト，パラ配向
	$-CH=O, -\overset{O}{\underset{\|\|}{C}}-R$	（電子求引性，電子求引性）	
	$-\overset{O}{\underset{\|\|}{C}}-OH, -\overset{O}{\underset{\|\|}{C}}-OR$	（電子求引性，電子求引性）	メタ配向
低 ↓	$-CN, -NO_2$	（電子求引性，電子求引性）	

　活性化基に分類される置換基は，電子供与性の誘起効果，あるいは電子供与性の共鳴効果をもつ．これらの置換基が求電子置換反応を促進するのは，電子を供与することによって，カルボカチオン中間体(**1**)を安定化するためである．

　一方，不活性化基に分類される置換基は，電子求引性の誘起効果，あるいは電子求引性の共鳴効果をもつ．これらの置換基が求電子置換反応性を減少させるのは，電子を求引することによって，カルボカチオン中間体(**1**)を不安定化させるためである．

15.3.2　配向性――オルト，パラ配向とメタ配向

　ベンゼン環上の置換基は，反応によって新たに入ってくる求電子剤の位置に対しても影響を及ぼす．それは，オルト(o)，パラ(p)位への置換を優先する**オルト，パラ配向性置換基**と，メタ(m)位への置換を優先する**メタ配向性置換基**に分類される．表 15.1 と表 15.2 に示したように，一般に活性化基はオルト，パラ配向性を，不活性化基はメタ配向性を示す．ただし，ハロゲンは例外的に不活性化基でありながら，オルト，パラ配向性を示すので注意しよう．

（1）オルト，パラ配向性置換基（活性化基）

　活性化基をもつベンゼンでは，新たな置換基はオルト位とパラ位へ入る．たとえば，トルエンのニトロ化では o- と p-ニトロトルエンが得られる．

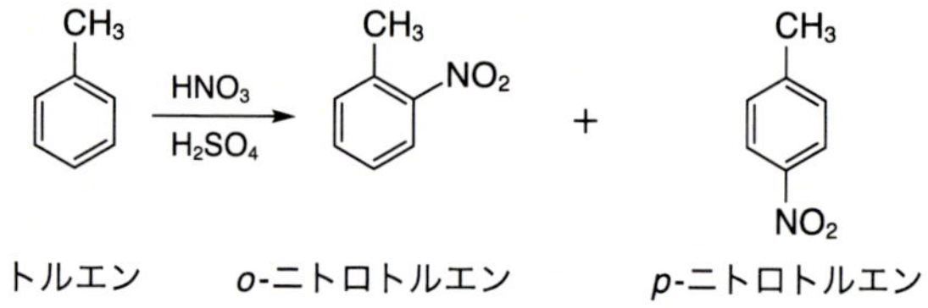

第15章 付加-脱離による求電子置換反応

トルエン　　　o-ニトロトルエン　　　p-ニトロトルエン

トルエンのオルト位とパラ位へのニトロニウムイオンの攻撃によって生成する，ベンゼンのカルボカチオン中間体の共鳴構造を詳しく見てみよう．オルト位への攻撃によって生成するカルボカチオン中間体の三つの共鳴構造のうちの一つは，電子供与性のメチル基が結合している炭素原子上に正電荷が現れる．このため，三つの共鳴構造のなかではとくに安定である．また，パラ位へ攻撃した場合も同様に，安定な共鳴構造が現れる．一方，メタ位への攻撃によって生成するカルボカチオン中間体の共鳴構造には，このような構造は現れない．

複数の反応経路がある場合は，最も安定なカルボカチオン中間体を経由する経路が好まれるので，トルエンのニトロ化では o- と p-ニトロトルエンが得られる．このようにして，メチル基は**オルト，パラ配向性**を示す．

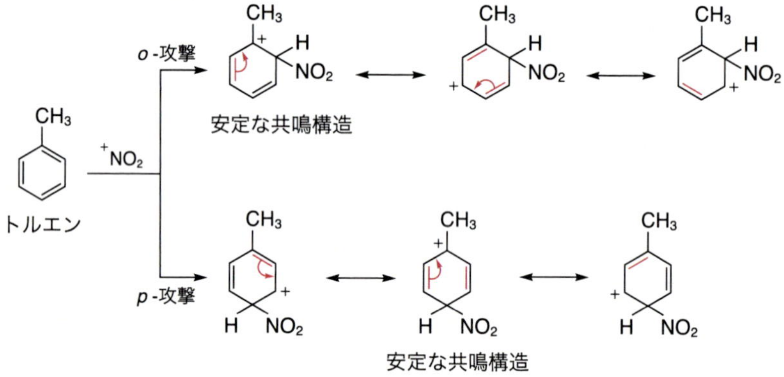

設問 15.4 トルエンのメタ位へのニトロニウムイオンの攻撃によって生成するカルボカチオン中間体の共鳴構造を書き，なぜこの位置への攻撃が起こらないのかを説明しなさい．

アルキル基以外の活性化基は，非共有電子対をもっているので，カルボカチオン中間体の正電荷をより効果的に安定化できる．

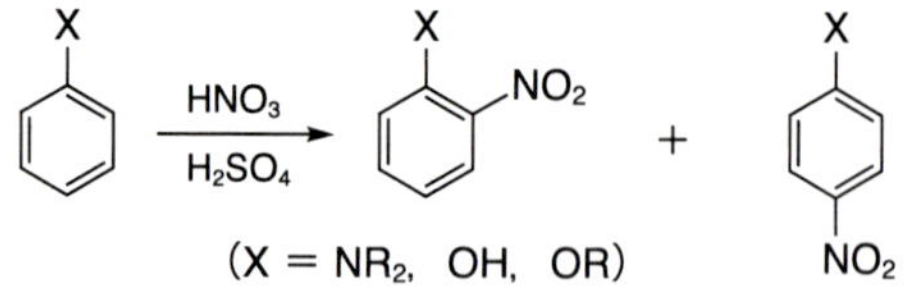

(X = NR$_2$, OH, OR)

メトキシ (−OCH$_3$) 基をもつベンゼン (アニソール) のオルト位とパラ位へのニトロニウムイオンの攻撃によって生成する，カルボカチオン中間体

の共鳴構造を示した．それぞれの四つの共鳴構造のうちの一つは，電子供与性のメトキシ基が結合している炭素原子上に正電荷が現れる．正電荷は，酸素からの非共有電子対の供与性の共鳴効果によって非常に安定化される．このような安定化は，電子供与性の誘起効果よりずっと大きいので，非共有電子対をもつ置換基はアルキル基より活性化効果が大きい（ニトロ化の相対速度は，トルエンは 24.5 であるが，フェノールは 1000 である）．

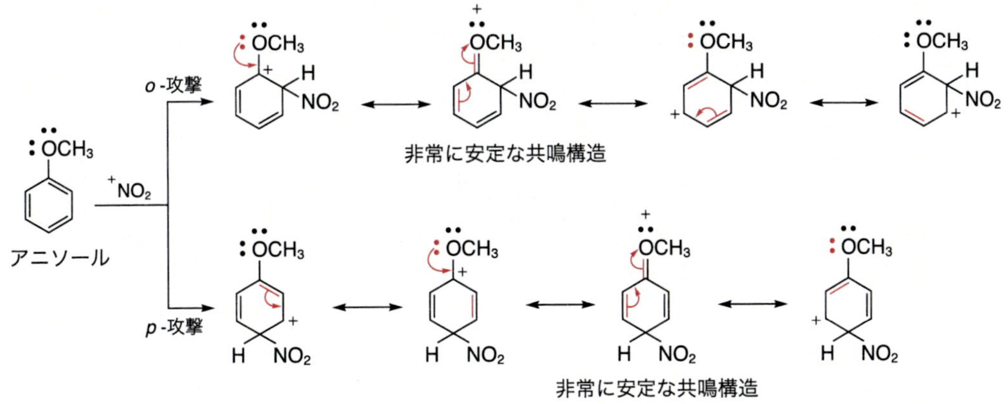

（2）メタ配向性置換基（不活性化基）

これまで説明した活性化基とは異なり，不活性化基で置換されたベンゼンでは，新たな置換基はメタ位へ入る（**メタ配向**という）．たとえば，ニトロベンゼンのニトロ化では，m-ジニトロベンゼンしか得られない．

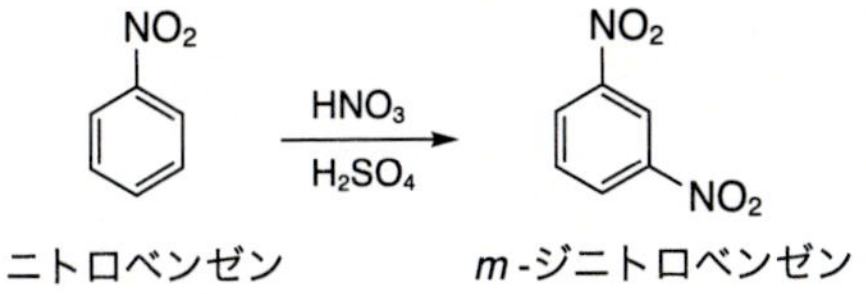

カルボカチオン中間体の共鳴構造を見てみよう．ニトロベンゼンのメタ位へのニトロニウムイオンの攻撃によって生成するカルボカチオンの共鳴構造の三つのうち，とくに正電荷が安定化される構造は見当たらない．

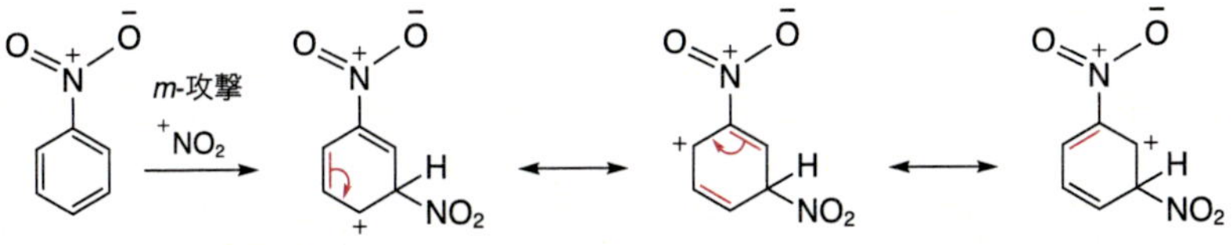

次にオルト位とパラ位への攻撃によって生成するカルボカチオン中間体の共鳴構造を見てみよう．この場合，それぞれの三つの共鳴構造のうちの一つは，電子求引性のニトロ基が結合している炭素原子上に正電荷が現れる．この共鳴構造では，二つの正電荷を隣り合わせにもっており，非常に不安定である．

第15章 付加-脱離による求電子置換反応

[ニトロベンゼンへのオルト攻撃およびパラ攻撃による共鳴構造の図：それぞれ中央にNO₂基とHが同一炭素上にある構造では「非常に不安定な共鳴構造」と示されている]

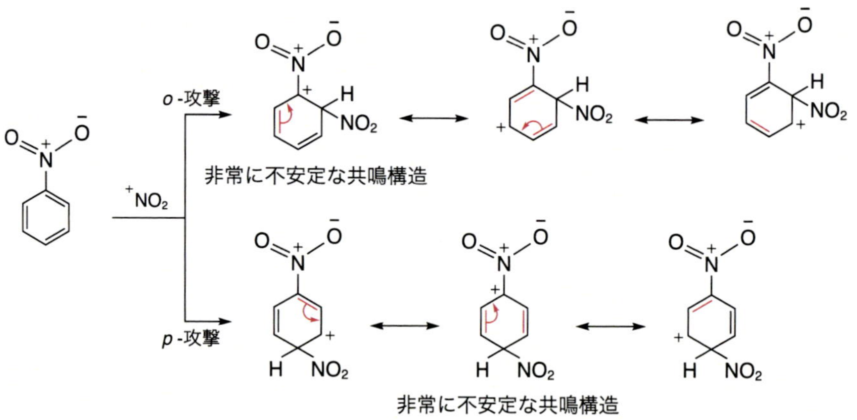

不活性化基をもつ場合は，非常に不安定な中間体の生成を避けるために，不安定化させる要素のないメタ位への攻撃が起こる．言い換えると，不安定な中間体を与えないメタ位への攻撃を消去法的に選んでいる．

設問 15.5 アセトフェノン($Ph-CO-CH_3$)のニトロ化によって生成する化合物の構造を書きなさい．

（3）ハロゲンの場合

ハロゲン(Cl, Br, I)置換基は不活性化基であるが，例外的にオルト，パラ配向性を示す．たとえば，クロロベンゼンのニトロ化では，o-とp-クロロニトロベンゼンが得られる．

[クロロベンゼン + HNO_3/H_2SO_4 → o-クロロニトロベンゼン + p-クロロニトロベンゼン の反応式]

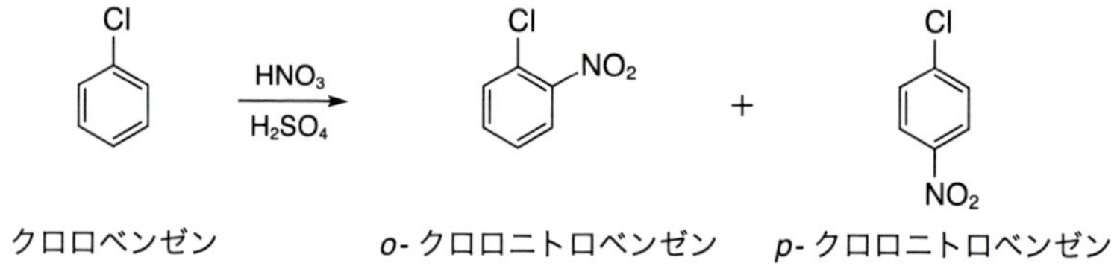

ハロゲンは非共有電子対をもつので，電子供与性の共鳴効果を示すはずである．しかし，ハロゲン原子の非共有電子対を含む軌道は大きい(たとえば，Clでは3p軌道に存在する)ので，炭素の2p軌道とは重なりが悪く，効果的に共鳴できない．したがって，反応性は強い電子求引性の誘起効果によって支配されているため，ベンゼン環は不活性化される．ところが，オルト，パラ位への攻撃によって生成するカルボカチオン中間体では，弱いながらハロゲンによる電子供与性の共鳴効果が作用し，安定化することができる．その結果，オルト，パラ配向性を示す．

設問 15.6 クロロベンゼンのニトロ化の中間体の共鳴構造を書き，なぜオルト，パラ配向の生成物が得られるのかを説明しなさい．

15.3 置換ベンゼンの反応性と配向性　179

例題 15.2　次の反応の経路を巻矢印で示し，生成物の構造を書きなさい．

(a) 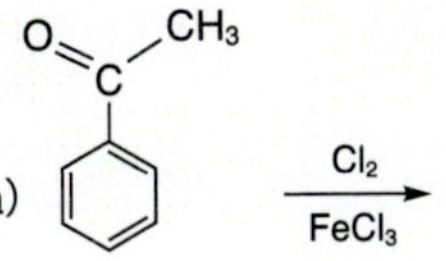 アセトフェノン + Cl₂ / FeCl₃ →
(b) 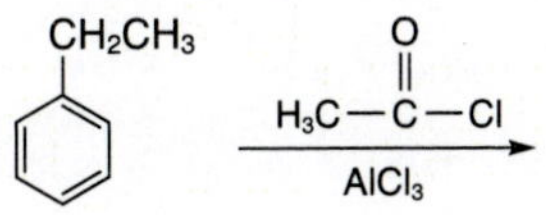 エチルベンゼン + H₃C–C(=O)–Cl / AlCl₃ →

【解答】　ベンゼン環上の置換基を見て電子求引基（不活性化基）か電子供与基（活性化基）かを判断し，反応剤を見て，求電子剤が何かを特定しよう．(a)は電子求引基（不活性化基）をもつベンゼンのクロロ化なので，生成物はメタ位に塩素が置換した化合物であると予想される．反応の経路を以下に示す．通常ベンゼンの水素は省略して書かれるが，この反応ではベンゼン環上の水素が脱離するので，反応部位の水素は書き入れておこう．

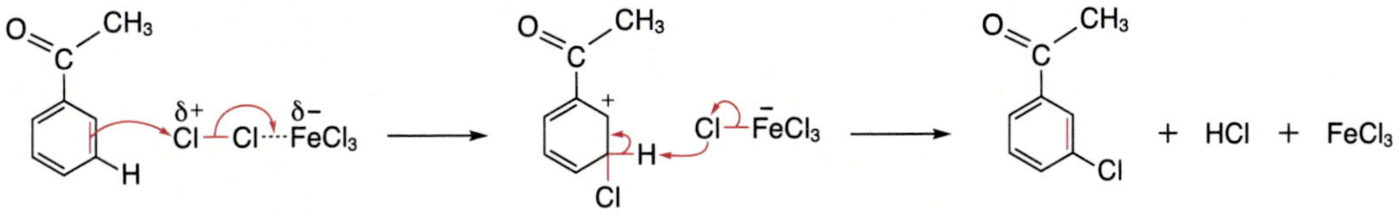

[反応機構の図: アセトフェノン + Cl–Cl···FeCl₃ → アレニウムイオン中間体 → m-クロロアセトフェノン + HCl + FeCl₃]

(b)は電子供与基（活性化基）をもつベンゼンのアシル化なので，オルトとパラ位へアシル基が置換した生成物と予想される．パラ体を与える反応の経路を以下に示す．

[反応機構の図: エチルベンゼン + ⁺C(=O)CH₃ AlCl₄⁻ → アレニウムイオン中間体 → p-エチルアセトフェノン + AlCl₃ + HCl]

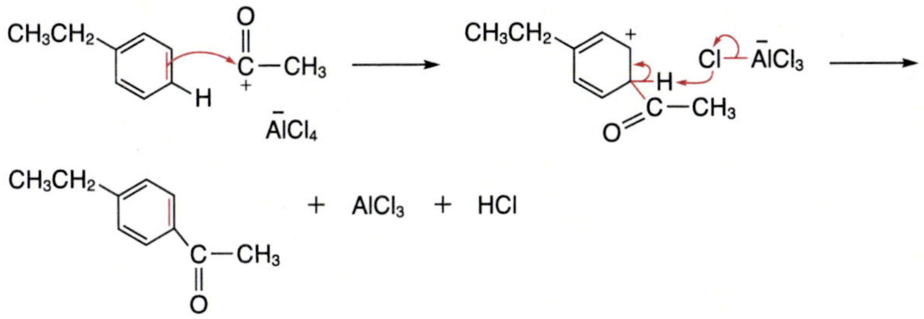

設問 15.7　次の反応の経路を巻矢印で示し，生成物の構造を書きなさい．

(a) 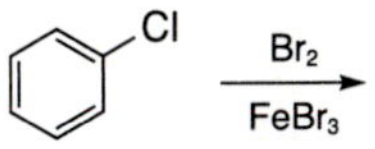 クロロベンゼン + Br₂ / FeBr₃ →
(b) 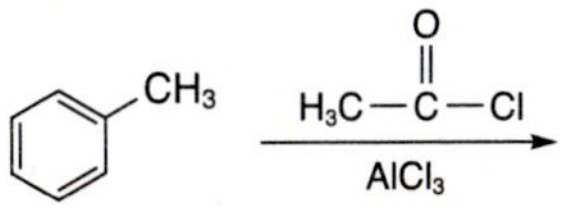 トルエン + H₃C–C(=O)–Cl / AlCl₃ →
(c) 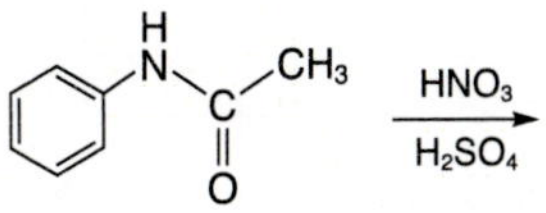 アセトアニリド + HNO₃ / H₂SO₄ →
(d) 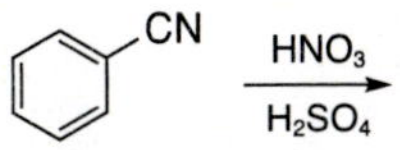 ベンゾニトリル + HNO₃ / H₂SO₄ →

15.3.3 配向性を利用した合成戦略

求電子置換反応を利用して，多くのベンゼン誘導体が合成されている．望む化合物を得るためには，置換基の配向性を考慮に入れて，合成計画を立てる必要がある．

たとえば，ベンゼンからクロロニトロベンゼンを合成する反応を考えてみよう．最初にクロロ化を行い，次にニトロ化を行うと，o-クロロニトロベンゼンとp-クロロニトロベンゼンが得られる．これは最初に入れたクロロ基がオルト，パラ配向性を示すためである．

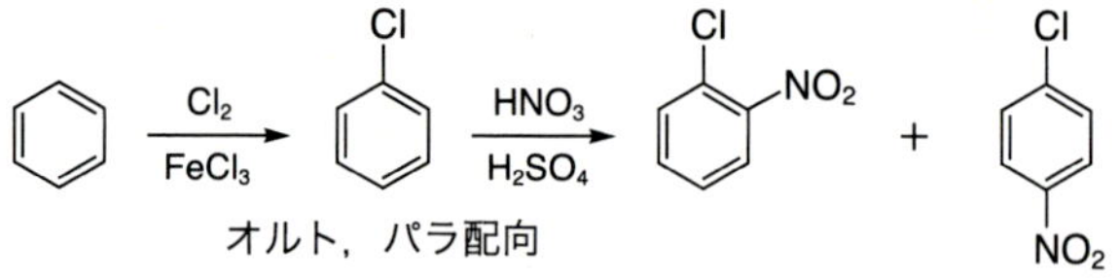

一方，合成の順序を逆にして，最初にニトロ化を行い，ついでクロロ化を行うと，m-クロロニトロベンゼンが得られる．これは最初にメタ配向性のニトロ基が入るので，クロロ基はメタ位にしか入らないからである．

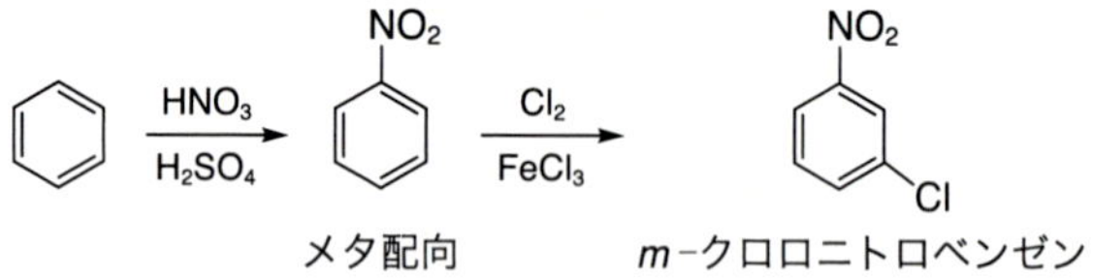

ベンゼン環にいったん導入された置換基は，還元，酸化などの簡単な操作で，他の置換基に変換することができる．たとえば，ニトロ基はスズと塩酸処理によって，アミノ基に還元することができる．また，カルボニル基も，亜鉛アマルガムを用いた還元によって，メチレン基(CH$_2$)に変換される．この二つの還元操作によって，それまでメタ配向性であった置換基(ニトロ基，カルボニル基)が，オルト，パラ配向性の置換基(アミノ基，アルキル基)に変換される．

ベンゼン環は安定なので，酸化されにくい．一方，フリーデル-クラフツ反応によって導入されたアルキル基は容易に酸化され，カルボン酸へ変換される．この場合，オルト，パラ配向性置換基(アルキル基)がメタ配向性置換基(カルボキシ基)に変わる(左図)．

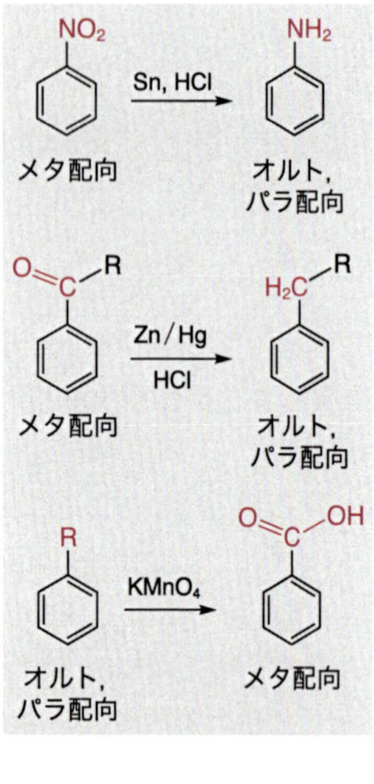

このような手法を用いて，さまざまな置換基をもつベンゼン誘導体が合成されている．また，この場合も反応の順序を変えることによって，異性体をつくり分けることが可能である．ベンゼンを反応物質にして，ブロモエチルベンゼンを合成する手順を下に示した．フリーデル-クラフツ アルキル化反応を行い，ついでブロモ化を行うか，あるいはアシル化を行い，ブロモ化してからアシル基の還元を行うかによって，異なる異性体が生成する．

15.3 置換ベンゼンの反応性と配向性

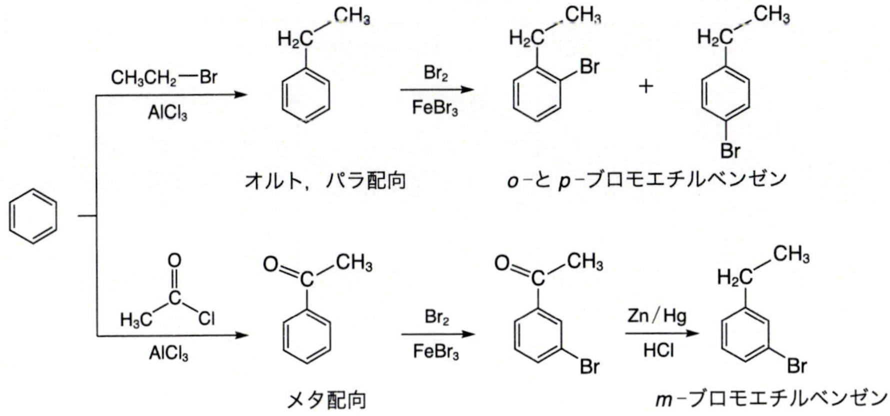

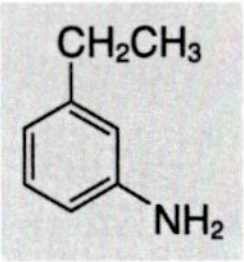

例題 15.3 ベンゼンを反応物質として，右の化合物を合成する経路を示しなさい．ただし，オルトとパラ異性体は分離できるものと仮定する．

【解答】 最初に置換基の導入方法を整理する．アミノ基はベンゼンをニトロ化した後，そのニトロ基を還元することで導入できる．また，エチル基はフリーデル–クラフツ アルキル化反応，またはアシル化したのちに還元することで導入できる．次に，示された異性体を得るために反応の順番を考える．理論的には 2 通りある．(1) 最初にニトロ化し，フリーデル–クラフツ アルキル化反応を行えば，ニトロ基はメタ配向であるので，メタ位にエチル基が導入される．その後ニトロ基を還元すれば，目的の生成物は得られる．(2) 最初にアシル化した後，ニトロ化し，さらにアシル基とニトロ基を還元するという方法でも目的の生成物は得られる．ニトロ基をもつベンゼンはフリーデル–クラフツ反応を受けないことが知られているので，(2) の方法が好ましい．

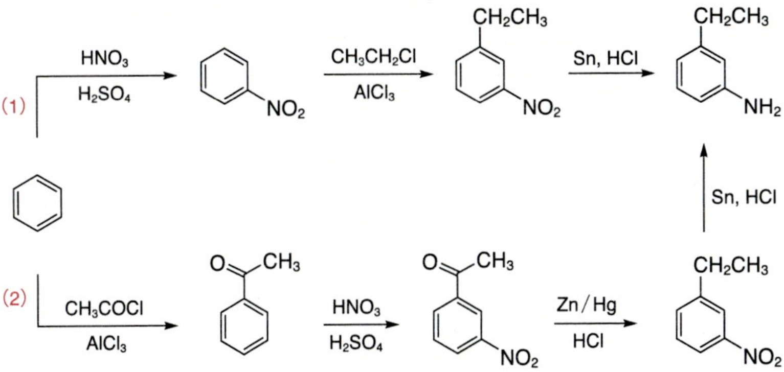

設問 15.8 ベンゼンを反応物質として，右の三つの化合物を合成する経路を示しなさい．ただし，オルトとパラ異性体は分離でき，またアルキル化はモノ置換で止められると仮定する．

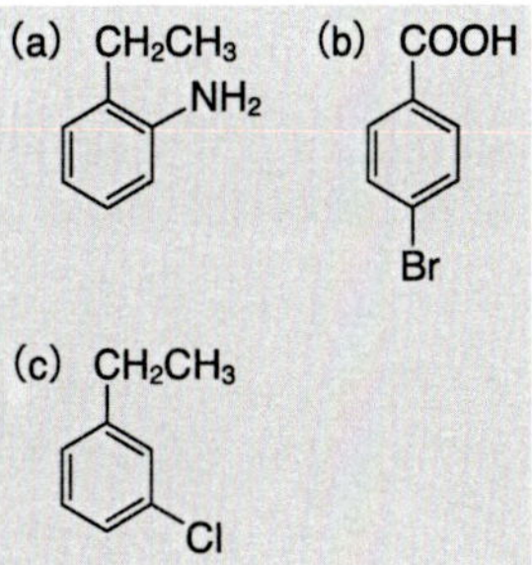

【この章のまとめ】

(1) ベンゼン環は二重結合をもっているが，大きい共鳴安定化エネルギーのため付加反応は起こさず，芳香族求電子置換反応を行う．

(2) 置換基をもつベンゼンの芳香族求電子置換反応では，置換基は反応性と配向性に影響を及ぼす．

(3) 置換基が電子供与性の場合，求電子置換反応を促進し，オルト，パラ配向性を示す．

(4) 置換基が電子求引性の場合，求電子置換反応を抑制し，メタ配向性を示す．

(5) ハロゲンは例外的挙動を示し，求電子置換反応を抑制するが，オルト，パラ配向性を示す．

章末問題

問 15.1 芳香族求電子置換反応と第 10 章で学んだ求核置換反応の共通点と相違点を述べなさい．

問 15.2 ベンゼンは二重結合をもつが付加反応を起こさない．その理由を述べなさい．

問 15.3 ベンゼンのフリーデル-クラフツ アルキル化反応について以下の問いに答えなさい．

(a) 1-クロロペンタンとベンゼンのフリーデル-クラフツ反応では二種類のモノアルキルベンゼンが得られた．生成物の構造を書き，その理由を述べなさい．

(b) 1-クロロ-2,2-ジメチルブタンとベンゼンのフリーデル-クラフツ反応では第三級アルキル基が置換した生成物が得られた．生成物の構造を書き，その理由を述べなさい．

(c) 2-ブロモブタンの一方のエナンチオマーを用いてフリーデル-クラフツ反応で得られる生成物はラセミ体であった．その理由を述べなさい．

問 15.4 フリーデル-クラフツ アルキル化反応では多アルキル置換体が生成するが，フリーデル-クラフツ アシル化反応ではモノアシル置換体しか生じない．その理由を述べなさい．

問 15.5 一置換ベンゼンについて，次の問いに答えなさい．

(a) ヒドロキシ(-OH)基，ブロモ(-Br)基，シアノ(-CN)基を置換したベンゼンの共鳴構造を書きなさい．

(b) 上の三種類の置換ベンゼンをニトロ化したときの生成物の構造を書きなさい．

(c) 上の三種類の置換ベンゼンのニトロ化において，反応性の高い順に並べなさい．

問 15.6 ベンゼンから 4-クロロ-2-ニトロトルエンを合成したい．次の二つの方法はどちらが優れているか，その理由とともに述べなさい．

(1) o-ニトロトルエンの塩素化

(2) p-クロロトルエンのニトロ化

問 15.7 ベンゼンを反応物質として，次の化合物を合成する経路を示しなさい．ただし，オルトとパラ異性体は分離でき，またアルキル化はモノ置換で止められると仮定する．

(a) 2-CH$_2$CH$_3$, 1-NO$_2$, 4-Cl 置換ベンゼン (b) 3-ブロモアニリン (c) 3-アミノ安息香酸

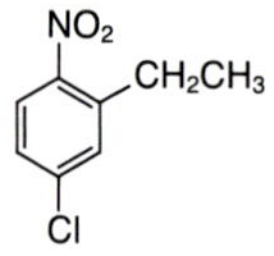

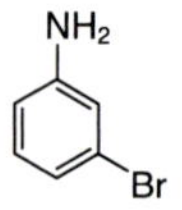

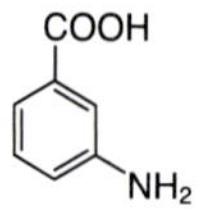

第16章

ラジカル反応
イオンを生じない反応

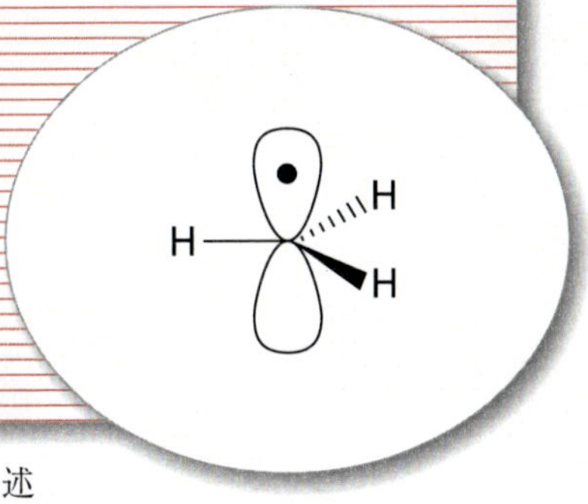

第9章で，共有結合の開裂にヘテロリシスとホモリシスがあることを述べたが，ここまでの章では，ヘテロリシスによるイオン反応についてのみ学んできた．この章ではホモリシスによって始まる**ラジカル反応**について学ぶ．

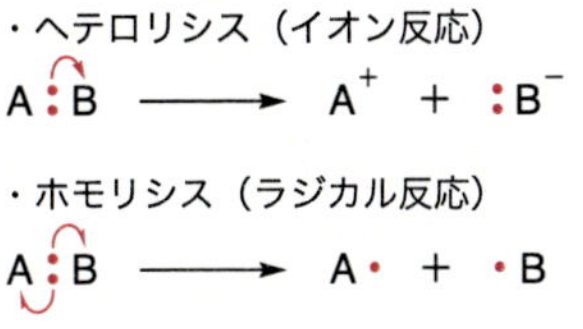

ホモリシスによる結合の開裂では，共有結合を形成する2個の電子が，1個ずつ結合を形成していた原子に分かれるので，不対電子（1個の非共有電子）をもつ**ラジカル**が生成する．たとえば，分子 X–Y のホモリシスは，以下のように示される．ここで，電子の動きを表す巻矢印は片鈎（⌒）を用いることに注意しよう．

・ヘテロリシス（イオン反応）
$$A:B \longrightarrow A^+ + :B^-$$

・ホモリシス（ラジカル反応）
$$A:B \longrightarrow A\cdot + \cdot B$$

$$X\frown Y \xrightarrow{\text{ホモリシス}} X\cdot + \cdot Y$$
片鈎（⌒）であることに注意！　　　　　ラジカル　ラジカル

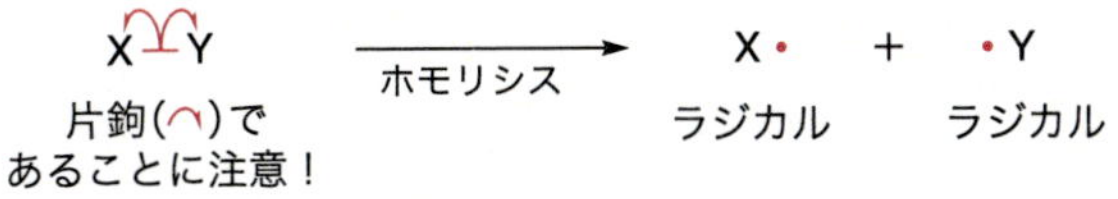

ホモリシスでは，ヘテロリシスで見られるような，結合における電子の偏りや，電荷をもつ反応剤の接近による結合の分極などは必要ない．ここでは結合が均一に解離することだけが必要であるが，これは解離するのに十分なエネルギー（**結合解離エネルギー**という）を，光や熱のエネルギーとして与えることで達成される．結合解離エネルギーは結合の種類によって変化する．たとえば，エタン（CH_3–CH_3）の C–C 結合の解離エネルギーは，350 kJ/mol とかなり大きい．このため，アルカンは500℃以上とかなり高温にしないとホモリシスは起こらない．

$$H_3C\frown CH_3 \xrightarrow{\text{加熱}} H_3C\cdot + \cdot CH_3$$

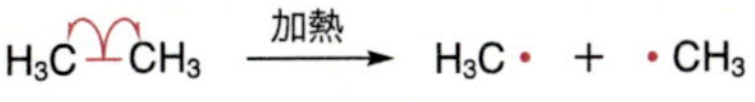

これに対して，酸素–酸素結合は弱く，その結合解離エネルギーは 200 kJ/mol 以下で，100℃前後でもホモリシスを起こす．

第16章 ラジカル反応

用語解説

過酸化物

酸素-酸素結合をもつ化合物を過酸化物といい，一般式 R-O-O-R で表す．代表的な化合物として，過酸化水素，過酢酸，過酸化ベンゾイルなどがある．

H–O–O–H
過酸化水素

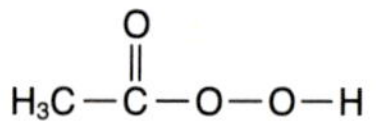

H₃C–C(=O)–O–O–H
過酢酸

Ph–C(=O)–O–O–C(=O)–Ph
過酸化ベンゾイル

$$(CH_3)_3C-O-O-C(CH_3)_3 \xrightarrow{加熱} (CH_3)_3C-O\cdot + \cdot O-C(CH_3)_3$$

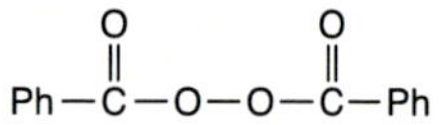

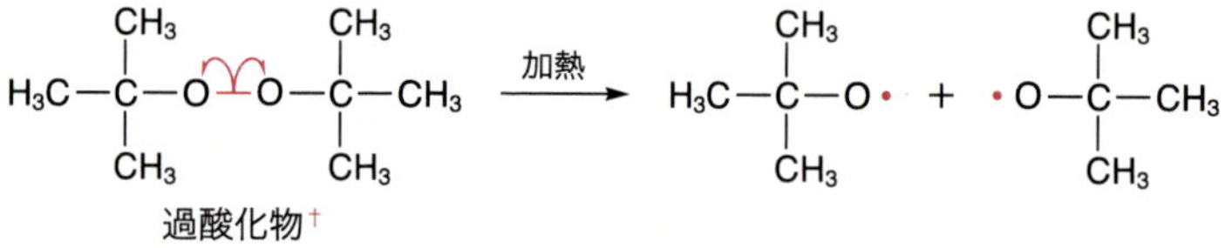

過酸化物†

また，臭素分子の結合解離エネルギーも 190 kJ/mol と小さく，加熱または光照射によって容易に解離し，臭素ラジカル（臭素原子）を与える．

$$Br-Br \xrightarrow{加熱または光照射} Br\cdot + \cdot Br$$

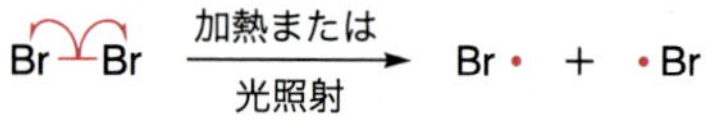

このように，容易に結合解離してラジカルを生成する化合物は，**ラジカル連鎖反応**を開始するために用いられる．これを**開始剤**という．

例題 16.1 次の反応生成物を与える経路を，巻矢印で示しなさい．

$$Ph-CH_2-Br \xrightarrow{加熱} Ph-\dot{C}H_2 + \cdot Br$$ (with H shown)

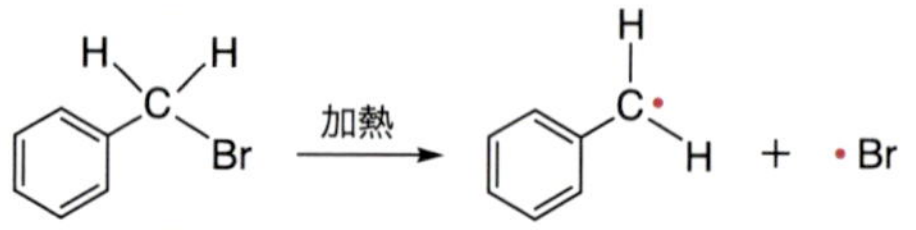

【解答】 ホモリシスを受ける C–Br 結合を片鉤の巻矢印を用いて示せばよい．巻矢印の先は C と Br であることをはっきりと書く．

$$Ph-CH_2\frown Br \xrightarrow{加熱} Ph-\dot{C}H_2 + \cdot Br$$

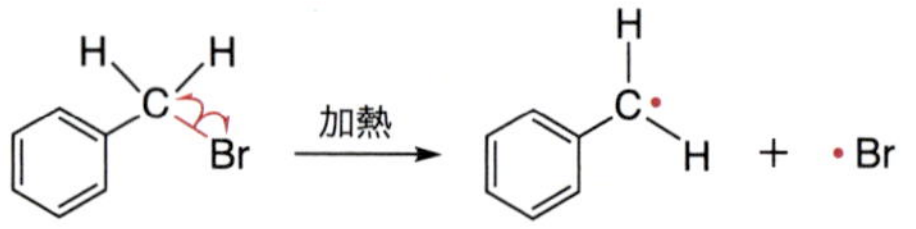

設問 16.1 次の反応生成物を与える経路を，巻矢印で示しなさい．

(a) $(CH_3)_2C(CN)-N=N-C(CN)(CH_3)_2 \xrightarrow{加熱} (CH_3)_2\dot{C}(CN) + N\equiv N + \cdot C(CN)(CH_3)_2$

(b) PhC(=O)–O–O–C(=O)Ph $\xrightarrow{加熱}$ PhC(=O)–O· + ·O–C(=O)Ph

(c) PhC(=O)–O· $\longrightarrow$ Ph· + O=C=O

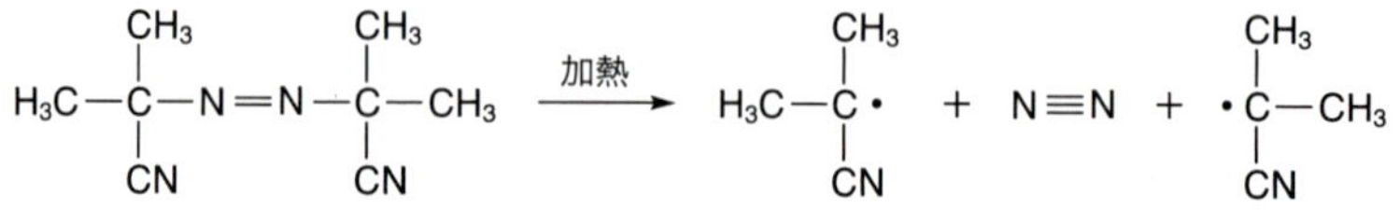

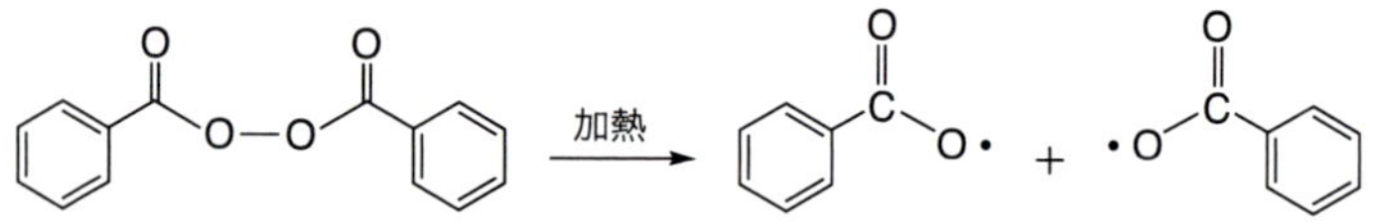

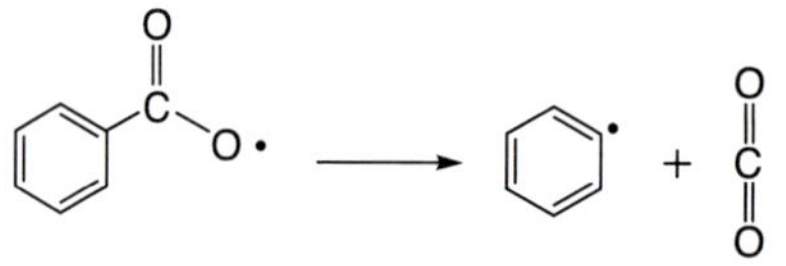

16.1 ラジカルの構造と安定性

ラジカル炭素の軌道はカルボカチオンのそれと類似しており，sp² 混成

軌道をもち，不対電子は 2p 軌道に入っている．したがって，ラジカルはカルボカチオンと類似の安定化効果を受け，アルキル基の数が増えるほど（すなわち，級数が大きくなるほど），安定になる．

ラジカルの安定性は，アルカンの C–H 結合解離エネルギーにも反映される．安定な第三級アルキルラジカルを生成する第三級アルカンの C–H 結合の解離エネルギーは 390 kJ/mol と最も小さく，第二級アルカン，第一級アルカン，メタンの順に大きくなる(図 16.1)．

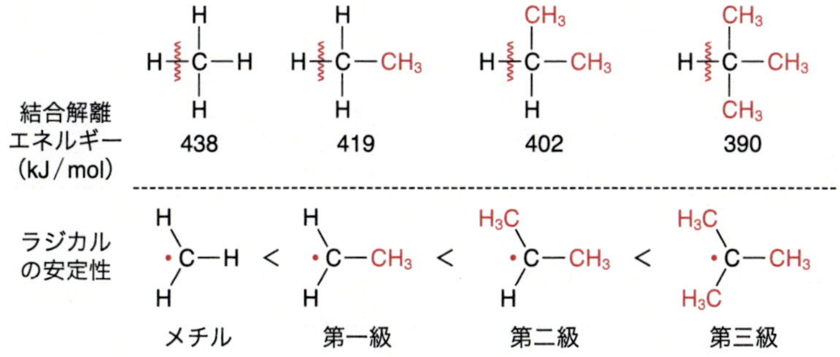

図 16.1 C–H 結合の解離エネルギーとラジカルの安定性

電子を非局在化させる官能基もラジカルを安定化し，その効果は大きい．たとえば，**アリルラジカル**は二つの等価な共鳴構造があり，第三級アルキルラジカルよりも安定である．

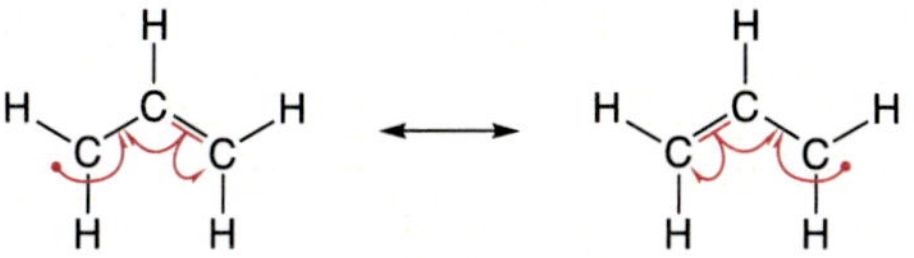

アリルラジカル

メチルラジカルの 1 個の水素をフェニル基で置き換えたものを**ベンジルラジカル**というが，この場合不対電子はベンゼン環全体に非局在化するので，アリルラジカルより安定である．

ベンジルラジカル

設問 16.2 次のラジカルの共鳴構造を書きなさい．

(a) (b) (c)

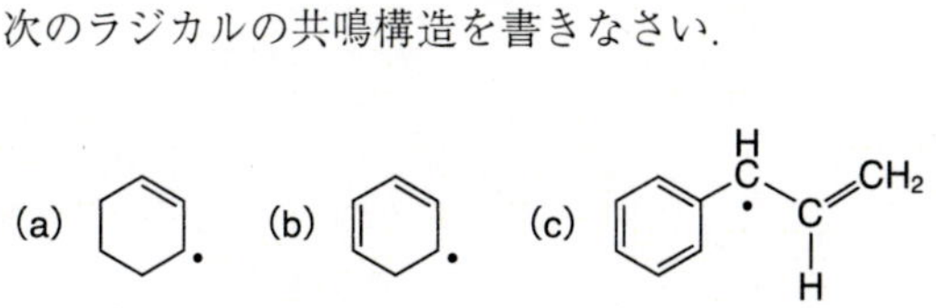

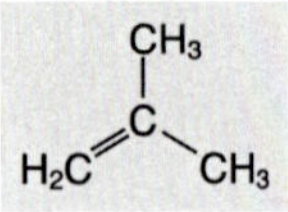

例題 16.2 左の化合物でアリルラジカルを与える水素(アリル水素という)はどれか．またアリル水素の開裂で生成するアリルラジカルを書きなさい．

【解答】 置換基に惑わされないように基本的な骨格を見定めよう．アリル位は二重結合に直結した炭素である．アリル基の部分を四角で囲むと以下のようになり，矢印で示した2個のメチル基のすべての水素がアリル水素である．このメチル基は等価で，どちらのC–H結合を開裂させても同じアリルラジカルが生成する．

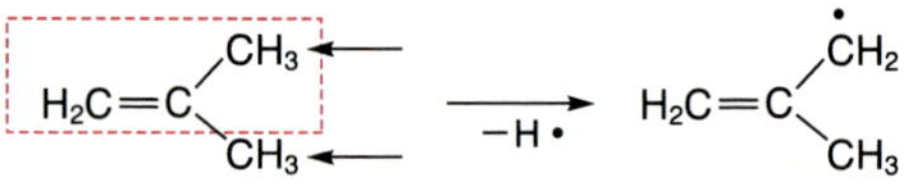

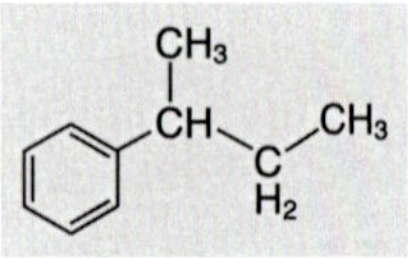

例題 16.3 左の化合物でベンジルラジカルを与える水素(ベンジル水素という)はどれか．またこの水素の開裂で生成するラジカルを書きなさい．

【解答】 ベンジル位はベンゼン環に直結した炭素であるので，それを見極めよう．その部分を四角で囲むと，以下のようになり，矢印で示した1個の水素がベンジル水素である．そのC–H結合をホモリシスするとベンジルラジカルが生成する．

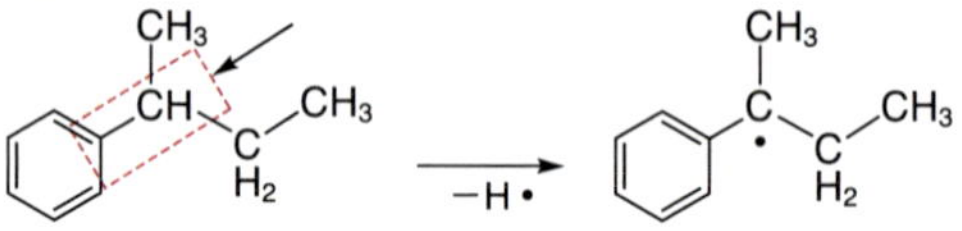

16.2 ラジカル連鎖反応

ラジカルを含む反応の特徴は，反応が連鎖的に進むことである．連鎖反応は以下の三つの段階を含む．

(i) 開始反応

過酸化物や臭素分子など結合解離エネルギーの小さい化合物(開始剤という)から，比較的弱いエネルギー(加熱，光照射)によって反応を開始するラジカルが発生する．

$$X-X \xrightarrow{\text{加熱または光照射}} X\cdot + \cdot X$$
開始剤

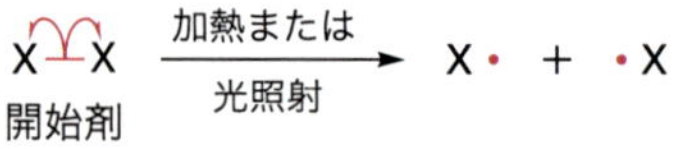

(ii) 成長反応

開始ラジカルが基質を攻撃して反応が始まるが，生成物を与えると同時に，開始ラジカルが再び生成する．開始ラジカルは再び基質を攻撃し，反応は継続する．このラジカルを**連鎖担体**という．このように，1個の開始

剤で，反応を何度も繰り返すことができ，この反応を**連鎖反応**という．

$$R-H + \cdot X \longrightarrow R\cdot + H-X$$
$$X-X + R\cdot \longrightarrow R-X + \cdot X$$

連鎖担体
（反応に何度も使われる）

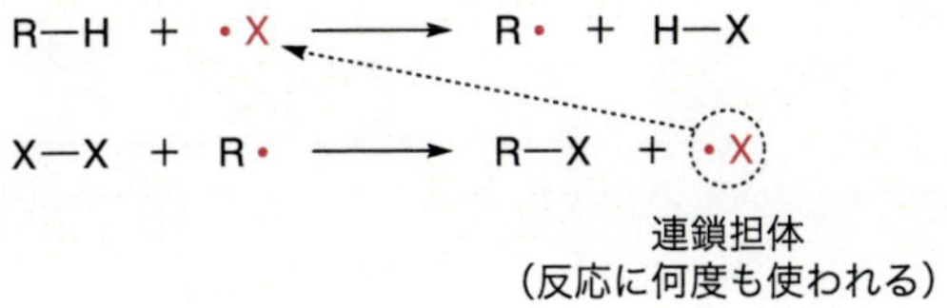

（iii）停止反応

成長反応は永遠に続くことはできない．たとえば，ラジカルどうしが反応してラジカルが消失すると（右図），連鎖反応は停止する．

$$R\cdot + R\cdot \longrightarrow R-R$$

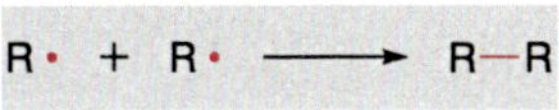

16.2.1 ラジカル置換反応

求核置換反応では，ハロゲン化アルキルの C–X 結合の炭素のように，求電子中心が必要であった．しかし，ラジカルは電荷をもたないので，ラジカル置換反応では，結合電子の偏りは重要ではない．そして，最も攻撃を受けやすい反応中心は，イオン反応では反応しなかった C–H 結合である．

たとえば，メタン（CH_4）は臭素分子（Br_2）と加熱あるいは光照射すると，ブロモメタン（CH_3Br）を与える．この反応は，以下に示すように典型的な連鎖反応によって進行する．

開始反応 $Br-Br \xrightarrow{\text{加熱または}\atop\text{光照射}} Br\cdot + \cdot Br$

成長反応
$$\begin{cases} Br\cdot + H-CH_3 \longrightarrow Br-H + \cdot CH_3 \\ Br-Br + \cdot CH_3 \longrightarrow Br\cdot + Br-CH_3 \end{cases}$$

停止反応 $H_3C\cdot + \cdot CH_3 \longrightarrow H_3C-CH_3$

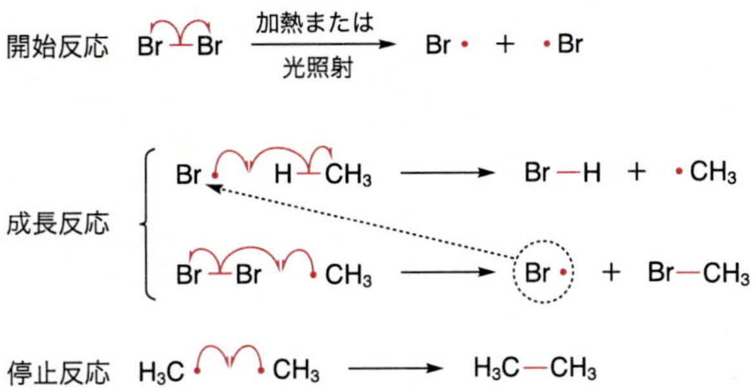

ラジカル置換反応も選択性を示す．たとえば，下に示したブタンの臭素化では，1-ブロモブタンと 2-ブロモブタンを与えるが，後者がおもに生成する．これは，反応の途中で生成するアルキルラジカルの安定性を考えると理解できる．2-ブロモブタンを与えるラジカル（第二級）は，1-ブロモブタンを与えるラジカル（第一級）より安定である（図 16.1 参照）．

$$H_3C-CH_2-CH_2-CH_3 \xrightarrow[\text{光照射}]{Br_2} H_3C-CH_2-\underset{Br}{\overset{|}{C}H}-CH_3 + H_3C-CH_2-CH_2-\underset{Br}{\overset{|}{C}H_2}$$

2-ブロモブタン (98%) 　　1-ブロモブタン (2%)

$$H_3C-CH_2-\overset{\cdot}{C}H-CH_3 > H_3C-CH_2-CH_2-\overset{\cdot}{C}H_2$$

第二級ラジカル　　　　　第一級ラジカル

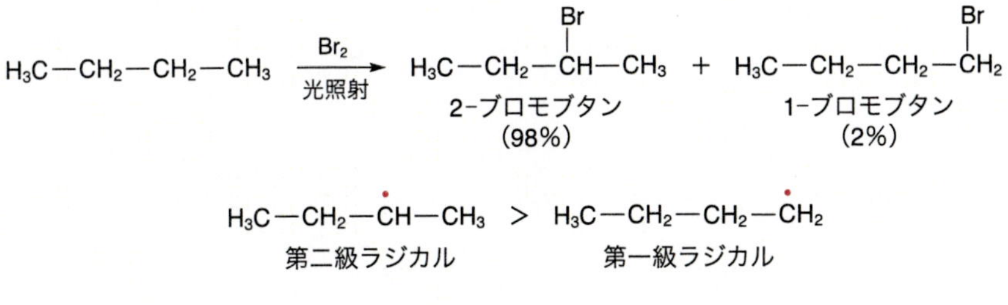

設問 16.3 前ページの式のブタンの臭素化はラジカル連鎖反応で進む．開始反応，成長反応，停止反応を書き，連鎖担体を示しなさい．

例題 16.4 次のラジカル置換反応で，生成する可能性のある臭化物を書き，主生成物を示しなさい．また，その理由も述べなさい．

$$H_3C-CH-CH_2-CH_2-CH_3 \xrightarrow[光照射]{Br_2}$$
$$\quad\quad |$$
$$\quad\quad CH_3$$

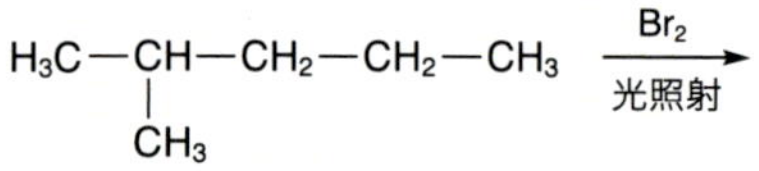

【解答】 まず，何種類のC-H結合があるかを調べる．この分子では下に示すように，五種類のC-H結合があるので，五種類の臭化物が生成する可能性がある．

```
        (1°) (3°) (2°) (2°) (1°)*
         ↓    ↓    ↓    ↓    ↓
       H3C — CH — CH2 — CH2 — CH3
              |
              CH3
```

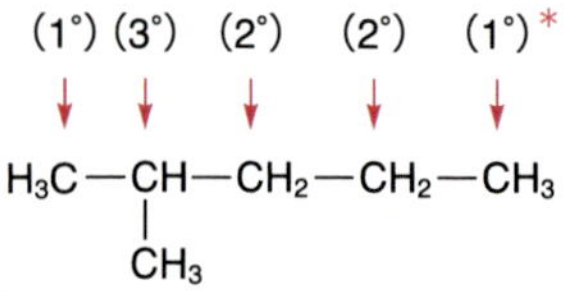

* 1°, 2°, 3°は，このHが解離して生じるラジカルがそれぞれ第一級，第二級，第三級であることを示す．

それらの構造を以下に示す．

(構造式)
- BrH2C-CH(CH3)-CH2-CH2-CH3
- H3C-CBr(CH3)-CH2-CH2-CH3 （主生成物）
- H3C-CH(CH3)-CHBr-CH2-CH3
- H3C-CH(CH3)-CH2-CHBr-CH3
- H3C-CH(CH3)-CH2-CH2-CH2Br

各C-H結合から生成するラジカルの級数を判定すると，上に示したように第一級(1°)から第三級(3°)に分類される．これらのうち，第三級ラジカルを経由して生成した臭化物が主生成物と予想される．

設問 16.4 次のラジカル置換反応で，生成する可能性のあるハロゲン化物を書き，主生成物を示しなさい．また，その理由も述べなさい．

(a) $H_3C-CH(CH_3)-CH_3 \xrightarrow[光照射]{Br_2}$

(b) $C_6H_5-CH_2-CH_3 \xrightarrow[光照射]{Cl_2}$

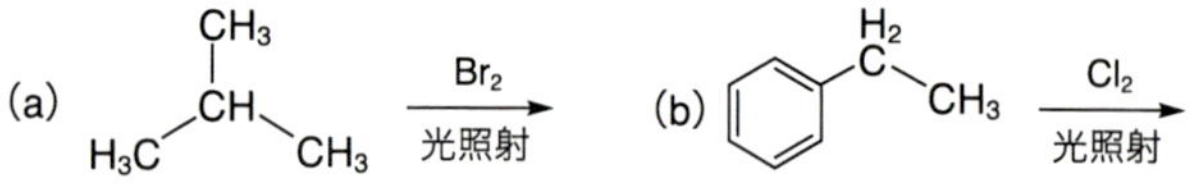

二重結合をもつ化合物のC-H結合をラジカル置換反応でブロモ化する場合，臭素分子(Br_2)を用いると，求電子付加によって二重結合への付加

16.2 ラジカル連鎖反応

も起こる．しかし，*N*-ブロモスクシンイミド（NBSと略記）と微量のHBrを用いることによって，この問題は解決される．NBSは，それ自身はブロモ化する能力はないが，HBrと反応してBr_2を生成することができるので，微量のHBr存在下で用いると，少量のBr_2の供給源として作用する．

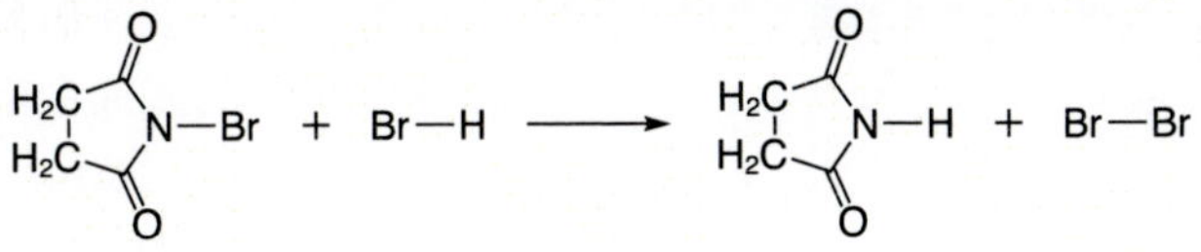

N-ブロモスクシンイミド (NBS) + Br—H ⟶ スクシンイミド + Br—Br

たとえば，シクロヘキセンのアリル位のブロモ化による3-ブロモシクロヘキセンの合成は，この方法を用いて行われる．得られた生成物が，安定なアリルラジカルを経由していることに注目しよう．

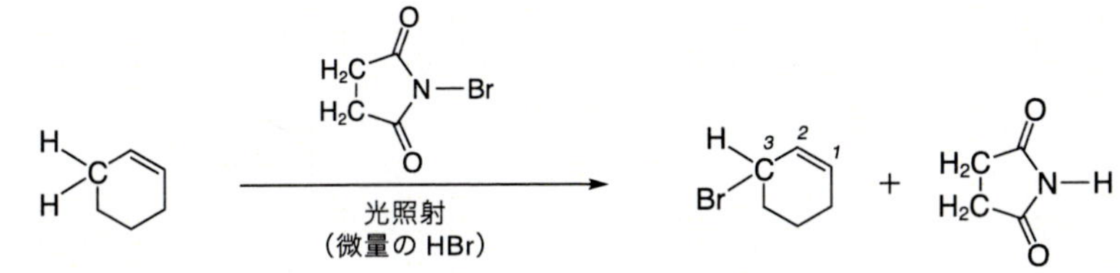

シクロヘキセン + NBS →（光照射，微量のHBr）→ 3-ブロモシクロヘキセン + スクシンイミド

この反応の開始反応は，NBSの光分解による臭素ラジカルの発生である．

開始反応： NBS →（光照射）→ スクシンイミジルラジカル + ・Br

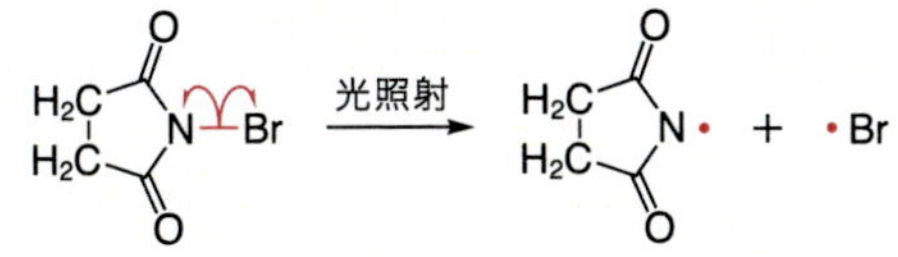

次に臭素ラジカルがアリル位水素を引き抜き，HBrとアリルラジカルが生成する．続いて，NBSとHBrの反応によるBr_2とスクシンイミドの生成，さらにBr_2とアリルラジカルの反応による，3-ブロモシクロヘキセンの生成と臭素ラジカル（Br・）の再生という成長反応が続く．

成長反応：
Br・ + シクロヘキセン ⟶ Br—H + アリルラジカル
NBS + Br—H ⟶ スクシンイミド + Br—Br
Br—Br + アリルラジカル ⟶ 3-ブロモシクロヘキセン + ・Br

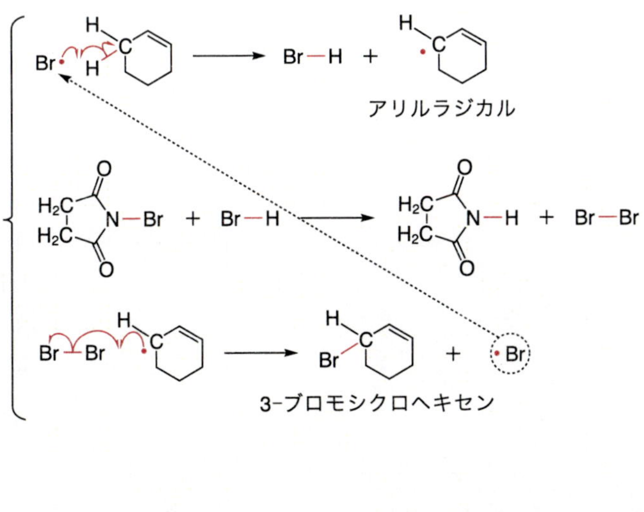

例題 16.5 左のラジカル置換反応の生成物を与える経路を，巻矢印で示し，生成物の構造を書きなさい．

【解答】 まず，例題 16.2 を参考にして，示された構造でアリル水素を探す．骨格構造式で示されているので，わかりにくかったなら，部分的にでもケクレ構造式に書き直してみる．こうすると，アリル位が明確になる．アリル水素を下線を引いて示すと 4 個あることがわかる．生成物はアリル水素が Br に置き換わったものである．反応経路は前ページの式にならって書いてみよう．

設問 16.5 NBS を用いた次のラジカル置換反応の生成物を与える経路を巻矢印で示し，生成物の構造を書きなさい．

(a), (b), 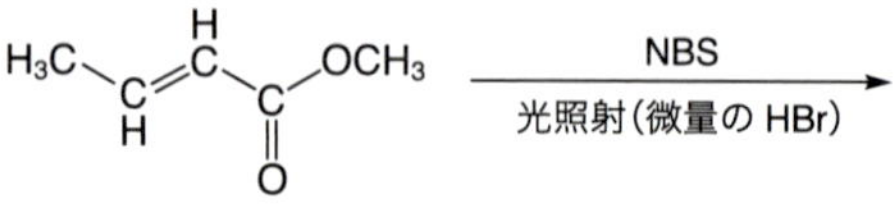 (c)

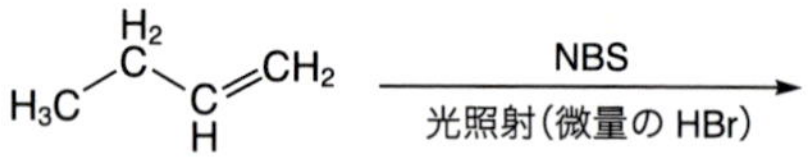

16.2.2 二重結合へのラジカル付加反応

ラジカルは二重結合への付加反応も行う．ここでは HBr の付加反応について学ぶ．

HBr はアルケンに求電子付加して，マルコウニコフ則に従う生成物を与えることを第 12 章で学んだ．これは，最初のプロトンの付加で，より安定なカルボカチオンが選択的に生成するからであった．たとえば，2-メチルプロペンへの HBr の付加では，Br がメチル基をもつ炭素（C_2）に結合したマルコウニコフ型生成物が得られた．

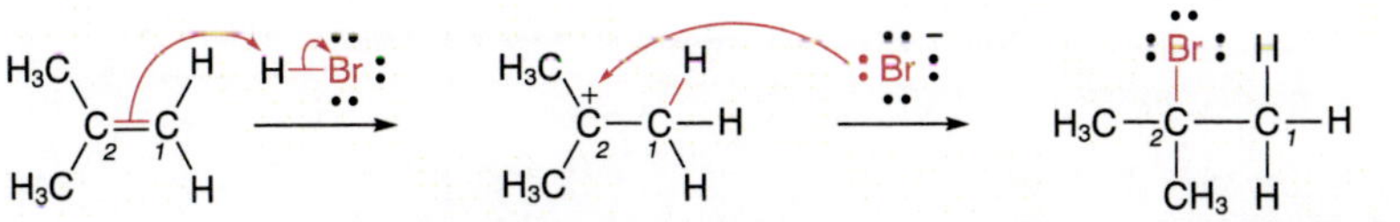

ところが，この反応を少量の過酸化物存在下で行うと，付加の選択性は逆になる．すなわち，Brがメチル基をもたない炭素(C_1)に結合した生成物（逆マルコウニコフ型生成物）が得られる．なぜであろうか．

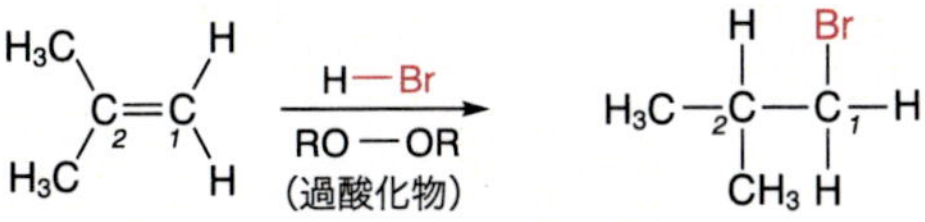

この場合は，過酸化物はラジカル開始剤として作用するので，反応はラジカル的に進行する．すなわち，最初の熱分解で発生したアルコキシラジカル（R-O・）はH-Brから水素を引き抜き，臭素ラジカル（Br・）を発生し，これが最初に二重結合に付加する．すなわち，この場合は二重結合へ最初に攻撃するのは，プロトン（H^+）ではなく，臭素ラジカルである．

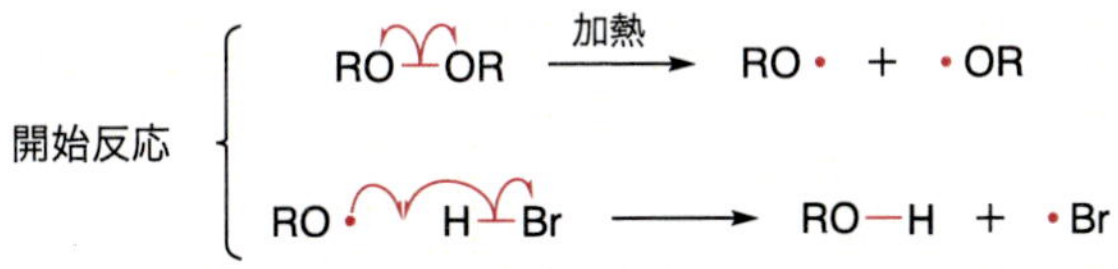

臭素ラジカルは，2-メチルプロペンのC_1またはC_2を攻撃する可能性がある．C_1への攻撃では第三級ラジカルが生成するのに対して，C_2への攻撃の場合は第一級ラジカルとなる．したがって，より安定な第三級ラジカルが生成するC_1への攻撃が優先される．

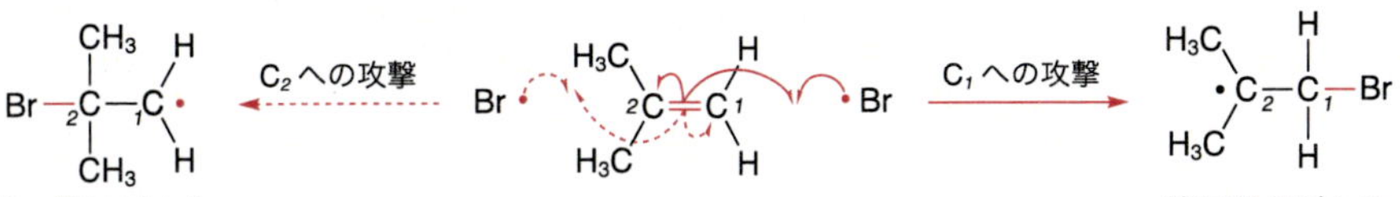

成長反応は下式のようになり，最終的に得られた生成物では付加の選択性は求電子付加の場合とは逆になる．

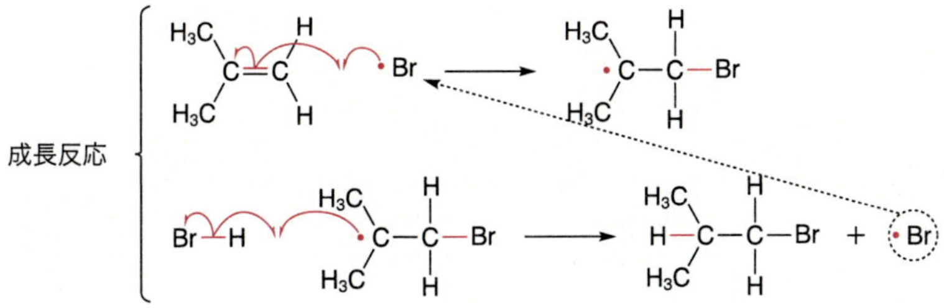

用語解説
吸熱反応と発熱反応
反応で切断される結合エネルギーが，生成物で得られる結合エネルギーより大きい反応を**吸熱反応**といい，一般に反応は起こりにくくなる．逆の場合は**発熱反応**といい，起こりやすい反応になる．

このように，選択性を決める要因は中間体の安定性という点では同じであるが，攻撃する反応剤の順番が，イオン反応(最初に H^+，次に Br^-)とラジカル反応(最初に $Br\cdot$，次に $H\cdot$)では逆転する．したがって，付加の選択性も逆になり，最終生成物が異なる．

ところで HCl や HI とアルケンの反応は過酸化物の存在下でも，イオン的に進行し，ラジカル的に進行しないことが知られている．これは，成長反応が吸熱的[†]で，ラジカル反応がきわめて遅いためである．

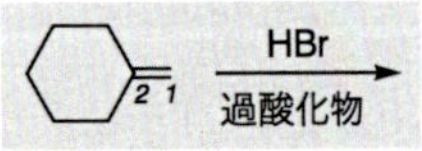

例題 16.6 左の反応で得られる主生成物の構造を書きなさい．また，過酸化物のない条件下で反応させた場合の生成物の構造も書きなさい．

【解答】 過酸化物が存在するときは，最初に臭素ラジカル($Br\cdot$)が C_1 または C_2 に付加して，中間体ラジカルが二種類生成する．この場合，第三級ラジカルのほうが安定なので，C_1 に臭素が結合した付加生成物がおもに得られる．

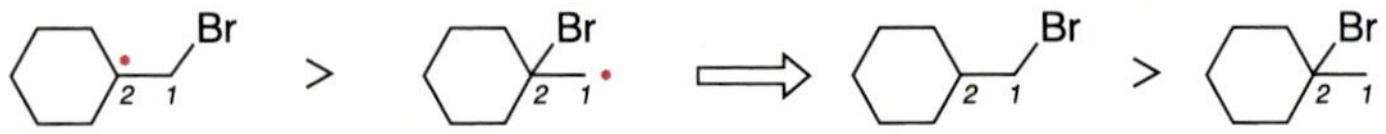

第三級ラジカル　＞　第一級ラジカル　⇒　主生成物

過酸化物が存在しない場合は，最初にプロトン(H^+)が C_1 または C_2 に付加して，中間体カルボカチオンが二種類生成する．第三級カルボカチオンのほうが安定なので，C_2 に臭素が結合した付加生成物がおもに得られる．

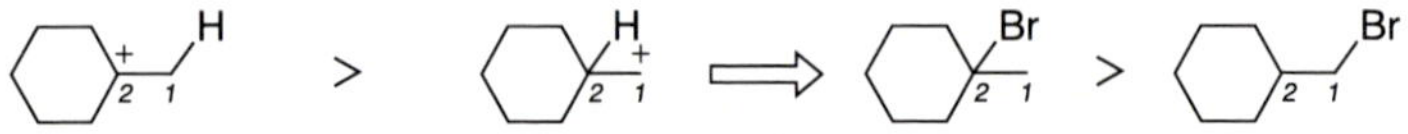

第三級カルボカチオン　＞　第一級カルボカチオン　⇒　主生成物

設問 16.6 次の反応の主生成物の構造を書きなさい．また，過酸化物のない条件下で反応させた場合の生成物の構造も書きなさい．

(a) $H_2C=C(H)-CH_2CH_2CH_2COOH$ ── HBr／過酸化物 →

(b) 1-メチルシクロヘキセン ── HBr／過酸化物 →

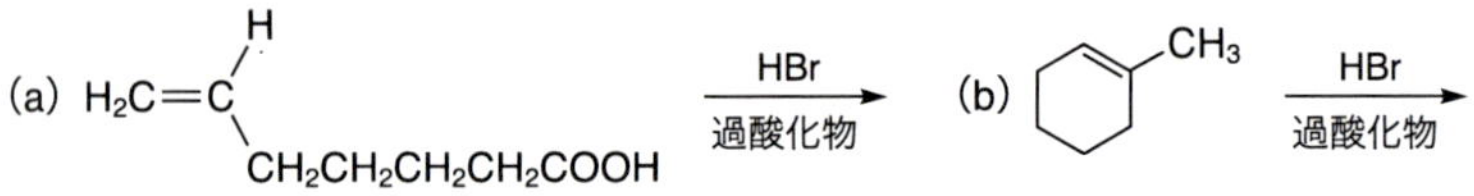

設問 16.7 次の化合物を合成するには，どのようなアルケンを出発物質として用いたらよいか．その構造を示しなさい．反応剤としては HBr と過酸化物が使用できるものとする．

(a) $CH_3CH_2-C(CH_3)(Br)-CH_3$　　(b) $CH_3CH_2CH_2CH_2-CH_2-Br$

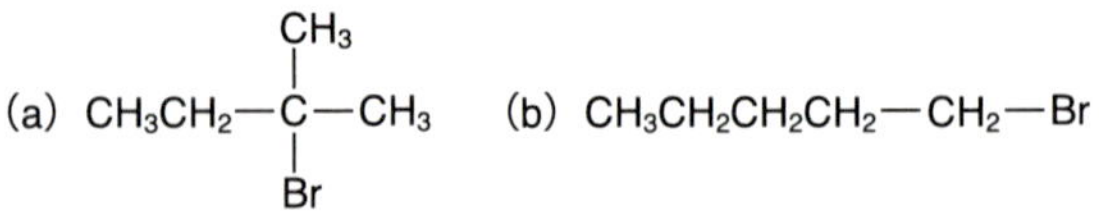

【この章のまとめ】

（1）共有結合のホモリシスによりラジカルが生成する．
（2）ラジカルの生成しやすさは結合解離エネルギーの大きさによる．安定な第三級アルキルラジカルを生成する第三級アルカンのC−H結合の解離エネルギーは最も小さく，第二級アルカン，第一級アルカン，メタンの順に大きくなる．
（3）共鳴安定化できる官能基はラジカルを安定化し，その効果はアルキル基より大きい．
（4）ラジカルは置換反応と付加反応を行うが，開始−成長−停止という経路を含む連鎖反応で起こる．
（5）C−H結合への置換反応の選択性は，アルキルラジカル中間体の安定性に依存する．
（6）HBrが二重結合へラジカル付加する場合，その選択性は逆マルコウニコフ型である．

章末問題

問 16.1 ラジカル反応とイオン反応の違いを述べなさい．

問 16.2 ラジカル連鎖反応の特徴を述べなさい．

問 16.3 次の化合物のラジカル的臭素化反応で生成する可能性のあるモノブロモ体の構造をすべて書きなさい．また，主生成物を予想し，その理由を述べなさい．

(a), (b), (c) 構造式

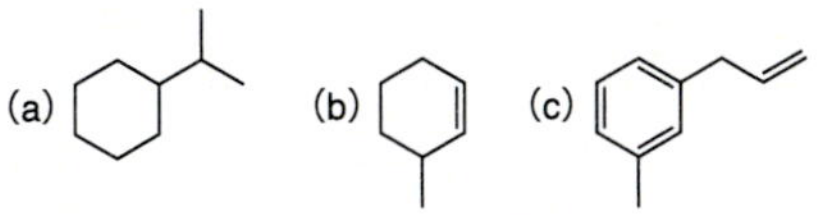

問 16.4 次の反応の主生成物の構造を書き，生成物を与える経路を巻矢印で示しなさい．

(a) PhCH=CHCH$_3$ + HBr $\xrightarrow{\text{RO-OR}}$

(b) PhCH=CHCH$_3$ + HBr $\longrightarrow$

(c) PhCH=CHCH$_3$ + NBS $\xrightarrow[\text{微量のHBr}]{\text{光照射}}$

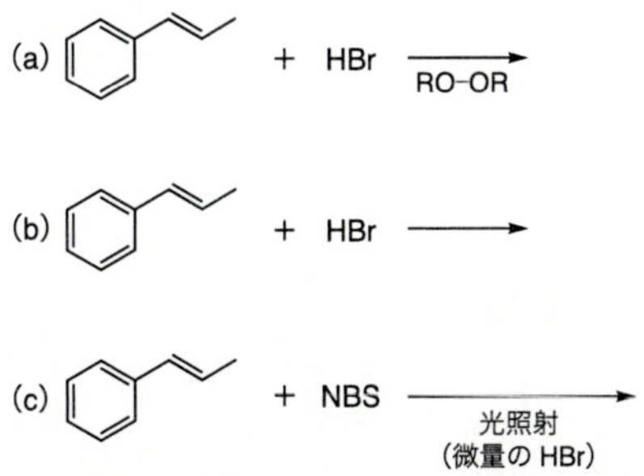

問 16.5 以下の反応は2個のラジカルの間で水素が移動して，アルカンとアルケンが生成するもので，ラジカルの不均化反応と呼ばれている．反応の起こる経路を巻矢印で説明しなさい．

RO−CH$_2$−ĊH−Ph + RO−CH$_2$−ĊH−Ph $\longrightarrow$
RO−CH=CH−Ph + RO−CH$_2$−CH$_2$−Ph

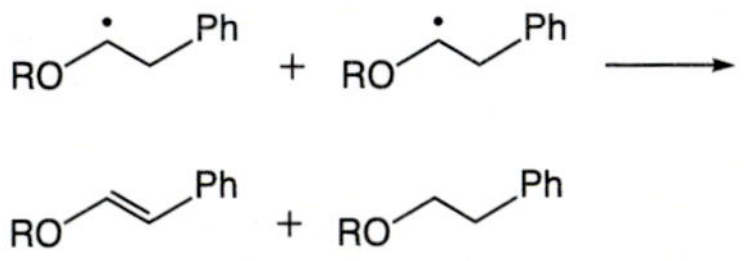

問 16.6 下の反応はスチレン (Ph−CH=CH$_2$) のラジカル重合の経路を示したものである．以下の問いに答えなさい．
　（a）各段階はそれぞれ何と呼ばれるか，答えなさい．
　（b）この反応の連鎖担体を示しなさい．

(1) RO· + CH$_2$=CHPh $\longrightarrow$ RO−CH$_2$−ĊHPh

(2) RO−CH$_2$−ĊHPh + CH$_2$=CHPh $\longrightarrow$ RO−CH$_2$−CHPh−CH$_2$−ĊHPh $\xrightarrow{\text{CH}_2=\text{CHPh}}$ ...

(3) RO−(CH$_2$−CHPh)$_n$−ĊHPh + RSH $\longrightarrow$ RO−(CH$_2$−CHPh)$_n$−CH$_2$Ph + RS·

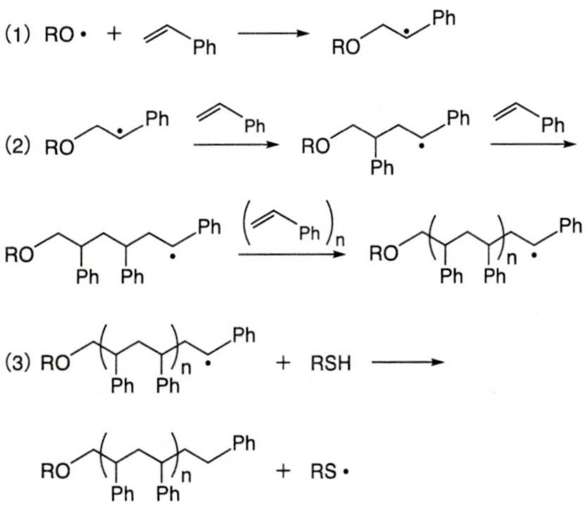

索 引

あ

IUPAC命名法	13
アシリウムイオン	173
アシル化	179, 180
アシル基	155
アセタール	146, 147
アセチレン	4, 79
アセトアルデヒド	49, 142
アセト酢酸エチル	165
アセトシアノヒドリン	142
アセトフェノン	178
アセトン	43, 70, 150, 152, 156
アニソール	176
アニリン	57, 58
アミド	155, 158, 159, 161
アミノアルコール	149
アミノ基	31, 40, 180
アミン	57, 58, 65, 146, 148
——の級数	149
第一級——	149
第二級——	149
第三級——	149, 158, 159
アリルアニオン	39, 41
アリル位のブロモ化	189
アリルカチオン	38, 41
アリル水素	186, 190
アリルラジカル	185, 186, 189
アルカリ加水分解	160
アルカン	3
アルキル化	172
アルキル基	50, 51
アルキル置換基	108
——の効果	115
アルキン	5
アルケン	5, 67, 90, 98, 101, 120, 125, 128
——の安定性	122
一置換——	122
二置換——	122
三置換——	122
四置換——	122
アルコキシドイオン	142
アルコキシラジカル	191
アルコール	50, 125, 143, 144, 146, 161, 163
——の級数	125
——の脱水反応	125
第一級——	125
第二級——	125
第三級——	125
アルドール	151
——反応	151
α水素	141, 150, 151
安息香酸	160
安息香酸エチル	161, 163
安息香酸ブチル	158
安息香酸メチル	160
アンチ形	86
アンチ付加	131, 135
アンチ付加生成物	132
アンチペリプラナー	120
アンモニア	5, 11, 58, 76
アンモニウムイオン	19, 57, 58
E異性体	124
イオン反応	96
いす形	92
異性体	
E——	124
光学——	87
構造——	83
シス-トランス——	90, 93
Z——	121, 124
立体——	83, 85
立体配座——	83, 84, 85
立体配置——	83, 86, 132
一次反応	103
位置選択性	121, 124
一段階反応	101, 137
一置換アルケン	122
1分子求核置換反応	113
1分子脱離反応	123
E2反応	119, 120, 122
EとZ	91
イミン	149
E1反応	119, 123
S_N2反応	105, 107, 110
——の反応性	109
S_N1反応	114, 115
s軌道	73
エステル	155, 158, 159, 163
sp混成	79
——軌道	75, 79
sp^3混成	76
——軌道	76
sp^2混成	77
——軌道	78
エタノール	50, 56, 112
エタン	3, 77, 84
1,2-エタンジオール	148
エチルカチオン	70
エチル基	50
エチレン	4, 78
エチン	4, 79
エテン	4, 17, 22, 44, 67, 78
エトキシドイオン	56, 119
エトキシプロパン	119
エナンチオマー	83, 86, 89, 103, 133
エネルギー	
——因子	102
回転の——障壁	85
活性化——	100, 101
共鳴安定化——	170
結合解離——	183
C-H結合解離——	185
熱運動——	85
エノラートイオン	151, 164, 165
塩化アセチル	70, 156
塩化アルキル	171
塩化アルミニウム	171, 173
塩化物イオン	19
塩化ベンゾイル	158
塩化メチル	24
塩基	47, 54, 64
——解離平衡式	55
——解離平衡定数	55
共役——	47, 54, 111
ブレンステッド-ローリーの——	47, 54
ルイス——	60

塩基性	64, 65, 66	還元	144, 145, 180	求電子付加	137
——度	47	——剤	134	——脱離による求電子置換反応	
塩素化	171	環状アルカン	92		99
オキシ水銀化反応	134	環状アルケン	138	——反応	98, 127
オキシム	150	環状化合物	92	吸熱反応	192
オクテット則	2, 20, 42	環状水銀イオン	134	球棒分子模型	77, 84
オルト, パラ配向	175	環状ブロモニウムイオン	132, 133	鏡像	86
——性	176	官能基	1, 11, 31, 32	——関係	86
——置換基	175	慣用名	13	——体	88
		ギ酸	53	協奏反応	101, 106, 120
か		——イオン	35, 41, 53	共鳴	35
開始剤	184, 186, 191	基質	97, 98	共鳴安定化	36, 52, 151, 170
開始反応	186	軌道	73	——エネルギー	170
回転	75, 84, 85	——の重なり	75, 80	——の程度	41
——のエネルギー障壁	85	——の混成	75	共鳴効果	45, 49, 55
解離平衡	52	s——	73	共鳴構造	
化学種	24	sp 混成——	75, 79		36, 52, 58, 69, 170, 176, 177, 185
可逆的	160	sp² 混成——	78	等価な——	41
可逆反応	147	sp³ 混成——	76	共鳴混成体	36
架橋	132	空の p——	114, 131	共鳴式	36
確率因子	102	原子——	73	共役	45
重なり形	86	σ——	73	——塩基	47, 54, 111
過酸化物	184, 191, 192	σ 分子——	74	——酸	47, 54
加水分解	143, 145	π——	73	共有結合	1, 2, 29
アルカリ——	160	π 分子——	74	極小点	101
酸触媒——	160	p——	73	極性	30
片鉤の巻矢印	15	分子——	74	極大点	101
活性化エネルギー	100, 101	逆反応	97, 147, 160	キラル中心	87, 89, 106, 132
活性化基	174, 175, 179	逆マルコウニコフ型生成物	137, 191	キラルな分子	87
価電子	2, 5, 60	求核アシル置換反応	156, 161, 164	均一開裂	15, 96
——数	3	求核剤	63, 68, 105, 116, 157	金属水素化物	144, 163
空の p 軌道	114, 131	——の効果	110	空間(的な)配置	37, 85
カルボアニオン	9, 43, 67, 96	求核性	64, 65, 66, 110	クライゼン縮合反応	165
カルボカチオン		——基質	169	グリニャール試薬	
	9, 68, 96, 113, 123, 131, 134, 172	求核置換	108		67, 98, 99, 142, 143, 144, 161, 162
——の安定性	115, 128	——生成物	157	グルタミン酸ナトリウム	88
——の級数	115	求核置換反応	97, 105, 112	クロロ化	179, 180
第一級——	115	1 分子——	113	6-クロロ-2,6-ジメチルオクタン	115
第二級——	115, 130	2 分子——	105	クロロニトロベンゼン	180
第三級——	115, 130, 134	求核付加-脱離による——	99	クロロベンゼン	178
カルボキシラートイオン	53	求核反応	97	クロロメタン	24, 68
カルボニル化合物	68, 141	求核付加-脱離による求核置換反応		形式電荷	7, 16
カルボニル基	43, 49, 69, 141, 155		99	系全体の電荷	27
カルボニル酸素	141	求核付加反応	98, 141, 142, 146, 156	ケクレ構造式	1, 5, 11
カルボニル炭素	69, 70, 98, 141	求電子剤	63, 67, 68, 127, 170	結合解離エネルギー	183
カルボン酸	53, 158, 159, 180	求電子性	70	結合の開裂	15
——塩化物	173	求電子置換反応	169	——の様式	95
——誘導体	155, 156	求電子反応	97	結合の生成	18

ケトン	98,161,162,173	ジアステレオマー		水素化ホウ素ナトリウム	144
ケン化	160		83,86,88,89,92,121,124	水和反応	133
原子	2	p-シアノアニリン	58	正三角形構造	78
——軌道	73	シアノ基	31	正四面体	86
——配置	37	シアノヒドリン	142	——構造	76,77
元素	2	シアン化物イオン	142	成長反応	186
光学異性体	87	C-H 結合解離エネルギー	185	正電荷	70
交差アルドール反応	154	ジエチルアミン	159	静電的な電荷	20
交差クライゼン縮合	165	N,N-ジエチルベンズアミド	159	静電的な反発	76,78
構造異性体	83	σ軌道	73	正反応	147
構造式	1	σ結合		Z異性体	121,124
ケクレ——	1,5,11		21,35,74,76,77,78,79,90,127	遷移状態	100,101,106,120,121
骨格——	11	σ電子	74	全形式電荷	38
縮合——	11	σ分子軌道	74	線形表記法	11
ルイス——	2,6,11,36	シクロアルカン	93	選択性	187
ゴーシュ形	86	シクロブタン	92	相対的速度定数	108
骨格構造式	11	シクロプロパン	92	族	4
孤立電子対	5	シクロヘキサノン	148		
混酸	171	シクロヘキサン	92		
		シクロヘキセン	189	**た**	
さ		シクロペンタン	92	第一級アミン	149
最外殻	2	シス体	90	第一級アルコール	125
ザイツェフ則	122	シス-トランス異性体	90,93	第一級カルボカチオン	115
酢酸	48,53,56	示性式	1	第一級ハロゲン化アルキル	108
——イオン	56,69,110	実像	86	第一級ラジカル	187
酢酸エチル	165,166	ジニトロベンゼン	177	第三級アミン	149,158,159
酢酸水銀	134	脂肪族化合物	170	第三級アルコール	125
錯体	60,171	ジメチルエーテル	60	第三級カルボカチオン	115,130,134
酸	47,160	1,2-ジメチルシクロペンテン	135	第三級ハロゲン化アルキル	108,113
——解離平衡式	47	臭化水素	101,112	第三級ラジカル	191
——解離平衡定数	48	臭化物イオン	101,113	第二級アミン	149
超強——	54	周期	4	第二級アルコール	125
ブレンステッド-ローリーの——		——表	4,49	第二級カルボカチオン	115,130
	47	臭素化	171	第二級ハロゲン化アルキル	108
ルイス——	60,68,136,171	臭素ラジカル	184,189,191	第二級ラジカル	187
酸塩化物	99,155,158	縮合構造式	11	脱水	149
酸化	180	縮合反応	165	——反応	125
三次元	83	昇位	75	脱離	24,97
——構造	88	衝突因子	102	——能	111,116
——表記法	77,88	触媒	160	——のしやすさ	157
三重結合	1,4,79	シン付加	131,137,138	——反応	98,119,156
酸触媒	146,149	水銀化合物	134	脱離基	111,115,116,157
——加水分解	160	水酸化物イオン	10,19,23,24,57,	——の効果	111
酸性度	47,48,150		68,97,101,105,110,113,151	段階的反応	101
酸素	5	水素	9	炭化水素	3
——酸素結合	183	——の転位	130	単結合	1,3,15
三置換アルケン	122	水素化アルミニウムリチウム	144	——での回転操作	84
酸無水物	155,159	水素化物イオン	9	炭素-酸素二重結合	23,35,141
				炭素-窒素二重結合	149

索引

炭素ラジカル	9, 96
ダンベル形	73
置換	97
——反応	97
置換基	31, 44, 121, 156
——の効果	51, 56
——の電子的効果	54, 59
置換ベンゼン	174
窒素	5
中間体	9, 101, 103
超強酸	54
直線構造	79
停止反応	187
転位	97, 172
——反応	99, 129, 135
電気陰性度	29, 48, 55, 65
電気陰性な原子	29
電気的に中性	7
電気陽性な原子	29
電子	7
——雲	74
——の偏り	30
——の非局在化	35, 36
——配置	75
——不足	69
——密度	44, 59
価——	2, 5, 60
σ——	74
π——	23, 67, 74, 137
不対——	8, 9, 96, 183
電子求引性	33
——の共鳴効果	45, 175
——の誘起効果	33, 175, 178
電子供与性	33, 58
——の共鳴効果	45, 175, 178
——の誘起効果	33, 115, 175
電子対	60
孤立——	5
非共有——	
	4, 5, 20, 40, 59, 60, 63, 176
同一平面	78, 120
等価な共鳴構造	41
トランス脂肪酸	92
トランス体	90
トリアルキルボラン	136
トリフルオロエタノール	50
トリフルオロエチル	50
トリフルオロ酢酸イオン	113
トルエン	177

な

二次反応	103
二臭化物	131
二重結合	1, 4, 17, 21, 41, 78, 90
二段階	114, 127
——反応	101, 123, 137
二置換アルケン	122
p-ニトロアニリン	59
ニトロ化	174, 175, 178, 180
——反応	99
ニトロ基	31, 180
ニトロトルエン	175
ニトロニウムイオン	67, 99, 171, 176
p-ニトロフェノキシドイオン	56
m-ニトロフェノキシドイオン	56
p-ニトロフェノール	52
ニトロベンゼン	177
2分子求核置換反応	105
2分子脱離反応	119
ニューマン投影図	86
熱運動エネルギー	85

は

配位結合	60
π軌道	73
π結合	21, 35, 74, 78, 79, 90, 127
配向性	174, 175
π電子	23, 67, 74, 137
π分子軌道	74
八電子則 (オクテット則)	2
発熱反応	192
ハロゲン	6
——の付加反応	130
ハロゲン化	171
ハロゲン化アルキル	68, 98, 105, 119
——の級数	109
第一級——	108
第二級——	108
第三級——	108, 113
ハロゲン化水素	98
ハロゲン化鉄	171
ハロニウムイオン	68
反応機構	106
反応剤	63
反応性	157, 174
反応速度	102
——定数	102
反応のエネルギー図	100
反応の立体化学	114, 124
反応様式	97
p軌道	73
空の——	114, 131
非共有電子対	
	4, 5, 20, 40, 59, 60, 63, 176
非局在化	40, 49, 54, 58, 59
ピクリン酸	53
pK_a	48, 65
非対称	128
——アルケン	135
ヒドリドイオン	9, 69, 145, 163
ヒドロキシ基	31, 125
3-ヒドロキシブタナール	151
ヒドロホウ素化反応	136
ピナコール	99
ピナコロン	99
ビニル基	38, 39
表記法	1
三次元——	77, 88
線形——	11
フェノキシドイオン	52, 56
フェノール	52, 56, 177
付加	97, 136
——生成物	99, 128
——反応	98, 101
不可逆	160
不活性化基	174, 175, 177, 179
不均一開裂	15, 96
不斉炭素	87
ブタノール	158
2-ブタノール	106, 107
ブタン	83, 84, 86, 187
不対電子	8, 9, 96, 183
フッ化アルキル	111
2-ブテン	90
負電荷	63
舟形	92
部分電荷	30, 69
フリーデル-クラフツ アシル化反応	174
フリーデル-クラフツ アルキル化反応	172, 180
ブレンステッド-ローリー	
——の塩基	54
——の酸	47

プロトン	9, 10, 11, 19, 20, 191	芳香族ケトン	174	陽子	7
——化	112, 129, 146, 147	ホモリシス	15, 96, 180	2-ヨードブタン	107
プロパン	150	ボラン	60, 136	四員環の遷移状態	137
プロピオン酸エチル	166	ポーリング	29	四置換アルケン	122
プロペン	119	ホルミル基	31, 49		

ら

2-ブロモ-3-クロロブタン	88	ホルムアルデヒド	17, 20	ラジカル	9, 96, 183, 187
3-ブロモ-2-クロロヘキサン	89			——置換反応	187, 188, 190
ブロモシクロヘキセン	189			——の安定性	185

ま

1-ブロモ-1,2-ジフェニルプロパン		曲がった矢印	15	——の級数	188
	121, 124	巻矢印	15, 25, 37	——反応	96, 183
N-ブロモスクシンイミド	188	——の先	25, 26	——付加反応	190
ブロモブタン	187	——の出発点	25	——連鎖反応	184, 186
2-ブロモブタン	106	片鉤の——	15	第一級——	187
1-ブロモプロパン	119	両鉤の——	15	第二級——	187
2-ブロモペンタン	121	マルコウニコフ型付加生成物	129	第三級——	191
ブロモメタン		マルコウニコフ則	128, 135, 190	炭素——	9, 96
	69, 97, 101, 105, 108, 110	命名法	89	ラセミ化	114
2-ブロモ-2-メチルプロパン		メソ体	90	ラセミ体	86, 133
	108, 113, 123	メタノール	21, 50, 65, 97, 105	律速段階	
分極	30, 131	メタ配向	175, 177		101, 102, 103, 113, 114, 123, 127
分子軌道	74	——性置換基	175	立体異性体	83, 85
分子式	1	メタン	49	立体化学	105, 138
分子内アルドール反応	154	——の立体構造	76	反応の——	114, 124
分子内クライゼン縮合	165	メチルアニオン	39	立体的混雑	108
平衡	147	メチルアミン	58, 65	立体的反発	90, 137
平面偏光	87	メチルカチオン	19, 38, 41, 70, 115	立体配座異性体	83, 84, 85
ヘテロリシス	15, 96	メチル基	50, 53, 85	立体配置	76, 78, 120
ヘミアセタール	146	——の転位	129	——異性体	83, 86, 132
ベンジルアルコール	163	2-メチル-2-プロパノール	135	——の反転	107, 115
ベンジル水素	186	2-メチルプロパン	83	——の保持	115, 120
ベンジルラジカル	185, 186	2-メチルプロペン	123, 128, 134, 135	硫酸	133
ベンゼン	67, 99, 169, 180	メチレン基	180	両鉤の巻矢印	15
——誘導体	180	メトキシ基	41, 44, 70	ルイス	
ベンゼンスルホン酸	111	メトキシドイオン	121	——塩基	60
1-ペンテン	121	メトキシメチルカチオン	70	——構造式	2, 6, 11, 36
2-ペンテン	121			——酸	60, 68, 136, 171
芳香族				連鎖担体	186, 187, 188

や

——化合物	170	矢印の動かし方	15	連鎖反応	187
——求電子置換反応	170	有機金属化合物	67	ロープ	75
——性	170	誘起効果	32, 48, 55		

◇著者略歴◇

富岡　秀雄（とみおか ひでお）
- 1941年　三重県生まれ
- 1969年　名古屋大学大学院
　　　　　工学研究科修了
- 現　在　三重大学名誉教授，
　　　　　日本化学会フェロー
- 専　門　有機化学，有機光化学
- 工学博士

長谷川　英悦（はせがわ えいえつ）
- 1958年　新潟県生まれ
- 1985年　東北大学大学院
　　　　　理学研究科修了
- 現　在　新潟大学教授
- 専　門　有機化学
- 理学博士

立木　次郎（たつぎ じろう）
- 1948年　長野県生まれ
- 1974年　愛知工業大学大学院
　　　　　工学研究科修了
- 現　在　愛知工業大学名誉教授
- 専　門　有機化学，複素環化学，
　　　　　有機光化学
- 工学博士

平井　克幸（ひらい かつゆき）
- 1963年　三重県生まれ
- 1988年　三重大学大学院
　　　　　工学研究科修了
- 2022年　逝去
- 現　在　元 三重大学准教授
- 専　門　有機化学
- 工学博士

赤羽　良一（あかば りょういち）
- 1952年　群馬県生まれ
- 1980年　筑波大学大学院
　　　　　化学研究科修了
- 現　在　群馬工業高等専門学校
　　　　　名誉教授
- 専　門　有機化学
- 理学博士

有機化学の基本――電子のやりとりから反応を理解する

2013年11月30日　第1版　第1刷　発行
2024年 3月 1日　　　　　第10刷

検印廃止

著者代表　富岡秀雄
発行者　　曽根良介

発行所　（株）化学同人
〒600-8074　京都市下京区仏光寺通柳馬場西入ル
編集部　TEL 075-352-3711　FAX 075-352-0371
営業部　TEL 075-352-3373　FAX 075-351-8301
振替　01010-7-5702
e-mail　webmaster@kagakudojin.co.jp
URL　https://www.kagakudojin.co.jp
印刷・製本　（株）ウイル・コーポレーション

JCOPY〈出版者著作権管理機構委託出版物〉
本書の無断複写は著作権法上での例外を除き禁じられています。複写される場合は，そのつど事前に，出版者著作権管理機構（電話 03-5244-5088, FAX 03-5244-5089, e-mail: info@jcopy.or.jp）の許諾を得てください。

本書のコピー，スキャン，デジタル化などの無断複製は著作権法上での例外を除き禁じられています。本書を代行業者などの第三者に依頼してスキャンやデジタル化することは，たとえ個人や家庭内の利用でも著作権法違反です。

乱丁・落丁本は送料小社負担にてお取りかえします。

Printed in Japan　© H. Tomioka, et al. 2013　無断転載・複製を禁ず　ISBN978-4-7598-1559-7